装备科技译著出版基金

终点弹道学

Terminal Ballistics

[以色列] Zvi Rosenberg　Erez Dekel　著

钟方平　译

国防工业出版社

National Defense Industry Press

著作权合同登记　图字: 军–2013–054 号

图书在版编目（CIP）数据

终点弹道学/（以）罗森贝格（Rosenberg, Z.）（以）德克尔（Dekel, E.）著;
钟方平译. —北京: 国防工业出版社, 2014. 10
（国防科技著作精品译丛）
书名原文: Terminal ballistics
ISBN 978–7–118–09594–4

Ⅰ.①终… Ⅱ.①罗… ②德… ③钟… Ⅲ.①终点弹道学 Ⅳ.①O315

中国版本图书馆 CIP 数据核字（2014）第 212639 号

终点弹道学
[以色列]　Zvi Rosenberg　Erez Dekel　著　　钟方平　译

出版发行　国防工业出版社
地址邮编　北京市海淀区紫竹院南路 23 号　　100048
经　　售　新华书店
印　　刷　北京嘉恒彩色印刷有限公司
开　　本　700 × 1000 1/16
印　　张　20½
字　　数　342 千字
版 印 次　2014 年 10 月第 1 版第 1 次印刷
印　　数　1—2500 册
定　　价　92.00 元

(本书如有印装错误，我社负责调换)

国防书店: (010) 88540777　发行邮购: (010) 88540776

发行传真: (010) 88540755　发行业务: (010) 88540717

译者序

Zvi Rosenberg 和 Erez Dekel 长期在以色列 Rafael Advanced Defense System Ltd. 的弹道研究中心工作，是该领域的国际知名学者。2012 年由 Springer 出版社出版的《Terminal Ballistics》一书是作者总结自己的研究成果并结合本领域最新进展而完成的专著。书中综合实验、数值模拟和解析模型分析手段，广泛讨论了这方面的问题，尤其是突出强调和展示了数值模拟、解析模型对于探究终点弹道学现象背后的基本物理机制的重要作用。

本书主要分为三部分。第一部分介绍了终点弹道实验室及其诊断技术、数值模拟技术及材料模型。第二部分主要讨论不同的弹/靶组合情况下，发生撞击和侵彻的基本作用过程。第三部分分析了各种抗侵彻结构 (包括抵抗聚能射流)，如陶瓷装甲和编织物装甲，以及它们的基本原理。全书既包括许多关于终点弹道学的有用的信息资料，又由浅入深地探讨了所涉及的各个专题内容。

本书对于希望更新自己的终点弹道学知识的读者是较理想的书籍，可供对于终点弹道学感兴趣的学者、工程师阅读，也适合于作为本领域的教科书或参考书使用。书中囊括了本领域的一些最新成果，涉及的丰富内容可作为进一步深入研究的基础。

感谢国防工业出版社和杨秀敏院士、李永池教授对本书翻译出版的大力支持,感谢出版社编辑们为书稿编排、校对所做的辛勤工作,感谢丁兵、贺鑫、熊益波、谢兆钱、林雪洁等在本书翻译过程中提供的帮助。

由于译者水平有限,本书翻译中肯定存在一些错误和不当之处,恳请同行专家、学者和广大读者提出宝贵意见。

译者

2014 年 9 月

献给我们的父亲
S. 罗森贝格和 N. 德克尔

序

　　过去一个世纪以来, 军事和民用工程师们对固体高速碰撞现象开展了大量研究。高达数百米至数千米每秒的撞击速度, 使相撞击物体产生大变形, 甚至导致碰撞区域物体的彻底毁坏。其中, 弹体对装甲车辆的撞击 (速度为 $1 \sim 2 \, \text{km/s}$) 和陨石对空间站的撞击 (速度为 $10 \sim 20 \, \text{km/s}$) 是尤其令人感兴趣的。汽车工业的安全工程师研究最高一两百米每秒的碰撞速度下物体的结构响应问题。为研究高速碰撞现象, 过去 50 年来形成和发展了称为 "脉冲载荷下固体动态响应" 的专门学科, 涉及诸如弹 – 塑性理论、流体动力学、高压物理、高应变率下材料响应、断裂力学、失效分析等不同专业学科。最近几十年, 出版了一些针对上述问题的专题论文集, 如系列超高速撞击会议、国际弹道学会议、美国物理学会固体冲击压缩会议以及欧洲的 DYMAT 会议系列等。此外, 创立了该领域的一些专门期刊, 如 1983 年创刊的《国际碰撞工程学杂志》和 2010 年创刊的《国际防护结构杂志》。这些学术活动集中在脉冲载荷下固体的动态响应研究方面, 即发展新的实验设备和诊断技术、先进的数值模拟和解析模型等。

　　本书主题是终点弹道学, 论述运动物体 (威胁或弹体) 与防护结构 (靶体) 之间的相互作用, 碰撞速度为几百米至几千米每秒。在此碰撞速度下, 导致靶体局部破坏：损坏集中在弹体运动方向上, 横向扩展到几倍弹体直径范围。对于薄靶将发生贯穿, 而厚靶发生深侵彻。从事装甲防护研究的工程师, 想方设法减小被防护结构的破坏; 而从事反装甲研究的工程师, 关注于通过增加弹体速度、质量等提高其破坏力。这类侵彻/贯穿问题对他们都是很重要的。终点弹道学研究领域覆盖面广, 涉及的科学技术挑战和工程应用的范围广，因此作者不得不限制本书要讨论的题材范围。作者在以色列的防务技术研究院——RAFAEL 公司 (Rafael Advanced Defense System Ltd.) 的终点弹道实验室从事装甲问题研究许多年，很自然地，我们选择的问题大部分属于这方面。

作者感谢许多年来同事们令人兴奋又富有成果的研究工作。特别地，感谢以下合作研究者：来自 RAFAEL 公司的 Y. Yeshurun、D. Yaziv、M. Mayseless、Y. Ashuach 和 Y. Partom; 美国的 S. J. Bless、M. J. Forrestal 和 N. S. Brar; 英国的 N. K. Bourne 和 J. F. Millett。作者感谢 M. Siman、R. Kreif、M. Rozenfeld、Y. Reifen、D. Kanfer、N. Yadan、D. Mazar、I. Shaharabani 和 Y. Zidon 等人 30 多年来在实验室完成的许多杰出实验。在准备本书过程中，与 C. E. Anderson、A. J. Piekutowski、K. Poormon、T. J. Holmquist、T. Borvik、S. Chocron 和 K. Thoma 等进行了有益讨论，他们还提供了一些很好的图片给本书增色不少，在此一并表示感谢。

Z. Rosenberg

E. Dekel

引言

    研究物体撞击的碰撞科学与工程有很广的应用范围，具体依碰撞类型和碰撞速度而定。在速度很低时，碰撞响应局限在弹性范围，相撞击物体实际上没有损坏。在速度很高时，相撞物体发生十分明显的变形、局部熔化甚至彻底粉碎。不同的科学技术与工程学科都对该领域的某一特定方面有贡献，如车辆碰撞、雨滴侵蚀、装甲和反装甲设计、航天器陨石撞击防护和大流星体以极高速度撞击行星等。为了理解这些不同事件，研究者必须熟悉诸如固体弹 – 塑性理论、断裂力学、高温高压下材料物理等不同的学科领域。终点弹道学是装甲/反装甲工程师们感兴趣的关于碰撞的科学和工程学科的通用名称。其相应的碰撞速度通常为 $0.5 \sim 2.0\,\mathrm{km/s}$ 的兵器速度范围，也就是枪、炮发射的攻击人员、装甲车辆和建筑物的弹体速度范围。成型装药射流 (聚能射流) 的速度属于 $2.0 \sim 8.0\,\mathrm{km/s}$ 的超高速范围，射流与装甲的相互作用也是装甲/反装甲工程师们主要兴趣之一。本书致力于战场上常见的各种威胁 (弹体) 与防护结构相互作用的终点弹道学研究。

    终点弹道学研究起始于瑞士数学家 Leonard Euler (1745) 和英国工程师 Benjamin Robins (1742)，他们分析了球形钢弹侵彻土壤的数据，其侵彻深度依赖于碰撞速度。在随后的两个世纪里，直到第二次世界大战，终点弹道学领域都以不同弹体撞击不同靶体时侵彻深度与撞击速度的经验关系为基础。Hermann、Jones (1961) 以及 Backman、Goldsmith (1978) 的评述中，概述了许多这样的经验公式。第二次世界大战期间，美国和英国的科学家采用基于物理考虑得到的解析模型，研究了聚能射流和刚性钢弹体对装甲板的侵彻过程。这些模型确定了侵彻过程中施加于弹体的主要作用力，随后将作用力代入弹体运动方程进行求解。解析模型将复杂三维问题的数学描述简化成一个反映侵彻过程物理本质的简单形式，得到易于求解的常微分方程组或一维偏微分方程组。模型能用可控条件的实验进行检验，实验参数进行系统的变化，以确定描述侵彻过程的无量纲参量。通过这些解析模型，实验数据间的关联变得容易，而将变化规律外推到实验设备的能力范围之外也成为可能。另一方面，解析模型需要采取某些折中处理，使其适用于仅有单一机制起作用的理想情况。尽管如此，解析模型在解释实验数据和减少实验次数方面还是获得了成功应用。随着数值模拟技术的进步，数值代码变得更好和更高效，解析模型的作用似乎在下降。然而，数值模拟通常仅能解释实验数据，很少提供对于作用过程的物理洞察。我们的强烈信念是，解析模型对于理解终点弹道学问题的物理本质和突出强调影响作用过程的重要参数是至关重要的。

本书提供了很多例子，在这些例子中，以物理本质为基础的模型在简化复杂相互作用分析方面起到了主要作用。这些模型从实验观测或数值模拟推理得到。我们的方法是，数值模拟可视为"理想实验"，每次"实验"改变一个参数，确定该参数对所研究过程的影响。我们将展示数值模拟研究对于以数值模拟为基础建立解析模型和评判已有模型的作用。文献里经常用的"模型"这一术语有时使人迷惑，因为它既用于描述材料性质(材料模型)，又用于物理过程的解析说明(工程模型)。在这两种用法里，模型都应该是基于物理本质的，模型参数可以通过精确设定的实验予以测定。一个有效的材料模型应该适用于各种各样实验情况，而一个有效的工程模型应该能解释某一特定实验中许多材料的行为。

本书分成三篇。第一篇简单描述了终点弹道学实验室和本领域应用的主要诊断工具，同时概述了数值模拟常用的几个材料模型；第二篇专注于侵彻力学，讨论不同的弹/靶组合情况下，发生撞击和侵彻的基本作用过程。第三篇论述了用以抵抗一些常见威胁的几种装甲设计概念，以及支撑这些设计概念的工作原理。

目录

第一篇　实验和数值模拟技术

第二篇　侵彻力学

第三篇 抗侵彻机制

第一篇　实验和数值模拟技术

第1章

实验技术

终点弹道学是各种各样弹/靶组合条件下, 发生高速撞击的作用过程的统称。有两个互相关联的学科研究弹体发射问题, 即内弹道学研究弹体加速到预期速度的问题和外弹道学研究弹体发射后到着靶的飞行动力学问题。本章简要描述发射弹体到预期速度的一些有关设备和技术, 以及用来观察弹体飞行和碰撞着靶的相关诊断技术。本章还描述为确定发生碰撞的材料特性而发展起来的有关实验技术和理论方法。

1.1 终点弹道学实验室

1.1.1 实验室用枪炮

在实验室内, 大多数终点弹道学实验使用实验室枪炮进行缩比实验。相对于全尺寸实验, 缩比实验相当容易且费用低。缩比比例通常为 1:3 和 1:4, 采用口径 20 ~ 40 mm 的枪炮进行实验。使用火药枪炮发射的弹体速度可达 2 km/s。使用二级轻气炮发射, 弹体速度可达 10 km/s。一些综述文献, 例如 Siegel (1955)、Stilp 和 Hohler (1990), 专门讨论了实验室枪炮的工作原理和设计技术。

所有这些不同的发射器, 都由一个高压储气室 (后膛) 连接到长管 (发射管) 上, 弹体在长管内加速。推动弹体加速的压力可通过燃烧一定量火药获得 (火药枪/炮), 或由压缩气体快速释放获得 (气体枪/炮)。弹体在发射管内持续加速, 但弹体移动距离超过 120 倍发射管口径后, 弹体速度的进一步增加不明显。实验室枪炮的典型长度就是 120 倍口径。加速过程中,

弹丸最终获得的动能和高压脉冲 $p(x)$ 做的功可建立如下方程:

$$\frac{1}{2}MV^2 = \frac{\pi}{4}D_g^2 \int p(x)\mathrm{d}x \tag{1.1}$$

式中: M 为弹体质量; D_g 为发射管内径。

取压力平均值 p_{av} 作用在弹体上, 则弹体出口速度可表示为

$$V = D_g\sqrt{\frac{\pi p_{av}L_g}{2M}} \tag{1.2}$$

式中: L_g 为发射管长度。

方程 (1.2) 指出了影响枪炮性能的主要因素和它的发射能力 (对特定弹丸质量可达到的速度)。内弹道学研究准确确定不同气体或火药的压力波形和压力平均值的问题。每种气体都存在可赋予弹体速度的最大值, 即气体的逃逸速度 V_{esc} —— 高压气体自由膨胀 (除了加速气体自身外, 不加速其他质量) 可获得的最大速度。逃逸速度可表示为

$$V_{esc} = \frac{2c}{\zeta - 1} \tag{1.3}$$

式中: c 为气体高压条件下的声速; ζ 为气体的比热比。

气体声速与气体分子量平方根成反比, 这也是轻气炮用氦气或氢气的原因。V_{esc} 与气体温度成正比, 二级轻气炮泵管里的气体在快速压缩下温度升高, 提高了气炮获得更高驱动速度的能力。20 世纪 50 年代, 为了研究陨石类弹体对航天器的超高速撞击 (撞击速度约 $10\,\mathrm{km/s}$), 人们研制了二级轻气炮。Stilp 和 Hohler(1990) 介绍了其设计原理, 图 1.1 为二级轻气炮示意图。

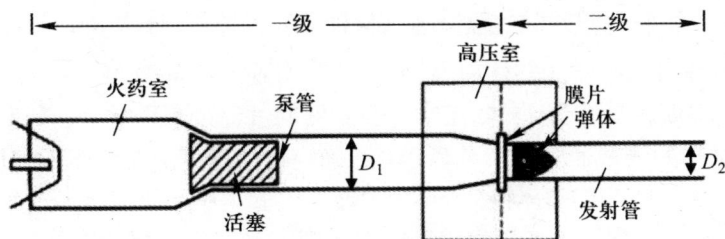

图 1.1 二级轻气炮示意图

二级轻气炮的第一级包括火药室和泵管 (内径 D_1 的长管)。火药在火药室里点燃, 火药燃烧产物加速放置在泵管里的塑料活塞。活塞后部为锥

形, 当火药室内达到一定压力后, 活塞才开始运动。泵管里事先充填一定量轻质气体 (通常为氢气), 压力一般为 $2 \sim 3\,\mathrm{MPa}$。塑料活塞在泵管里加速, 压缩并加热轻质气体至高温高压。从图 1.1 中可见, 泵管 (第一级) 通过锥形高压段与发射管 (第二级) 连接。锥形高压段是二级轻气炮设计的一个很重要特点, 它要使活塞停止运动, 阻止活塞进入发射管。锥段远端 (靠近发射管一端) 用钢膜片密封, 膜片设计在一定压力下破裂。膜片将气炮系统分隔成两部分。弹体放置在发射管内, 发射管直径 D_2 小于泵管直径 D_1。多数二级轻气炮系统的泵管与发射管的直径比 D_1/D_2 为 $3 \sim 4$, 发射管直径一般为 $20 \sim 40\,\mathrm{mm}$, 气炮总长 $10 \sim 15\,\mathrm{m}$。正如 Stilp 和 Hohler (1990) 指出的, 二级轻气炮的内弹道学相当复杂, 其性能取决于两级炮管几何参数、锥段、活塞重量和发射重量等几个因素。这些参数也决定了为获得所需速度而使用的火药量和轻质气体量。

1.1.2　弹体和靶体

弹体安装在通常由聚碳酸酯制成的塑料弹托里, 以防止弹体与炮管之间直接的金属接触。弹托由几部分组成, 这样当发射组件 (弹体和弹托) 出炮口后, 弹托分离开。有些气炮系统在炮口安装特殊设计的弹托分离结构, 以阻止弹托到达靶体。有的系统则是在弹体飞出炮口后, 利用空气阻力使弹托分离。更多关于弹托设计和分离的细节可参见 Stilp 和 Hohler(1990) 的评述。一个由高强材料制成的金属圆盘 (推板) 放在弹体后部, 防止加速时弹体刺穿弹托。大多数实验室枪炮安装在室内, 靶体安装在特殊设计靶室内, 距炮口 $1 \sim 5\,\mathrm{m}$。靶室上开设测试口, 供高速摄影、脉冲 X 射线照相、速度干涉仪和其他诊断设备用。撞击后, 弹、靶碎片收集在大的回收箱内。回收箱使弹靶残骸轻缓减速并被回收, 以供进一步分析。

终点弹道学研究的靶体根据厚度不同, 分成半无限厚靶、中厚靶和薄靶。半无限厚靶足够大, 其侧面和背面对侵彻过程没有影响。对半无限厚靶实验进行的测量通常是实验后解剖, 确定侵彻深度、弹坑体积和形状、留在弹坑底部的残余弹体特征。半无限厚靶实验集中于研究侵彻过程的物理机制, 而不是模拟真实装甲设计。中厚靶的厚度足以挡住弹体, 又不足以防止靶背面发生损伤。弹体与中厚靶的相互作用代表了弹体/装甲作用的实际情况, 这与装甲设计者密切相关。弹体对中厚靶的侵彻过程中, 有多种失效机制发生作用, 相当复杂。图 1.2 示出不同撞击情况下的破坏形式。

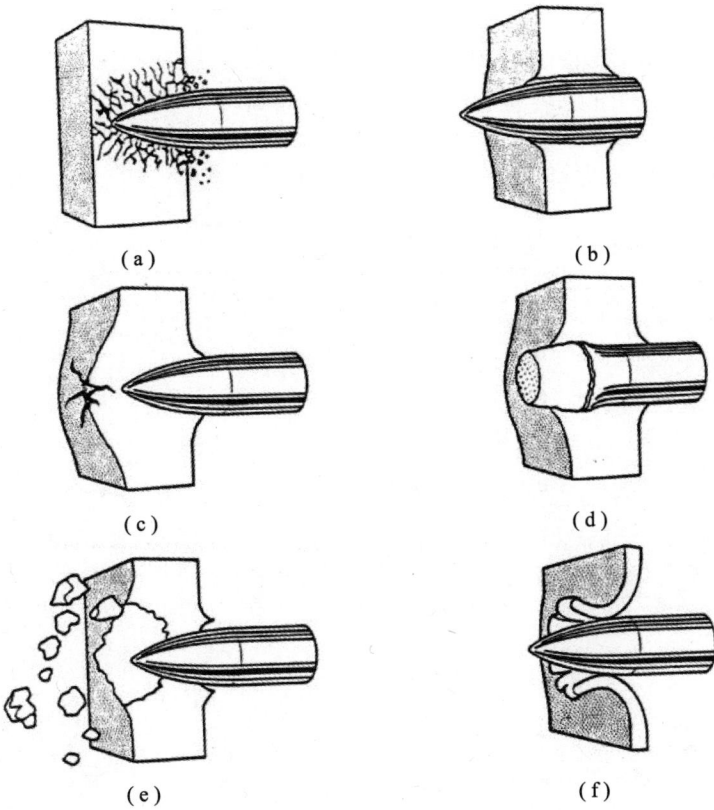

图 1.2 不同撞击情况下的破坏形式 (取自 Backman (1976))
(a) 脆性破坏; (b) 弹孔延性增长; (c) 径向破坏; (d) 冲塞; (e) 形成碎片; (f) 形成花瓣形卷边。

　　弹体撞击薄靶发生贯穿, 此过程可导致弹体损伤, 其实际应用价值在于薄靶通过明确的作用机制引起弹体显著损伤, 可作为附加装甲设计的候选方案。装甲设计师十分关注这些作用机制, 本书第三篇将对此予以讨论。

　　某一弹/靶组合最重要的特性之一是其弹道极限速度 V_{bl}, 它标志着弹体贯穿靶体需要的阈值速度。原则上, V_{bl} 可利用撞击速度足够接近的两次实验确定, 其中高速撞击时弹体完全穿透靶体, 而低速撞击时弹体留在靶内。然而, 由于速度测量偏差、材料特性变化等因素影响, 事实上不可能通过两次实验确定 V_{bl}。实际上, 采用概率统计性的方法, 即以估计的极限速度进行至少 6 次实验, 其中一半实验发生贯穿, 另一半实验弹体留在靶内。极限速度 V_{50} 就是没有发生靶体贯穿的最高速度和发生靶体贯穿的最低速度的平均值。不同研究机构对于贯穿的定义采用不同的标准。美国陆军的标准是: 即使弹体留在靶中, 只要光线可以穿透靶就认为完全贯穿。而美国海军的标准是: 弹体完全从靶背面离开是完全贯穿。

1.1.3 终点弹道学诊断技术

有些测量是每次实验必须进行的。最重要的一项是弹体撞击速度, 必须要达到 ±0.5% 精度以获得有意义的结果。最好采用非接触的光学方法测量速度, 例如飞行的弹体遮挡激光束 (或光幕) 的方法。另一项有用的技术是利用特殊设计的射线管发出很短促的脉冲 (约 30 ns) 进行闪光 X 射线照相。极短曝光时间 "冻结" 了弹体运动, 在特别设计的胶片或屏幕上形成清晰的弹体轮廓影像。闪光 X 射线照相也用于跟踪观测撞击靶体时弹体方向, 以及确定弹体飞出靶体后的形状、速度。为此, 实验室要拥有几对闪光 X 射线管, 分别用以研究弹体自由飞行、弹体撞靶及弹体从靶背面离开的情况, 如图 1.3 所示。为确定弹体撞靶瞬间的空间方位 (俯仰角和偏航角), 要同时使用两束互相正交的闪光射线。

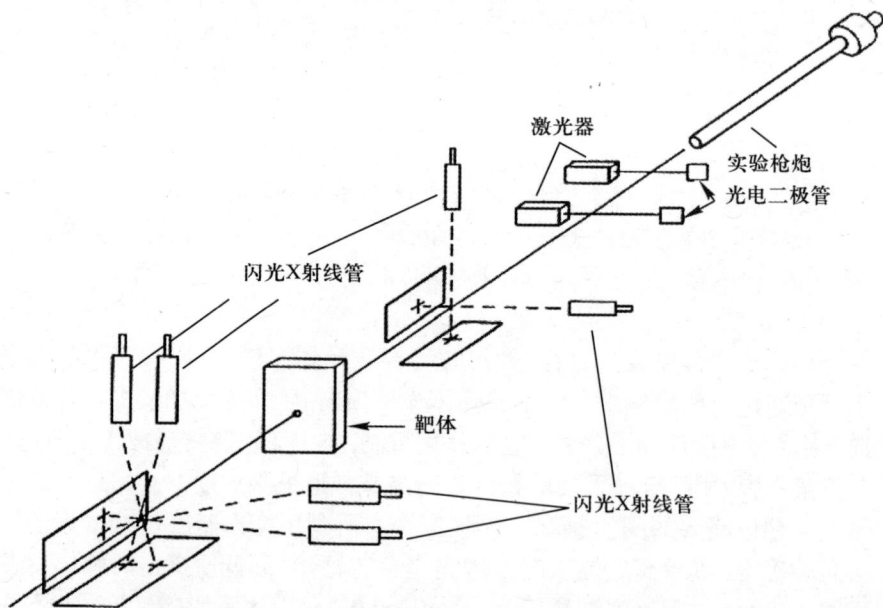

图 1.3 终点弹道实验示意图

高速摄影技术对研究弹/靶相互作用也很有用,Stilp 和 Hohler(1990)

以及 Swift (1982) 对此有论述。高速摄影机将不同时刻的影像投射到同一胶片的不同位置,以此拍摄弹/靶相互作用过程。如图 1.4 所示,转镜式高速相机利用气体涡轮驱动平面镜以极高速旋转,将撞击事件序列通过一系列透镜成像到胶片上。

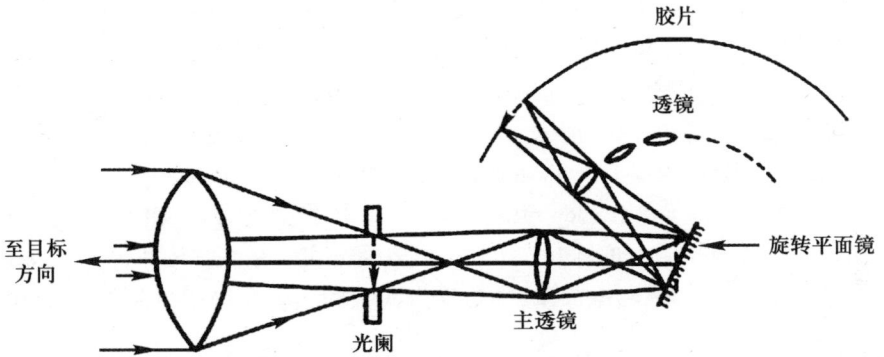

图 1.4 转镜式高速相机成像示意图

1.2 材料动态性能确定

高速撞击事件的瞬态冲击性质是以弹体/靶体在很短时间内 (高应变率下) 产生高压和高温为特征的。动态性能是指固体材料对高加载速率、高压和高温等因素敏感的物理和力学性质。一般而言: 应变率高于 $10^2\,\mathrm{s}^{-1}$,归于高应变率范畴; 压力大于 $10\,\mathrm{GPa}$,属于高压范围。当温度足够高,热软化过程引起材料强度显著变化时,必须考虑温度变化的影响。引起热软化的温度值对不同材料是不一样的,取决于它们的熔化温度。广泛接受的观点是,固体热软化阈值温度大约是其熔化温度的 $1/2$。

本小节描述一些技术,用于确定与终点弹道学研究有关的、上述因素 (应变率、压力和温度) 对材料性能的影响。这些特性可分成两类: 一类影响材料状态方程; 另一类决定材料本构关系。固体状态方程描述内能与状态参量 (压力、密度) 的关系。本构关系描述高加载速率下固体的强度特性和失效特性。正如本书后面将详述的,固体的强度和失效是终点弹道学关注的最重要材料特性。因此,研究加载速率、压力、温度变化对材料的强度和失效特性影响,对于评价某一材料作为装甲设计或弹体设计可能的候选对象至关重要。失效是指结构的某个单元达到一种临界状态,其承载能力全面地或部分地降低。动载下固体材料失效是终点弹道学最重要的研究领域之一，是许多研究工作的中心内容。

1.2.1 状态方程测量

高速碰撞产生快速传播的冲击波，使弹/靶材料经过几微秒就形成高压和高温。冲击加载引起的温度升高能使材料达到熔化甚至汽化状态。冲击波加载下材料响应的研究集中于状态方程方面，即描述物质密度与压力、温度的关系。通过系统研究，确定了许多固体材料的状态方程，详见 Zeldovich 和 Raizer (1965)、Al'tshuler (1965)、McQueen 等 (1970)、Chhabildas (1987) 以及 Asay 和 Kerley (1987) 等文献。这些文献的内容中也包括该领域的许多实验技术。如图 1.5 所示的平板撞击实验是获得固体冲击状态方程的重要数据的最常用技术。平板撞击实验的实验布局相对简单，易于进行数学分析。

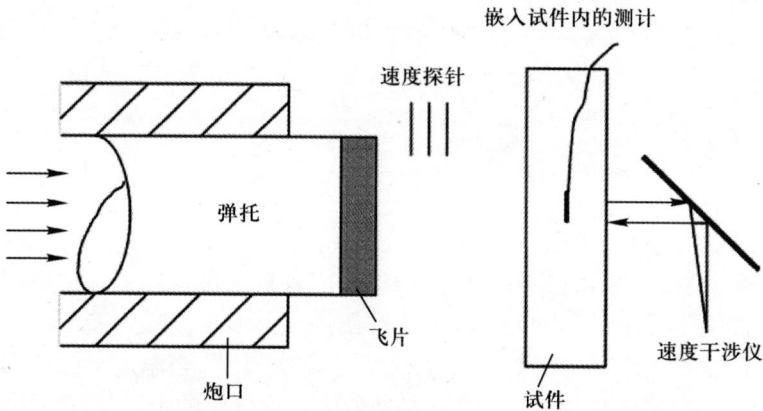

图 1.5 平板撞击实验

平面圆板 (又称撞击体或飞片) 用大口径炮加速，撞击由被研究材料制成的静止样品圆板 (靶)。样品圆板安装在距炮口不远处，以最大程度确保撞击平面度。碰撞速度用短路电探针测量。各种各样测计和传感器安装在靶上，观测试件中的冲击波结构。一发生撞击，会在碰撞接触面激起平面冲击波阵面 (通常称为波)，向撞击体和靶体内部传播。可以把冲击波想象成非常薄的面以固定速度扫过物体。波阵面后的物质被压缩到高压和高密度状态，该状态取决于撞击速度和相碰撞材料的性质。由于是平面波，受压缩的弹/靶材料处于一维应变状态，试件中唯一的非零应变分量顺着撞击方向。这一特殊的压缩模式可用 Rankine-Hugoniot(R-H) 突跃关系分析受冲击材料的密度、压力和内能变化。根据实验中测量的击波速度 U_s 和波阵面后材料的粒子速度 u_p 这两个力学参数, 可以表示出 R-H 关系。实际上, R-H 关系是一维应变加载模式下的质量、动量和能量守恒方程, 形式如下:

$$质量守恒 \quad \rho_0 U_s = \rho(U_s - u_p) \tag{1.4a}$$

$$动量守恒 \quad p = \rho_0 U_s u_p \tag{1.4b}$$

$$能量守恒 \quad \Delta e = \frac{p}{2}\left(\frac{1}{\rho_0} - \frac{1}{p}\right) \tag{1.4c}$$

式中: ρ、p、Δe 分别为受冲击材料的密度、压力和内能变化; 下标 0 代表初始状态的参数。

击波速度 U_s 和粒子速度 u_p 是每次实验测量的参数。根据不同撞击速度的实验, 可以确定固体的冲击状态方程。以图形表现该状态方程的方法之一是绘制冲击波阵面后压力与粒子速度的关系曲线。这一 $p = p(u_p)$ 曲线称为固体的 Hugoniot 曲线。它代表的是单一冲击波作用后, 材料能达到的所有可能状态点的轨迹。Hugoniot 曲线不同于固体的等温压缩曲线,Hugoniot 曲线上每一点有不同的温度 (内能)。与终点弹道学有关的一些材料的 Hugoniot 曲线如图 1.6 所示。

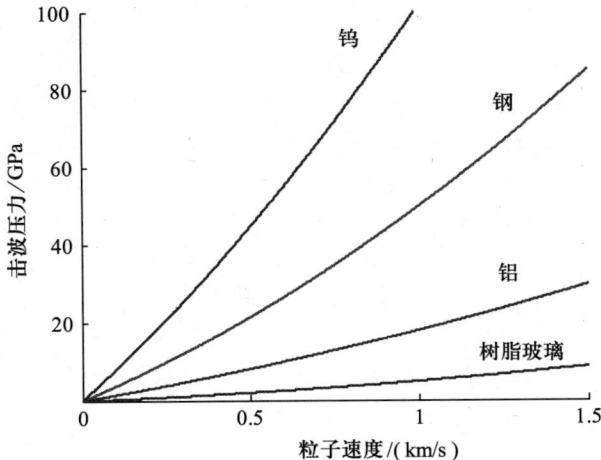

图 1.6 一些材料的 Hugoniot 曲线

对弹/靶材料相同的对称碰撞, 冲击波阵面后粒子速度是撞击速度的 1/2。只要精确测量对称碰撞的撞击速度, 就可以得知冲击波后的粒子速度。靶中击波速度可用光学方法测量, 也可用击波阵面到达使电极短路的电学方法测量。对许多固体和液体物质, 击波速度和粒子速度存在线性关系, 即

$$U_s = C_0 + S u_p \tag{1.5}$$

式中, C_0 非常接近于固体在初始环境条件下的体波声速。对大多数固体, 实验测得的上述线性关系的斜率值 S 为 $1.0 \sim 1.5$。可模拟终点弹道学实验现象的所有商业程序的数据库里, 都列举了许多材料的 C_0 与 S 值。

1.2.2　材料动态强度测量

上节简要论述了材料受平面击波加载而处于一维应变状态的材料特性。在分析中忽略材料强度而将其视为流体, 于是样品的三个主应力值相等, $\sigma_x = \sigma_y = \sigma_z = p$, p 为固体的压力。这一近似对于压力远高于材料强度 Y 的强冲击波是合理的。一般当压力小于 $10Y$ 时, 分析中必须考虑材料的弹 - 塑性特性。考虑材料强度的冲击 Hugoniot 曲线如图 1.7 所示。考虑材料的强度, 意味着受冲击固体的主应力不再互等。击波传播方向上的应力 σ_x 比其他两个方向的应力 σ_y 和 σ_z 高出 Y 值, 而 σ_y 和 σ_z 相等。需要注意弹性区和塑性区的区别: 固体的弹性响应表示为终止于 Hugoniot 弹性限 (HEL) 的直线, 而塑性响应由叠加在表示弹性响应的直线上的 Hugoniot 曲线给出。冲击波阵面后材料受压缩处于单向应变状态, $\varepsilon_x \neq 0$ 而 $\varepsilon_y = \varepsilon_z = 0$, x 表示击波传播方向。因此击波传播方向的应变实际上是材料的体积应变 ε_V, 体积应变与击波压力作用所致的密度比 ρ/ρ_0 有关。击波压力由材料的三个主应力的平均值取得, 即 $p = (\sigma_x + \sigma_y + \sigma_z)/3$。

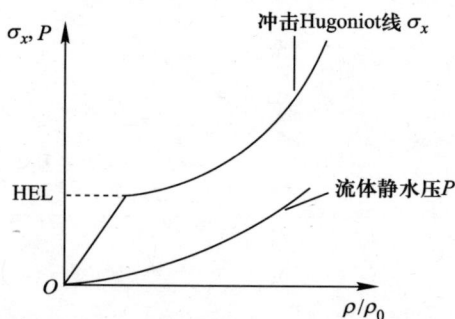

图 1.7　考虑固体强度的 Hugoniot 线示意图

在很低撞击速度下, 固体为弹性响应, 卸载时又恢复到其初始状态。在

弹性阶段, 一维应变下固体状态可由纵向应力 σ_x 和两个横向应力 $\sigma_y = \sigma_z$ 决定, 关系式如下:

$$\sigma_y = \sigma_z = \frac{\nu}{1-\nu}\sigma_x \tag{1.6}$$

式中: ν 为固体的泊松系数。

　　弹性响应阶段终止于 Hugoniot 弹性限, 它标志着一维应变加载下材料屈服的开始。在这一点, 主应力差 $\sigma_x - \sigma_y$ 达到最大值, 该最大值等于固体的动态强度 Y_d。这一约束是 Tresca 和 von Mises 屈服准则将金属的应力分量差值限制在塑性范围内的结果。把屈服条件 $\sigma_x - \sigma_y = Y_d$ 和方程 (1.6) 联用, 得到固体的 HEL 与其动态强度的关系为

$$\mathrm{HEL} = \frac{1-\nu}{1-2\nu}Y_d \tag{1.7}$$

　　根据 HEL 测量值推算得到的动态强度 Y_d 可能与固体的静态强度不相同, 尤其是对于应变率敏感材料。

　　固体受冲击波作用存在两阶段响应, 使得冲击 Hugoniot 曲线斜率在 HEL 点不连续, 如图 1.7 所示。这一不连续导致固体中冲击波阵面分裂成两个传播速度不同的波。幅值等于 HEL 的弹性前驱波以纵波波速 C_L 运动:

$$C_L\sqrt{\frac{K+4G/3}{\rho}} \tag{1.8}$$

式中: K、G 分别为固体的体积模量和剪切模量; ρ 为密度。

　　较慢的 "塑性波" 以冲击波速度 U_s 传播, U_s 由式 (1.5) 给出。记录下弹性前驱波的幅值, 就可以确定受冲击材料在 $10^6 \sim 10^8\,\mathrm{s}^{-1}$ 量级的高应变率下的动态强度。直到塑性波速度达到 C_L 之前, 塑性波速度随着冲击波幅值的增加而增加。对于更高幅值的冲击波, 固体中将只有一个波传播。出现单一击波结构的冲击波幅值阈值, 取决于固体的性质。对大多数固体材料, 该阈值为 $10 \sim 100\,\mathrm{GPa}$。例如, 铝和钢对应的阈值应力分别约为 $10\,\mathrm{GPa}$、$60\,\mathrm{GPa}$。

　　类似地, 可以研究在自由面稀疏波作用下受冲击固体的稀疏过程。如图 1.8 所示, 在应力 – 应变平面上稀疏过程沿着样品卸载路径发生。固体首先沿着直线发生弹性卸载, 直线斜率与纵波速度 C_L 有关。卸载到某一点, 该直线在流体静水压线之下与固体的屈服面相交。进一步卸载沿着大致平行于 Hugoniot 曲线的等熵线进行 (图 1.8)。这一卸载段称为 "塑性卸载"。它位于静水压线下方, 距静水压线 $2/3Y_d(p, T)$。由于冲击 Hugoniot

曲线在静水压线上方同样距离, 冲击压缩曲线和卸载曲线的垂向 "距离" 等于 $4/3Y_d(p, T)$。固体动态强度 $Y_d(p, T)$ 与冲击作用后高压、高温状态下材料强度有关, 由于压缩硬化效应, 其值可远高于固体准静态强度。另一方面, 如果受冲击材料的温度足够高导致热软化发生, 其值也可能低于准静态强度。卸载曲线的斜率在弹性和 "塑性" 部分不连续, 可导致有特定结构的卸载波, 可用应力或粒子速度测计连续监测该卸载波。从弹性卸载波幅值可以确定固体冲击状态下的动态强度 $Y_d(p, T)$, 下节将对此予以讨论。

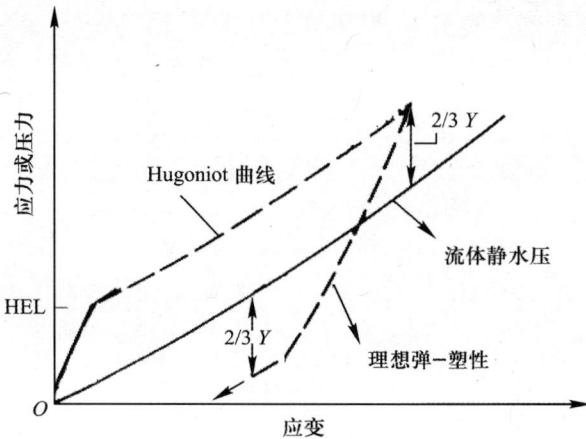

图 1.8　考虑材料强度的加载 – 卸载曲线

1.2.3　诊断技术

　　平板撞击实验对于确定固体本构关系的重要参数非常有用。本构关系描述了受冲击状态下, 材料强度和失效特性对应变率、压力和温度的依赖关系。这些变化的量化数据可根据不同的平板撞击实验的冲击波波形记录获得, 有关内容参见 Chhabildas (1987) 和 Asay (1997) 的综述文章。平板撞击实验的应变率能达到 $10^8\,\mathrm{s}^{-1}$, 压力能达到几吉帕至几百吉帕。在靶板中埋设应力计, 或用干涉测量技术监测靶板背面速度, 就可得到需要的数据。

　　埋设的应力计由压阻材料 (其电阻率随压力发生较大的变化) 制成, 或由压电材料制成 (压力脉冲扫过时产生电荷或电流)。测量冲击加载或静态加载时最常用的压阻材料是锰、镱或碳。最成功的压电测计是用极化的 PVDF 薄膜制成的。F. Bauer (1983、1984) 解决了冲击波加载条件下 PVDF 测计的极化技术和标定技术。

冲击波研究最常用的压阻应力计用含铜 84%、锰 12% 和镍 4% 的锰铜合金制成。在高达约 100 GPa 压力下，锰铜的压阻系数几乎不变。Chhabildas (1987) 综述文章引述了 P. de-Carli 高达 120 GPa 冲击波压力的测量结果。锰铜计的电阻对温度变化几乎不敏感，使其成为理想的动态实验应力测计。在 20 世纪初期，诺贝尔奖获得者 P. W. Bridgman 在其经典研究中，在静高压腔中安装了锰铜计。冲击实验中使用锰铜作为压力传感器最早见于 Fuller 和 Price (1964) 发表的文章。他们将锰铜薄膜安装在两块平板间，测量冲击波经过平板时薄膜的电阻变化。根据事先标定的响应曲线，所测波形可转换为受冲击试件的压力－时间波形。锰铜薄膜和金属丝测计的标定曲线已由 Barsis (1970)、Kanel (1978)、Vantine (1980) 和 Rosenberg (1980) 等获得。这些标定结果相互之间在 2% 以内吻合，平均压阻系数为每吉帕压力 $\Delta R/R_0 = 2.4\%$, R_0 为测计初始电阻，ΔR 为其电阻变化。图 1.9 为平板撞击铜试件实验的典型记录波形。图 1.9 中还详细显示了测计在被试组件中的位置 (试件后表面)，这种测计布局特别适合于确定试件的动态压缩和拉伸强度。

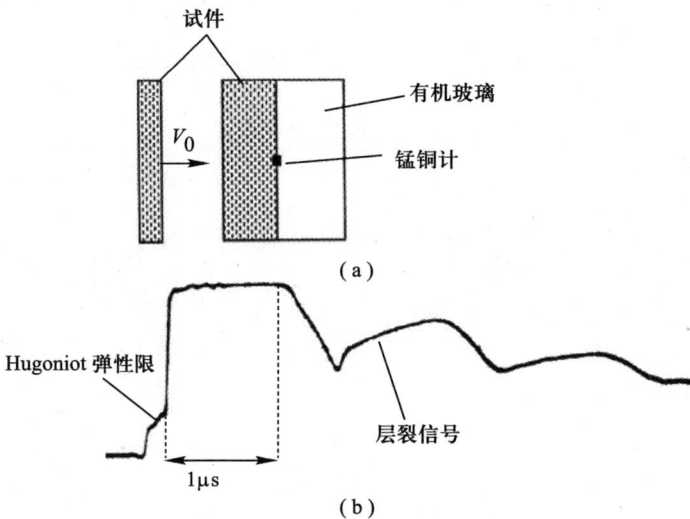

图 1.9　试件后表面安装锰铜计布局和锰铜计记录波形
(a) 后表面安装测计的布局; (b) 波形。

采用这种布局,实际上测定了试件和有机玻璃衬板交界面的应力历史。记录波形有两个特点值得注意: ① 信号的上升部分明显地表明试件中的冲击波分裂成了弹性前驱波和随后的塑性波。弹性前驱波幅值等于 HEL,可用于确定高应变率下固体强度。弹性波和塑性波后跟着一个幅值为常数的冲击波平台,随后通过卸载波发生卸载。② 在卸载波后出现由于靶板内部层裂失效而产生的应力振荡。层裂表明试件内两个卸载波相互作用导致的材料拉伸失效的开始。两个卸载波分别产生于飞片自由面和试件/有机玻璃界面。层裂信号的第一个回弹幅值与动态拉伸情况下试件的失效强度 (层裂强度) 有关。于是, 通过这种简单实验可以得到试件的动态压缩强度和拉伸失效阈值。

获得高冲击压力下固体压缩强度的一个直接方法是横向测计技术,该方法最早由 Bernstein 等 (1967) 提出。如图 1.10 所示, 两个应力计互相垂直安装在试件内。第一个应力计的安装面平行于波阵面, 测量试件中的纵向应力 σ_x。第二个应力计的安装面顺着击波传播方向,测量试件中的横向应力 σ_y。所测两个应力值之差等于受冲击状态下试件的强度, 即 $\sigma_x - \sigma_y = Y_d(p, T)$。Rosenberg 等 (1981) 指出, 该技术的主要困难来自于测计的方向不同导致测计的标定曲线不同。通过对横向测计的正确标定,例如, Rosenberg 和 Partom(1985) 对锰铜计的工作, 该方法可用于测量高冲击压力下材料的强度。第三篇将看到, 在确定高冲击压力下陶瓷材料的强度时, 横向测计技术非常有用。

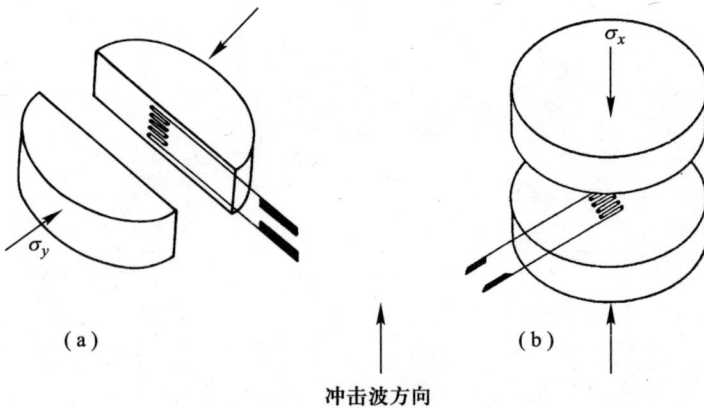

图 1.10　测计的横向和纵向安装方向

(a) 横向; (b) 纵向。

在冲击波研究中, 最精确的实验技术是各种各样干涉测量手段, Chha-bildas (1987) 对此进行了综述。其基本概念是通过试件背面反射激光束来连续监测试件背面的速度, 其中最常见的是 Baker 和 Hollenbach (1964) 提出的用于任意反射面的速度干涉系统 (Velocity Interferometer System for Any Reflector, VISAR), 以及 Johnson 和 Burgess (1968) 最先应用的 Fabry–Perot 干涉仪。它们都使用来自运动物体背面的具有多普勒频移的光, 物体背面可以是镜面或漫反射面。反射光分成两束, 构成广角迈克尔逊干涉仪的不同臂。干涉仪的条纹灵敏度依赖于干涉仪两臂间的延迟时间。对于 VISAR, 延迟时间由一条光路上具有预定延迟时间的光学标准具实现。对于 Fabry–Perot 干涉仪, 延迟时间由一组以精确距离分开放置的平板实现。两束光叠加产生一组条纹, 条纹计数与试件背面速度成正比。两种系统的响应时间都很快, 使人们能够很精确地研究试件自由面速度的细小变化。这两种方法也各有一些缺点, VISAR 受反射光强度变化影响; Fabry–Perot 干涉仪受记录胶片的分辨率影响。Strand 等 (2006) 介绍了外差速度计的新技术, 克服了 VISAR 或 Fabry–Perot 干涉仪遇到的困难, 同时保留了它们的主要优点。它得到的速度 – 时间历史直接与拍波的频率关联, 因此不需要其他额外部件解决由于条纹跳跃不定性引发的困难。另外, 数据记录在长记录时间的数字示波器上, 避免了摄影机畸变的影响。

借助这些测试技术的高分辨率, 可应用 Asay 和 Lipkin(1977) 提出自洽处理方法 (双屈服面法), 得到受冲击压缩试件强度的准确值。图 1.11 显

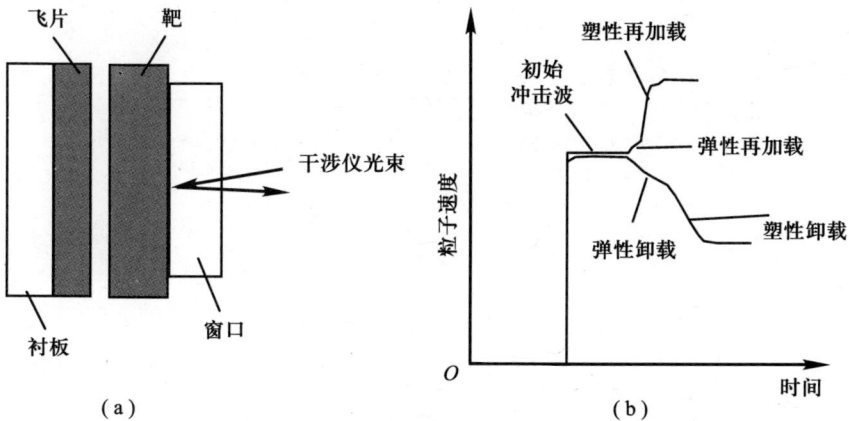

图 1.11　实验布局和初始冲击后再卸载/再加载实验波形
(a) 实验布局; (b) 实验波形。

示了该方法的实验布局和实验得到的 VISAR 记录波形。该技术以两次相似实验为基础, 差别仅在于飞片衬板不同: 一次实验中衬板的声阻抗高于飞片的, 而另一次则低于飞片的。声阻抗定义为材料密度 ρ_0 和纵波声速 C_L 的乘积 $\rho_0 C_L$。在相同撞击速度下, 两次实验的初始冲击波幅值相同。如果衬板声阻抗高, 初始冲击波后跟着第二个冲击波; 如果衬板声阻抗低, 初始冲击波后跟着一个卸载波。从测量波形的再冲击或再卸载的弹性部分, 可以确定试件冲击状态下的动态强度 $Y_d = Y(p, T)$。

图 1.12 简要汇总了 Asay 和 Kerley (1987) 对不同材料的研究结果, 示出了材料的相对强度 (动态强度除以静态强度) 与冲击波幅值的函数关系。图中某些材料强度随击波压力增加而降低的趋势, 是由于材料的压缩硬化和热软化两种效应竞争的结果。很明显, 图中铝合金的数据表明, 在很高冲击波压力下, 试件温度足够高以至于引起热软化。

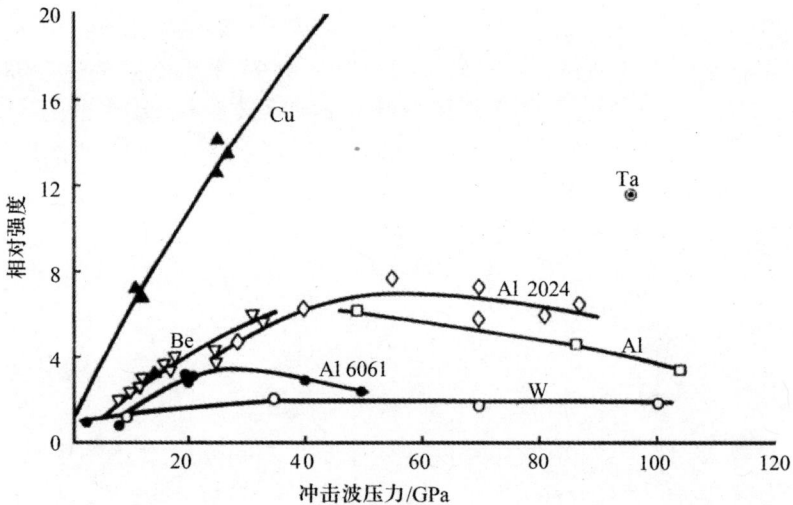

图 1.12　部分材料在高冲击压力下的强度变化

Kolsky (1949) 提出的 Kolsky 杆 (又称分离式 Hopkinson 杆) 是研究应变率范围 $10^2 \sim 10^4 \, s^{-1}$ 和一维应力条件下固体动态应力 – 应变关系的最常用设备。这也是侵彻过程中, 在弹体和靶界面附近材料的应变率范围。Kolsky 杆由两根高强度钢制成的测量长杆组成, 两长杆夹住试件, 如图 1.13 所示。长杆直径通常为 $12 \sim 25 \, mm$, 长度为 $3 \sim 5 \, m$。

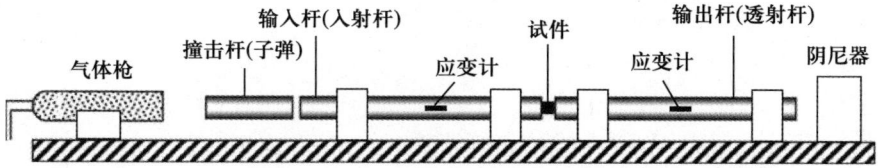

图 1.13　Kolsky 杆示意图

　　用压缩气枪以 5 ~ 20 m/s 速度向第一根长杆 (输入杆) 发射一短杆 (撞击杆), 撞击后在输入杆产生一矩形应力脉冲。脉冲持续时间等于弹性应力波在撞击杆中单程传播时间的 2 倍 (典型值为 100 ~ 200 μs)。输入应力脉冲由粘贴在输入杆上、离杆/试件界面一定距离处的应变片记录。入射应变 – 时间波形 $\varepsilon_i(t)$ 是进行分析所必需的三个应变信号之一。入射应力脉冲到达试件, 一部分反射回输入杆, 另一部分透射到第二根杆 (输出杆)。反射脉冲 $\varepsilon_r(t)$ 由记录入射脉冲的第一个应变计记录。透射脉冲 $\varepsilon_t(t)$ 由粘贴在输出杆上的第二个应变计记录, 它离试件的距离与第一个应变计的相同。试件直径应小于杆的直径, 以便试件中应力幅值足够高。选择合适的试件尺寸, 使得高强材料也能被压缩到大应变 (远远超过其弹性响应范围)。由于早期阶段试件中应力振荡,Kolsky 杆的分析方法不适用于解释试件响应的弹性部分。一般认为, 当应变大于百分之几时分析方法是准确的。

　　决定试件变形的参量是试件与两杆接触面的速度 $V_1(t)$ 和 $V_2(t)$。试件的应变率为

$$\dot{\varepsilon} = \frac{\mathrm{d}\varepsilon}{\mathrm{d}t} = \frac{V_1(t) - V_2(t)}{h} \tag{1.9}$$

式中: h 为试件厚度, 它也随时间变化。

　　速度 $V_1(t)$ 和 $V_2(t)$ 可根据测得的应变 – 时间波形, 利用长杆中弹性波关系 $V = C_b\varepsilon$ 得到, C_b 为长杆中弹性波速。这样, 两个界面的速度为

$$\begin{cases} V_1(t) = C_b[\varepsilon_i(t) - \varepsilon_r(t)] \\ V_2(t) = C_b\varepsilon_t(t) \end{cases} \tag{1.10}$$

将式 (1.10) 代入方程 (1.9) 并积分, 得到试件的应变为

$$\varepsilon(t) = \frac{C_b}{h} \int [\varepsilon_i(t) - \varepsilon_r(t) - \varepsilon_t(t)]\mathrm{d}t \tag{1.11}$$

假设试件厚度方向应力是平衡的, 则可将试件两端面所受应力的平均

值作为试件的应力, 即

$$\sigma(t) = \frac{F_1(t) + F_2(t)}{2A_s} \qquad (1.12)$$

式中: A_s 为试件的截面积, 它也随时间变化。

作用力 F_1、F_2 与长杆上两个应变计测量的应变有如下关系:

$$\begin{cases} F_1(t) = A_b E[\varepsilon_i(t) + \varepsilon_r(t)] \\ F_2(t) = A_b E \varepsilon_t(t) \end{cases} \qquad (1.13)$$

式中: A_b 为杆的截面积; E 为弹性模量。

根据试件的应力 $\sigma(t)$ 和应变 $\varepsilon(t)$, 容易得到某一高应变率下试件的动态应力 – 应变关系 $\sigma = \sigma(\varepsilon)$。改变试件的尺寸或撞击杆的速度, 可导致试件的不同应变率值和最大应变值。如果数据分析时考虑试件厚度的瞬时值, 则 $\sigma(\varepsilon)$ 曲线称为真应力 – 应变曲线。如果不考虑压缩过程试件厚度变化, 则 $\sigma(\varepsilon)$ 曲线为工程应力 – 应变曲线。

要采用 Kolsky 杆使高强度试件产生塑性变形, 面积比 A_b/A_s 必须足够大。这样可获得足够的应力放大, 以使试件中的应力大于其屈服强度。实验前精确测量试件尺寸和确定压杆的弹性波速 C_b 非常重要。图 1.14 是我们实验室对 6061-T651 铝合金试件进行 Kolsky 压杆实验测量的一组典型应变信号。图中还显示了根据这一组应变信号得到的试件真应力 – 应变曲线。

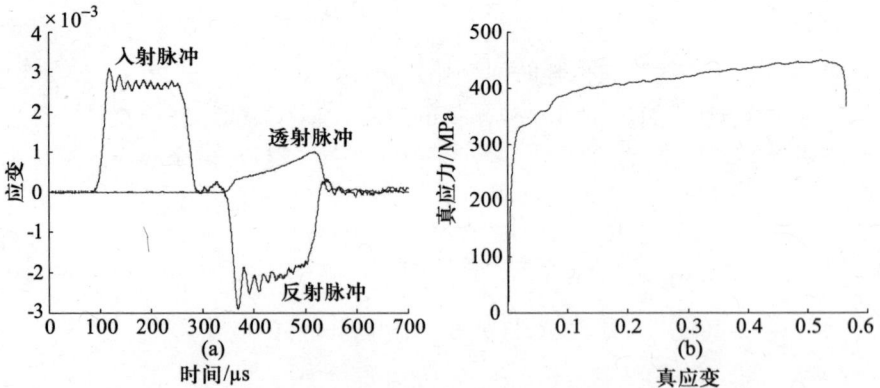

图 1.14　6061-T651 铝合金试件的实测应变信号和得到的应力 – 应变关系
(a) 应变信号; (b) 应力 – 应变关系。

许多研究工作, 例如, 分析试件惯性影响、试件与压杆界面的摩擦对试件中应力均匀性的影响等, 其主题是研究圆片状试件的真实应力状态。Gorham 等 (1984) 给出的一个重要结论是: 为了减小试件惯性的影响, 试件的尺寸比, 即厚度直径比, 约为 0.5。为了减小界面摩擦影响, 通常实验前在试件两端面涂抹一些润滑油。惯性影响的问题对混凝土之类的材料很重要。Li 和 Meng(2003) 的分析显示, 对于混凝土或类似混凝土的材料, 在应变率约 $10^2 \, \mathrm{s}^{-1}$ 时出现的明显应变率敏感性, 是由于试件的惯性影响而不是高应变率下材料强度增加。至于金属材料, 试件惯性影响可以忽略。Kolsky 压杆是获得终点弹道效应相关的应变率下, 材料动态应力 – 应变曲线的最佳实验技术。特别地, 绝热剪切带现象能容易地从应力 – 应变曲线形状予以确认, 第 2 章将对其进行讨论。

Avinadav 等 (2011) 发展了一种直接测量 Kolsky 压杆速度的技术, 而不是传统的应变片测量方法。该技术以 Strand 等 (2006) 提出的、被称为光子多普勒速度计 (the Photonic Doppler Velocimeter, PDV) 的速度干涉测量技术为基础, 并针对低速测量进行了专门改造。该干涉仪使用光纤聚焦透镜以大约 30° 角照射压杆端面, 有多普勒频移的反射光经透镜收集后与一束参考光干涉, 从而测量压杆速度。这一技术可获得两压杆的光滑的速度曲线, 利用前面的方程可以得到试件的应力、应变历史。Avinadav 等 (2011) 的研究表明, 这是确定动态应力 – 应变曲线的更直接、也更容易的方法, 其结果与应变计得到的结果是相同的。

为了对试件进行拉伸或扭转加载, 要对 Kolsky 压杆系统进行动态压缩实验的简单实验布置进行更改。其基本原理是一样的, 仅试件的安装方式不同。例如, 采用 "套环" 技术实现拉伸加载: 具有标准拉伸试件形状的试件拧紧到两压杆端部, 试件外部套一个高强度钢套环。加载时, 输入杆中的压缩波通过套环传播, 压缩加载阶段试件不参与承载。随后, 应力波到达压杆端部, 反射后向试件方向传播。两个稀疏波作用使试件受到拉伸加载。这一阶段套环与压杆分离, 拉伸载荷只作用于试件上。对应变计信号进行分析, 得到拉伸载荷作用下试件的应力 – 应变响应关系。Rosenberg 等 (1986) 应用这一实验布局并加热试件, 以获得一些金属材料高温下的动态应力 – 应变曲线。试件加热必须是局部的和迅速的, 以避免压杆受到过多的加热。采用电磁感应线圈加热可以满足这些要求, 如图 1.15 所示。

套环由高强陶瓷材料制成, 只在试件里有电涡流流动, 以避免套环受到加热。该系统加热试件的时间一般小于 1 min。在套环上开一个小孔, 将热电偶伸进去。测量结果表明, 温度可达 1000°C。

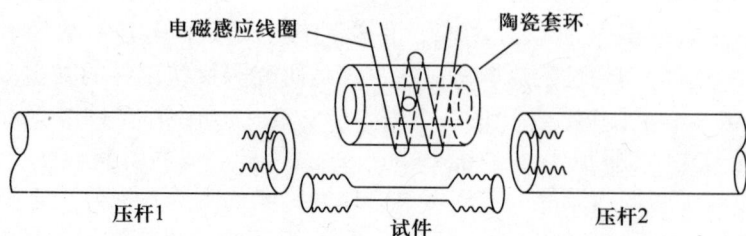

图 1.15　Kolsky 拉杆实验的电磁感应加热装置

1.3　终点弹道学研究中的常见威胁

本书集中讨论在战场上会普遍遇到的威胁的终点弹道效应, 这些威胁分为四类: ① 小型武器发射的弹体; ② 破片模拟弹 (Fragment Simulating Projectiles, FSP); ③ 长杆弹; ④ 聚能射流 (或成型装药射流) 和爆炸成形弹丸 (Explosively Formed Projectiles, EFP)。

小型武器发射的弹体是指步枪或机枪发射的、具有软芯 (通常是铅) 或硬芯 (钢或碳化钨) 的弹体。其直径为 $5 \sim 15\,\text{mm}$, 弹体出枪口的速度为 $600 \sim 1000\,\text{m/s}$。穿甲 (Armor Piercing, AP) 弹有高硬度 (60 HRC 左右) 弹芯, 其硬度之高可视为刚体侵彻金属目标。图 1.16 显示了一种典型穿甲弹——0.3 英寸APM2 及其组成部分。

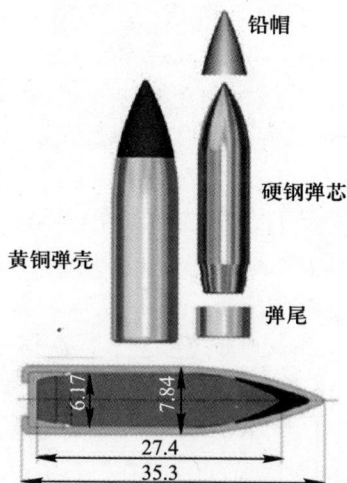

图 1.16　0.3 英寸 APM2 弹结构图 (尺寸单位为 mm)

对刚性弹体的侵彻深度而言, 卵形弹头形状是最有效的。卵形形状由球心在弹体外部的两个球形部分形成, 如图 1.17 所示。卵形弹头的球半径 s 通常是弹体直径 D 的 $2 \sim 4$ 倍。可以用球半径和弹体直径比值 (Caliber-Radius-Heads, CRH) 来描述卵形弹头部形状, 例如 $s = 3D$ 的卵形弹头形状称为 3CRH 卵形。

图 1.17　卵形弹头形状

破片模拟弹为钢质圆柱体, 高径比约为 1, 直径为 $5 \sim 20\,\mathrm{mm}$, 硬度约为 30 HRC。这类弹体作为炮弹形成的钢质破片的代表, 其前端面形状类似于凿子 (两侧为斜切削面, 中间为平面), 如图 1.18 所示。通常用破片模拟弹对设计目标是防御 $1.0\,\mathrm{km/s}$ 左右破片撞击的新型装甲进行实验。

图 1.18　破片模拟弹

由韧性金属 (通常为铜) 制成的锥形罩 (药型罩) 安装在圆柱形炸药前端的锥形空穴里, 炸药爆炸压垮药型罩形成聚能射流。与目标撞击时圆柱装药被引爆, 爆轰波沿着装药长度方向移动。当爆轰波到达铜质锥罩时, 引起锥罩对称压垮, 形成以几千米每秒速度移动的细长铜射流。实际上, 沿着射流长度方向存在速度梯度, 因此随着时间和飞行距离增加, 射流持续拉长。这些又长又细 (直径几毫米) 的射流可以穿透厚度等于其长度的装甲钢板, 是攻击装甲车辆的一种最致命弹药。图 1.19 为 Liden 等 (2008) 给出的两幅连续的射流照片。注意图中射流头部形状, 这是绝大多数聚能射流的通常情况。

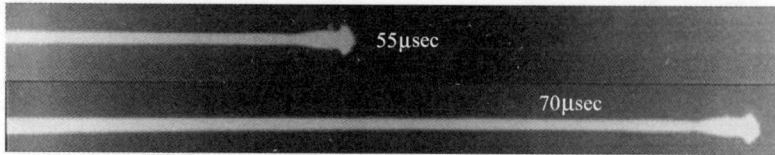

图 1.19 聚能射流飞行过程中不断伸长

当一个球形衬里 (药型罩) 安在圆柱装药中时, 药型罩以另一种方式压垮形成所谓的爆炸成型弹丸 (EFP)。EFP 是头部为球形、长径比约为 5 的金属杆, 运动速度约为 2 km/s。EFP (材料一般为铜或钽) 的直径比聚能射流的直径大得多。其高致命性来自于 EFP 在靶体上形成的大弹孔和受 EFP 推动而飞向受攻击车辆舱室内部的大量碎片。碎片包括 EFP 的残余部分和从弹孔中高速喷出的靶体材料。

长杆侵彻体由诸如钨合金、贫铀等高密度材料制成, 其密度约为 $17.5\,\text{g/cm}^3$。长杆弹的长径比 L/D 为 $20 \sim 30$, 发射速度约为 $1.7\,\text{km/s}$。长杆弹的头部尖, 即使飞了一两千米距离后, 也不损失多少速度。由于杆弹的侵彻深度线性依赖于弹体长度, 长杆弹就取代了老式的、长径比小得多的钢弹。杆弹材料的压缩强度大约仅为 $1.5\,\text{GPa}$, 因此长杆弹在与装甲钢靶撞击和侵彻过程中发生消蚀。图 1.20 显示了这类长杆弹的早期飞行阶段, 图中用于长杆弹在炮膛里发射的 3 片弹托由于空气阻力而分离开。

图 1.20 飞行中的长杆侵彻弹

第 2 章
数值模拟的材料模型

2.1 概述

被称为流体动力学代码的大型计算机程序用来进行高速撞击现象的数值模拟, 这些代码早先用于可将材料当作流体对待的高压问题, 所以有此称呼。这些程序可处理包括冲击波 (具有极高压力和很短上升时间, 同时还有高温和大变形) 的冲击加载问题。过去 30 年来, 发表了不少对流体动力学代码及其应用进行评述的文章。就终点弹道学方面的而言, Anderson (1987) 和 Zukas (1990) 的综述文献是其中内容最广泛、信息最丰富的。本章强调指出运用数值代码进行终点弹道学研究的一些重要问题。按照 Anderson 的表述, 流体动力学代码是最好的 "仪器化实验", 它们能够也应当用于终点弹道学效应的敏感性研究。这些研究可以突出被研究的过程中每个参数的作用, 揭示过程背后的物理本质。通过本书介绍的不同问题, 将演示如何利用这类敏感性研究, 建立并验证解析模型。作为一个例子, 考虑采用实验方法确定弹体侵彻深度对靶体强度依赖关系要面临的困难: 在大范围里改变靶体材料强度的任何实验尝试, 都会同时导致材料某些其他性质的改变。但是, 系统地变化靶体材料的强度并进行一系列数值模拟是很容易的, 这能够获得对此问题的深入理解。另一个优点是, 对于超出任何实验室实验能力范围的事件, 用流体动力学代码进行模拟仍能提供相关信息。例如, 流星撞击的速度为 $20 \sim 40\,\mathrm{km/s}$, 无法进行实验研究, 而利用数值模拟程序能够很容易进行研究。

本质上, 流体动力学代码是在一定的初始条件和边界条件下求解质量、动量、能量方程组的一个高效而精确的方案。除方程组和被研究问题的约束条件外, 还必须给定问题涉及的所有材料的两套数据, 即第 1 章简要讨论过的材料的状态方程数据和本构关系数据。待求解的方程组描述的是连续介质的行为，但代码通过有限差分或有限元的方式，对空间和时间进行离散以求解方程组。在有限差分中，按照物体的几何形状生成一个网格。方程里的连续的空间微分，如 df/dx，被形如 $\Delta f/\Delta x$ 差分方程取代，Δx 与网格的单元尺寸有关。对于时间的微分也用相同的方法处理。参数在某一时刻 t 的值根据它们在前一时刻 $t - \Delta t$ 的值和相应的时间导数计算。在有限元中，微分方程组在一些互相连接的子区域 (单元) 上求解。节点被指派给单元，使用插值函数表示变量在单元上的变化。Anderson (1987) 讨论了为优化计算要仔细考虑的四个属性，即一致性、准确性、稳定性和效率。

网格自身可以用欧拉描述或拉格朗日描述，各有其优点和不足。欧拉描述具有空间属性，网格点、网格边界保持在空间固定位置，不随时间变化，物质流过网格。进入固定不变的网格体积里的净物质流量控制其质量、压力、速度等。对拉格朗日描述，网格附着于物质上并随物质一起移动。因为网格点跟随物质运动轨迹，所以拉格朗日描述更适合于物质单元扭曲不严重的情形。欧拉描述对于物质扭曲严重的情形更实用。对于刚性弹体侵彻软靶的情况，弹体用拉格朗日描述、靶体用欧拉描述是最优的组合。

需要考虑的重要问题之一是网格尺寸。如果单位长度网格数不够，就会得到不同的模拟结果。例如，研究消蚀长杆侵彻时，发现杆的半径方向至少要 11 个网格。对于靶体，至少在杆对称轴周围几个杆半径范围内，要保持同样的网格密度。为节省计算时间，更远区域可以根据离对称轴的距离增加而逐渐增加网格尺寸。网格尺寸也依赖于具体问题。例如，在弹或靶发生断裂时，应考虑采用小的网格尺寸。在准备使用代码进行最终 (正式) 运算时，要检查与网格尺寸有关的数值收敛情况。另一个重要问题，尤其是预计网格会严重变形时，是采用拉格朗日坐标的程序遇到的单元侵蚀问题。大变形情况下，拉格朗日程序处理严重变形单元会遇到困难。这时有必要使用侵蚀阈值条件，即单元达到预先确定的塑性或几何变形值就予以删除。计算中要持续不断地监视单元侵蚀情况，当侵蚀太严重时，应该改用欧拉描述的程序。

2.2 材料特性

正如第 1 章所述，与终点弹道学研究有关的材料性质要么属于描述高压、高温下材料压缩行为的状态方程 (EOS), 要么属于说明材料强度和失效特性的本构关系。本节介绍流体动力学代码里应用的一些状态方程和本构关系。对于许多材料的状态方程和本构关系的有关参数, 代码会提供一个大的数据库并不断更新。

2.2.1　状态方程

状态方程是描述材料状态的密度、压力和温度参数之间的关系。通常以 $p = p(\rho, T)$ 或 $p = p(\rho, E)$ 形式给出, E 为固体内能。非常有用的状态方程之一是如下的 Mie-Gruneisen 方程:

$$p = p_H(\rho) + \Gamma\rho(E - E_H) \tag{2.1a}$$

式中: 下标 H 代表参数在 Hugoniot 曲线式 (1.4) 上的值; Γ 为 Gruneisen 系数。

Mie–Gruneisen 状态方程很容易应用于已经确定了 Hugoniot 曲线 (以 $p_H = f(\rho)$ 和 $E_H = g(\rho)$ 形式表示) 的材料。固体冲击加载后, 不在 Hugoniot 曲线上的可能状态可用该 EOS 描述。有几个方式表示 Gruneisen 系数, 其中一个如下:

$$\Gamma = V_s \left(\frac{\partial p}{\partial E}\right)_{V_s} \tag{2.1b}$$

式中: $V_s = 1/\rho$ 为固体的比容。

对于许多固体, 在初始未扰状态下 $\Gamma = 2.0$。此外, 还假设, 对于固体在很大压力范围内, Γ 与温度无关, 乘积 $\Gamma \cdot \rho$ 为常数。Rosenberg 和 Partom (1982) 的实验证实, 这一假设对于有机玻璃是成立的。为与其实验相应, Γ 可采用有些不同的定义, 即

$$\Gamma = -\left(\frac{\partial \ln T}{\partial \ln V_s}\right)_s \tag{2.1c}$$

其中, 偏微分沿着固体的等熵压缩线定义。

Rosenberg 和 Partom (1982) 使用原位温度和应变测计, 直接测量了有机玻璃等熵压缩的温度升高和体积应变。试件的等熵加载采用在试件里反射的一系列小幅值冲击波来实现, 测计记录每次反射后试件的温度和比容 (应变)。得到的主要结论是, 在实验范围内有机玻璃的 $\Gamma \cdot \rho$ 乘积确实为常数。

大多数流体动力学代码的子程序库里包含的另一个 EOS 是以固体等熵压缩的 Murnaghan 方程为基础的, 而不是以 Hugoniot 线为基础, 即

$$p = p_S(\rho) + \gamma_{\mathrm{m}}\rho(E - E_{\mathrm{s}}) \tag{2.2}$$

式中: γ_{m} 为固体体积模量对压力的偏微分。

固体等熵压缩的 Murnaghan 状态方程为

$$p_S(\rho) = \frac{K}{\gamma_{\mathrm{m}}}\left[\left(\frac{\rho}{\rho_0}\right)^{\gamma_{\mathrm{m}}} - 1\right] \tag{2.3}$$

式中: K 为固体的体积模量。

Ruoff (1967) 指出, 可根据关系式 $\gamma_{\mathrm{m}} = 4S - 1$ 得到 γ_{m} 值, S 为击波速度与粒子速度线性关系式 (1.5) 的斜率。使用典型值 $S = 1.5$, $\gamma_{\mathrm{m}} \approx 5$, 这与许多固体体积模量对压力的偏微分的测量结果是一致的。

2.2.2　本构关系

在流体动力学代码中考虑固体的弹 – 塑性行为可追溯到 Wilkins (1964) 的早期工作。其基本想法是, 把应力张量 σ_{ij} 的分量看作由两部分组成: 静水压部分 p 由状态方程得到; 应力偏量部分 s_{ij} 表现材料的几何扭曲。按照这种方法, 应力分量可写为

$$\sigma_{ij} = p\delta_{ij} + s_{ij} \tag{2.4a}$$

应力偏量的变化率与应变率通过下式联系起来:

$$\dot{s}_{ij} = 2G\dot{\varepsilon}_{ij} \tag{2.4b}$$

式中: G 为固体的剪切模量。

应变率分解成弹性和塑性部分, 即

$$\dot{\varepsilon}_{ij} = \dot{\varepsilon}_{ij}^{\mathrm{e}} + \dot{\varepsilon}_{ij}^{\mathrm{p}} \tag{2.4c}$$

相比于使用张量, 使用等效 (或有效) 应力 σ_{eq} 和等效应变 $\varepsilon_{\mathrm{eq}}$ 更为容易。其定义为

$$\sigma_{\mathrm{eq}} = \sqrt{\frac{3s_{ij}s_{ij}}{2}} \tag{2.5a}$$

$$\sigma_{\mathrm{eq}} = \sqrt{\frac{2\varepsilon_{ij}\varepsilon_{ij}}{3}} \tag{2.5b}$$

而本构关系就表示成 $\sigma_{eq} = \sigma(\varepsilon_{eq}, \dot{\varepsilon}, T)$ 的形式。

Wilkins (1964) 指出, 在以主应力 σ_1、σ_2 和 σ_3 为轴的应力空间里分析问题更为容易。在三维应力空间里的对角线 $(\sigma_1 = \sigma_2 = \sigma_3)$ 表示材料受静水压加载状态。等效应力是应力空间里某点与对角线的距离的一种度量。各种屈服准则确定了这一距离的最大许可值。于是, 用主应力来表示弹性与塑性状态的边界, 就是在对应于静水压加载的对角线周围的一个圆柱形包络面。位于包络面里面的所有状态对应于固体的弹性范围, 包络面上对应于其塑性 (屈服) 状态。根据定义, 位于屈服面以外的点所对应的状态是不允许的, Wilkins (1964) 提出了一个处理方法, 在数值模拟中利用该方法将这些状态限制到屈服面上。

主应力空间中屈服面方程为

$$(\sigma_1 - \sigma_2)^2 + (\sigma_2 - \sigma_3)^2 + (\sigma_3 - \sigma_1)^2 = 2Y^2 \tag{2.6a}$$

或者写成应力偏量的形式, 即

$$s_1^2 + s_2^2 + s_3^2 = \frac{2}{3}Y^2 \tag{2.6b}$$

实际上, 不同的屈服准则限定了等效应力的最大值, 在代码中必须指定该值。例如, 著名的 von Mises 准则说明, 材料的等效应力不能大于其简单拉伸时的屈服强度, $\sigma_{eq} \leqslant Y_0$。在应力空间中, 该准则表示的屈服面是半径为 Y_0、围绕主对角线 $(\sigma_1 = \sigma_2 = \sigma_3)$ 的圆柱体的表面。von Mises 准则解释了许多呈现出弹性 – 理想塑性特性的金属与合金的屈服行为。高强度材料, 如装甲钢、高强铝合金就是如此。较软的金属经常表现出明显的应变硬化行为, 其强度强烈依赖于应变。304L 不锈钢是显著硬化材料的例子, 因为在塑性应变 50% 下它的强度增加了 5 倍。另一方面, 均质轧制装甲钢, 表现出几乎理想的弹性 – 塑性行为, 没有应变硬化。侵彻体与靶的相互作用总是伴随着弹/靶两种材料的大变形。因此, 对于终点弹道学而言, 材料在高应变下的应力, 即流动应力, 是材料的重要强度性能。以兵器速度发生的撞击 (最高达 2.0 km/s), 相应的应变率为 $10^3 \sim 10^4 \, s^{-1}$。这是 Kolsky 压杆系统覆盖的应变率范围, 这正是它得到广泛应用的主要原因。多数固体在高围压下强度增加, 而在高温时强度降低 (热软化)。因此, 关于固体强度的完全的本构关系应该包括与这些效应有关的所有数据。下面叙述一些这样的、已在流体动力学代码里应用的本构关系。

Johnson 和 Cook (1983) 提出的本构方程是终点弹道学领域很流行的一个。该方程称为 JC 模型, 包括塑性应变、应变率、压力和温度对材料强

度的影响。本构方程为

$$Y = [A_1 + A_2\varepsilon_{\mathrm{p}}^n] \cdot [1 + A_3\ln(\dot{\varepsilon}_{\mathrm{p}}^*)] \cdot [1 - T_H^m] \tag{2.7}$$

式中: A_1、A_2、A_3、n 和 m 为材料常数; ε_{p} 为等效塑性应变; $\dot{\varepsilon}_{\mathrm{p}}^* = \dot{\varepsilon}_{\mathrm{p}}/\dot{\varepsilon}_0$ 是以 $\dot{\varepsilon}_0 = 1.0$ 为参考应变率的相对塑性应变率; 无量纲温度 T_H 由室温 T_{room} 和熔化温度 T_{m} 按照下式确定, 即

$$T_{\mathrm{H}} = \frac{T - T_{\mathrm{room}}}{T_{\mathrm{melt}} - T_{\mathrm{room}}} \tag{2.8}$$

适用于高压撞击的另一个常用材料模型是 Steinberg (1987) 的应变率无关模型。按照该模型, 因高压高温引起的流动应力 Y 的变化与材料剪切模量 G 的变化相关。$Y(p, T)$ 和 $G(p, T)$ 由下列表达式给出:

$$Y(p, T) = Y_0 \cdot \frac{G(p, T)}{G_0}(1 + \beta_{\mathrm{p}}\varepsilon)^n \tag{2.9a}$$

$$G(p, T) = G_0 \cdot \left[1 + \frac{G_{\mathrm{p}}'}{G_0} \cdot \frac{p}{\eta^{1/3}} + \frac{G_{\mathrm{T}}'}{G_0}(T - 300)\right] \tag{2.9b}$$

式中: β_{p}、n 为材料参数; ε 为等效塑性应变; $\eta = \rho/\rho_0$ 为固体的压缩比; 带上标 "$\prime$" 和下标 "p" 或 "T" 的参数, 分别表示 G 在参考状态时 ($T = 300\,\mathrm{K}, p = 0$) 对压力和温度的导数。

第三类本构方程归功于 Zerilli 和 Armstrong(1987), 简称 ZA 模型。不像 JC 模型基本上是经验公式,ZA 本构方程以位错动力学为基础。ZA 模型对面心立方晶格 (FCC) 金属与体心立方晶格 (BCC) 金属区别处理, 因为这两类材料的应变率敏感性和温度敏感性很不相同。本构方程为

$$\sigma_{\mathrm{eq}} = \sigma_0 + kd^{-0.5} + C_2\varepsilon^{0.5}\exp[-C_3T + C_4T\ln\dot{\varepsilon}] \quad \text{(对 FCC 材料)} \tag{2.10a}$$

$$\sigma_{\mathrm{eq}} = \sigma_0 + kd^{-0.5} + C_1\exp[-C_3T + C_4T\ln\dot{\varepsilon}] + C_5\varepsilon^n \quad \text{(对 BCC 材料)} \tag{2.10b}$$

式中: $C_1, \cdots, C_5$ 和 n 为材料参数。

在本构方程中考虑了金属强度与其平均晶粒直径 d 的关系 (Hall–Petch 关系)。

2.2.3　韧性材料破坏

上述模型处理了由材料的硬化与软化机制引起其有效 (等效) 强度变化的问题。这些变化特性对于韧性材料很重要, 韧性材料在失效前可以承

受大的塑性变形。达到一定应变阈值时, 韧性材料或拉伸失效, 或剪切失效。试件失效定义为在其内部失去连接, 导致试件完全解体, 或者试件内部出现损坏 (表现为试件内出现新的自由面)。拉伸断裂是试件内部小的空穴合并, 形成宏观自由面的最终结果。许多学者研究了动态加载下韧性材料的空穴成核与增长过程, Curran (1982) 的综述文章对该问题进行了广泛评述。剪切断裂通常是在试件剪切最严重位置出现剪切带的最终结果。剪切带是很窄的区域, 在此区域空穴发展、合并, 当剪切带的剪应变超过极限值时最终导致失效。相反地, 脆性材料在弹性响应阶段、变形很微小时就失效, 其主要失效模式包括微裂纹成核和合并, 下节将对其进行讨论。

Johnson 和 Cook (1985) 提出了一个特别适用于数值代码的韧性材料断裂准则。该准则以单元的最大断裂应变 ε_f 为基础, ε_f 与材料的应变路径、应变率和温度有关。ε_f 也同应力三轴度 σ^* ($\sigma^* = \sigma_m/\sigma_{eq}$) 有关, 其中 σ_m 为计算每个单元三个主应力的平均值得到的局部压力。这个参数很重要, 因为韧性材料的失效特性强烈地依赖于其承受的压力。压缩应力使空穴和微裂纹闭合, 倾向于阻止失效; 而拉伸应力进一步张开空穴和微裂纹, 促进失效。不同模型的应力三轴度影响是以 Rice 和 Tracey (1969) 的空穴成长模型为基础的。不同的应力三轴度不容易通过实验实现, 因为难以精确确定试件的真实应力状态, 尤其是在复杂加载情况下。Bridgman (1952) 提出了一个常用的产生不同应力三轴度的方法, 其基础是改变拉伸试件中部的开孔半径。该方法相对来说简单明了, 容易用数值模拟进行分析。

图 2.1 是 Hopperstad 等 (2003) 获得的 Weldox 460E 结构钢的断裂应变随应力三轴度的变化关系。注意, 图中拉伸与压缩应力分别对应于正与负的应力三轴度, 而纯剪切对应的应力三轴度为零。很显然, 由于高的压缩应力阻止空穴和裂纹张开, 所以在压缩应力下断裂应变随着应力三轴度增加而显著提高。实际上, 根据有些模型绘出的图, 在 $\sigma^* = -1/3$ 时, 断裂应变渐近地升至无限大。

JC 失效模型定义了连续的损伤度参数 D_f, 对所考虑的单元, 其表示为

$$D_f = \sum \frac{\Delta\varepsilon_{eq}}{\varepsilon_f} \tag{2.11a}$$

式中: $\Delta\varepsilon_{eq}$ 为一个积分周期里累积等效塑性应变的增量; ε_f 为断裂时的等效塑性应变, 该值在 D_f 达到 1.0 时取得。

失效应变由下面的函数形式给出:

$$\varepsilon_f = [D_1 + D_2 \exp(D_3\sigma^*)] \cdot [1 + D_4 \ln \dot{\varepsilon}_p^*] \cdot [1 + D_5 T_H] \tag{2.11b}$$

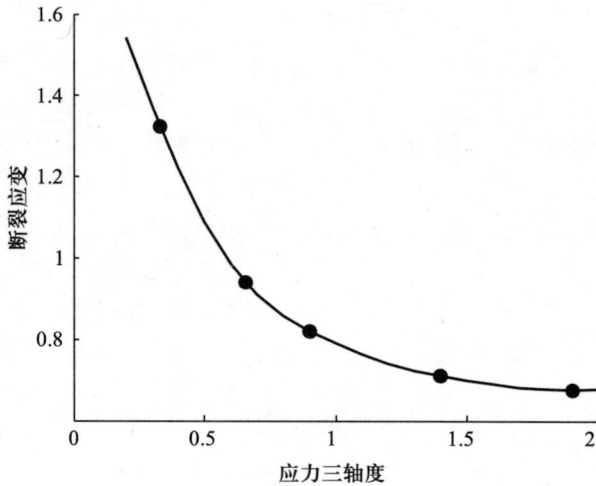

图 2.1 Weldox 460E 钢的断裂应变与应力三轴度的关系

式中: $D_1, \cdots, D_5$ 为材料常数, 必须对每一材料进行标定而得到。

　　脉冲加载作用下, 金属与合金的动态失效经常以材料界面的显著剪切显示出来, 这是由于在那些位置存在大的速度梯度所致。很多情形下, 这些大的剪切应变出现在很狭窄的带上, 称为绝热剪切带 (Adiabatic Shear Bands, ASB)。该失效机制由热力学不稳定造成, 是应变率大约为 $10^3 \, \text{s}^{-1}$ 的动态加载下最常见的失效模式之一。狭窄的剪切带经常含有经历了结构相变的材料, 这种情形下可称为相变带。绝热剪切带现象在军事和工业应用方面都很重要, 引起了广泛关注。Bai 和 Dodd (1992) 总结了有关这一现象的大量数据和分析。Staker (1981)、Rogers (1983)、Timothy 和 Hutchings (1985) 以及 Giovanola (1988a, 1988b) 等文章是研究绝热剪切带性质的重要文献。尽管这些研究指明了绝热剪切带问题的许多特性, 但其物理图像尚不完整。其原因在于, 除热力学不稳定外, 在剪切带发展过程中经常包含微裂纹的产生和扩展。Giovanola (1988a, 1988b) 对纯剪切作用下 4340 钢的研究, 突出显示了剪切热力学不稳定 (在绝热剪切过程的第一阶段起作用) 与其后的微空穴合并 (在随后阶段导致剪切带内发生断裂) 之间的互相联系。

　　Zener 和 Hollomon (1944) 提出的机制解释了启动绝热剪切带的热力学不稳定性。首先写出依赖于固体温度、应变和应变率的剪应力 $\tau =$

$\tau(T, \varepsilon, \dot{\varepsilon})$ 的微分, 即

$$d\tau = \left(\frac{\partial \tau}{\partial T}\right)_{\varepsilon, \dot{\varepsilon}} dT + \left(\frac{\partial \tau}{\partial \varepsilon}\right)_{\dot{\varepsilon}, T} d\varepsilon + \left(\frac{\partial \tau}{\partial \dot{\varepsilon}}\right)_{\varepsilon, T} d\dot{\varepsilon} \tag{2.12a}$$

由此可得:

$$\frac{d\tau}{d\varepsilon} = \left(\frac{\partial \tau}{\partial T}\right)_{\varepsilon, \dot{\varepsilon}} \frac{dT}{d\varepsilon} + \left(\frac{\partial \tau}{\partial \varepsilon}\right)_{\dot{\varepsilon}, T} + \left(\frac{\partial \tau}{\partial \dot{\varepsilon}}\right)_{\varepsilon, T} \frac{d\dot{\varepsilon}}{d\varepsilon} \tag{2.12b}$$

$d\tau/d\varepsilon = 0$ 定义为不稳定条件。对于常应变率实验, 当下式成立时为不稳定:

$$\left(\frac{\partial \tau}{\partial \varepsilon}\right)_T = -\left(\frac{\partial \tau}{\partial T}\right)_\varepsilon \left(\frac{d\varepsilon}{dT}\right)^{-1} \tag{2.13}$$

由于在绝热条件下形成剪切带, 产生的热量不能扩散到剪切带以外。因此可以写出由于塑性变形功引起的剪切带的温度升高方程, 即

$$\rho C_V dT = \tau d\varepsilon \tag{2.14a}$$

式中: ρ 为试件的密度; C_V 为比热容。

根据式 (2.14a) 可得

$$d\varepsilon/dT = \rho C_V / \tau \tag{2.14b}$$

为了从这些方程预估绝热剪切的临界剪切应变, 需要有材料的本构方程。假设剪应力对剪应变为幂次依赖关系, 如 $\tau = N\varepsilon^n$, 则标志热力学不稳定开始的阈值应变 ε_i 为

$$\varepsilon_i = n\rho C_V \left(\frac{\partial \tau}{\partial T}\right)_{\varepsilon, \dot{\varepsilon}} \tag{2.15}$$

研究表明, 上述关系解释了多数情况下的实验结果, 但不是全部情况, Bai 和 Dodd (1992) 对此有讨论。很多情形里, 绝热剪切带出现在有尖角的试件中, 此时几何形状所致的应力集中是造成剪切失效的原因。这一事实引发了人们对绝热剪切带真正本质的困惑。第 4 章讨论绝热剪切对于钝头弹贯穿靶板的重要性时, 将进一步讨论该问题。

图 2.2 是我们实验室用 Kolsky 压杆对 Ti-6Al-4V 钛合金试件进行压缩实验得到的动态应力 – 应变曲线。可以很清楚看到, 在大约 20% 的压缩应变下, 圆片状试件失去了其承载能力。另外, 将圆片状试件在静态强度实验机上加载, 在应变大约 50% 时试件失效。因此, 该合金失效的绝热本质很清楚地通过动态加载的失效应变比准静态加载的失效应变低得多表现出来。

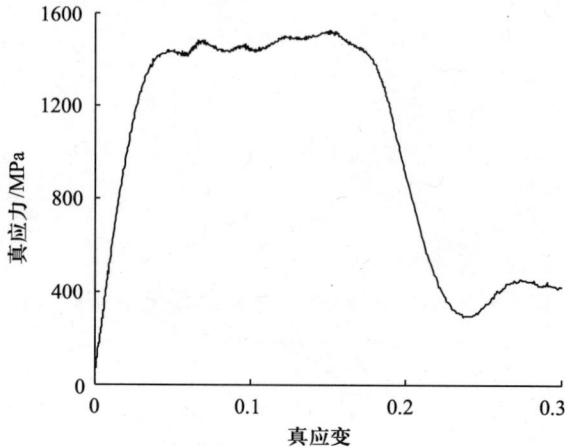

图 2.2　Ti-6Al-4V 合金的动态应力 – 应变曲线

2.2.4　脆性材料破坏

诸如玻璃、陶瓷一类脆性材料的动态行为与韧性金属、合金相比很不相同, 也更加复杂。首先, 脆性固体材料的压缩强度与拉伸强度差别很大, 可达到 10 倍甚至更多。根据定义, 脆性固体在其弹性响应范围发生失效, 几乎没有塑性变形。其失效行为是依赖于压力的, 应变率敏感性 (如果有的话) 相对很小。此外, 脆性材料的破坏区通过伸向各个方向的裂纹从撞击点扩展开来, 影响很大体积内材料的性能。描述脆性材料失效阈值的不同的本构方程都是以 Griffith(1920,1924) 的经典工作为基础的。Griffith 分析了平板受双向应力加载时, 板上椭圆形裂纹附近的应力状态。他研究了 Inglis (1913) 的分析工作, 后者的工作表明, 即使远处为压缩应力, 裂纹尖部还是拉伸应力。随着平板边界上应力增加, 这些拉伸应力达到一个与材料特性有关的临界值 σ_0, 导致裂纹不受控制地增长。记作用于平板远处的应力为 σ_1 和 σ_2, Griffith 导出表示脆性失效临界条件的关系式为

$$\sigma_2 = \sigma_0 \quad (3\sigma_2 + \sigma_1 > 0) \tag{2.16a}$$

$$(\sigma_1 - \sigma_2)^2 = 8\sigma_0 \cdot (\sigma_1 + \sigma_2) \quad (3\sigma_2 + \sigma_1 < 0) \tag{2.16b}$$

式中: 拉伸应力为正; 压缩应力为负。这些方程给出了脆性固体材料在 (σ_1, σ_2) 平面上的失效包络面, 如图 2.3 所示。位于两曲线之内的点表示的状态对应于未受损伤材料, 而曲线之外的点对应于失效状况。正如预期的, 对应于图中第三象限的静水压缩, 提高了脆性固体材料完整性。根据

Griffith 模型, 固体的单向应力加载下压缩强度是其临界拉伸强度 σ_0 的 8 倍。以后的一些工作, 如 McClintock 和 Walsh (1962) 的, 得到倍数是 10 倍。对这些模型的其他改进工作, 以及混凝土、陶瓷的有关数据可见于 Paterson (1978)。

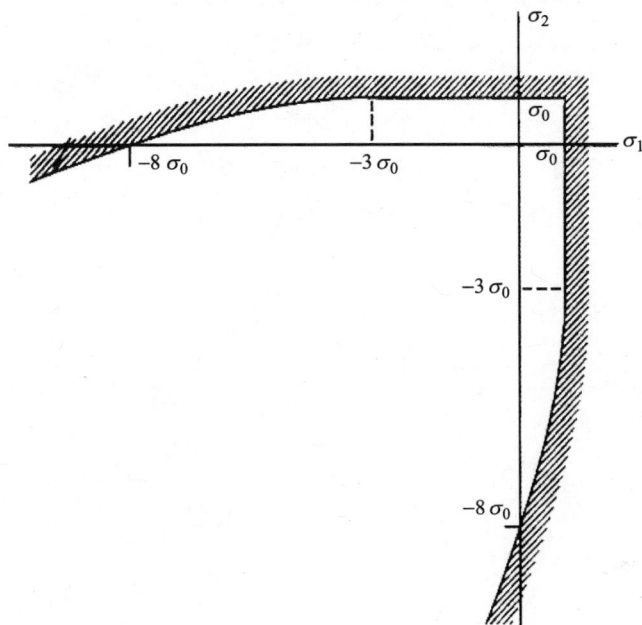

图 2.3　根据 Griffith 理论的脆性材料失效包络面

　　Griffith 失效准则确定了脆性固体在压缩和拉伸情况下的强度, 该准则与前面讨论的韧性材料屈服准则很不相同。脆性固体的 HEL 与动态强度 Y_d 的关系就与满足 von Mises 屈服准则的韧性材料的对应关系式 (1.6) 不同。脆性固体的这个关系式应该以 Griffith 准则 (2.15) 为基础, Rosenberg (1993) 考虑 Griffith 准则推导了下式:

$$Y_d = \frac{(1 - 2\nu)^2}{1 - \nu} \cdot \text{HEL} \tag{2.16c}$$

式中: ν 为陶瓷材料的泊松比。

　　这样, 根据 Griffith 准则, 脆性材料试件的动态强度与根据 von Mises 准则从式 (1.6) 推导的动态强度相差一个因子 $(1 - 2\nu)$。

　　根据 Wilkins (1978) 的叙述, 对陶瓷材料应用于终点弹道研究的数值模拟工作最早是 20 世纪 60 年代晚期由 M.L.Wilkins 及其同事完成的。本书第三篇回顾陶瓷装甲的有关工作时将叙述这一研究。在 Wilkins 的工作中，失效准则以最大拉伸强度为基础，在其模拟中设定 $\sigma_0 = 0.3\,\text{GPa}$。采用 Griffith 模型对陶瓷的终点弹道学效应进行数值模拟最早是由 Mescall 和 Tracy (1986) 完成的。Johnson 和 Holmquist (1990, 1993) 进一步发展了 Griffith 模型，引入一个损伤函数。他们描述脆性材料强度和损伤的模型的第一个版本 (即 JH-1 模型) 的各参数如图 2.4 所示。该模型采用不同方式处理拉伸 (标记为 T) 与压缩 (标记为 S) 强度。在低静水压范围，强度线性地依赖于压力；随压力升高，强度到达一个与应变率有关的渐近值。损伤函数在每个时间步连续求值，根据损伤函数值降低材料强度，其数值从已破碎材料的强度曲线予以确定。第 6 章处理陶瓷装甲的应用时将进一步讨论该模型。

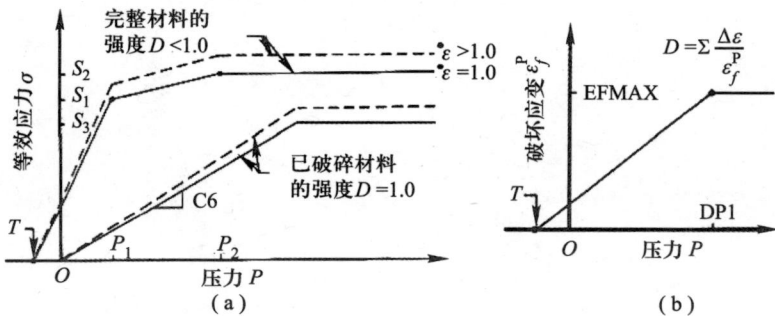

图 2.4　脆性材料本构方程 —JH-1 模型
(a) 材料的强度; (b) 材料的损伤。

2.2.5　层裂破坏

较早就注意到，冲击波在自由面反射为稀疏波，在固体中产生高的拉伸应力而产生层裂这一独特的失效现象。如果拉伸波足够强，靠近自由面的材料失效并形成层裂。这一失效模式与终点弹道学的关联，可从经受了头部相对较钝的弹体以高速撞击的靶体的横切面看出。例如，图 2.5 是从 Horz 等 (1994) 的工作中给出的，清楚显示了玻璃球撞击退火 1100 铝板引起的层裂。球直径 (3.18 mm) 大约是板厚度的 1/4，撞击速度为 6.0 km/s。

过去 50 年来，固体层裂失效是大量研究的焦点。早期的模型给试件指定一个用一维冲击波实验标定得到的拉伸强度阈值。随后的研究表明，即使在这些简单条件下，层裂过程仍是相当复杂的，正如 Tuler 和 Butcher

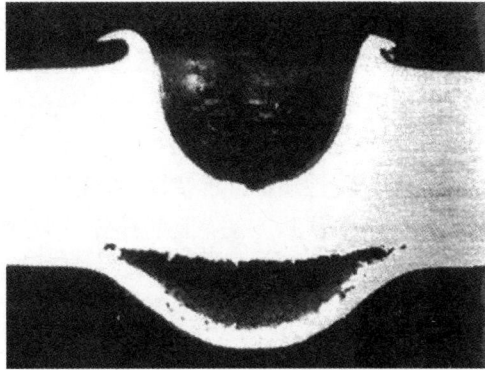

图 2.5 玻璃球撞击铝板引起的层裂失效

(1968) 指出的, 应考虑其时间相关性。为解释层裂失效, 发展了许多模型, Curran (1982) 的文章叙述了其中以缺陷成核及其增长 (即 NAG 模型) 为基础的那些模型。层裂过程的时间相关性引起尺度效应, Ogorodnikov 等 (1999) 概述了俄罗斯学者对于此方面的大量研究工作。Gray 等 (2007) 的研究强调了层裂失效依赖于拉伸脉冲波形, 而不是某一应力阈值。他们的研究表明, 如果在试件发生层裂的平面处产生相似的冲量 (应力对时间积分), 矩形和三角形拉伸脉冲能引起相同的初始层裂。因此, 他们认为拉伸脉冲形状而不是拉伸波幅值是层裂现象的重要因素。

Grady (1988) 提出根据能量平衡的考虑建立导致层裂发生的加载条件。该方法解释了某些材料在加载条件变化时, 观察到的脆性与韧性层裂失效之间转变的现象。例如, 图 2.6 为来自于 Christman 等 (1971) 平板撞击实验的 6061-T6 铝靶的横切面。可以看出, 不同持续时间和应变率的拉伸应力作用在平板内部形成的空穴形状的显著差异。图 2.6(a) 所示试件中圆形空穴是短持续时间 (高应变率) 拉伸脉冲造成的韧性层裂。另一方面, 图 2.6(b) 所示试件承受较长持续时间 (较低应变率) 拉伸脉冲, 试件横切

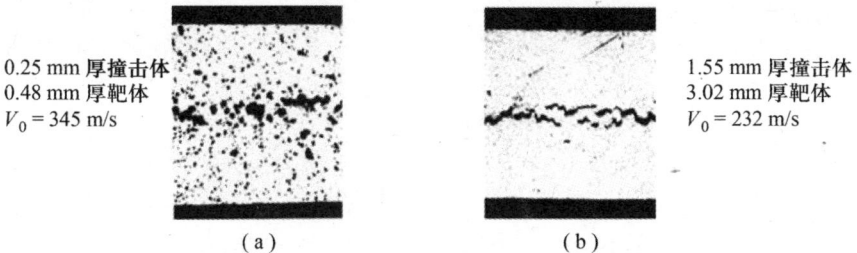

0.25 mm 厚撞击体
0.48 mm 厚靶体
$V_0 = 345$ m/s

1.55 mm 厚撞击体
3.02 mm 厚靶体
$V_0 = 232$ m/s

(a)　　　　　　　　　　(b)

图 2.6 铝合金板承受不同持续时间拉伸脉冲时不同的空穴形状

面的脆性层裂特征明显。这些实验中不同的加载应变率是由不同的撞击体和靶板厚度形成的。注意, 两种情形下试件都是不完全层裂, 该现象称为"初始层裂"。完全层裂过程以空穴彻底合并导致试件内出现图 2.5 所示清晰的开口为特征。

Grady (1988) 以材料宏观性质 (如断裂韧性、流动应力) 为基础, 得到在给定加载条件下发生层裂的预测方法。根据其分析得到韧性和脆性材料层裂强度与材料的有关性质、载荷条件的关系式如下:

$$P_{\mathrm{spall}} = (3\rho C_0 K_c^2 \dot{\varepsilon})^{1/3} \quad (\text{对脆性层裂}) \tag{2.17a}$$

$$P_{\mathrm{spall}} = (2\rho C_0 Y \varepsilon_{\mathrm{f}})^{1/2} \quad (\text{对韧性层裂}) \tag{2.17b}$$

式中: ρ、C_0 分别为试件材料的密度和声速; Y 为流动应力; K_c 为断裂韧性。可见, 实验时的应变率 $\dot{\varepsilon}$ 对于脆性断裂很重要, 而失效应变 ε_{f} 在韧性失效模式中起重要作用。

Rosenberg (1993) 用 Griffith 失效模型分析了脆性材料的层裂失效, 推导了层裂强度和 HEL 之间的关系式, 即

$$\sigma_{\mathrm{spall}} = \frac{(1-2\nu)^2}{8(1-\nu)} \cdot \mathrm{HEL} \tag{2.18}$$

式中: ν 为固体泊松比。

对泊松比 ν 为 $0.15 \sim 0.25$ 范围内的脆性材料, 根据该表达式得到 HEL 是层裂强度的 $15 \sim 25$ 倍。对层裂强度为 $0.3 \sim 0.6\,\mathrm{GPa}$、HEL 值为 $6.0 \sim 15.0\,\mathrm{GPa}$ 范围的高强度陶瓷, 经常测量到这样的倍数。

Bishop 等 (1945) 分析了在弹 – 塑性固体里, 为了扩张一个小空腔的体积, 需要作用在空腔壁的最小压力。以 Bishop 的工作为基础, Rosenberg (1987) 提出了一个相当简单的关于韧性材料层裂强度的模型。空腔膨胀过程及其与侵彻力学的关联将在第 3 章讨论。假设启动层裂的过程类似于空腔扩张过程, Rosenberg (1987) 推导出韧性固体材料的层裂强度为

$$\sigma_{\mathrm{spall}} = \frac{2Y}{3}\left[2 + \ln\frac{E}{3(1-\nu)Y}\right] \tag{2.19}$$

式中: E、Y 分别为固体的弹性模量和强度。

对许多材料, 根据式 (2.19) 计算的层裂强度与对应的实验结果接近。例如, 对铝合金 ($Y = 0.4\,\mathrm{GPa}$)、钢 ($Y = 0.8\,\mathrm{GPa}$) 和 Ti/6Al/4V 钛合金 ($Y = 1.2\,\mathrm{GPa}$), 计算得层裂强度 σ_{spall} 分别为 $1.7\,\mathrm{GPa}$、$3.6\,\mathrm{GPa}$、$4.6\,\mathrm{GPa}$。这些数值与由实验获得的这些材料的层裂强度非常接近。

第二篇　侵彻力学

侵彻力学是研究不同撞击体侵彻各种靶体时发生的物理过程的一门学科。对由金属、陶瓷、聚合物或编织物等制成的靶，由于它们性质不同，通常分别处理其侵彻过程。弹体根据其侵彻模式不同分为小型枪弹、长杆、聚能射流和破片模拟弹 (FSP) 等。这些威胁 (弹体) 经常用术语 "侵彻体" 来称呼。由于撞击的速度范围广，对弹体和靶体都会引起不同的失效模式，导致这一领域的分类办法进一步复杂化。最简单的以速度进行分类的方法为低速范围 (小于 500 m/s)、兵器速度范围 (500 ～ 2000 m/s)、超高速范围 (大于 2000 m/s)。由于在装甲应用上的重要性，本部分集中讨论弹体对金属靶的侵彻问题。第 3 章讨论刚性侵彻体侵彻半无限靶 (侧向表面与后表面不影响侵彻过程的足够大的靶定义为半无限靶)。第 4 章讨论有限厚靶侵彻。第 5 章讨论消蚀侵彻体的侵彻问题。第三篇叙述不同侵彻体与陶瓷、聚合物或编织物的相互作用。它们应用于装甲以提高装甲的弹道防护性能，凸显了这些材料的优越性能。

第 3 章

刚性侵彻体

3.1 半无限厚靶侵彻力学

刚性弹体对很厚靶 (半无限靶) 的侵彻已有两世纪多的认真研究。正如 Backman 和 Goldsmith (1978) 的综述所介绍的, 人们提出了很多经验公式和工程模型。这些关系式根据弹体的撞击速度分析其侵彻深度, 它们的差别在于对作用于弹体阻力的基本假设不同。随着近来数值模拟在质量和可靠性方面的进步, 这些解析模型可用数值模拟进一步进行验证 (本章将举例说明)。本章首先对这些年提出的比较流行的模型进行简短的综述; 接着对某些实验数据进行仔细检查, 以正确选择用于刚性侵彻体深侵彻 (半无限厚靶) 的解析模型; 然后用数值模拟进一步对该模型进行验证, 考察模型各物理参数的作用。

刚性侵彻体的侵彻过程由侵彻时靶体对弹体施加的阻力决定。根据定义, 侵彻过程中刚性侵彻体的质量 M 不变, 因此弹体的减速度 a 控制侵彻过程。这样后继讨论将集中于刚性侵彻体的减速运动。用侵彻深度增量 $\mathrm{d}x$ 代替时间变量 $\mathrm{d}t$, 可将减速度表示为

$$a = \frac{\mathrm{d}V}{\mathrm{d}t} = V\frac{\mathrm{d}V}{\mathrm{d}x} \qquad (3.1a)$$

上式可改写为

$$\mathrm{d}x = \frac{V}{a(V)}\mathrm{d}V \qquad (3.1b)$$

在 $x = 0$ 时 $V = V_0, x = P$ 时 $V = 0$ 的边界条件下, 积分上述方程可获得刚性侵彻体的侵彻深度 P。方程中唯一的未知数是减速度与侵彻速度之间

的具体依赖关系 $a = a(V)$。许多年来, 对于不同的弹/靶组合, 提出了很多不同的 $a(V)$ 函数, 它们都是如下的一般表达式的特殊情形:

$$a(V) = C + AV + BV^2 \tag{3.2}$$

对于每类实验组合情况经验地确定常数 A、B 和 C。

$a(V)$ 的最常见形式为

$$a = C = \text{const} \quad (\text{Euler} - \text{Robins}) \tag{3.3a}$$

$$a = C + BV^2 \quad (\text{Poncelet}) \tag{3.3b}$$

$$a = AV + BV^2 \quad (\text{Resal}) \tag{3.3c}$$

式 (3.3a) 分别独立地由伟大的数学家 Leonard Euler (1745) 和军械工程师 Robins (1742) 提出。式 (3.3b) 和式 (3.3c) 分别归功于 Poncelet (1835) 和 Resal(1895)。将 $a(V)$ 的表达式代入式 (3.1b), 并在给定边界条件下积分, 得到下列以撞击速度 V_0 表示的最终侵彻深度 P 的表达式:

$$P = \frac{V_0^2}{2C} \tag{3.4a}$$

$$P = \frac{1}{2B} \ln \left(1 + \frac{BV_0^2}{C} \right) \tag{3.4b}$$

$$P = \frac{1}{B} \ln \left(1 + \frac{BV_0}{A} \right) \tag{3.4c}$$

很明显, 不同的 $a(V)$ 表达式将导致刚性侵彻体最终侵彻深度的不同关系式。对于某一弹体/靶体组合, 有几个方法可以确定 $a(V)$ 的具体依赖关系。显而易见的方法是测量侵彻过程中弹体的减速度。对弹体侵彻土壤和混凝土进行了这类测量, 如 Forrestal 等 (1984) 所述。但是, 这些测量还不够精确, 对于其他的靶材料也很难进行这种测量。另一个确定 $a(V)$ 函数形式的方法是借助于以某些物理原理 (如守恒定律) 为基础的理论模型。由于侵彻过程的复杂性, 这一方法也不一定能给出明确的答案。第三种方法, 也是本章采用的, 是以分析某一刚性侵彻体 $P = P(V_0)$ 的实验数据为基础, 以期能推断出减速度对速度的具体依赖关系。这一分析得到的结论可通过数值模拟得到进一步改进。

为了得到 $a(V)$ 的函数关系, 需要一组大范围撞击速度下确定了 $P = P(V_0)$ 的可靠的实验。Forrestal 等 (1988)、Forrestal 等 (1991) 及 Piekutowski 等 (1999) 的大规模研究工作提供了丰富的数据, 这些工作包括精确测量高强钢杆撞击厚铝靶的撞击速度和侵彻深度。钢杆的长径比 L/D 为 $10 \sim 15$。钢杆的头部形状不同，如锥形、卵形和球形。铝靶材质是 6061-T651 铝合金。根据 Piekutowski 等 (1999) 的工作，$L/D = 10$ 的卵形钢杆保持为刚性的撞击速度范围是最大的，在达到 $1.82\,\mathrm{km/s}$ 撞击速度的实验中钢杆还没有变形迹象。这些实验数据将用于建立刚性长杆深侵彻的解析模型。

先考虑最简单的假设，即卵形头部刚性杆的平均减速度与其速度无关。这就是 Euler–Robins 模型采用的假设，导致最简单的侵彻关系式 (3.4a)。使用 Piekutowski 等 (1999) 的实验数据，可以很容易检验该假设的正确性。通过下式计算钢杆的平均减速度 a_{av}：

$$a_{\mathrm{av}} = \frac{V_0^2}{2P} \tag{3.5}$$

表 3.1 列出了 Piekutowski 等 (1999) 提供的数据，包括每次实验的撞击速度、侵彻深度以及由式 (3.5) 确定的对应的 a_{av} 值。

表 3.1　Piekutowski 等 (1999) 的卵形杆的侵彻数据

$V_0/(\mathrm{m/s})$	P/mm	$a_{\mathrm{av}}/(10^{-3}\,\mathrm{mm/\mu s^2})$
570	55	2.95
679	72	3.2
821	102	3.3
966	140	3.33
1076	160	3.62
1147	190	3.46
1255	229	3.44
1348	254	3.58
1538	332	3.56
1654	389	3.52
1786	452	3.53
1817	462	3.57

很显然，除了低速实验外，这组结果强烈地支持 Euler–Robins 模型，因为平均减速度几乎与撞击速度无关。在很宽速度范围内，侵彻减速度与撞击速度无关意味着每次实验中钢杆的减速度是常数，其平均值 $a = 3.55 \times 10^{-3}\,\mathrm{mm/\mu s^2}$。图 3.1 表明，Piekutowski 等 (1999) 的实验结果与模型 (3.4a) 预测结果 (使用上述常减速度值) 是一致的。这组实验的钢杆由

两种不同的钢制成, 分别是 VAR4340 钢和强度更高的 AerMet100 钢, 后者在更高撞击速度下保持为刚性。Rosenberg 和 Dekel (2009a) 表明, 对其他头部形状 (锥形、球形) 长杆的侵彻实验数据进行研究, 发现刚性长杆深侵彻时常减速度的结论依然成立。因此, 可以断定刚性杆侵彻半无限靶的过程以常减速度为特征。这一结论对于低速范围以上的撞击速度都有效。在低速范围, 由于靶自由面影响, 减速度有点偏低。

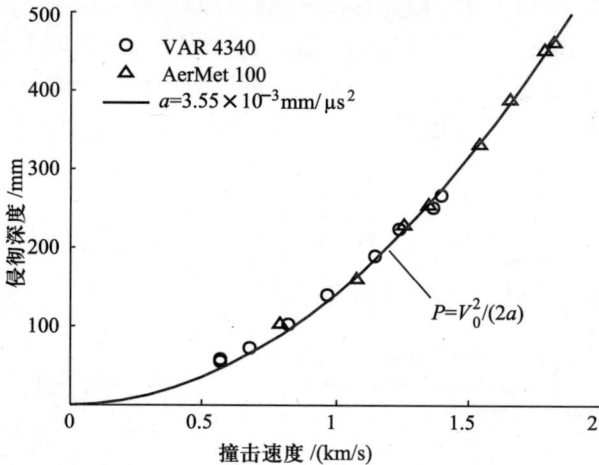

图 3.1　常减速度模型与卵形钢杆实验数据的对比

在撞击面, 靶对侵彻体的阻力较小, 因为这时杆附近的靶材料可以向后流动。而深侵彻时, 向前推进的侵彻体要将靶材料推向前或推向旁边。这就是 "侵彻开坑阶段效应", 可以解释在较低撞击速度范围内刚性侵彻体相对较高的侵彻深度 (或较低的减速度)。Piekutowski 等 (1999) 的低速实验就处于开坑阶段效应的影响范围内, 从图 3.1 清楚看出, 此时常减速度模型低估了侵彻深度。下节将通过一个分析开坑阶段效应的数值模拟模型, 对撞击面的影响范围予以量化。

下一步骤是运用数值模拟来验证刚性杆侵彻的常减速度结论, 确定支配减速度的物理参数。这些数值模拟运用了 AUTODYN-2D 程序, 有关的详细描述参见 Rosenberg 和 Dekel (2009a), 这里概述其结论。用代码里的拉格朗日处理器对刚性杆进行模拟, 设定其屈服强度为 50 GPa, 以保证刚性杆在全部撞击速度下都不发生塑性变形。能够较好处理大变形的欧拉处理器用来模拟靶体。靶材料的本构关系是简单的弹 – 塑性模型, 为简化分析, 使用没有应变硬化和应变率效应的 von Mises 屈服准则。

首先考虑具有不同头部形状、长径比 $L/D = 20$ 的钢杆以速度 $V_0 = 1.0\,\mathrm{km/s}$ 撞击强度为 0.4 GPa 的半无限厚铝靶, 钢杆的侵彻深度和速度随时间变化的数值模拟结果如图 3.2 所示。显然正如所预料的: 卵形头部杆是效率最高的, 其最终侵彻深度最大; 而平头杆的效率最低。在侵彻后期的侵彻深度变化曲线上可见侵彻深度轻微减少, 这是由于在此过程的最后阶段靶体的弹性回弹将弹体向后推的缘故。最终侵彻深度应该以模拟结果的最大值来确定。图 3.2(b) 是这些杆的速度 – 时间曲线, 很明显它们的减

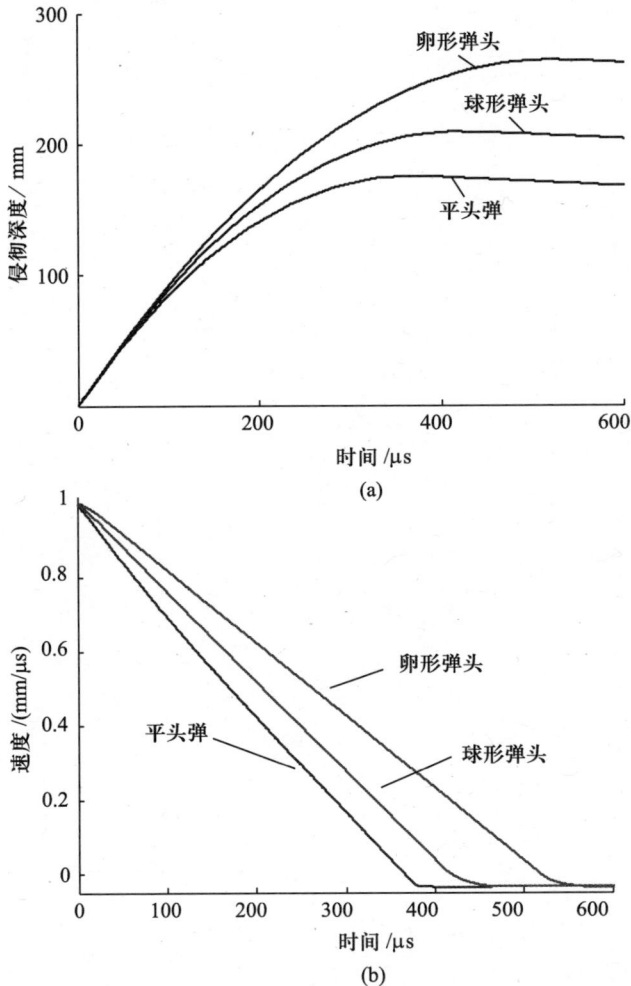

图 3.2 不同头部形状钢杆的侵彻深度和速度随时间变化的数值模拟结果
(a) 侵彻深度随时间变化; (b) 钢杆速度随时间变化。

速度 (由曲线的斜率确定) 几乎是常数。此外, 速度曲线的斜率使人想到, 卵形头部杆的减速度最小而平头杆的最大。由于其重要性, 这一相对简单明了的结果值得进一步研究。

下面研究控制刚性杆深侵彻过程速度变化的机制。杆头部的任何速度变化以弹性波沿着杆传到其尾部需要一定时间。一到达杆尾部, 就变成弹性稀疏波向杆头部传播。因此刚性杆的实际减速过程是通过一系列在杆中反射的弹性波实现的, 弹性波沿杆长以速度 $C_b = (E/\rho)^{0.5}$ 传播, E、ρ 分别为杆材料的弹性模量和密度。由图 3.3 可看出这些反射波影响, 该图是

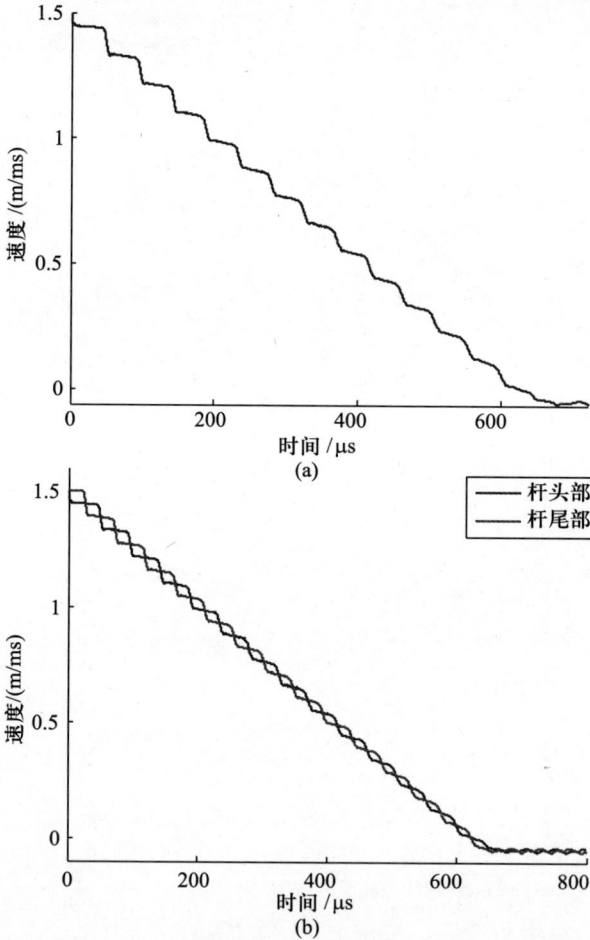

图 3.3 球形头部钢杆以 1.5 km/s 速度撞击铝靶时杆头部速度的数值模拟结果, 以及同一撞击过程杆头部和尾部的速度

(a) 杆头部速度变化; (b) 杆头部和尾部速度变化。

Rosenberg 和 Dekel (2009a) 对球形头部钢杆撞击铝靶时钢杆头部和尾部速度的数值模拟结果。模拟时，钢杆长度为 120 mm、直径为 6 mm，铝靶强度为 0.4 GPa，撞击速度为 1.5 km/s。注意，速度曲线中常幅值的台阶，以及图 3.3(b) 中各台阶之间的时间偏移，后者就是弹性波传过钢杆长度所需的时间。

长径比 $L/D = 20$、不同头部形状钢杆以 1.0 km/s 速度撞击强度 0.4 GPa 铝靶的台阶状速度曲线如图 3.4 所示。杆的头部形状不同，反射弹性波的幅值明显不同。卵形头部钢杆的反射波幅值低，从而获得最长的侵彻时间和最低的减速度。相反，平头钢杆的反射波幅值高，其侵彻时间最短，减速度最大。因此，可以预期卵形钢杆侵彻深度大于其他头部形状杆的侵彻深度，而平头杆侵彻深度最小，这与图 3.2 结果一致。

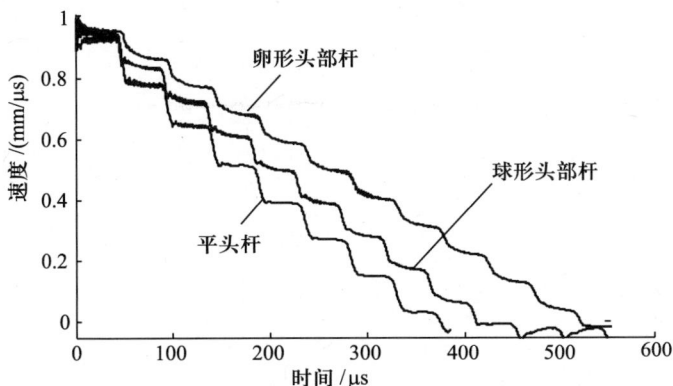

图 3.4　不同头部形状杆的头部速度曲线

根据弹性长杆中应力 σ 与速度 v 之间的关系式，可以计算对应于弹性波的应力：

$$\sigma = \rho C_{\mathrm{b}} v \tag{3.6a}$$

式中：ρ、C_{b} 分别为杆材料的密度和弹性波速度。

实际上，图 3.4 中杆头部速度曲线的台阶等于波后粒子速度 v 的 2 倍，因为每一次应力波在杆尾部反射时粒子速度加倍。这样，图 3.4 中速度台阶的幅值 $\Delta v = 2v$，对应的应力 σ 为

$$\sigma = \rho C_{\mathrm{b}} \Delta v / 2 \tag{3.6b}$$

根据杆材料的密度和弹性波速度，就能估计头部是卵形、球形和平头的钢杆中不断反射的应力波的幅值 σ 分别为 1.9 GPa、2.2 GPa 和 2.5 GPa。

以后将看到, 这些应力等于靶作用于杆的抵抗应力。也要注意, 杆头部速度曲线的第一步变化幅值是其他步的 $1/2$。第一步的速度降低源自于撞击本身, 而随后其他各步的速度降低来自于应力波在杆尾部反射加倍。

数值模拟的下一步是研究刚性杆以不同速度撞击特定靶的减速度。卵形头部杆撞击强度为 $0.4\,\mathrm{GPa}$ 铝靶的减速度曲线如图 3.5 所示。从图 3.5(a)

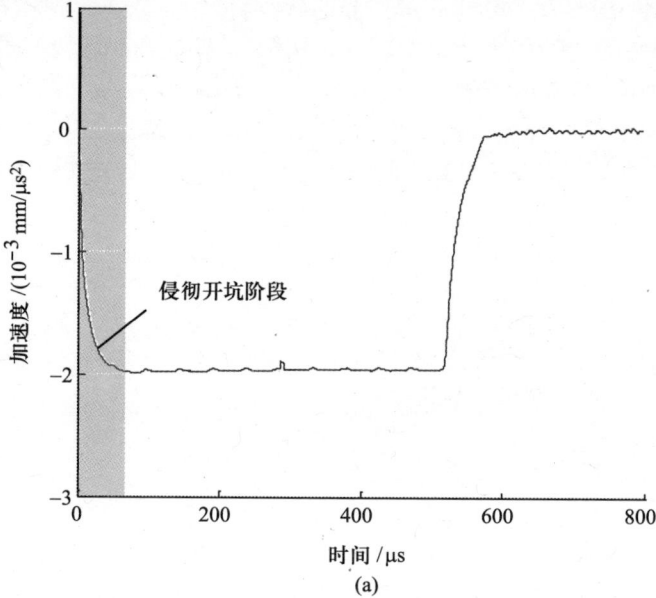

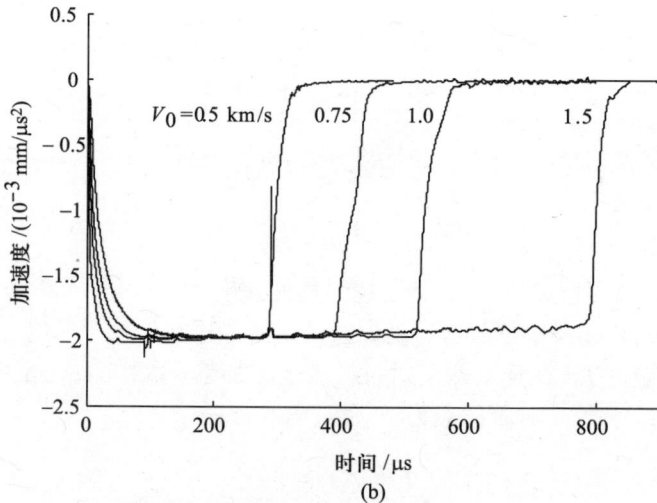

图 3.5 卵形头部杆以 $1.0\,\mathrm{km/s}$ 速度撞击强度为 $0.4\,\mathrm{GPa}$ 铝靶的减速度历史, 以及不同撞击速度下的减速度

可看出撞击速度为 $1.0\,\mathrm{km/s}$ 钢杆的减速度为常数, 而图 3.5(b) 表明减速度与撞击速度无关。

由于开坑阶段效应影响, 在侵彻早期阶段杆的减速度小于深侵彻阶段的减速度, 如图 3.5(a) 的阴影部分所示。Rosenberg 和 Dekel (2009a) 从这些数值模拟发现, 对卵形头部杆, 开坑阶段效应在 6 倍于杆直径的侵彻深度内起控制作用。图 3.5(b) 清楚地表明, 较高的撞击速度导致开坑阶段持续时间较短, 因为达到这一侵彻深度需要的时间较少。对球形头部杆, 在大约 3 倍于杆直径的侵彻深度达到常减速度值。因此, $P = 6D$ 和 $P = 3D$ 分别是卵头杆与球头杆的开坑阶段效应的控制范围。后面将看到, 根据考虑开坑阶段效应的数值模拟模型可以发现开坑阶段效应的影响范围延伸到大得多的侵彻深度。对于短的刚性弹体, 如穿甲 (AP) 弹, 达不到常减速度阶段, 因为其侵彻深度为几倍弹径。这样, 短弹体的整个侵彻过程都处于开坑阶段影响范围内, 需要不同的分析, 3.5 小节将对其进行讨论。

利用数值模拟研究深侵彻物理本质的优点可以从下面一组模拟 (取自于 Rosenberg 和 Dekel (2009a) 的工作) 得到体现。图 3.6 是卵形头部杆侵彻不同强度 (0.4 GPa 和 0.8 GPa) 铝靶的减速度的数值模拟结果。正如预期的, 强度更高的靶作用于杆的阻力 (减速度) 更大。这些模拟清楚地表明, 常减速度并不是线性依赖于靶的强度, 下节将进一步讨论这一点。

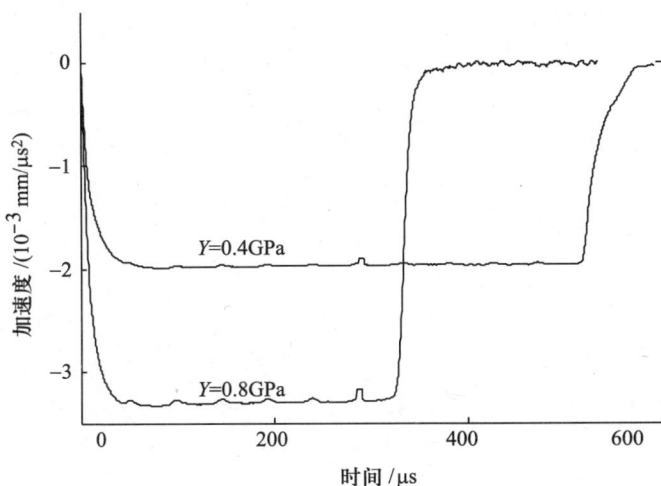

图 3.6　靶强度对卵形头部杆减速度的影响

长径比 $L/D = 20$ 的球形头部铝杆和钢杆以 1.4 km/s 速度撞击强度为 0.4 GPa 铝靶时, 杆头部速度波形如图 3.7 所示。该图突出显示了杆材料密度的作用。铝杆的速度台阶值大约为钢杆的 3 倍。考虑描述弹性波幅值的式 (3.6b), 这是预料中的结果。前面已经提及这些应力波的幅值等于靶作用于杆的阻力。而对于相同大小的阻力, 杆中反射波的应力幅值相等。这意味着, 速度台阶值与乘积 ρC_b 成反比。由于铝和钢的波速相近, 则速度台阶值就与它们的密度比 (铝密度与钢密度之比约为 1 : 3) 成反比。这正是图 3.7 所示的对铝杆和钢杆的数值模拟结果。换言之, 这一结果指出铝杆和钢杆中反射应力波的幅值是相等的。与钢杆相比, 铝杆中更大的速度台阶缩短了铝杆的总侵彻时间, 增加了其减速度。

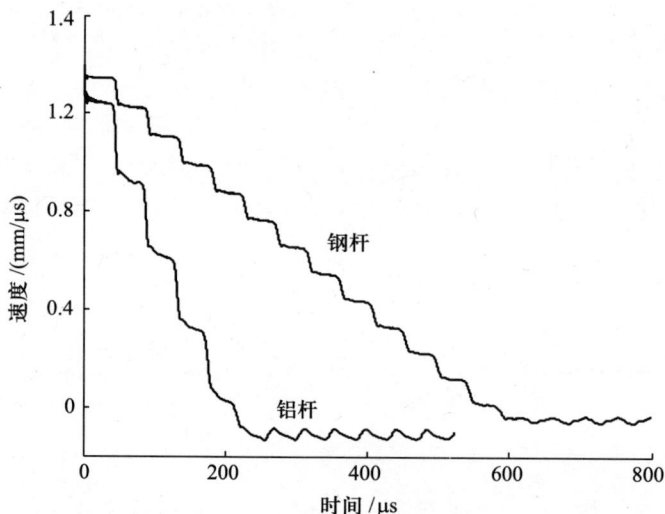

图 3.7　球形头部的铝杆和钢杆侵彻铝靶的杆头部速度曲线

图 3.8 是不同长度的卵形头部钢杆的减速度的数值模拟结果。钢杆长度 L 分别为 58 mm、120 mm, 直径相同 ($D = 6$ mm), 以 1.0 km/s 的速度撞击强度 0.4 GPa 的铝靶。因为较短的钢杆中, 应力波沿杆反射回来的时间更短, 故其减速度更大。

简要地说, 刚性杆侵彻的实验结果表明, 在开坑阶段控制范围之外, 杆的减速度是常数。数值模拟结果显示, 刚性杆的常减速度依赖于其头部形状和靶体强度, 与杆材料的密度和杆长度成反比。

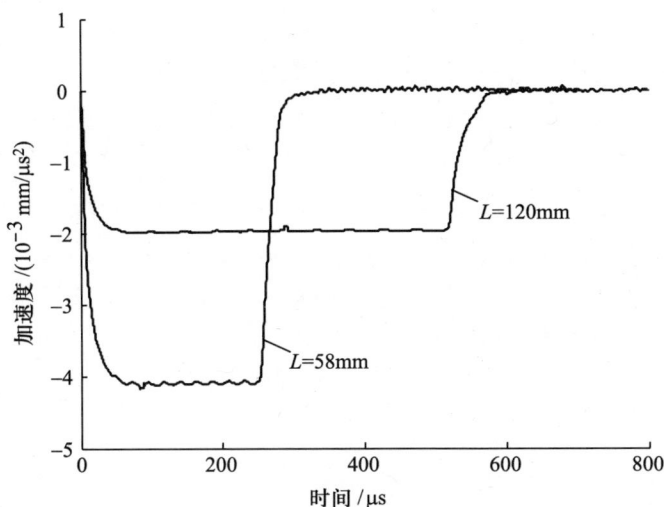

图 3.8　不同长度杆的减速度历史

3.2　刚性长杆侵彻模型

下面介绍刚性杆侵彻半无限靶的解析模型。模型考虑靶材料影响 (以流动应力和弹性模量为标志)。许多金属与合金在应变和应变率增加时表现出硬化效应, 也在大变形阶段有热软化现象。为了简化分析, 下面的讨论忽略这些复杂效应。然而, 如果用一个有效 (平均) 流动应力表示其强度, 这里提出的模型也可以适用于具有中等硬化 (或软化) 效应的材料。这些流动应力需要从动态应力 – 应变曲线在高应变值下对应的应力值取得。第 1 章已叙及, Kolsky 杆实验用于确定侵彻过程靶体经历的应变率下的靶材料的流动应力是最合适的。

3.2.1　兵器速度范围内的撞击

根据 3.1 节讨论, 可以用刚性杆的性能参数 (密度、长度)、头部形状和靶的性能参数 (强度、弹性模量) 构建刚性长杆深侵彻的解析模型。假设整个侵彻过程刚性杆的减速度为常数, 模型忽略了开坑阶段效应。这意味着, 靶材料作用于杆的阻力 F 在侵彻过程中也是常数。阻力可以用靶作用于杆的抵抗应力 R_t 乘以杆的横截面积 πr^2 表示。这样, 对于质量为 M、有效长度为 L_{eff}、半径为 r 的刚性杆, 可得

$$F = Ma = \rho_p L_{\text{eff}} \pi r^2 a = \text{const} = \pi r^2 R_t \tag{3.7a}$$

式中: L_{eff} 为杆有效长度, $L_{eff} = M/\pi r^2 \rho_p$。

杆的常减速度与抵抗应力 R_t 的关系为

$$a = \frac{R_t}{\rho_p L_{eff}} \tag{3.7b}$$

前面给出的数值模拟结果已显示刚性杆的减速度反比于其密度和长度。也可看出, 杆的减速度与杆的头部形状和靶材料强度有关。因此, 可以假设抵抗应力 R_t 也依赖于这些参数。将上述常减速度关系式代入式 (3.4a), 得到刚性长杆的侵彻深度为

$$P = \frac{\rho_p L_{eff} V_0^2}{2R_t} \tag{3.8a}$$

无量纲化侵彻深度表示为

$$\frac{P}{L_{eff}} = \frac{\rho_p V_0^2}{2R_t} \tag{3.8b}$$

这里需要指出: 根据上述方程, 刚性杆侵彻深度与靶材料密度无关, 只有靶材料强度通过抵抗应力 R_t 影响侵彻深度。但实际上, 靶材料的弹性模量对于确定抵抗应力值有重要作用。杆头部形状对于减速度有重要影响, 可以预计 R_t 也与头部形状有关。分析中忽略了开坑阶段效应的影响, 这样, 式 (3.8) 预估的侵彻深度与低撞击速度的实验数据相比偏低。

上面以靶的侵彻抵抗应力 R_t 为基础得到了形式简单的侵彻方程, 而抵抗应力要根据每一种杆/靶组合情况确定。目前还缺乏被普遍接受的 R_t 的理论模型, 尽管已做了许多尝试 (下面会讨论到)。现在将介绍的确定 R_t 的方法可称为 “以数值模拟为基础” 的模型。在该方法中, 在每一次数值模拟时变化每个参数而获得 “数据点”。对目前的例子, 考虑 Rosenberg 和 Dekel (2009a) 对不同头部形状杆的数值模拟结果。通过数值模拟得到了不同靶材料和靶强度下杆的减速度。将减速度值代入式 (3.7b), 就得到了不同杆/靶组合情况下对应的抵抗应力 R_t。表 3.2 列出不同头部形状的刚性杆撞击铝靶和钢靶时, 所受的抵抗应力的数值模拟结果。

表 3.2　在不同靶材料和杆头部形状下的 R_t 值　　　　单位/GPa

头部形状	铝靶		钢靶	
	$Y_t = 0.4\,GPa$	$Y_t = 0.8\,GPa$	$Y_t = 0.4\,GPa$	$Y_t = 0.8\,GPa$
卵形	1.87	3.12	2.28	3.96
球形	2.25	3.87	2.63	4.71
锥形	1.95	3.30	2.36	4.14

Rosenberg 和 Dekel (2010b) 进行的模拟试图找到抵抗应力 R_t 与靶材料参数 (Y_t、E) 及刚性杆头部形状的一般关系。模拟时, 铝靶和钢靶的强度 Y_t 在 $0.05 \sim 0.8\,\mathrm{GPa}$ 的范围内变化。对于不同的杆/靶组合, 得到的 R_t 值以 R_t/Y_t 对 $\ln(E/Y_t)$ 依赖关系显示于图 3.9 中。

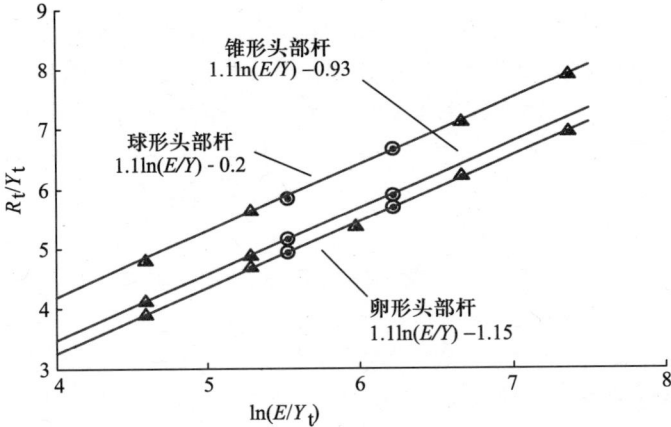

图 3.9 根据数值模拟得到的 R_t/Y_t 与 E/Y_t 的关系 (图中三角形和圆形分别代表铝靶和钢靶)

可清楚看出, R_t/Y_t、$\ln(E/Y_t)$ 两个无量纲值之间存在线性关系, 即

$$\frac{R_t}{Y_t} = 1.1 \ln \frac{E}{Y_t} - \phi \tag{3.9}$$

其中, ϕ 依赖于杆头部形状, 对于 3CRH 卵形、锥形和球形头部杆, ϕ 分别为 1.15、0.93 和 0.2。模拟中, 钢和铝的弹性模量分别为 $200\,\mathrm{GPa}$、$73\,\mathrm{GPa}$。锥形头部杆的头部长度为 3 倍杆半径。可以预计, 不同的锥长以及卵形半径会使得 R_t 值不同。3.4 节将讨论这一问题。

为评价这一以数值模拟为基础的模型的有效性, 将 $L/D = 10$、不同头部形状的刚性钢杆撞击 6061-T651 铝靶的实验数据与模型预测结果进行对比。这些实验来自 Forrestal 等 (1998) 和 Piekutowski 等 (1999)。由我们实验室的 Kolsky 压杆系统得到的 6061-T651 铝合金的动态应力 – 应变曲线如图 1.14 所示。可见, 流动应力 $Y_t = 0.42\,\mathrm{GPa}$ 可作为这些材料在大应变下动态强度的平均值。将 Y_t 值连同该合金的模量 $E = 69\,\mathrm{GPa}$ 代入式 (3.9), 得到铝合金靶材料对卵形、球形、锥形头部刚杆的抵抗应力 R_t 分别为 $1.87\,\mathrm{GPa}$、$2.27\,\mathrm{GPa}$ 和 $1.97\,\mathrm{GPa}$。将 R_t 值代入式 (3.8), 得到相应的钢杆侵彻 6061-T651 铝靶的侵彻深度关系式。图 3.10 给出了这些关系式以及 Forrestal 等 (1998) 和 Piekutowski 等 (1999) 的实验数据。

Piekutowski 等 (1999) 的卵形头部杆的实验前面介绍过，其结果已在表 3.1 和图 3.1 给出。根据 $R_t = 1.87\,\mathrm{GPa}$，从式 (3.8b) 得到这一杆/靶组合的侵深预测关系 $P/L_{\mathrm{eff}} = 2.12V_0^2$ (V_0 以 km/s 为单位)。图 3.10(a) 表明，预测与实验结果很好地吻合。Forrestal 等 (1998) 的实验包括球形和锥形头部杆。对于球形头部杆，从式 (3.8b) 得到侵深关系式 $P/L_{\mathrm{eff}} = 1.76V_0^2$，其与实验结果的一致性如图 3.10(b) 所示。类似地，根据这一模型，锥形头部杆的侵深关系式为 $P/L_{\mathrm{eff}} = 2.04V_0^2$，由图 3.10(c) 可见其与实验结果的符合情况。侵深预测公式与不同头部形状杆的实验数据符合良好，这说明了本节提出的侵彻模型的有效性。

不同头部形状刚性杆的侵彻能力与对应靶材料的 R_t 值的关系由式 (3.9) 给出，该关系通过 Rosenberg 和 Dekel (2010b) 的数值模拟结果推得。选择这一关系是由这个事实促动的，即根据 Tate (1986) 和 Yarin 等 (1995) 的模型得到靶材料对刚性杆抵抗应力有类似的关系式。这些模型研究了头部为 Rankine 卵形的刚性弹体周围靶材料的流场。这一特殊的回转体形状使得确定弹体周围速度场的势函数有封闭的解析解。图 3.11 给出了 Rankine 卵形形状和描述其表面形状的方程为

$$r(x) = \left[\frac{R^2 - x^2}{2} + \frac{x}{2}(x^2 + 2R^2)^{1/2} \right]^{1/2}$$
$$r\left(-\frac{R}{2}\right) = 0, \quad r(\infty) = R$$

式中：R 为远离头部的弹体的半径。

Tate (1986) 的分析给出头部为 Rankine 卵形的杆所受抵抗应力的表达式为

$$R_t = Y_t \left[\frac{2}{3} + \ln \frac{2E}{3Y_t} \right] \tag{3.10a}$$

上式可改写为

$$\frac{R_t}{Y_t} = \ln \frac{E}{Y_t} + 0.26 \tag{3.10b}$$

Yarin 等 (1995) 对靶材料为不可压弹 – 塑性固体时，得到头部为 Rankine 卵形的杆所受抵抗应力的表达式为

$$\frac{R_t}{Y_t} = \ln \frac{3G}{4^{4/9} \times Y_t} = \ln \frac{G}{Y_t} + 0.482 \tag{3.10c}$$

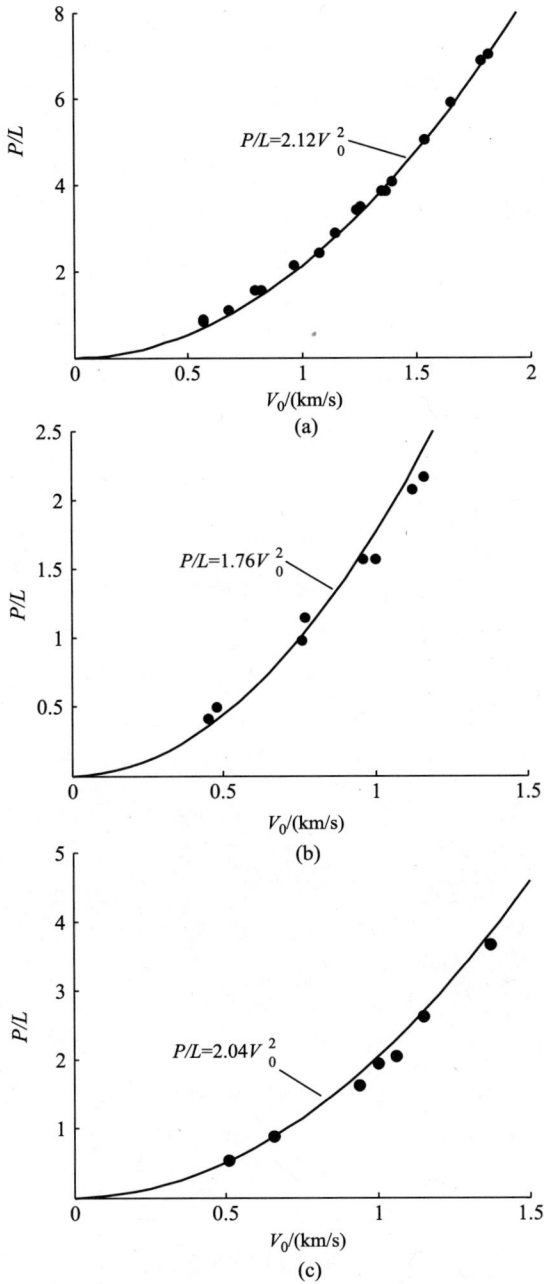

图 3.10 不同头部形状的刚性杆撞击 6061-T651 铝靶,模型预测结果与实验数据的一致性

(a) 卵形头部杆; (b) 球形头部杆; (c) 锥形头部杆。

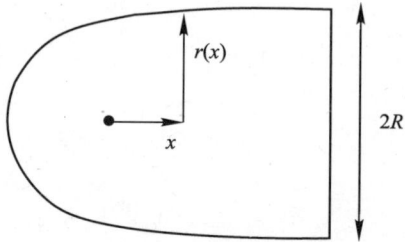

图 3.11   Rankine 卵形的形状

式中: G 为靶材料的剪切模量。

有趣的是, Tate 的模型 (3.10b) 得到 R_t 的值非常接近于式 (3.9) 对球形头部杆的结果。例如, 钢靶 ($E = 200\,\mathrm{GPa}$) 的压缩强度 Y_t 分别为 $0.5\,\mathrm{GPa}$、$1.0\,\mathrm{GPa}$ 和 $1.5\,\mathrm{GPa}$ 时, Tate 模型给出 R_t 分别为 $3.13\,\mathrm{GPa}$、$5.56\,\mathrm{GPa}$ 和 $7.73\,\mathrm{GPa}$。而式 (3.9) 对球形头部杆给出 R_t 分别为 $3.2\,\mathrm{GPa}$、$5.63\,\mathrm{GPa}$ 和 $7.77\,\mathrm{GPa}$, 几乎和 Tate 模型的结果一样。由于 Rankine 卵形与球头相似, 这一结果是预料中的。取钢的剪切模量 $G = 80\,\mathrm{GPa}$, Yarin 等 (1995) 的分析给出钢靶的 R_t 值偏低约 12.5%。

3.2.2 高速碰撞时弹孔扩张现象

前面已经分析了刚性杆在兵器速度范围内撞击半无限靶的实验数据和数值模拟结果。可以看出, 除了开坑阶段, 刚性杆承受常值抵抗应力 R_t 取决于靶体强度、弹性模量以及杆头部形状。形如式 (3.8a) 和式 (3.8b) 所示的简单表达式解释了刚性钢杆撞击铝靶的侵彻深度。现在的问题是: 对于更高的撞击速度, 这些结论是否也成立? 在回答这一问题之前, 先介绍弹孔扩张 (cavitation) 的概念, 在高速撞击中弹孔扩张起着重要作用。Hill (1980) 对他在第二次世界大战期间研究工作的简要总结中, 使用了来自于流体力学中的 "cavitation" 这个词来描述侵彻通道的直径大于弹体直径的现象。他的分析依据的假设是, 弹体受的阻力可以表示为两部分之和, 其中一部分与靶材料强度有关, 另一部分与靶材料惯性有关。Hill 的分析得到的主要结论是, 对于锥形和球形头部的弹体, 任何撞击速度下都会出现弹孔扩张现象。而卵形头部的弹体, 仅在撞击速度超过某一阈值 V_{cav} 时候才发生弹孔扩张。发生弹孔扩张, 意味着弹体耗费一部分能量用于扩张通道的直径。根据 Hill 的分析, 在低撞击速度 ($V_0 < V_{\mathrm{cav}}$) 时, 作用于卵形头部弹体的力是常值, 不发生侵彻通道扩张现象。另外, 更高撞击速度时, 弹

体承受的阻力包含靶材料的惯性项而与侵彻速度有关。此时 $V_0 > V_{cav}$, 弹孔直径大于弹体直径。这一结论很重要, 它将侵彻通道的常值直径与靶体作用于弹体的常值抵抗应力联系起来。简要总结 Hill 的假设: 对卵形头部弹体仅当高撞击速度 ($V_0 > V_{cav}$) 时它承受的抵抗应力要加上靶材料惯性项; 而锥形和球形头部弹体在任何速度下它们承受的抵抗应力都要加上靶材料的惯性项, 从而每次实验都出现弹孔扩张现象。下面将看到, 该假设与实现现象和数值模拟结果是对立的。当然, 下面也将表明, 高速撞击下无论头部是何种形状的杆, 都出现弹孔扩张现象的观点是正确的。

实验后检查的照片显示, 在 Forrestal 及其同事的实验中, 无论锥形还是球形头部杆, 撞击 6061-T6 铝靶的速度高达 $1.2 \sim 1.4\,\mathrm{km/s}$ 时, 也没有弹孔扩张现象。更高撞击速度下, 杆因为塑性变形或断裂、消蚀而失效。对卵形头部杆, Piekutowski 等 (1999) 的实验显示, 直至约 $1.82\,\mathrm{km/s}$ 的撞击速度下, 侵彻通道仍没有出现弹孔扩张现象。在 $2.0\,\mathrm{km/s}$ 以上速度, 由于高撞击压力导致杆破裂。因此, 不同头部形状的杆撞击铝靶, 都没有出现弹孔扩张的迹象。图 3.12 是来自于 Forrestal 等 (1988) 和 Piekutowski 等 (1999) 的实验后的靶照片。显然, 这些实验中侵彻通道直径和杆直径一样。此外, Rosenberg 与 Dekel(2009a) 对锥形和球形头部杆在这一撞击速度

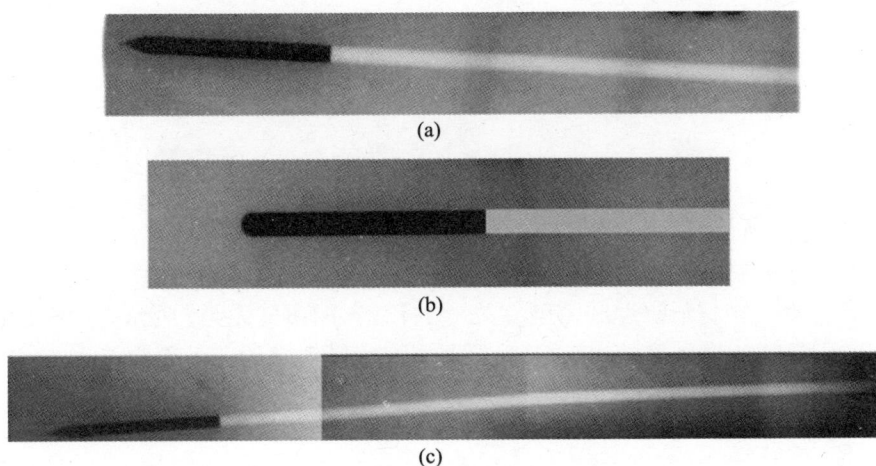

(a)

(b)

(c)

图 3.12　实验后锥形、球形和卵形头部杆在铝靶中的 X 射线照片
(a) 锥形头部杆 ($V_0 = 1.37$ km/s); (b) 球形头部杆 ($V_0 = 1.12$ km/s); (c) 卵形头部杆 ($V_0 = 1.817$ km/s)。

范围的数值模拟结果也没有显示铝靶有弹孔扩张现象。所以，Forrestal 及其同事的实验结果与 Rosenberg、Dekel (2009a) 的数值模拟结果都否定了 Hill (1980) 关于锥形和球形头部杆在任何撞击速度下都引发弹孔扩张现象的结论。

为了研究弹孔扩张问题，Rosenberg 与 Dekel (2009a) 对刚性钢杆高速撞击钢靶和铝靶进行了二维数值模拟。模拟显示对于每一对弹/靶组合，存在某一阈值速度 V_{cav}。撞击速度低于 V_{cav} 时，侵彻通道的直径与弹体直径相同；撞击速度高于 V_{cav} 时，侵彻通道的直径大于杆直径。侵彻通道扩张发生于弹孔通道的起始部分，在更大侵深时随着杆的速度下降，弹孔直径变窄。仔细检查模拟得到的侵彻深度 – 速度曲线，表明杆的速度达到阈值 V_{cav} 时，通道的直径就等于杆直径。图 3.13 为这些模拟中杆低速 $(V < V_{cav})$ 和高速 $(V > V_{cav})$ 下通道的形状。

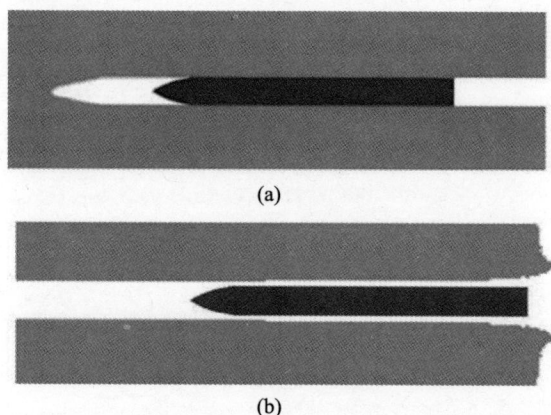

(a)

(b)

图 3.13　侵彻的弹孔扩张现象

(a) 杆低速时通道形状；(b) 杆高速时通道形状。

Rosenberg 与 Dekel (2009a) 的数值模拟表明，阈值撞击速度 V_{cav} 与杆头部形状、靶材料强度和密度有关，与杆材料的密度无关。卵形头部杆的 V_{cav} 值最高，平头杆的 V_{cav} 最低。根据这些模拟得到一个简单关系，V_{cav} 可以用靶材料密度 ρ_t、侵彻抵抗应力 R_t 和杆头部形状因子 b 表示为

$$b\rho_t V_{cav}^2 = R_t \tag{3.11}$$

对 3CRH 的卵形、锥形、球形和平头形状，头部形状因子 b 取值分别为 0.15、0.24、0.5 和 1.25。模拟中，锥形头部杆的锥形长度是 3 倍杆的半径。表 3.3 列出了数值模拟得到的一些不同头部形状和不同靶的组合的

V_{cav} 数值。注意到 0.4 GPa 铝靶的 V_{cav} 数值较大, 这就解释了前面讨论的 Forrestal 及其同事对 6061-T6 铝靶的所有实验中都不出现弹孔扩张现象的原因。

表 3.3 不同形状杆侵彻不同靶的 V_{cav} 值 单位: km/s

头部形状	铝靶 (0.4 GPa)	钢靶 (0.4 GPa)
卵形	2.17	1.385
球形	1.3	0.82
锥形	1.73	1.115
平头	0.85	0.525

Rapoport 和 Rubin (2009) 类似于 Yarin 等 (1995) 进行的分析表明, 他们的模型对 Rankine 卵形弹体侵彻强度为 0.4 GPa 铝靶预估的弹孔扩张阈值速度为 1.97 km/s。

定性解释这些现象相对简单些。只要弹体速度低于 V_{cav}, 弹体给予靶材料的横向速度不够大, 不足以克服靶强度, 因此弹孔直径保持与弹体直径一致。在更高撞击速度下, 靶材料获得的横向动量高得足以在靶体内启动弹孔扩张现象。其结果是弹体除前进消耗的能量外, 还要用一些额外的能量去扩张通道。换言之, 在高速撞击下靶材料惯性 $(\rho_t V^2)$ 开始起重要作用。其直接后果就是, 当 $V_0 > V_{cav}$ 时, 杆的减速度不能为常数。这可从图 3.14 清楚看出, 这是长径比 $L/D = 10$ 的球头钢杆以 2.5 km/s 速度

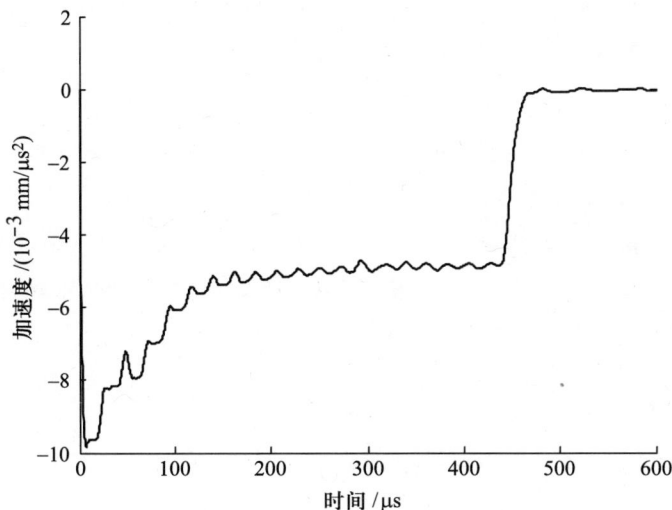

图 3.14　球头杆以 $V_0 > V_{cav}$ 撞击靶体的减速度历史

$(V_0 > V_{cav})$ 撞击 $0.4\,\mathrm{GPa}$ 铝靶时钢杆的减速度历史的数值模拟结果。撞击后约 $180\,\mu\mathrm{s}$, 减速度达到一个常值水平, 因为此时杆的速度值下降到 V_{cav}。根据这些观察, 可以构建刚性杆高速撞击的侵彻深度的解析模型。

为了得出刚性杆在高于 V_{cav} 的撞击速度下侵彻深度的表达式, 要把侵彻过程分成两阶段: 第一阶段从 $V = V_0$ 撞击开始, 到杆的速度降到 $V = V_{cav}$ 结束。这一阶段靶材料惯性要加到强度相关项 R_t 上, 以考虑由于通道扩张而增加的侵彻阻力; 第二阶段从 $V = V_{cav}$ 开始, 到 $V = 0$ 结束, 从前面讨论可知这时杆的减速度是常数, 这一阶段的侵彻深度 (P_c) 下面将给出。图 3.15 是两个侵彻阶段的示意图。

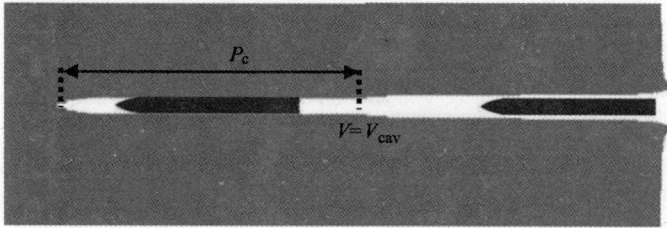

图 3.15　高速撞击的两个侵彻阶段

先考虑常减速度的第二个侵彻阶段。将 $V = V_{cav}$ 代入式 (3.8a), 这一阶段侵彻深度 P_c 为

$$P_c = P(V_{cav}) = \frac{\rho_p L_{eff} V_{cav}^2}{2R_t} \tag{3.12a}$$

利用从式 (3.11) 得到的 V_{cav} 表达式, 有

$$P_c = \frac{L_{eff}\rho_p}{2b\rho_t} \tag{3.12b}$$

或用无量纲的形式, 即

$$\frac{P_c}{L_{eff}} = \frac{\rho_p}{2b\rho_t} \tag{3.12c}$$

这一简单方程给出了对于给定的杆/靶组合, 在没有侵彻通道扩张阶段的最大侵彻深度 P_c。该方程突出了影响 P_c 的相关参数就是靶体和弹体的密度、杆的有效长度和其头部形状因子 b。有趣的是, P_c 与靶的强度无关。认识到靶强度在侵彻过程中有两个相反方向的作用, 就可以理解这一结果。一方面, 杆的侵彻深度随靶强度提高而降低; 另一方面, 随靶强度增加弹孔扩张阈值速度提高, 高强度靶不发生弹孔扩张的速度范围更大。式 (3.12c) 中 P_c 不依赖于靶强度表明这两个效应互相抵消了。

为了估计某些实际情况下 P_c 的数值, 考虑钢杆撞击铝靶, 其密度比 $\rho_p/\rho_t = 2.85$。对于球形头部 $b = 0.5$, 卵形头部 $b = 0.15$, 得到它们的侵彻深度分别为 $P_c = 2.85L_{eff}$ 和 $P_c = 9.5L_{eff}$。Piekutowski 等 (1999) 的实验中, 即使撞击速度为 $1.82\,\mathrm{km/s}$、侵彻深度接近 $7.0L_{eff}$ 时, 侵彻通道也没有扩张现象。卵形头部杆的 P_c 值大解释了这一实验现象。根据数值模拟, 卵形头部杆撞击 $0.4\,\mathrm{GPa}$ 铝靶时 $V_{cav} = 2.17\,\mathrm{km/s}$。意味着这些实验中钢杆就是以更高的速度侵彻, 也不出现通道扩张。不过, 在 $2.0\,\mathrm{km/s}$ 撞击速度下, 钢杆开始破裂和消蚀, 通道扩张现象无法在实验中显示出来。

现在考虑侵彻速度大于弹孔扩张阈值速度的侵彻第一阶段。前面已指出这时靶对侵彻的阻力包括靶材料惯性。因此杆承受的抵抗应力 Σ 由两项相加给出。第一项是与强度有关的侵彻阻力 R_t, 第二项依赖于速度, 由靶材料惯性所致。侵彻阻力 Σ 的表达式为

$$\Sigma = R_t + B\rho_t(V^2 - V_{cav}^2) \tag{3.13a}$$

式中: B 为与杆头部形状有关的几何因子。

一个合理的假设是, B 与 b 这两个形状因子是互相关联的, 一个可能的选择是取 $B = b/2$。将其代入式 (3.13a), 连同根据式 (3.11) 定义的 V_{cav}, 得

$$\Sigma = \frac{1}{2}R_t + \frac{1}{2}b\rho_t V^2 \quad (V \geqslant V_{cav}) \tag{3.13b}$$

对于 $V_0 = V_{cav}$, 有 $\Sigma = R_t$。上式可改写为

$$\Sigma = \frac{1}{2}R_t[1 + (V/V_{cav})^2] \tag{3.13c}$$

杆受到的阻力可用 Σ 乘以杆的横截面积 (πr^2) 得到。将阻力代入方程 (3.7a), 从 $V = V_0$ 到 $V = V_{cav}$ 积分, 得到第一阶段 ($V = V_0$ 到 $V = V_{cav}$) 的侵彻深度如下:

$$\frac{P}{L_{eff}} = \frac{\rho_p V_{cav}^2}{R_t} \ln\frac{1+x}{2} \tag{3.14a}$$

参数 x 的定义为

$$x = \left(\frac{V_0}{V_{cav}}\right)^2 \tag{3.14b}$$

加上式 (3.12a) 给出的低速阶段的侵彻深度, 就得到刚性弹体的撞击速度在弹孔扩张阈值速度以上的总的侵彻深度表达式为

$$\frac{P}{L_{eff}} = \frac{\rho_p V_{cav}^2}{R_t}\left[1 + 2\ln\frac{1+x}{2}\right] \quad (V_0 \geqslant V_{cav}) \tag{3.15a}$$

根据式 (3.12a) 的 P_c 定义, 总侵彻深度可以写成更紧凑的形式, 即

$$\frac{P}{P_c} = 1 + 2\ln\frac{1+x}{2} \quad (x \geqslant 1.0) \tag{3.15b}$$

利用前面 P_c 和 R_t 的表达式, 低速范围的侵彻深度可表示为

$$P = \frac{\rho_p L_{eff}}{2b\rho_t}\left(\frac{V_0}{V_{cav}}\right)^2 \quad (V_0 \leqslant V_{cav}) \tag{3.16a}$$

上式还可表示成无量纲形式, 即

$$\frac{P}{P_{cav}} = \left(\frac{V_0}{V_{cav}}\right)^2 = x \quad (x \leqslant 1.0) \tag{3.16b}$$

前面已指出, 卵形或锥形头部杆撞击铝靶和钢靶的 V_{cav} 值相当高。在这些速度下, 即使是高强度杆也由于变形或破碎而不再是刚性的。这就是缺少清楚显示弹孔扩张阈值速度的实验数据的原因,用实验数据验证上述分析也相当困难。对不同的刚性杆以大于铝靶和钢靶对应的 V_{cav} 速度撞击靶体的情况, Rosenberg 和 Dekel (2009a) 将解析模型结果与数值模拟结果进行比较。比较结果如图 3.16 所示, 由图 3.16 可见, 模型结果与数值模拟结果非常一致。

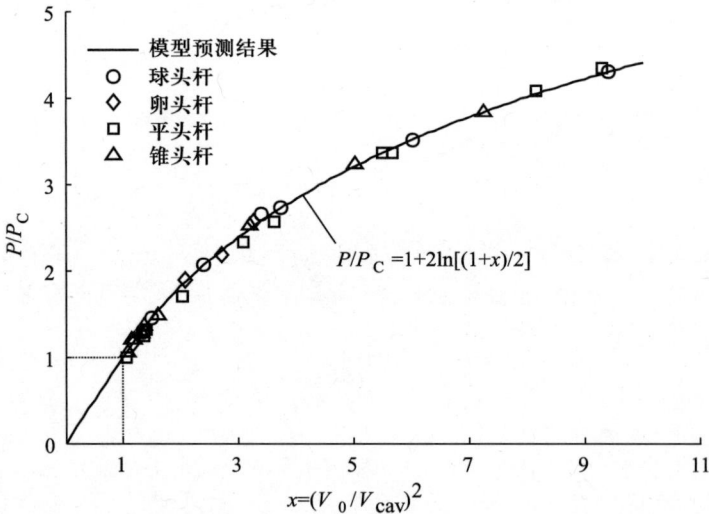

图 3.16　对于 $V_0 \geqslant V_{cav}$, 数值模拟结果与解析模型结果的比较

由于随着速度增加, $P = P(V_0)$ 曲线变得更平缓, 撞击速度在 V_{cav} 以上的侵彻效率比低速下的效率低。这是预料中的结果, 因为速度高时弹体

要消耗更多的能量用于通道的横向扩张。相反, 撞击速度低于 V_{cav} 时, 弹体动能仅消耗于形成前进必需的通道上。Hill (1980) 指出, 没有通道扩张的侵彻过程要在常抵抗应力条件下达到, 该应力值依赖于靶强度。他定义这个应力为 "逐步侵彻过程中, 形成单位体积空腔所做的平均功"。事实上, Hill 明确了常抵抗应力、没有通道扩张的侵彻类型。这正是 Rosenberg 和 Dekel (2009a) 对不同头部形状的刚性杆以低于阈值速度撞击靶体的数值模拟所发现的结果。这两个工作都得出结论, 没有通道扩张的侵彻过程与常抵抗应力关联。它们之间的差别仅在于: 根据 Hill 的假设, 锥形和球形头部杆以任何速度撞击都要发生通道扩张; 而 Rosenberg 和 Dekel (2009a) 的数值模拟表明对每一种头部形状都存在产生通道扩张的阈值速度。这些数值模拟被 Forrestal 及其同事的球形和锥形头部刚性杆的撞击实验结果所证实。这些实验的撞击速度高达 $1.2 \sim 1.4 \, \text{km/s}$, 并没有观察到通道扩张, 实验结果与 Hill 的结论正相反。Hill 的模型假设在任何撞击速度下这些杆受到的抵抗应力与靶材料惯性有关, 注意到这一点是很重要的。下一节的讨论将看到, 这一假设是以 Goodier (1965) 的侵彻模型为基础的许多研究的惯常做法。

3.3　空腔膨胀分析

近几十年来, 提出了一些以 Goodier (1965) 的工作为基础的侵彻模型。这些模型假设在任何撞击速度下, 刚性弹体受的侵彻阻力都应包括靶材料的惯性影响, 例如 $\Sigma = C + B\rho_t V^2$, B 为头部形状因子。Goodier 的模型中与靶材料强度有关的常数 C, 根据在大块弹塑性固体中扩张一小空腔所需的阈值压力确定, 这源自于 Bishop 等 (1945) 的分析工作。该经典工作的第三作者是在第二次世界大战期间为英国战争部工作的诺贝尔奖获得者 Neville Mott 爵士, 他对脉冲加载下固体动态响应研究具有深刻的见解。为解释将锥形刚性压头压进一块金属需要相对较大的力这一现象, Bishop 等 (1945) 提出了空腔膨胀分析理论。这一分析指出, 克服固体抵抗而扩张小空腔所需的阈值应力在 $3 \sim 4$ 倍固体强度的范围内。这些数据与用硬质尖压头测量出的压痕应力数据一致。Goodier (1965) 最早将这一分析及随后 Hill (1950) 的动态膨胀分析应用于终点弹道学的侵彻模型。Goodier 的模型中有两个问题需要再调查, 即所有撞击速度下抵抗应力都加上靶材料的惯性影响和为抵抗应力表达式的强度有关项 (C) 选择的空腔膨胀模型。

Goodier 的模型以 Hermann 和 Jones (1961) 开展的不同金属球用最高大约 1.5 km/s 速度撞击厚金属靶的侵彻实验数据为基础。Goodier 发现, 对于在分析里当做刚体的金属球的侵彻深度来说, 根据空腔膨胀分析推导的强度项 (C) 的值太低。于是他增加了靶材料惯性影响项, 以更好地使模型预测与实验数据吻合。但是这些实验中金属球是由铜、铝、低碳钢和铅制成的。显然, 这些材料不够强韧以保证弹体在这一撞击速度范围内可视作刚体。在撞击和侵彻过程中, 所有这些球形弹体都严重变形, 这是它们侵彻深度偏低的主要原因。因此, Goodier 对所有撞击速度下的侵彻阻力都加上靶材料惯性影响项是以对实验数据错误解释为基础的。第二个问题涉及靶的侵彻阻力中与强度相关的项可从 Bishop 等 (1945) 的空腔膨胀分析推导而得的假设。下面将看到, Goodier 的空腔膨胀分析得到的阈值压力比实验或数值模拟得到的 R_t 值低得多, 也比 Tate (1986) 和 Yarin 等 (1995) 研究弹体头部周围靶材料运动提出的解析模型推算的值低得多。

Bishop 等 (1945) 的空腔膨胀分析得到了球体和圆柱体在大块弹塑性固体中扩张一个小空腔所需最小压力的封闭形式表达式。其分析显示这些阈值压力与材料的弹性模量 E、泊松比 ν 和强度 Y 有关。其关系如下:

$$P_{\text{sph}} = \frac{2Y}{3} \left[1 + \ln \frac{E}{(1+\nu)Y} \right] \quad \text{球形空腔} \tag{3.17a}$$

$$P_{\text{cyl}} = \frac{Y}{\sqrt{3}} \left[1 + \ln \frac{\sqrt{3}E}{2(1+\nu)Y} \right] \quad \text{柱形空腔} \tag{3.17b}$$

两个表达式都是针对塑性不可压固体得到的。硬化材料的阈值压力有个附加项, 它与材料的硬化模量, 即固体在塑性响应阶段的应力 – 应变曲线斜率有关。Hill (1950) 得出了在弹性和塑性阶段都是可压缩固体的球形空腔阈值压力的表达式。其表达式将式 (3.17a) 的对数式中的 $(1+\nu)$ 用 $3(1-\nu)$ 代替。于是, 根据 Hill (1950) 的模型, 在大块可压缩固体中扩张一个球形空腔的临界 (阈值) 压力为

$$P_{\text{sph}} = \frac{2Y}{3} \left[1 + \ln \frac{E}{3(1-\nu)Y} \right] \tag{3.18a}$$

Rosenberg 和 Dekel (2008) 对可压缩固体中圆柱形空腔膨胀过程进行了数值模拟, 并确定了其阈值压力。数值模拟表明对于可压缩固体, 式

(3.17b) 的 $(1+\nu)$ 项应该用 $3(1-\nu)$ 代替, 这与球形空腔的情况一样。因此, 在可压缩弹塑性固体中扩张柱形空腔的阈值压力为

$$P_{\text{cyl}} = \frac{Y}{\sqrt{3}} \left[1 + \ln \frac{\sqrt{3}E}{6(1-\nu)Y} \right] \tag{3.18b}$$

根据这些解析表达式得到的阈值压力比从式 (3.9) (即 Rosenberg 和 Dekel (2009a) 以数值模拟为基础的解析模型) 得到的球形和卵形头部刚性杆的 R_{t} 值低得多。它们也比 Tate (1986) 和 Yarin 等 (1996) 对 Rankine 卵形头部刚性杆的解析模型得到的阈值压力低。举例来说, 对于强度 $Y =$ 1.0 GPa 的钢靶 ($E = 200\,\text{GPa}$, $\nu = 0.29$), 从式 (3.18) 得到的阈值压力 $P_{\text{sph}} = 3.7\,\text{GPa}$ 和 $P_{\text{cyl}} = 3.12\,\text{GPa}$。这些值确实比球头刚性杆侵彻该钢靶的对应值 $R_{\text{t}} = 5.6\,\text{GPa}$ 低得多。因此, 从空腔膨胀模型分析阈值压力时低估了作用于刚性弹体的抵抗应力。刚性杆侵彻时的 R_{t} 值与空腔膨胀分析得出的阈值压力之间的不同, 是由于它们适用的情况不同造成的。空腔膨胀分析应用于空腔周围材料垂直于空腔表面移动的情形。这是个一维问题, 其物质运动与刚性杆侵彻靶体时物质沿流线的复杂运动不同。

这里讨论的所有模型中, 无量纲阈值压力 (P_{thresh}/Y) 对固体的有关特性的函数关系可表示成

$$\frac{P_{\text{thresh}}}{Y} \doteq K_1 \ln \frac{E}{Y} + K_2 \tag{3.19}$$

式中: K_1、K_2 在不同模型里的值不同。对于球形和柱形空腔膨胀模型 K_1 分别为 2/3 和 0.577。而根据 Rosenberg 和 Dekel (2009a) 数值模拟得出的模型 (3.9) 有 $K_1 = 1.1$, 根据 Tate (1986) 的分析有 $K_1 = 1.0$。根据前面的以数值模拟为基础的解析模型, K_2 值依赖于刚性杆头部形状; 根据空腔膨胀模型和 Tate 模型, 它依赖于固体的泊松比。这些 P_{thresh}/Y 函数关系的相似并不令人惊奇, 因为这些分析都是处理在固体内需要施加的压力, 此压力克服抵抗应力 (与固体强度有关) 以 "推动" 固体。相应的抵抗应力值之间的不同与前面讨论的物质流动的具体细节有关。

Rosenberg 和 Dekel (2008) 的数值模拟试图更好地理解空腔膨胀过程, 以显示该过程与刚性杆侵彻靶体过程的差别。他们模拟了小的球形空腔在 $0.5 \sim 1.5\,\text{GPa}$ 强度范围内的大体积钢、铝和铅试件中的情况。每个模拟中, 球形空腔内施加一定压力。阈值 (临界) 压力定义为大于使空腔壁获得定常速度状态的压力。铝、钢、铅靶体中球形空腔的这些临界压力与从 Hill(1950) 分析得出的式 (3.18a) 的计算值一致。图 3.17 显示了一致性, 也

表明数值模拟在验证解析模型有效性上的作用。另外, 空腔膨胀模型已被认可多年, 图 3.17 展示的一致性也可以认为是对数值模拟有效性的证实。

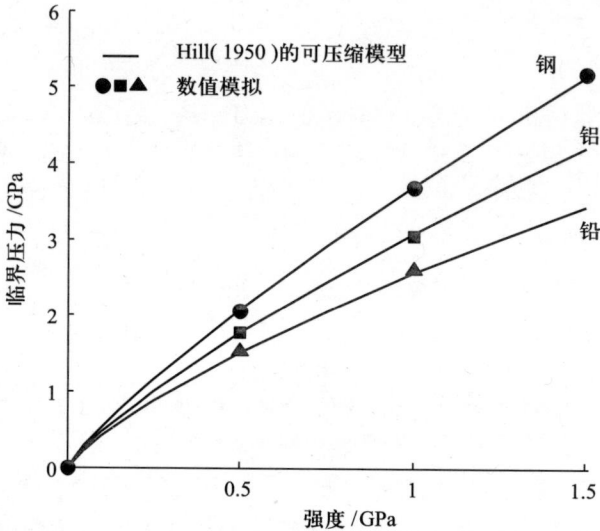

图 3.17　数值模拟和空腔膨胀模型给出的可压缩固体里临界压力的一致性

　　Rosenberg 和 Dekel (2008) 的数值模拟也用于研究空腔壁速度与作用于空腔壁压力 P_{dyn} 之间的关系。图 3.18(a) 给出了钢、铝和铅的这些关系 (材料强度为 0.5 GPa、1.0 GPa 和 1.5 GPa)。这些不同曲线可以无量纲化处理为一条曲线, 见式 (3.20) 和图 3.18(b)。

$$P_{\text{dyn}} = P_{\text{spher}} + 1.1875\rho V^2 \tag{3.20}$$

　　式中: P_{spher} 是扩张球形空腔需要的阈值压力, 由式 (3.18a) 给出。

　　注意, 这一方程可应用于数值模拟里很不相同的金属, 因此应该有一个合适的解析模型解释动态空腔膨胀过程。Hopkins (1960) 提出了一个不可压固体里球形空腔动态膨胀模型。他的结果里包括了与空腔膨胀速度和加速度有关的项。假设膨胀速度 V 不变, 则根据这一分析动态项等于 $3\rho V^2/2$。表达式里的系数比式 (3.20) 对应的系数大, 这可能是由于 Hopkins (1960) 的分析是针对不可压固体, 而数值模拟里的材料是可压缩的。Masri 和 Durban (2005) 的分析结果表明, 这个系数与泊松比 ν 有关, 对具有有限 ν 值的任一固体, 该系数小于 1.5。

（a）

（b）

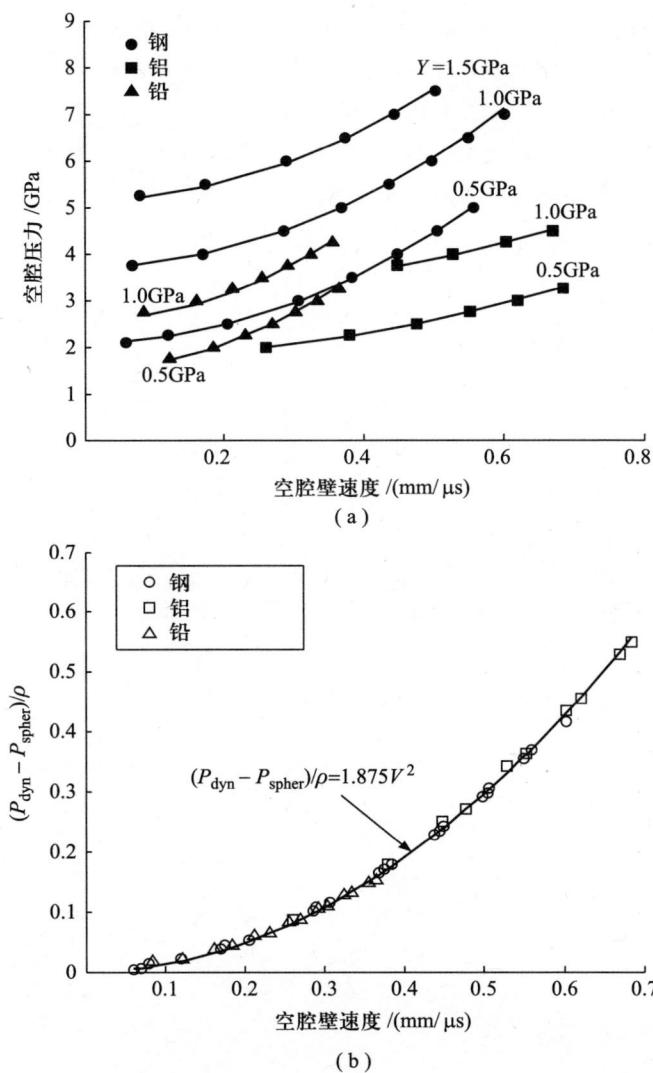

图 3.18 钢、铝和铅材料空腔壁压力和空腔壁速度之间的关系, 以及前述各曲线的无量纲化表示结果

3.4 最优弹头形状

研究者们试图找到刚性弹体可以获得最大侵彻深度的最佳头部形状。分析时, 先给出弹体头部所受作用力的表达式, 然后获取表达式随头部形

状参数变化的最小值。例如, Jones 等 (1998) 在侵彻阻力里包括了靶材料惯性 ($\rho_t V^2$) 和靶强度的影响, 他们分析得出的最优形状是在弹头尖部有一个小的钝剖面, 然后变成锥形直到弹体圆柱部分。这些形状是否最优并没有实验验证, 据我们所知, 也没有对应的数值模拟支持它们确实是最佳形状的这个结论。前面已表明, 撞击速度低于阈值速度 (V_{cav}) 时靶的侵彻阻力是不变的, 靶材料惯性影响仅当 $V_0 > V_{cav}$ 时起作用。对于不变的侵彻阻力, 没有理由预期存在一个最佳头部形状, 可推测刚性侵彻体头部越尖锐, 其侵彻能力就越高。就刚性侵彻体而言, 仅存的问题是, 尖锥形还是尖卵形头部更有效。

为此, 对于头部为卵形和锥形的刚性钢杆撞击强度 0.4 GPa 铝靶进行了一系列数值模拟。杆头部尖锐程度可定义为头部长度 l 与直径 D 的比值。l/D 在 0.25 ~ 3 范围内变化, 其中 $l/D = 0.5$ 的卵形头部实际上就是球形头部。$l/D = 2.95$ 的 9CRH 卵形头部和 $l/D = 3$ 的锥形头部是所进行的数值模拟中头部形状最尖的。根据数值模拟给出的杆的常减速度 a, 利用关系式 $R_t = \rho_p L_{eff} a$ 推算 R_t 的数值。模拟中撞击速度为 0.75 ~ 1.0 km/s。图 3.19 显示 R_t 值与头部尖锐程度 (l/D) 的关系, 图上也标示出以前模拟得到的平头杆 ($l/D = 0$) 的 $R_t = 2.46$ GPa 对应的数据点。

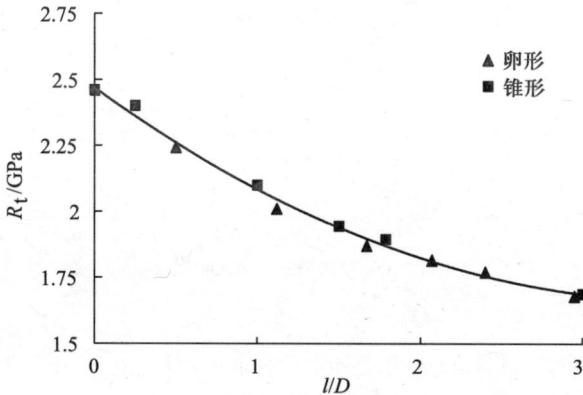

图 3.19　头部尖锐程度对靶的侵彻阻力的影响

很容易看出, 这两个头部形状的数据点几乎落在同一曲线上。从这些模拟得出的主要结论是更尖的头部遭受更小的阻力从而侵彻更深, 而头部形状的细节 (卵形或锥形) 并不重要, 这和预期是一样的。同时, 尖头提高侵深的益处随尖锐程度增加在下降, 看起来 $l/D > 3.0$ 以上不会对刚性侵彻体侵彻能力有太大提高。

3.5 短弹体侵彻

前面已提到, 由于撞击面对短侵彻体侵彻深度的影响更大, 它的侵彻过程与长杆的不同。撞击面影响控制卵形头部杆侵彻特征可达约 6 倍杆径范围。这一影响对于短弹体以兵器速度撞击靶体尤为重要, 因为其侵彻深度只有几倍弹径。可以预计这类短弹体侵彻过程没有常减速度阶段。本节研究短弹体侵彻问题, 以突出显示开坑阶段的影响。还会给出一个以数值模拟为基础的解析模型解释开坑阶段影响。将看到该模型对短弹体的预测与实验数据吻合良好, 展示了这类解析模型的有效性。

3.5.1 侵彻开坑阶段影响

为了更定量化研究开坑阶段影响, Rosenberg 和 Dekel (2009b) 对不同头部形状刚性弹体的侵彻过程进行了数值模拟。图 3.20(a) 是 $L/D = 3$, $D = 6\,\mathrm{mm}$ 卵头弹撞击 $0.4\,\mathrm{GPa}$ 铝靶的侵深模拟结果。对应于撞击速度 V_0 为 $0.5\,\mathrm{km/s}$、$1.0\,\mathrm{km/s}$ 和 $1.5\,\mathrm{km/s}$ 的侵彻深度分别是 $17\,\mathrm{mm}$、$41.5\,\mathrm{mm}$ 和 $78.5\,\mathrm{mm}$。$17\,\mathrm{mm}$ 的侵彻深度小于 3 倍弹径, 完全在侵彻开坑阶段影响的控制范围内。即使对 $1.0\,\mathrm{km/s}$ 的撞击, 其侵深 $41.5\,\mathrm{mm}$ 很接近于 6 倍弹径, 也处于开坑阶段影响的控制范围内。图 3.20(b) 的减速度变化曲线清楚表明, 这些侵彻过程中没有常减速度阶段。

图 3.20(b) 表明, 仅对最高撞击速度 $(1.5\,\mathrm{km/s})$ 在撞击后约 $25\,\mathrm{\mu s}$ 出现常值减速度阶段。这一时刻对应的侵深的模拟结果为 $36\,\mathrm{mm}$, 正好等于 6 倍弹径, 即开坑阶段影响范围。仔细检查初始速度为 $1.5\,\mathrm{km/s}$ 的撞击的减速度曲线的开头部分, 表明侵彻开坑时期包括两阶段: 第一阶段 (直到 $t \approx 7\,\mathrm{\mu s}$), 由于弹体头部逐渐进入靶体, 弹体减速度快速变化; 第二阶段持续到 $t = 25\,\mathrm{\mu s}$, 是由于侵彻开坑效应的影响。Rosenberg 和 Dekel (2009b) 的数值模拟表明, 球头或平头等钝头弹的头部短、进入靶体所需时间少, 侵彻开坑阶段的时间短。数值模拟结果显示开坑阶段效应对球头弹侵彻行为的支配范围约为 3 倍弹径, 不过开坑阶段效应的影响区扩展到更大的侵彻深度, 卵头弹也是这种情况。下节会进一步讨论这些问题。

为了对开坑阶段的影响有个量化估计, 可利用式 (3.8a) 得到弹体的等

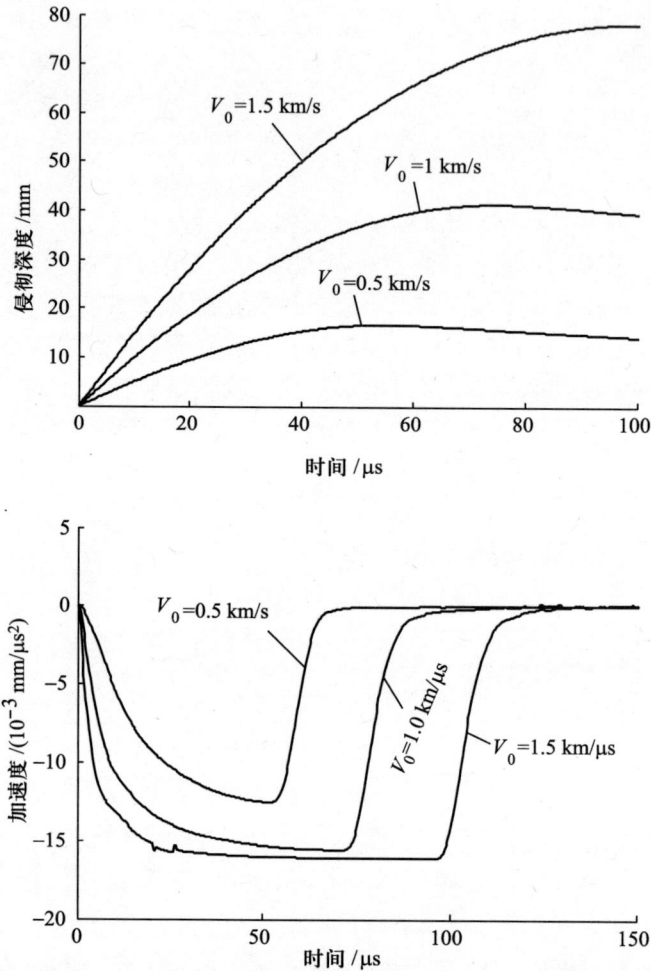

图 3.20 短弹体侵彻深度曲线与短弹体侵彻的减速度曲线
(a) 侵彻深度曲线; (b) 减速度曲线。

效 (平均) 抵抗应力 R_{eff} 和平均减速度 a_{eff} 分别为

$$R_{\text{eff}} = \frac{\rho_{\text{p}} L_{\text{eff}} V_0^2}{2P} \tag{3.21a}$$

$$a_{\text{eff}} = \frac{V_0^2}{2P} \tag{3.21b}$$

利用数值模拟得到的侵彻深度 (前面已给出) 和弹体等效长度 $L_{\text{eff}} =$ 14.4 mm, 得到 V_0 分别为 0.5 km/s、1.0 km/s 和 1.5 km/s 的撞击的平均抵

抗应力分别是 $0.84\,\mathrm{GPa}$、$1.37\,\mathrm{GPa}$ 和 $1.63\,\mathrm{GPa}$。这些数值显著低于卵头弹深侵彻 $0.4\,\mathrm{GPa}$ 铝靶时受到的抵抗应力值 $R_t = 1.87\,\mathrm{GPa}$。R_{eff} 随撞击速度增加而增加的趋势表明, 开坑阶段对侵彻过程的影响程度也随撞击速度增加而降低。不过, 即使对于模拟里的最高撞击速度, 由于侵深仅为开坑阶段效应的控制范围的 2 倍, 因此其平均减速度比渐近值 (即深侵彻时的常减速度值) 低 13%。

为进一步说明侵彻开坑阶段的强烈影响, Rosenberg 和 Dekel (2009b) 对对称轴处有一个圆柱形孔的铝靶 (图 3.21) 进行了数值模拟。孔深 $50\,\mathrm{mm}$ (约等于 8 倍弹径), 孔径等于弹径 ($6\,\mathrm{mm}$)。这样做的基本想法是将撞击区域移到靶深处, 以减少撞击自由面的影响。因此撞击一开始, 弹体承受的抵抗应力 (或它的减速度) 应该很接近于深侵彻的情况。

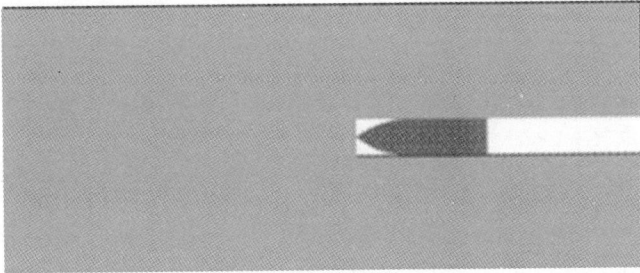

图 3.21 具有中心孔的靶

卵头弹在有孔和无孔靶中的减速度变化曲线如图 3.22 所示, 其中撞击速度 V_0 为 $1.0\,\mathrm{km/s}$、$1.5\,\mathrm{km/s}$。可清楚看出, 增加了孔, 开坑阶段的影响就减小了, 撞击后减速度很快就达到其渐近值。弹体对有孔靶的侵入深度

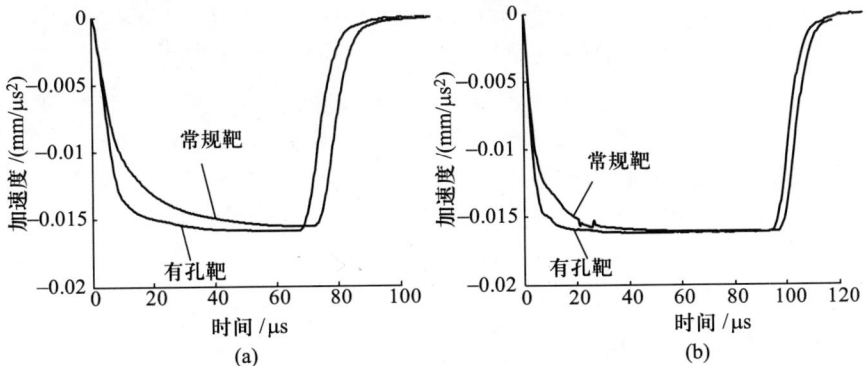

图 3.22 卵头弹在常规靶和有孔靶里的减速度变化曲线

(a) $V_0 = 1.0\ \mathrm{km/s}$; (b) $V_0 = 1.5\ \mathrm{km/s}$。

小于对常规靶的侵入深度。随撞击速度增加, 两者 (靶体有孔和无孔) 之间的侵入深度差距减少。模拟中的最高撞击速度 (1.5 km/s) 下对常规靶的侵彻深度比有孔靶的侵彻深度高 5%。对球头弹的数值模拟也发现了同样的趋势。由于球头弹开坑阶段效应的影响范围小, 使得它撞击常规靶与有孔靶的侵彻深度差别小得多。

分析 Brooks 和 Erickson (1971) 的实验结果可以得到侵彻开坑阶段强烈影响的量化估计。实验是 $L/D = 4.92$、直径 8.86 mm 的卵头碳化钨弹撞击布氏硬度 294 BH 的 4340 钢靶。即使撞击速度达 1.34 km/s, 弹体还保持为刚性。这组实验令人关注, 因为弹体密度大 (14.72 g/cm³), 使得侵彻深度相对大, 而远远超过开坑阶段影响控制范围。为估计开坑阶段影响, 通过式 (3.21b) 计算每发实验的等效减速度。随着撞击速度提高, 预期减速度将朝着深侵彻的减速度渐近值方向增加。表 3.4 列出了 Brooks 和 Erickson (1971) 实验的相关数据, 以及由式 (3.21b) 计算的等效减速度。

表 3.4　Brooks 和 Erickson (1971) 的实验数据和等效减速度

$V_0/(\mathrm{m/s})$	434	568	691	805	920	1027	1138	1343
P/mm	24.1	34.3	44	52	64	75.5	87	112
P/D	2.72	3.87	5.0	5.87	7.22	8.52	9.82	12.64
$a_{\mathrm{eff}}/(10^{-3}\,\mathrm{mm/\mu s^2})$	3.91	4.7	5.43	6.23	6.61	7	7.44	8.05

显然, 随撞击速度增加, 等效减速度增加, 但并没有达到常值, 因此在所有这些实验中, 开坑阶段效应对侵彻过程都有影响。即使是最高速撞击实验, 它的侵彻深度 $P = 12.6D$, 也只是开坑阶段效应的影响控制范围的 2 倍, 侵彻过程还是受到开坑阶段效应的影响。为了估计弹体深侵彻的减速度渐近值, 取实验中靶的流动应力 $Y_t \approx 1.0\,\mathrm{GPa}$, 代入式 (3.9) 得到深侵彻时靶体作用于卵头弹的抵抗应力 $R_t = 4.68\,\mathrm{GPa}$。根据弹体尺寸和质量 (30.9g) 得其等效长度 $L_{\mathrm{eff}} = 34\,\mathrm{mm}$。将 R_t、ρ_p 和 L_{eff} 的值代入式 (3.7b), 得到这一弹/靶组合的侵彻减速度渐近值 $a = 9.35 \times 10^{-3}\,\mathrm{mm/\mu s^2}$。该值比表 3.4 给出的等效减速度实验值的最大值还高 17%。这些例子表明了侵彻开坑阶段对短弹体侵彻过程的显著影响。显然, 开坑阶段在远大于其影响控制范围的地方仍对侵彻深度有影响。另一方面, 即使对短弹体也有侵彻深度远大于 $6D$ 的情况, 此时式 (3.8a) 理应对侵彻深度给出正确估计。显然, 低 R_t 值的靶就属于这种情形, 此时侵彻深度可远大于开坑阶段影响控制范围。

为了说明问题, 考虑我们实验室进行的 0.5 英寸穿甲弹 (其硬钢芯的

直径 $D = 11\,\mathrm{mm}$) 以 $V_0 = 0.9\,\mathrm{km/s}$ 速度撞击大块树脂玻璃的实验。侵深的测量结果是 $P = 190\,\mathrm{mm}$, 即 $P = 17D$, 远大于开坑阶段影响控制范围 ($P = 6D$), 前面的模型应能解释这一实验。树脂玻璃的弹性模量 $E \approx 5.5\,\mathrm{GPa}$, 动态压缩强度 $Y_t \approx 0.35\,\mathrm{GPa}$。将数值代入式 (3.9), 并注意到 0.5 英寸穿甲弹的硬钢芯头部是卵形, 则式 (3.9) 中 $\phi = 1.15$, 就得到树脂玻璃的抵抗应力 $R_t = 0.66\,\mathrm{GPa}$。将 R_t 值和硬钢芯的 $L_{\mathrm{eff}} = 38.2\,\mathrm{mm}$ 一起代入式 (3.8a), 得到侵深预估值 $P = 185\,\mathrm{mm}$, 与实验结果 $P = 190\,\mathrm{mm}$ 很接近。这是弹体在靶中深侵彻的结果。由式 (3.11) 计算出这一弹/靶组合的 $V_{\mathrm{cav}} = 1.55\,\mathrm{km/s}$, 因此理论预计 $V_0 = 0.9\,\mathrm{km/s}$ 的实验不会出现弹孔扩张, 实际情况确实如此。

另一组反映开坑阶段影响的数据是 Forrestal 等 (1991) 开展的 L/D 分别为 5、10 和 15 的球头钢杆在 V_0 为 $0.25 \sim 1.0\,\mathrm{km/s}$ 速度范围内撞击 6061-T651 铝靶的实验结果。无量纲化侵彻深度 (P/L) 如图 3.23 所示。可见 L/D 为 10、15 的数据点落在同一曲线附近。但是 $L/D = 5$ 的实验的 P/L 值高出不少。它的最大侵彻深度 $P = 9.5D$, 开坑阶段对这些短杆的侵彻有影响。另一方面, 对 L/D 为 10、15 的长杆, 最大侵彻深度 P 分别为 $18D$、$23D$, 远在开坑影响的控制范围之外。

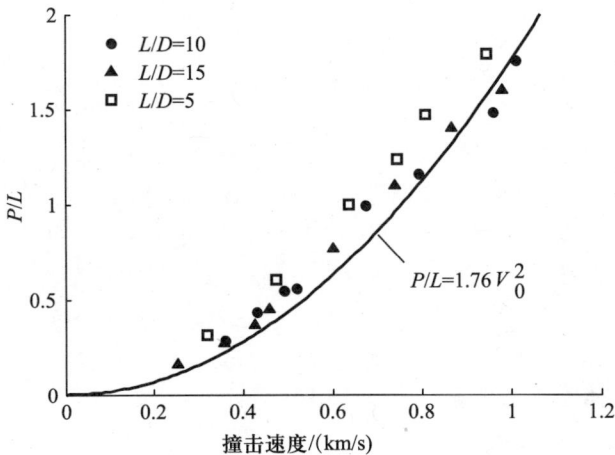

图 3.23   不同长径比球头钢杆的无量纲化侵彻深度 (P/L)

图 3.23 还包括了球头钢杆撞击 6061-T651 铝靶的侵彻预测曲线 $P/L = 1.76V_0^2$ (从图 3.10(b) 计算出)。预测曲线与 L/D 为 10、15 的数据点接近, 而 $L/D = 5$ 的数据点显著高于预测曲线。这清楚表现了开坑阶段的影响, 这些实验结果与以数值模拟为基础的模型的预测结果的比较将在下节

给出。

3.5.2 以数值模拟为基础的侵彻开坑阶段影响的解析模型

侵彻开坑阶段的影响使分析变得复杂, 以至于很难建立短弹体侵彻过程的解析模型, 因此这里提出一个以数值模拟为基础的方法。流体动力学计算程序的最新进展, 使得人们能够为终点弹道学研究建立以数值模拟为基础的模型。当然, 应将这些模型的预测结果与实验结果相比较以检验模型的有效性。开坑阶段影响可通过式 (3.21a) 定义的等效抵抗应力 R_{eff} 予以量化。首先改写这一方程以得到刚性弹体无量纲侵彻深度的表达式为

$$\frac{P}{L_{\text{eff}}} = \frac{\rho_{\text{p}} V_0^2}{2R_{\text{eff}}} \quad (R_{\text{eff}} \leqslant R_{\text{t}}) \tag{3.22a}$$

显然随着撞击速度增加, R_{eff} 应朝着深侵彻对应的 R_{t} 增加。改写式 (3.22a) 为

$$\frac{P}{L_{\text{eff}}} = \frac{P}{D} \cdot \frac{D}{L_{\text{eff}}} = \frac{\rho_{\text{p}} V_0^2}{2R_{\text{t}}} \cdot \frac{R_{\text{t}}}{R_{\text{eff}}} \tag{3.22b}$$

进一步得

$$\frac{P}{D} \cdot q = \frac{\rho_{\text{p}} V_0^2}{2R_{\text{t}}} \cdot \frac{L_{\text{eff}}}{D} \equiv I \tag{3.23}$$

式中: $q = \dfrac{R_{\text{eff}}}{R_{\text{t}}}$。

目前仅定义了两个新参数 q 和 I。参数 q 为比值 $R_{\text{eff}}/R_{\text{t}}$, 表示开坑阶段的影响。$q$ 值总是小于 1.0, 当深侵彻时接近于 1.0。参数 I 度量弹体对靶体的侵彻能力。实际上, I 等于没有开坑阶段影响时, 按照前述的常减速度模型给出的无量纲侵彻深度 (P/D)。对于给定的弹/靶组合, 用于计算 I 的数值的有关参数是确定的, 与侵彻开坑阶段的具体细节无关。

一些研究者使用了与此类似的参数分析侵彻数据。Haldar 和 Hamieh (1984) 用 P/D 与他们称为冲击系数 (Impaot factor) 的参数之间的经验关系展示了弹体对混凝土的侵彻数据。该冲击系数由弹体质量 M、直径 D 及撞击速度 V_0 定义如下:

$$\text{Impact Factor} = N\frac{MV_0^2}{D^3 f_{\text{c}}} \tag{3.24}$$

式中: f_{c} 为混凝土无侧限压缩强度; N 为头部形状因子。

容易看出式 (3.24) 定义的冲击系数类似于式 (3.23) 定义的参数 I, 因为 $M/D^3 = \rho_{\text{p}} L_{\text{eff}}/D$。这两个定义的差别在于靶强度表达式。Haldar 和

Hamieh (1984) 用的是靶压缩强度 f_c, 而我们的定义里用的是侵彻抵抗应力 R_t。另外, 在式 (3.24) 里靶压缩强度和头部形状因子是独立出现的, 而我们的定义中这两者合并到 R_t 里。Chen 和 Li (2002) 也用了冲击系数解释刚性杆对半无限靶的侵彻深度。他们的冲击系数包括了从空腔膨胀分析得出的靶强度项, 同时也使用了类似于 Haldar 和 Hamieh (1984) 提出的头部形状因子。因此, 影响某一给定弹体侵彻深度的相关参数可归并到这些紧密关联的冲击系数中。就我们的方法而言, I 不是自由参数, 而是常减速度模型下刚性弹体的无量纲侵彻深度 (P/D)。我们的基本想法是通过 q 与 I 之间的关系来分析开坑阶段较低的抵抗应力。这可通过下面描述的以数值模拟为基础的模型来实现。

这个模型以分析 $L/D = 3$ 的弹体以不同速度撞击给定靶体的侵彻深度的数值模拟结果为基础。通过这些侵彻深度, 可计算出相应的 R_{eff} 和 q, 以确定侵彻开坑阶段的影响范围。之后对卵形和球形头部的弹体建立 P/D 与参数 I 之间的关系。这一分析方法背后的主要假设是, 具有相同头部形状的弹体的 P/D 与 I 的关系是通用的。这个假设可通过模型预测结果与实验数据是否一致予以验证。

对 $D = 6\,\mathrm{mm}$, L_{eff} 分别为 $14.5\,\mathrm{mm}$、$17.1\,\mathrm{mm}$ 的卵头 (3CRH) 和球头刚性钢杆撞击强度 $0.4\,\mathrm{GPa}$ 的铝靶进行了数值模拟。卵头弹的速度范围为 $0.1 \sim 2.0\,\mathrm{km/s}$, 球头弹的速度范围为 $0.1 \sim 1.25\,\mathrm{km/s}$。选择的速度范围避免了发生弹孔扩张现象, 以免使分析复杂化。根据模拟得到的侵彻深度 P 可确定 R_{eff}。两种头部形状的刚性杆的 R_t 值已知, 则可建立关于 $q = R_{eff}/R_t$ 与撞击速度之间的曲线, 如图 3.24 所示。正如所预计的, q 的

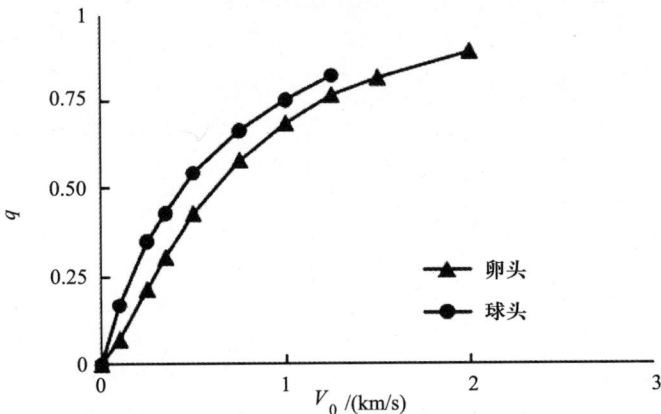

图 3.24　两种头部形状的参数 q 随 V_0 变化的数值模拟结果

值从 $V_0 = 0$ 时的 $q = 0$ 渐近趋于高速时的 $q = 1.0$, 而 R_{eff} 渐近达到 R_{t} 的值。

将这些数值模拟结果以 P/D—$I = qP/D$ 的函数表示出来 (图 3.25), 可清楚看出卵头和球头的两条曲线彼此非常接近。这一重要结果意味着所有尖头弹, 如锥形或其他的卵形, 都符合这里根据 3CRH 卵头弹结果给出的曲线。这些曲线可看做解释尖头和球头弹侵彻开坑阶段影响的一般关系式。

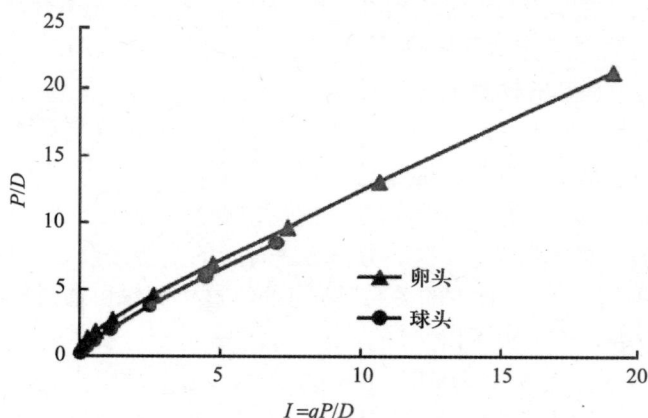

图 3.25 P/D 与 I 之间关系的数值模拟结果

为证实这些曲线不依赖于靶材料密度, 另外进行了一组卵头弹撞击 0.4 GPa 钢靶的数值模拟。其结果显示在图 3.26 中, 图中也包括 0.4 GPa 铝靶的结果。很显然两组数值模拟结果落在同一曲线上。

图 3.25 的两条曲线在 I 值较小 (直到约 $I = 1.0$) 时上升很快, 对更大的 I 值曲线上升较缓慢, 可以用在两个区间 P/D 与 I 的不同关系式来表示这一变化趋势。对较大 I 值 ($I > 1.0$) 用下列式子表示数值模拟结果:

$$\frac{P}{D} = 1.32 + 1.2I - 0.008I^2 \quad \text{(尖头弹)} \tag{3.25a}$$

$$\frac{P}{D} = 0.65 + 1.3I - 0.025I^2 \quad \text{(球头弹)} \tag{3.25b}$$

这两个表达式对应的曲线与对角线 $P/D = I$ 分别相交于 $I = 30$ (尖头弹) 和 $I = 14$ (球头弹), 这是这些弹体的侵彻开坑阶段影响的范围。尖头弹 ($P/D = 30$) 的侵彻开坑阶段的影响范围大约是球头弹 ($P/D = 14$) 的 2 倍。卵头弹和球头弹的侵彻开坑阶段控制范围分别是 $P = 6D$ 和

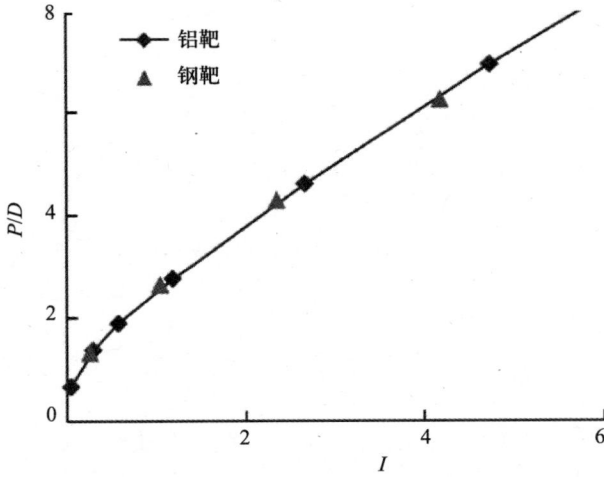

图 3.26　卵头弹撞击 0.4 GPa 钢靶和铝靶的数值模拟结果

$P = 3D$, 也有相同的倍数关系。$I = 30$ 和 $I = 14$ 的值界定了上述以数值模拟为基础的模型的适用范围。对于更大值的 I, 要使用式 (3.8) 的简单关系。为了得到侵彻开坑阶段影响的量化估计, 考虑卵头弹 $I = 20$ 和球头弹 $I = 10$ 的两个中间情况。利用式 (3.25) 分别得卵头弹 $P/D = 22.1$ 和球头弹 $P/D = 11.15$。这些值比对应的 I 值高出约 10%, 表明即使对于相对较大值的 I, 开坑阶段影响还很显著。对 $I = 20$ 的卵头弹和 $I = 10$ 的球头弹, 预计实验的侵彻深度要比从式 (3.8) 计算的高出约 10%。

图 3.27 给出了较低值 $I(I \leqslant 1.0)$ 对应的 $P/D = f(I)$ 曲线。由于卵头弹侵彻开坑阶段的控制范围更大, 卵头弹的曲线比球头弹的高得多。

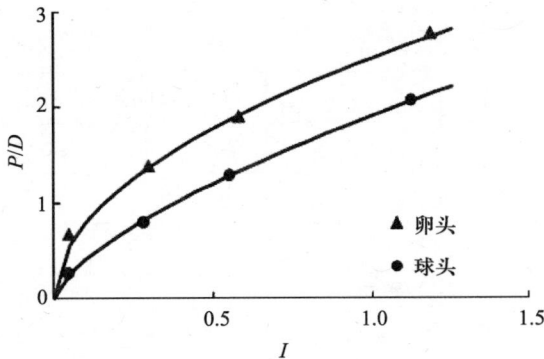

图 3.27　对较低值 I ($I \leqslant 1.0$) 的数值模拟结果

对于 I 的较小值 $(I \leqslant 1.0)$, 下列表达式用于表示 P/D 与 I 之间的函数关系:

$$\frac{P}{D} = 2.5I^{0.5} \quad \text{(尖头弹)} \tag{3.26a}$$

$$\frac{P}{D} = 1.9I^{2/3} \quad \text{(球头弹)} \tag{3.26b}$$

将式 (3.23) 定义的 I 代入上述表达式, 得到 $I \leqslant 1.0$ 时 P/D 与 V_0 之间的关系式:

$$\frac{P}{D} = 1.77 \times \left(\frac{\rho_\mathrm{p} L_\mathrm{eff}}{R_\mathrm{t} D}\right)^{0.5} V_0 \quad \text{(尖头弹)} \tag{3.27a}$$

$$\frac{P}{D} = 1.2 \times \left(\frac{\rho_\mathrm{p} L_\mathrm{eff}}{R_\mathrm{t} D}\right)^{2/3} V_0^{4/3} \quad \text{(球头弹)} \tag{3.27b}$$

上述关系式显示, 在 I 数值比较小时 $(I \leqslant 1.0)$, 尖头弹和球头弹的 P/D 对撞击速度的依赖关系分别是线性和 $V_0^{4/3}$。

为验证上述方程的有效性, 将其预测结果与一些弹/靶组合的实验数据进行对比。表 3.4 中 Brooks 和 Erickson (1971) 的数据是进行验证的好例子, 因为其弹、靶都与本节数值模拟的不同。弹体为碳化钨材料, $\rho_\mathrm{p} = 14.72 \, \mathrm{g/cm}^3$, $D = 8.86 \, \mathrm{mm}$, $L_\mathrm{eff}/D = 3.84$。靶体为 4340 钢, 布氏硬度 294 HB, $R_\mathrm{t} = 4.68 \, \mathrm{GPa}$。将 R_t、ρ_p、L_eff/D 等值代入式 (3.23), 得到这一弹/靶组合 $I = 6.04V_0^2$, 其中速度以 km/s 为单位。表 3.5 列出了这一组实验的 I 值。这些 I 值代入式 (3.25a) 得到对应的 P/D 值。表 3.5 将模型预测的侵彻深度与实验数据进行了对比。两组结果的很好一致性证实了以数值模拟为基础的模型的有效性。

表 3.5   模型预测结果与 Brooks 和 Erickson (1971) 实验数据的比较

$V_0/(\mathrm{km/s})$	0.434	0.568	0.691	0.805	0.920	1.027	1.138	1.343
I	1.14	1.95	2.88	3.91	5.11	6.37	7.82	10.89
P/mm (计算)	23.7	32.2	41.7	52.2	64.2	76.5	90.5	119
P/mm (实验)	24.1	34.3	44	52	64	75.5	87	112

考虑图 3.23 给出的 Forrestal 等 (1991) 对 $L/D = 5$ 的球头钢杆撞击铝靶的实验结果。由于侵彻开坑阶段影响, 这些短杆的无量纲侵彻深度 (P/L) 比 L/D 为 10、15 杆的对应值要大。现在将模型预测结果与这些短

杆的实验结果进行比较。取 $\rho_{\mathrm{p}} = 8.0\,\mathrm{g/cm^3}$, $L_{\mathrm{eff}}/D = 5.34$, 6061-T651 铝靶 ($E = 69\,\mathrm{GPa}$, $Y_{\mathrm{t}} = 0.42\,\mathrm{GPa}$) 的 $R_{\mathrm{t}} = 2.27\,\mathrm{GPa}$, 利用式 (3.23) 得这一弹/靶组合 $I = 9.39V_0^2$。对球头弹利用式 (3.25b) 得到的侵彻预测结果和实验结果都在图 3.28 中给出。曲线与实验数据之间具有极好的一致性, 这证实了以数值模拟为基础的模型的有效性。

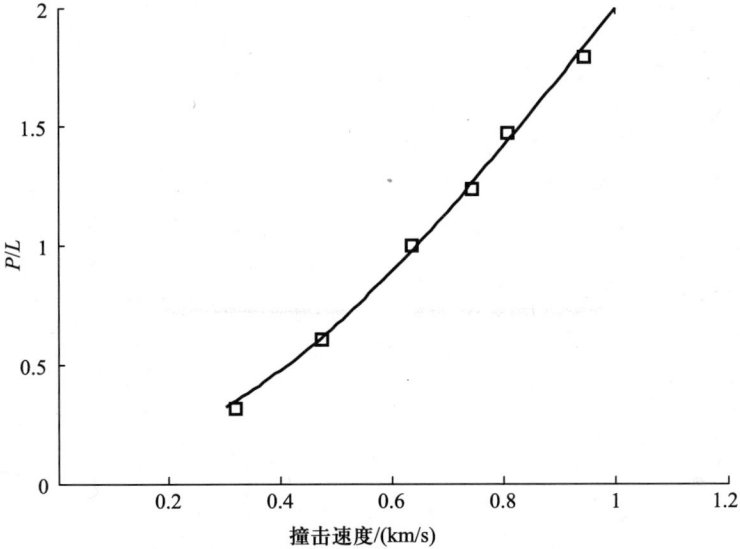

图 3.28　$L/D = 5$ 球头钢杆撞击 6061-T651 铝靶的模型预测结果 (曲线) 与实验数据 (方块) 的对比

当靶体强度高时, 即使在中等撞击速度下, 长杆侵彻过程也受到侵彻开坑阶段的影响, 从而导致相对较低的 I 值。Forrestal 等 (1992) 的卵头钢杆以高至大约 $1.0\,\mathrm{km/s}$ 速度撞击 7075-T651 铝靶的实验就属于这种情况。该铝合金的动态流动应力 $Y_{\mathrm{t}} \approx 0.7\,\mathrm{GPa}$, 弹性模量 $E = 73\,\mathrm{GPa}$, 根据式 (3.9) 得这一弹/靶组合的 $R_{\mathrm{t}} = 2.77\,\mathrm{GPa}$。连同 $\rho_{\mathrm{p}} = 8.02\,\mathrm{g/cm^3}$, $L_{\mathrm{eff}} = 77.8\,\mathrm{mm}$ 和 $D = 7.11\,\mathrm{mm}$, 由式 (3.23) 得 $I = 15.84V_0^2$。前面已看到, $I = 20$ 的卵头弹由于开坑阶段影响使得它的侵彻深度提高了 10%。Forrestal 等 (1992) 的实验速度低, 可以预计开坑阶段对侵彻过程有显著影响, 表 3.6 给出了他们实验结果和模型预测结果比较。同时表中还增加了忽略开坑阶段影响、用式 (3.8) 计算的侵彻深度, 它们比实验数据低得多, 这表现了开坑阶段的强烈影响。这一影响在卵头弹以低速度撞击高强度靶时尤为显著。另一方面, 实测侵彻深度与式 (3.25a) 预测结果吻合很好, 表明以数值模拟为基础的模型对于分析开坑阶段影响是有效的。

表 3.6 7075-T651 铝靶侵彻深度的模型计算结果与实验数据的比较

	$V_0/(\text{km/s})$	0.372	0.695	0.978	1.067
	实验	26	70	127	147
P/mm	式 (3.25) 计算	27.8	71.3	125.5	144.5
	式 (3.8) 计算	15.6	54.4	107.7	128

最后, 将以数值模拟为基础的模型的预测结果与 Chocron 等 (1999) 的 0.3 英寸 APM2 穿甲弹撞击 6061-T6 铝靶的实验数据进行对比。弹体主要由坚硬钢芯组成, $D = 6.17\,\text{mm}$, $L_{\text{eff}} = 22.4\,\text{mm}$。从式 (3.9) 可得卵头弹撞击铝靶 ($E = 69\,\text{GPa}$, $Y_t = 0.42\,\text{GPa}$) 时 $R_t = 1.87\,\text{GPa}$。将这些数值代入式 (3.23), 得到这一弹/靶组合的 $I = 7.6V_0^2$。根据式 (3.25a) 可计算这些钢弹芯的侵彻深度, 如图 3.29 所示。由此可见, 模型预测结果与实验数据吻合非常好。

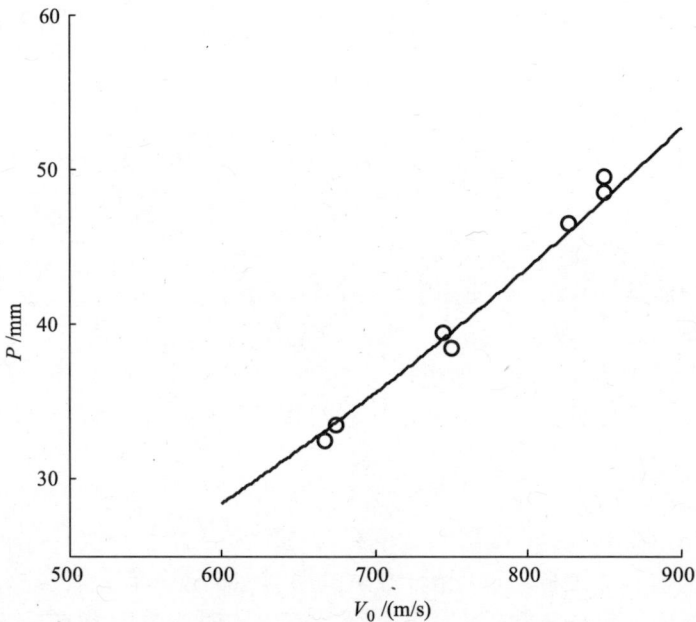

图 3.29 硬钢芯 0.3 英寸 APM2 穿甲弹撞击 6061-T6 铝靶侵彻深度的比较 (曲线为模型计算结果, 圆点为实验数据)

3.6 球体撞击

由于粗短刚性弹体 (如球体或 $L/D = 1$ 圆柱体) 的侵彻深度完全处在开坑阶段效应的控制范围内，这对于分析它们的侵彻数据引入了内在复杂性。另一个复杂问题与靶材料密度的影响作用有关。前一节已看到，对刚性杆而言，靶材料的强度和弹性模量决定了弹体侵彻受到的阻力。因为弹/靶撞击时产生的初始冲击波对于刚性弹体侵彻过程的影响可忽略，所以这时靶材料密度不起作用。但是这一说法对于钝头短弹体是不适用的，初始冲击波对它的侵彻过程的影响不可忽略。薄板撞击靶体的初始侵彻速度依赖于它们的声阻抗 (密度与声速的乘积) 比。由于多数金属的声速值大体相当，因此可以预计密度比在弹体的早期减速阶段有重要作用。球形弹撞击不同金属靶的实验数据表明侵彻深度显著依赖于弹/靶密度比 (ρ_p/ρ_t)。这些复杂因素是粗短弹体侵彻问题缺少解析模型的主要原因。实验数据通常归纳为无量纲侵彻深度关于撞击速度和密度比的经验公式。显然这些经验公式仅适合作为分析数据的内插工具。Hermann 和 Jones(1961) 的综述文章广泛回顾了很大撞击速度范围的这类研究工作，涉及的大部分数据属于球体严重变形的超高速范围。不过其中也包括几组刚性球体撞击的数据，以 $P/D = f(\rho_p/\rho_t, Y_t)V_0^n$ 的经验公式形式表示出来，指数 $n \approx 1.5$。

3.6.1 刚性球体撞击

使用数值模拟手段可处理球体撞击半无限靶相互作用的复杂性，并研究其无量纲侵彻深度 (P/D) 对有关参数的依赖关系。对不同刚性球体撞击不同强度的铝靶和钢靶进行了几组数值模拟。模拟结果显示，靶材料密度确实对球体侵彻深度有重要影响作用。不过侵彻深度对密度比的依赖关系很复杂。即使是 P/D 与 V_0 函数关系表达式的指数 n 也依赖于密度比。因此，几乎不可能从这些数值模拟得出刚性球体侵彻深度的简单关系式。不过它们还是可以为分析实验数据提供一些有用信息。

考虑图 3.30 所示的刚性球体撞击 0.4 GPa 铝靶的数值模拟结果。这组模拟的最大速度 $V_0 = 1.25$ km/s，以便使讨论限制在没有侵彻通道扩张的范围内 $(V_0 < V_{cav})$。无量纲侵彻深度 (P/D) 大致符合 $P/D = kV_0^n$ 的关系。为了与球头弹在低 I 值下的式 (3.27b) 保持一致，选择指数 $n = 4/3$。从图 3.30 中可见，钢球撞击 0.4 GPa 铝靶的数值模拟结果符合下面的经验

公式:

$$\frac{P}{D} = k_1 V_0^{4/3}$$ (3.28)

对这一球体/靶组合情况 $k_1 = 1.85$, V_0 的单位为 km/s。

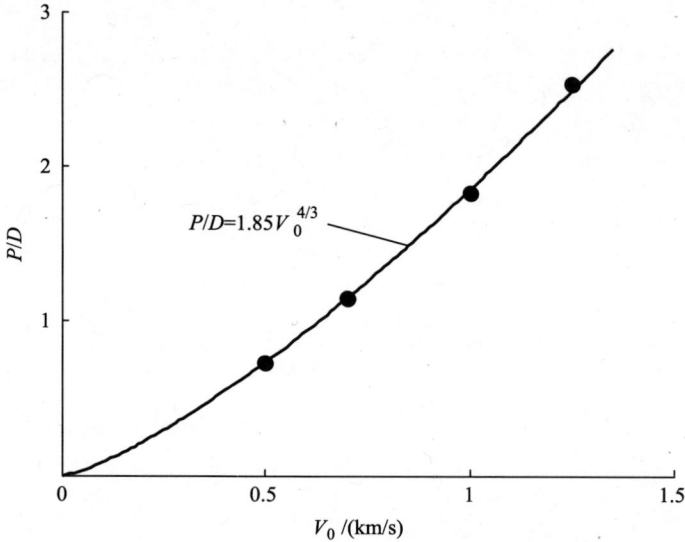

图 3.30 刚性球体撞击 0.4 GPa 铝靶的数值模拟结果

常数 k_1 与靶材料强度和密度比 ρ_p/ρ_t 有关。假设 P/D 对靶材料强度的依赖关系类似于式 (3.27b) 的关系。因为在很低侵彻深度时, 预计侵彻阻力由 Y_t 而不是 R_t 控制, 所以将式 (3.27b) 中的 R_t 用 Y_t 代替。于是有

$$\frac{P}{D} = k_2 \left(\frac{V_0^2}{Y_t} \right)^{2/3}$$ (3.29)

式中: k_2 与球体和靶体的材料密度有关。在这些模拟里对铝靶取值 $Y_t = 0.4$ GPa, 得到刚性钢球撞击 0.4 GPa 铝靶时 $k_2 = 1.0$。

为了验证这一结果的有效性, 考虑 Weimann(1974) 的硬钢球撞击半无限 2024-T351 铝靶的实验。球体直径为 $3 \sim 20$ mm, 速度达 1.5 km/s。该铝合金的流动应力在 $0.55 \sim 0.65$ GPa 之间变动, 取平均值 $Y_t = 0.6$ GPa, 得到无量纲侵彻深度表达式为

$$\frac{P}{D} = 1.4 V_0^{4/3}$$ (3.30)

式中: V_0 的单位为 km/s。

图 3.31 表现了这一表达式与 Weimann (1974) 实验结果的良好一致性。

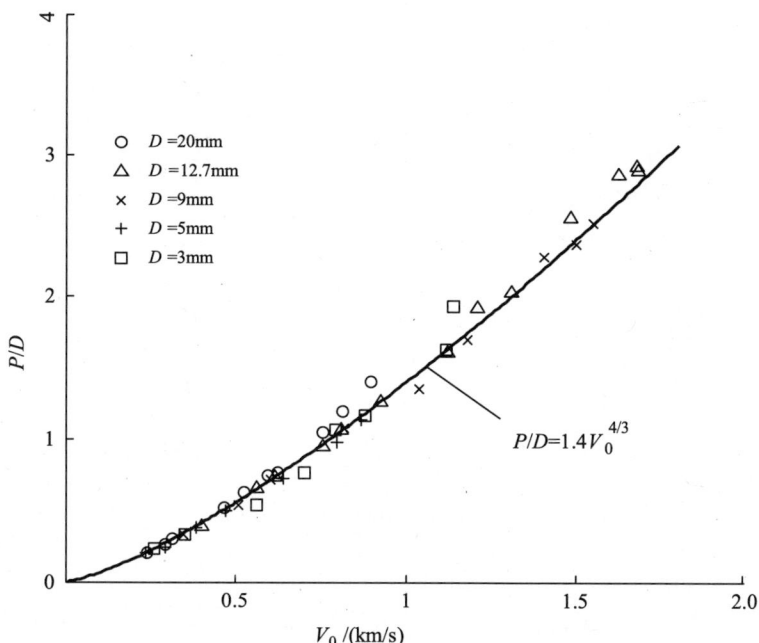

图 3.31　硬钢球撞击 2024-T351 铝靶实验结果与模型预测结果的比较

Weimann 实验的另一个重要结果与弹坑直径 (在撞击面测量) 有关。对直径 $D_0 = 12.7\,\mathrm{mm}$ 刚性钢球撞击 2024-T351 铝靶，因为撞击速度低于弹孔扩张阈值速度 V_{cav}，弹坑直径 D_{c} 应等于球体直径。对于 V_{cav} 以上的更高速度，由于弹孔扩张现象将导致坑直径随撞击速度增加而增大。取 2024 铝的流动应力 $Y_{\mathrm{t}} = 0.6\,\mathrm{GPa}$，从式 (3.9) 可得该靶对刚性球体的抵抗应力 $R_{\mathrm{t}} = 3.05\,\mathrm{GPa}$。从式 (3.11) 得到球头弹 ($b = 0.5$) 撞击 2024 铝靶的 $V_{\mathrm{cav}} = 1.48\,\mathrm{km/s}$。因此侵彻坑直径的实验值随撞击速度变化的曲线在这一速度附近应该有明显变化。图 3.32 是 Weimann (1974) 实验中撞击面上测量的侵彻坑的无量纲直径 (D_{c}/D_0) 随速度变化的情况。在 $0.5 \sim 1.5\,\mathrm{km/s}$ 撞击速度范围内，弹坑直径基本是常数。对更高的速度，弹坑直径显著增加。当撞击速度低于 $0.5\,\mathrm{km/s}$ 时，侵彻深度小于球半径，弹坑直径也就小于球体直径。

速度低于 V_{cav} 的平台 ($D_{\mathrm{c}}/D_0 = 1.0$) 实际上稍微向上增加，而更高速度时 D_{c}/D_0 也不像模型预测的那样陡峭增加。这可能是高速撞击使得靶材料温度升高的影响 (模型没有考虑这一因素)。钢球以 $1.5\,\mathrm{km/s}$ 速度撞

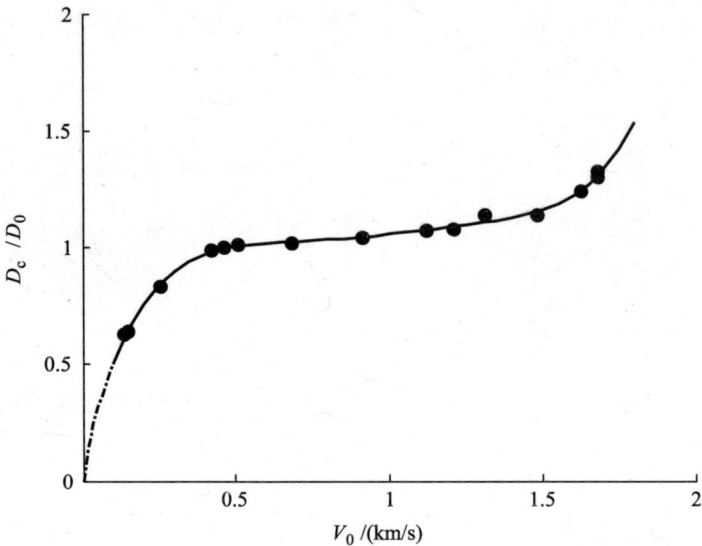

图 3.32　12.7 mm 刚性球撞击铝靶的无量纲弹坑直径 (在撞击面测量)

击铝靶产生的冲击波使靶材料的温度升高约 200°C。这一温度变化使弹坑周围靶材料的流动应力降低, 导致 R_t 值下降、V_{cav} 值变低。不过, D_c/D_0 曲线的总体形状还是与本节提出的模型的预测趋势是基本吻合的。

3.6.2　非刚性球体撞击

　　公开发表的球体侵彻数据很大一部分实际上是属于可变形球体的。为了估计刚性球体和可变形球体侵彻能力的差异, 考虑 Weimann (1974) 将 12.7 mm 钢球硬化到不同水平进行实验的数据。球体以高达 1.5 km/s 速度撞击 2024-T351 铝靶。图 3.33 显示了全硬化和半硬化球体的实验结果。注意半硬化球体侵彻深度较低, 随撞击速度增加其曲线平缓程度 (或偏离全硬化球体曲线) 不同。因此球体变形对侵彻能力有很强影响。图 3.33 也给出了 Hermann 和 Jones (1961) 综述里钢球撞击 2024-T3 铝靶的实验结果。Goodier (1965) 利用这些实验结果提出他的刚性球体侵彻模型。显然这些球体的侵彻深度显著低于 Weimann(1974) 的刚性球体侵彻结果, 甚至低于半硬化球体的侵彻数据。

　　Weimann (1974) 的系统研究的另一个重要结论涉及刚性和可变形球体撞击坑的体积。根据直径 D 为 $3 \sim 20\,\mathrm{mm}$ 的刚性球实验得到的弹坑体

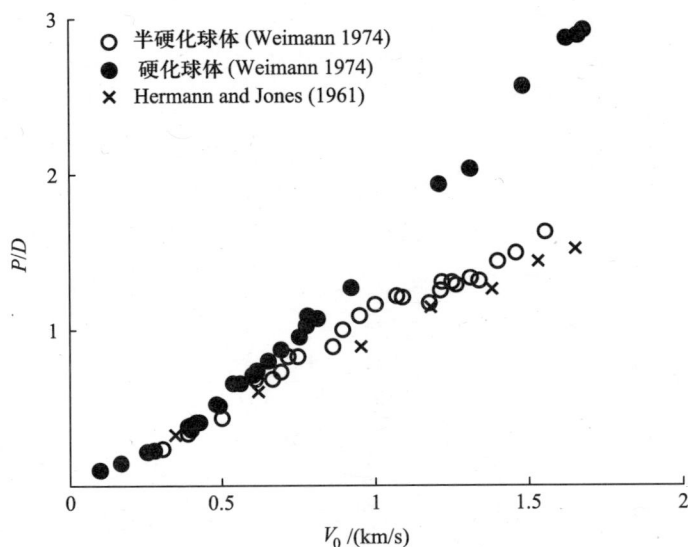

图 3.33 球体硬度对其侵彻能力的影响

积与撞击速度的关系为

$$\text{Vol} = 1.14D^3V_0^2 \ (\text{mm}^3) \tag{3.31}$$

式中: D、V_0 的单位分别为 mm、km/s。

　　这一关系表明弹坑体积与弹体初始动能成正比, 因为没有球体变形和破裂而消耗能量, 这一结论是意料之中的。Weimann (1974) 还测量了实验中具有不同硬度的可变形钢球体形成的弹坑体积。可变形球体形成的弹坑直径大于刚性球体造成的弹坑直径, 但其侵彻深度更小。所有这些不同硬度球体, 包括刚性球, 它们的弹坑体积与球体初始动能 E_k 之间存在如下相同的线性关系:

$$\text{Vol} = 0.554E_k \ (\text{mm}^3) \tag{3.32}$$

式中: E_k 的单位为 J。

　　这一结果意味着较软球体塑性变形消耗的能量太小, 不足以对侵彻过程产生可观的影响。

　　由于高强度材料韧性差, 很硬球体高速撞击靶体将导致球体破碎而不是变形。可以预计硬球体撞击某一种靶体会在某一特定速度下碎裂, 从而使得它的侵彻能力有一定损失。Hermann 和 Jones (1961) 论述了碳化钨球撞击不同靶体时, 随速度增加出现的这种侵彻深度下降现象。图 3.34 是这些球体撞击两种铝靶的实验数据。由于 2024-T6 铝合金的强度 (0.5 GPa) 比 1100F 的高出 1 个数量级，导致对应的侵彻深度有显著差异。

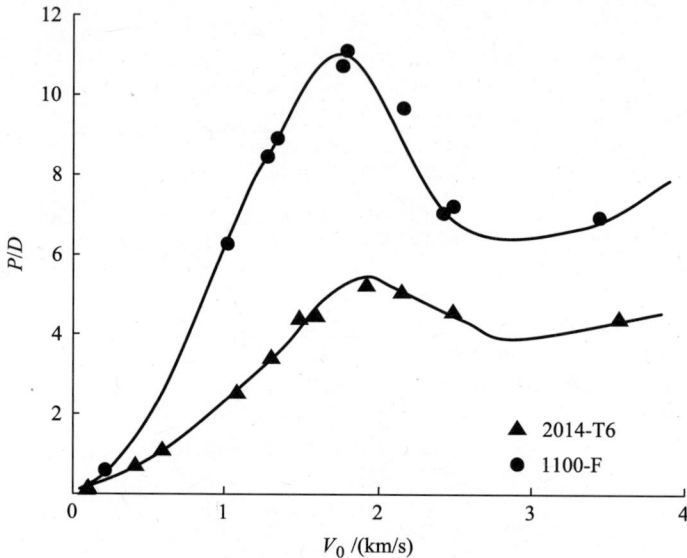

图 3.34　碳化钨球体撞击两种铝靶的侵彻深度

　　球体撞击这两种铝靶开始发生碎裂的阈值速度几乎是一样的，也许会推断这些阈值速度与靶材料密度而不是其强度有关。Hermann 和 Jones (1961) 的碳化钨球撞击一些不同靶体的数据显示出随着靶材料密度增加而出现弹体碎裂速度阈值 V_{shatt} 下降的倾向。从侵彻深度开始下降到侵彻深度回复到碎裂速度阈值对应的侵深，所对应的速度范围在军事文献资料上称为 "弹体碎裂 (速度) 范围"。

　　Senf (1974) 进一步研究了硬钢球碎裂速度阈值 V_{shatt} 与靶材料密度之间的关系。他发现存在如下的简单方程：

$$\rho_{\text{t}} V_{\text{shatt}}^2 = \text{const} \tag{3.33}$$

　　图 3.35 显示的是 Senf (1974) 的实验结果和拟合曲线 $\rho_{\text{t}} V_{\text{shatt}}^2 = 7.9$ GPa。可通过伯努利方程定义碎裂压力阈值 $P_{\text{shatt}} = \rho_{\text{t}} V_{\text{shatt}}^2 / 2 = 3.9\,\text{GPa}$，这一数值是实验中硬钢球压缩强度 ($Y_{\text{t}} = 1.9\,\text{GPa}$) 的 2 倍。不过球体碎裂应与其动态拉伸强度 (层裂) 而不是压缩强度相联系。对于压缩强度

1.9 GPa 的钢材, 层裂强度 3.9 GPa 是很合理的数值。由于对装甲和反装甲设计都很重要, 高强度弹体碎裂问题值得进一步研究。

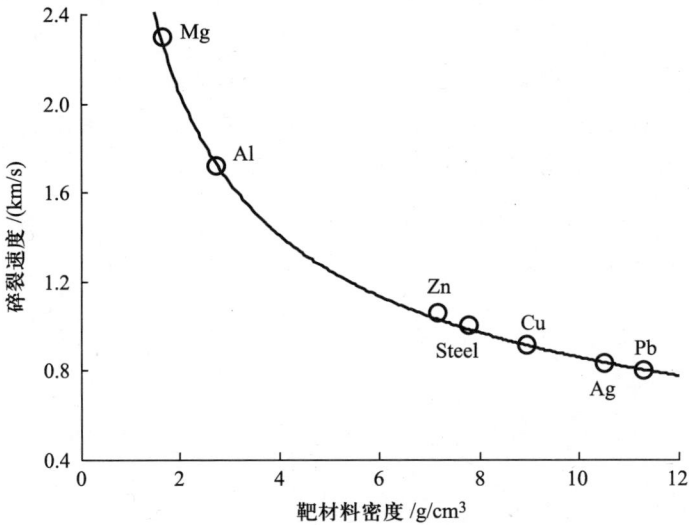

图 3.35　硬钢球碎裂速度与靶材料密度的关系

3.7　摩擦的影响

　　弹体和靶体接触面之间的滑移速度高是侵彻过程的特征之一, 两者间的摩擦作用是终点弹道学领域研究还不够透彻的问题。通常假设摩擦力很小, 甚至可以忽略, 这是这一问题缺乏研究的主要原因。回收的弹体头部具有特殊颜色, 润滑弹体可减少这一颜色特殊部分的面积, 这些清楚显示了弹/靶之间的摩擦作用, 表明侵彻过程弹与靶摩擦的表面出现熔化。对靠近弹孔表面靶材料的金相检查显示有一薄层金属曾经发生过熔化, 这也是摩擦力作用的标志。

　　该领域很有趣的一个研究是 Kraft (1955) 对回转锥头弹摩擦力的测量。他使用 Kolsky 扭杆系统测量弹体侵彻过程中的扭转粘附力。实验系统包括一根在杆表面不同位置和不同方位粘贴应变计的长金属杆。纵向应变计靠近撞击端, 而与杆轴线成 45° 夹角的应变计贴在更远位置。这样布置容易分开杆中的纵波和剪切波, 并确定扭转力的影响。用 0.3 英寸口径的来复线枪发射锥头硬钢弹。研究扭转影响的应变计的波形揭示了旋转和不旋转弹体的差异。将测量得到的扭矩与假设摩擦产生于熔化表面而推导的理论模型的预测结果进行对比, 结果表明扭转摩擦力消耗的能量约占刚性弹体总能量的 3%。其他一些实验的弹体表面抛光和润滑情况不同, 但结果与这一致, 摩擦导致的能量损失为 3% ～ 4%。

　　一个与此密切相关的问题是, 侵彻过程中弹体的圆柱形身部与靶体间摩擦的影响。为了估计这一摩擦力的影响, Rosenberg 和 Forrestal (1988) 进行了一组实验, 实验的锥头钢杆弹的身部参数 (长度、直径) 不同但弹体质量相同, 如图 3.36 所示。

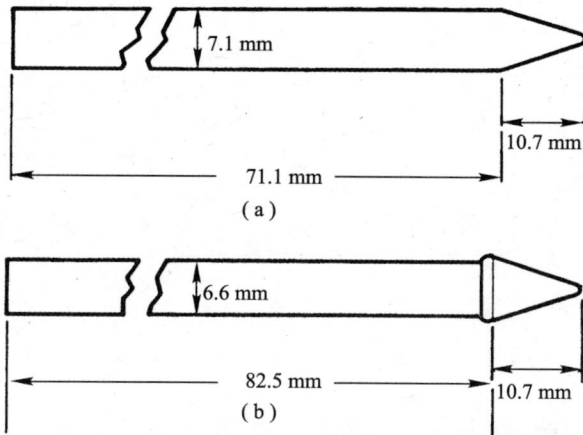

图 3.36　用于研究摩擦影响的杆弹的不同设计

　　将杆弹射向厚 25.4 mm 的 6061-T651 铝板, 测量杆弹的剩余速度。显然杆身小于弹头的设计避免了弹体身部的摩擦, 因此两种杆弹剩余速度的差异就是由弹体身部的摩擦造成的。对于撞击速度在 0.3 ～ 0.9 km/s 范围内的弹体剩余速度进行了测量, 结果如图 3.37 所示。杆身小于弹头的杆弹剩余速度稍微高一点, 这说明常规杆弹身部的摩擦小, 但并不是可忽略不计。由于同样的原因, 杆身小于弹头的箭头形杆弹的 V_{bl} 值稍低, 从图 3.37 也可看出这一点。

　　Forrestal 等 (1988) 进行了一组弹身小于弹头的球头钢杆深侵彻实验, 其侵彻深度很接近于常规球头钢杆的侵彻深度, 这说明在这些实验中杆身部的摩擦是很小的。

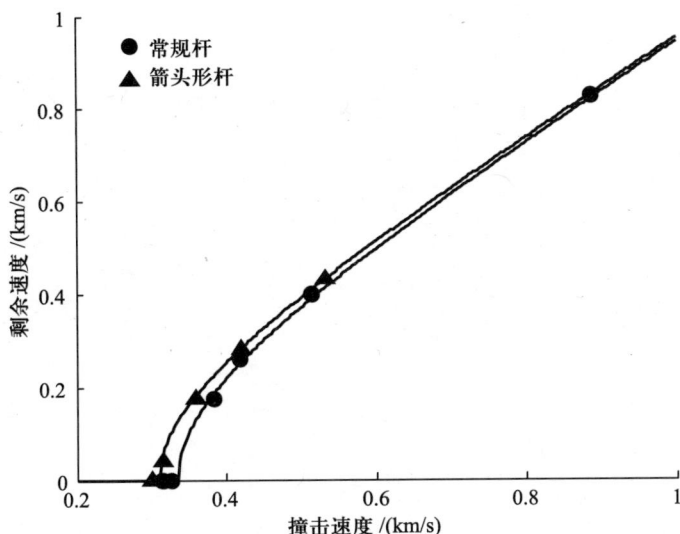

图 3.37 具有不同弹体身部的杆弹的剩余速度

3.8 混凝土靶

Rosenberg 和 Dekel(2010a) 对刚性杆撞击半无限混凝土靶进行了研究, 得到了与金属靶类似的结论, 即刚性杆侵彻半无限混凝土靶时, 当侵彻深度超出开坑阶段效应的控制范围时, 杆的减速度是常数。为此考虑表 3.7 列出的 Frew 等 (1998) 的 L/D=10 卵头刚性钢杆撞击压缩强度 $f_c = 58.4\,\mathrm{MPa}$ 混凝土靶的有关实验数据。表中给出了按照 $a_{\mathrm{av}} = V_0^2/2P$ 计算的平均减速度。除了低速撞击由于开坑阶段效应的影响导致减速度较低以外, 其他的平均减速度显然是与撞击速度无关的。

为计算混凝土靶作用于杆弹的抵抗应力, 将杆弹的等效长度 $L_{\mathrm{eff}} = 282.6\,\mathrm{mm}$ 和平均减速度 $a = 2.53 \times 10^{-4}\,\mathrm{mm/\mu s^2}$ 等数值代入关系式 $R_t = \rho_p L_{\mathrm{eff}} a$, 得到 $R_t = 0.566\,\mathrm{GPa}$。

前面为解释弹体撞击金属靶的开坑阶段影响而建立的以数值模拟为基础的模型, 能否分析表 3.7 中的低速撞击数据? 先利用 $\rho_p = 7.85\,\mathrm{g/cm^3}$, $L_{\mathrm{eff}}/D = 9.27$, $R_t = 0.566\,\mathrm{GPa}$ 等数值得到这一弹/靶组合的 $I = 64.3 V_0^2$。据此得到 V_0 为 $0.445\,\mathrm{km/s}$、$0.584\,\mathrm{km/s}$ 的低速实验对应的 I 为 12.73、21.92。再利用式 (3.25a) 得到侵彻深度 P 预测值为 $466.5\,\mathrm{mm}$、$726\,\mathrm{mm}$。预测值与 $V_0 = 0.445\,\mathrm{km/s}$ 的实验结果吻合很好 (偏差约 1%), 而与较高速度的那

表 3.7　Frew 等 (1998) 的实验数据和推算出的减速度

$V_0/(km/s)$	P/mm	$a_{av}/(10^{-4} \, mm/\mu s^2)$
0.445	460	2.15
0.584	790	2.16
0.796	1230	2.57
0.972	1960	2.41
0.980	1950	2.46
0.992	1960	2.51
1.176	2670	2.59
1.225	2830	2.65

发实验结果相比偏低约 8%。根据这一例子和其他低速撞击混凝土靶数据可得出结论, 这个以数值模拟为基础的模型也可以解释混凝土靶开坑阶段效应的影响。

Forrestal 等 (1996) 进行了卵头钢杆撞击压缩强度 $f_c = 21.6 \, MPa$ 胶泥靶的实验, 根据钢杆减速度计算值得到 $R_t = 0.37 \, GPa$。图 3.38 展示了常抵抗应力 (常减速度) 模型预测结果与实验数据的一致性。

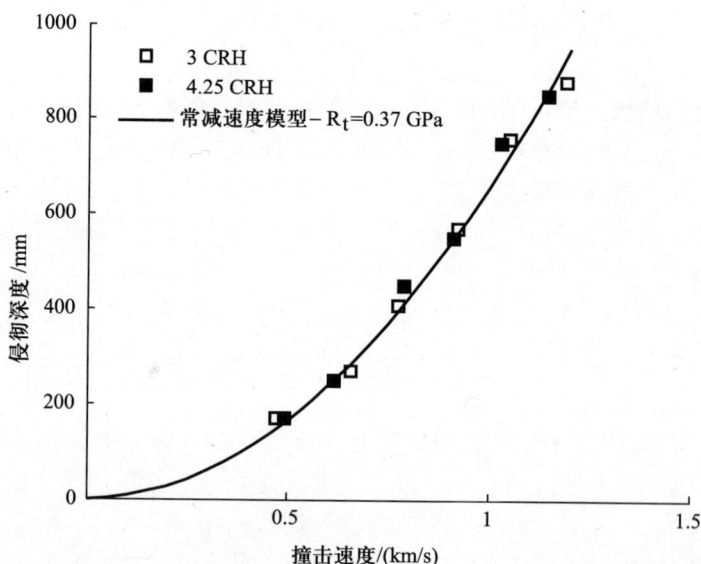

图 3.38　压缩强度 $f_c = 21.6 \, MPa$ 的胶泥靶的侵彻深度的模型预测结果与实验数据的对比

模型预测与实验结果的一致性支持了刚性杆对混凝土靶的深侵彻过程为常减速度的观点。Rosenberg 和 Dekel (2010a) 对其他更高压缩强度的混凝土靶的侵彻研究也展示了这种一致性。计算了 Forrestal 等 (1994、1996) 和 Frew 等 (1998) 的实验里混凝土靶的 R_t 值, 并与混凝土的无侧限压缩强度 f_c 通过下式联系起来:

$$R_t = 0.22 \ln f_c - 0.285 \tag{3.34}$$

式中: R_t、f_c 单位分别为 GPa、MPa。这一式子对无侧限压缩强度 f_c 为 $13 \sim 100 \, \mathrm{MPa}$ 范围内的混凝土靶和胶泥靶成立, 如图 3.39 所示。

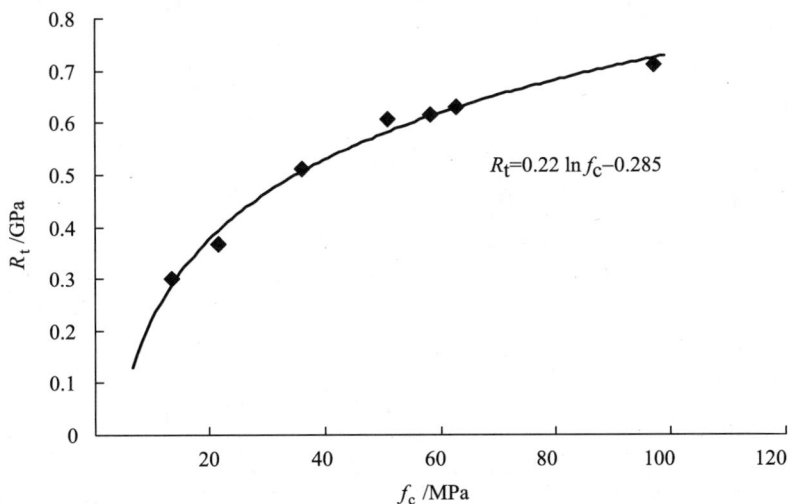

图 3.39 不同混凝土靶和胶泥靶的 R_t 与 f_c 的关系

令人关注的是许多研究者根据 Kolsky 压杆对混凝土和类似混凝土材料动态强度的测量数据, 认为它们是应变率敏感的, 尤其是在应变率范围 $10^2 \sim 10^3 \, \mathrm{s}^{-1}$。但 Li 和 Meng (2003) 的分析表明, 在这些应变率下混凝土强度的明显增加是由于惯性效应, 而不是由于某一真实的材料强化机制。他们认为混凝土或类似混凝土材料不存在产生应变率敏感性的物理基础。Canfield 和 Clator(1996) 的卵头硬钢弹以最高 $820 \, \mathrm{m/s}$ 速度撞击钢筋混凝土靶的实验间接地支持这一观点。两种不同尺寸的卵头弹长径比 $L/D = 2.16$, 全尺寸弹的直径 $D = 76 \, \mathrm{mm}$,1:10 缩比弹的直径 $D = 7.6 \, \mathrm{mm}$。制作靶时很精细, 以确保所有的有关参数, 例如骨料尺寸、加强筋直径等都以正确的比例缩放。两组实验的无量纲侵深 (P/D) 均匀地分布在同一曲线附近, 如图 3.40 所示。根据这些结果可知, 混凝土靶的深侵彻过程是几何相似的。这增强了 Li 和 Meng (2003) 关于混凝土不是应变率敏感材料这一观点的说服力。因为如果材料是应变率敏感的, 那么这些不同比例的实验就能观测到尺寸效应。因此通过混凝土靶的相似实验可获得终点弹道冲击下混凝土材料性质的相关信息。

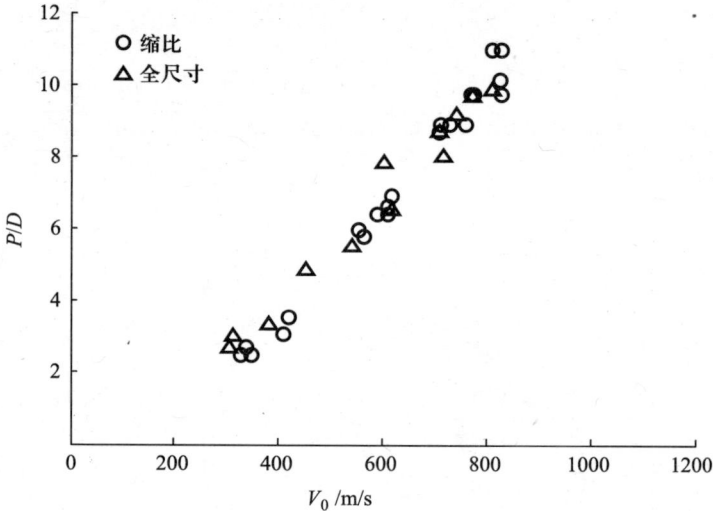

图 3.40　全尺寸弹体和 1 : 10 缩比弹体侵彻混凝土靶的无量纲侵彻深度

3.9　可变形杆的深侵彻

刚性侵彻体的深侵彻的实际应用价值相当有限, 因为大多数实际情形是杆弹发生消蚀或弹体发生碎裂。在讨论消蚀杆的侵彻问题之前, 先研究杆弹发生变形而不是发生消蚀的速度范围。低速撞击时杆弹是刚性的, 到某一阈值速度 V_d 以上弹体发生变形, 即出现杆弹长度变短、头部直径变得比原始直径大的现象。其结果是杆弹的侵彻能力降低, 侵彻深度随撞击速度增加而下降。后面将看到这个变形阶段发生在一个狭窄的撞击速度范围内。阈值速度 V_d 与杆弹的性质 (强度和头部形状) 和靶强度有关。在另一个更高的阈值撞击速度以上, 杆弹开始发生消蚀而成为消蚀杆的侵彻过程。Brooks (1974) 在研究短弹体撞击钢靶时注意到这一复杂特性, 他把弹体从变形转变成消蚀的第二个阈值速度称为流体动力学转变速度

V_{HT}。Tate (1977) 关于长杆流体动力学转变速度的模型假设, 当杆的消蚀速率等于杆中塑性波阵面速度时发生这一转变, 塑性波后杆材料为塑性变形状态。

这里利用实验结果和数值模拟分析刚性杆到可变形杆的转变, 也用于构建转变速度的解析模型。考虑具有中等强度 (Y_p) 的杆, Y_p 比靶对侵彻的抵抗力 R_t 低一点。首先是图 3.41 所示的 Forrestal 和 Piekutowski(2000) 的球头钢杆撞击 6061-T651 铝靶的侵彻深度数据。可见从刚性杆到消蚀杆的转变行为不是发生在某一具体的阈值速度上, 而是存在一个对应于杆严重变形又没有质量损失的撞击速度范围。此范围内的侵彻深度 (图上阴影区域) 随撞击速度增加而下降。因此随着速度增加, 撞击现象的变化顺序为: ① 低速时杆作为刚体侵彻靶体, 直到对应于杆弹开始变形的某一阈值速度 V_d 为止; ② 对大于 V_d 的更高速度, 杆体变形但没有质量损失, 使得侵深随着撞击速度增加而下降; ③ 从某一速度起杆体开始消蚀, 此后侵彻深度又随速度增加而增加。

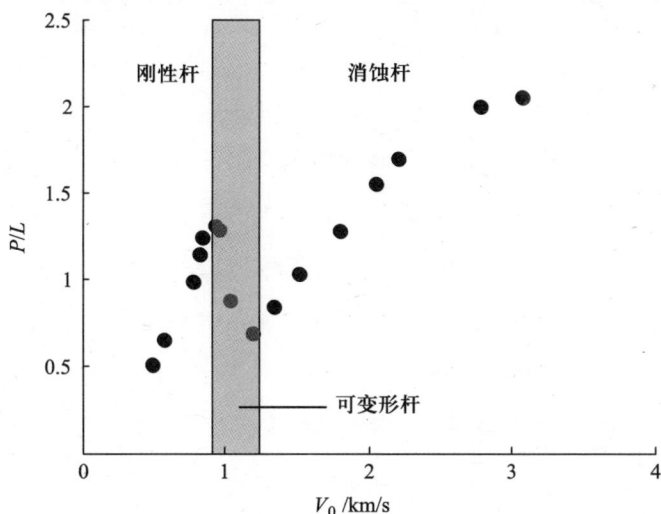

图 3.41 球头钢杆撞击铝靶的侵深数据

Forrestal 和 Piekutowski(2000) 对实验后靶体拍摄的三幅 X 射线照片 (图 3.42) 分别显示了对应于刚好低于和高于杆体开始变形以及杆体开始消蚀的撞击速度下钢杆的剩余情况。可以看出: $V_0 = 1037\,\mathrm{m/s}$ 的中间速度的杆弹残余部分的前端严重变形, 其直径大约是后面未变形部分直径的 1.5 倍; 而撞击速度为 1193\,m/s 的实验里杆弹发生消蚀, 侵彻深度小得多。

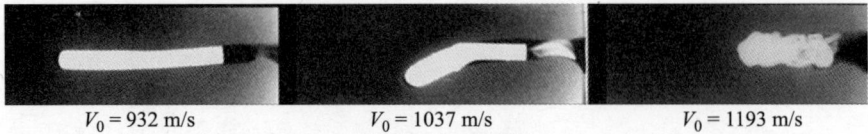

$V_0 = 932 \text{ m/s}$ $\qquad$ $V_0 = 1037 \text{ m/s}$ $\qquad$ $V_0 = 1193 \text{ m/s}$

图 3.42　实验后铝靶中残余杆弹的 X 射线照片

Rosenberg 和 Dekel(2010b) 通过强度为 $1.2 \sim 2.0\,$GPa 的钢杆撞击强度范围 $0.4 \sim 0.6\,$GPa 的半无限铝靶的数值模拟研究了这些问题。数值模拟中的撞击速度对应于刚性杆和可变形杆阶段, 目的是更好地了解杆弹的变形机制, 建立刚性杆到可变形杆的转变速度的解析模型。杆弹和靶体材料采用简单的 von Mises 模型, 不考虑应变硬化或应变率效应, 材料的强度值固定不变。选择的这一本构关系与 Forrestal 和 Piekutowski (2000) 实验用的高强度杆弹和 6061-T651 铝靶材料本构关系 (应力 – 应变关系) 保持了一致。图 3.43 显示了 $2.0\,$GPa 钢杆以 $1.2\,$km/s 速度侵彻 $0.4\,$GPa 铝靶过程中杆弹的变形情况。可清楚看到撞击后杆弹发生变形, 持续到约 $160\,\mu$s 后杆弹变成其最终形状, 已变形部分和未变形部分区别得很清楚。模拟得

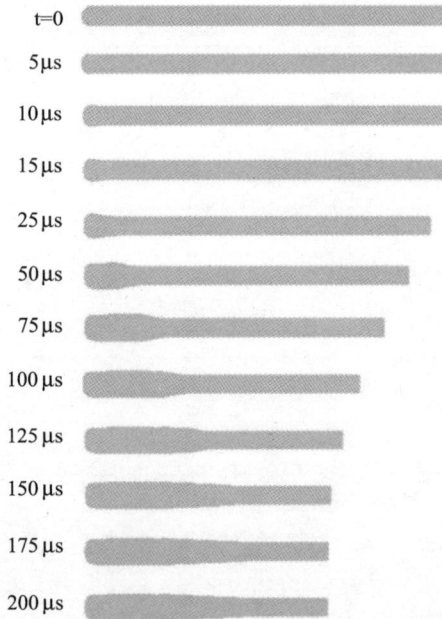

图 3.43　强度 $2.0\,$GPa 钢杆以 $1.2\,$km/s 速度撞击 $0.4\,$GPa 铝靶时杆变形的数值模拟结果

到的杆弹变形的形状与图 3.42 所示的 $V_0 = 1037\,\text{m/s}$ 实验里的杆弹残余情况相似。

检查数值模拟里杆弹头部的变形过程发现, 大约 30 μs 后杆头部直径达到了其最终值。这大致是杆弹穿过开坑阶段控制范围需要的时间, 在此期间可能是由于靶体作用于杆弹的抵抗应力增加而导致杆头部直径持续增加。随着侵彻深度加大, 杆弹塑性变形的长度持续增加, 直到撞击后 160 μs 为止, 这时杆头部和尾部的速度值达到一致, 如图 3.44 所示。

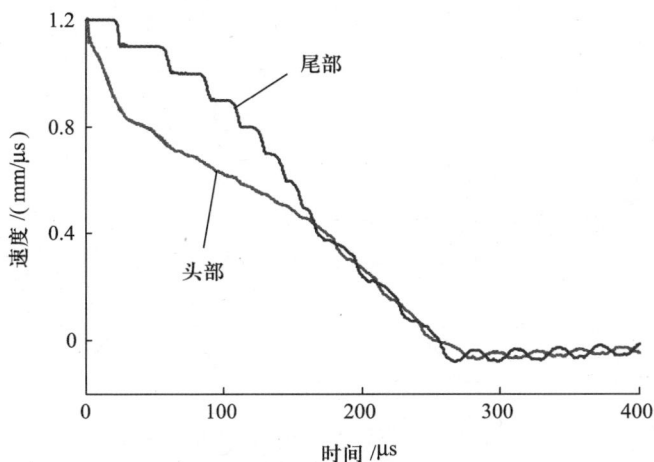

图 3.44　侵彻过程中变形杆头部和尾部的速度历史

杆尾部的速度通过一系列台阶下降, 台阶的幅值是确定的, 这与刚性杆的情况类似。在刚性杆和可变形杆中反射的弹性波有两个方面不同。第一个差别是弹性波幅值不同。刚性杆中弹性波幅值等于靶的侵彻抵抗力 R_t。这里讨论的可变形杆强度 $Y_p = 2.0\,\text{GPa}$, 靶的侵彻抵抗力 $R_t = 2.24\,\text{GPa}$。显然杆不可能传播幅值高于其强度的弹性波。图 3.44 中速度台阶的幅度 $\Delta v = 0.1\,\text{mm/μs}$, 根据式 (3.6b) 计算得对应的应力幅值 $\sigma = 2.0\,\text{GPa}$, 正好等于数值模拟里杆材料的强度 Y_p。因此, 可变形杆的刚性部分的减速度由杆材料强度而不是由靶的侵彻抵抗力控制。另一个差别与速度台阶的时间长度有关, 可变形杆中的这个时间长度等于弹性波在杆尾部到移动的塑性边界之间的传播时间。由于塑性边界移动, 弹性波反射的时间间隔越来越短。

由于可变形杆的应力波反射的时间间隔短, 可以预计其减速度比刚性杆的减速度大得多, 图 3.45 清楚地表明了这一点。在 $t = 80\,\text{μs}$ 可变形杆的减速度已达到常值, 从图 3.44 可见此时杆头部和尾部的速度变化情况还很不一样。可变形杆的常减速度的数值是同样初始尺寸刚性杆的 2 倍 (因为其等效长度是刚性杆的 1/2)。

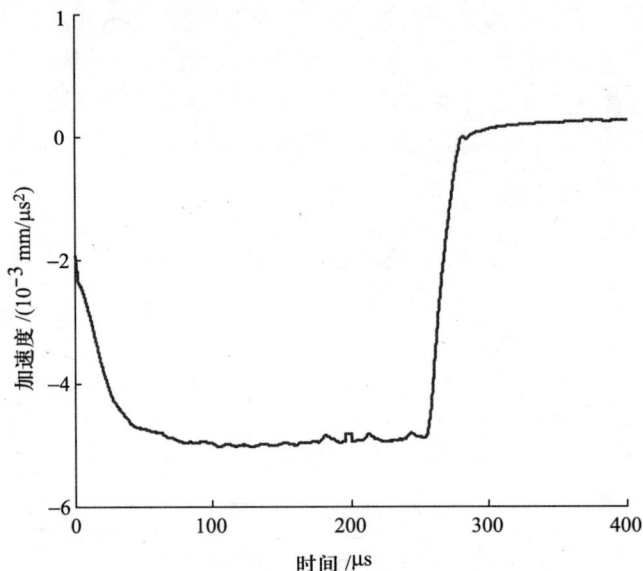

图 3.45　可变形杆的减速度历史

为了确定杆开始变形的阈值撞击速度,Rosenberg 和 Dekel (2010b) 对 $L/D = 20$, 强度为 1.6 GPa、2.0 GPa 的球头和卵头钢杆撞击强度 0.4 GPa 的铝靶进行了数值模拟, 模拟结果如图 3.46 所示。铝靶对球头杆和卵头杆的 R_t 值分别为 2.24 GPa、1.87 GPa, 接近于杆材料的强度值。图 3.46 还包括了前面章节的模型给出的刚性杆侵彻曲线。这些曲线可帮助确定杆开始显著变形的速度范围, 此时随撞击速度提高而侵深开始下降。

随着杆材料强度增加, 刚性杆到可变形杆的转变速度提高。卵头杆的转变速度更高, 大约是相同强度球头杆的 2 倍, 这与 Forrestal 和 Piekutowski (2000) 的实验结果一致。另外, 随着杆材料强度增加, 杆开始变形的速度范围变窄, 这也与实验一致。

为了建立杆的变形阈值速度 V_d 的解析模型, Rosenberg 和 Dekel (2010b) 考虑了靶材料侧向作用于杆头部的约束应力的影响。该作用力可阻止杆的变形, 或推迟到更高撞击速度杆才变形。这是 Segletes (2007) 为了解释球头钨合金杆贯穿铝板的变形模式而提出的看法。其基本假设是: 杆头部一进入靶体, 其膨胀就因为弹头周围靶材料的侧向应力作用而受到限制。为

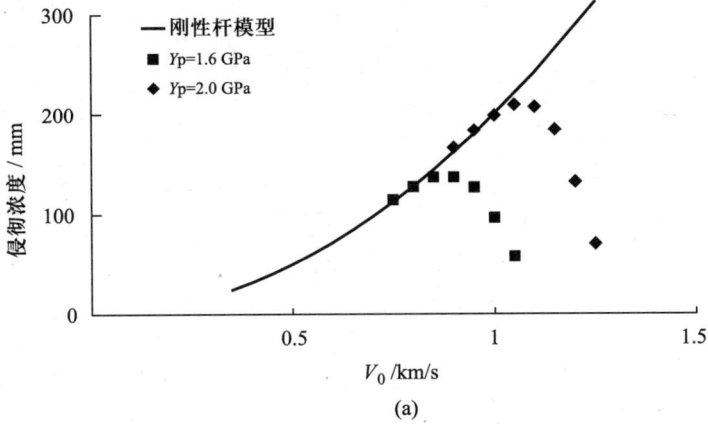

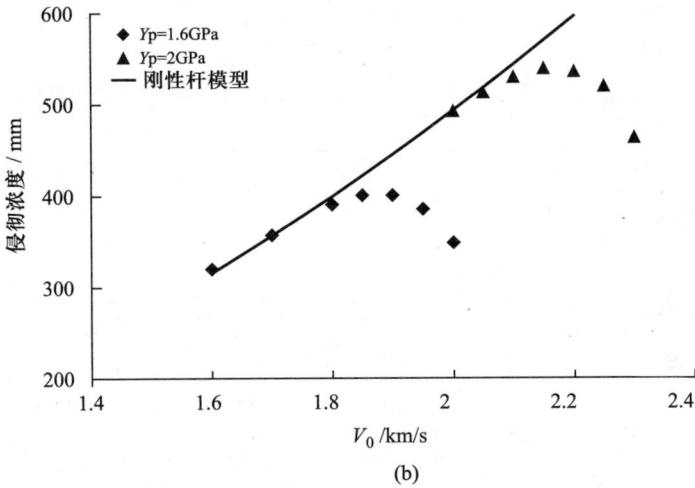

图 3.46 钢杆撞击 0.4 GPa 铝靶的数值模拟结果

(a) 球头杆; (b) 卵头杆。

了验证靶材料侧向约束应力的影响, Rosenberg 和 Dekel(2010b) 开展了球头钢杆撞击铝靶的数值模拟, 其中铝靶的对称轴上预置了直径 6 mm (等于杆直径)、深度为 6 ~ 30 mm 的圆柱形孔。杆材料强度为 2.0 GPa, 撞击速度为 1.2 km/s。表 3.8 列出了数值模拟给出的侵彻深度和杆头部最终直径。没有预置孔的常规靶的数值模拟结果也列出来作为参照。对比表明, 侧向约束应力限制了杆头部的蘑菇状变形, 提高了杆弹侵彻能力。即使对于长度 6 mm (1 倍杆径) 的孔, 约束作用也很显著, 因为有孔靶时杆头部最终直径显著小于无孔靶时杆头部直径。

表 3.8 钢杆撞击有孔铝靶的数值模拟结果

孔深度/mm	杆头部最终直径/mm	侵彻深度/mm
0	8.65	213
6	6.91	213.2
12	6.82	222.4
18	6.78	225.3
24	6.76	226
30	6.74	228

可以将这些侵深数据与刚性杆撞击有孔靶的数据进行对比。对于刚性杆, 随着孔深度增加, 撞击自由面影响逐渐消失, 杆的侵彻深度有所下降。但可变形杆随孔深增加而侵深提高, 这就强烈支持 Segletes (2007) 关于侧向应力作用的观点。显然, 侧向应力作用足够强, 能够克服更大深度的更大抵抗应力的影响。

Rosenberg 和 Dekel (2010b) 的模型假设当杆/靶界面压力相等时, 杆开始发生变形。对于杆而言, 此压力等于杆材料的等效强度 Y_{eff}, Y_{eff} 包含了来自于靶的侧向支撑作用力 H_{lat}。对于靶而言, 此压力等于靶对侵彻的等效阻力 R_{eff} 和动态 (即惯性) 贡献项 $b\rho_t V^2$, b 为头部形状因子。于是有

$$Y_{\text{eff}} = Y_{\text{p}} + H_{\text{lat}} = R_{\text{eff}} + b\rho_t V_{\text{d}}^2 \tag{3.35}$$

Rosenberg 和 Dekel (2010b) 注意到撞击一开始就有变形, 不能认为此时靶对侵彻的等效阻力 R_{eff} 等于在深侵彻时的阻力值 R_t。第 5 章将看到, 侵彻很早期阶段靶的阻力等于 $3Y_t$。这样, 等效阻力 R_{eff} 可取为 $3Y_t$ 和 R_t 的平均值。对于侧向约束应力根据某些简化假设取为 $H_{\text{lat}} = 3Y_t$。这样得到刚性杆向可变形杆转变阈值速度 V_{d} 的表达式为

$$V_{\text{d}} = \sqrt{\frac{Y_{\text{p}} - \Delta}{b\rho_t}} \tag{3.36}$$

球头杆和卵头杆的头部形状因子 b 分别为 0.5、0.15。这两个数值的差别大, 解释了数值模拟里卵头杆阈值速度高得多的现象。实验也证实了这种情形, Rosenberg 和 Dekel (2010b) 的文章里对此有论述。对侵彻开坑阶段抵抗应力取平均得到式 (3.36) 的 Δ。由于球头杆和卵头杆开坑阶段影

响范围不一样, Δ 的表达式也有所不同:

$$\Delta = (R_t - 3Y_t)/2 \quad \text{(球头杆)} \tag{3.37a}$$

$$\Delta = (R_t - 4Y_t)/2 \quad \text{(卵头杆)} \tag{3.37b}$$

这些简单关系解释了 Rosenberg 和 Dekel (2010b) 中那些数值模拟给出的所有 V_d 值, 也解释了 Piekutowski 等 (1999) 和 Scheffler (1997) 等的实验获得的 V_d 值。例如,Piekutowski 等 (1999) 实验里卵头杆分别由强度 1.14 GPa 的 VAR4340 钢和强度 1.72 GPa 的 AerMet100 钢制成, 6061-T651 铝靶的动态流动应力 $Y_t = 0.42$ GPa。将 Y_p 值 (分别为 1.14 GPa、1.72 GPa) 和对应的 $R_t = 1.87$ GPa 代入式 (3.36), 得到这两种杆弹的 V_d 为 1.57 km/s、1.98 km/s。预测结果与实验值 V_d 为 1.58 km/s、1.92 km/s 符合得很好。

3.10 半无限厚靶 – 有限厚靶的过渡

半无限厚靶对于了解侵彻机制具有指导作用。大多数实际情况中, 要么靶被贯穿, 要么靶厚度足以将弹体阻挡在靠近靶背面处。这些情况下靶背面对弹/靶相互作用有重要影响作用 (第 4 章将具体介绍)。当弹体侵彻到接近背面位置时, 靶背面影响作用会降低作用于弹体的抵抗应力。此外, 这一影响作用也会导致靶体背面不同的失效模式, 进一步降低抵抗应力。其直接后果是, 需要阻挡某给定弹体的靶体厚度总是大于该弹体对半无限厚靶的侵彻深度。Senf 和 Weimann (1973) 用 12.7 mm 刚性钢球撞击有限厚 2024-T3 铝板对该问题进行了研究。他们发现, 球弹对半无限厚靶的侵彻深度 P_n 和阻挡球弹所需的有限厚板厚度 H_{BL} 的比值大约为 0.73。当然, H_{BL} 值与所选用的靶板贯穿的具体标准有关。因此, 即使对于相同的弹/靶组合, 不同的文献里出现的 P_n/P_{BL} 值也可能不同。Dehn (1986) 指出了这一问题, 他综述了很多弹/靶组合情况, 对应的 P_n/P_{BL} 值范围为 $0.33 \sim 0.9$。

Kinard 等 (1958) 在更高速度 $(1.2 \sim 4$ km/s$)$ 下用铝球撞击铝靶和钢球撞击铜靶研究了这一问题。球体对靶板的贯穿深度是对半无限厚靶侵深的 1.5 倍, 于是他们的实验给出 $P_n/P_{BL} = 0.67$。他们还发现在某一给定撞击速度下对有限厚板的侵彻深度 P 强烈地依赖于靶板厚度 H。这些实验结果的经验拟合关系如下:

$$\frac{P}{H} = 1.3\sqrt{\frac{P - P_n}{P_n}} \tag{3.38}$$

如果已知球体对半无限厚靶的侵彻深度, 就可以根据这一关系预测它对有限厚板的侵彻深度。在式 (3.38) 中令 $P/H = 1$, 就得到阻挡某一球弹需要的最小板厚, 此时对应的 $P_n/P_{BL} = 0.63$。Hohler 和 Stilp (1990) 用相对较软的 $L/D = 1$ 钢圆柱撞击装甲钢板进行了另一组实验。撞击速度高达 $4.0\,\mathrm{km/s}$, 对半无限厚靶的侵彻深度大大地低于对应的 H_{BL} 值。在撞击速度 $1.0 \sim 4.0\,\mathrm{km/s}$ 范围内, 其 P_n/P_{BL} 值逐渐从大约 0.33 增加至 0.68。

第 4 章

靶板贯穿

4.1　概述

　　装甲工程师希望装甲防护设计重量最轻和费用最低, 因此靶板贯穿过程是他们在终点弹道学里最关心的问题。这一主题是大量研究工作的焦点, 主要集中在两个方面: 一是某一给定弹/靶组合的弹道极限速度; 二是弹体的剩余速度和剩余质量与撞击速度的关系。弹体贯穿靶板的过程受到靶板正面和背面的共同影响, 弹体受到的作用力是随时间变化的。要仔细研究可能的不同贯穿模式及其能量吸收能力, 尤其是当弹/靶作用过程涉及多种贯穿模式时。例如, 薄板贯穿时受撞击区域往往发生伸展和弯曲, 通过薄板的这些变形能够吸收可观的弹体动能。厚板的贯穿过程发生诸如层裂、花瓣开裂、破片 (碟片)、冲塞等失效模式。这些失效模式依赖于撞击速度、靶板材料性质和加载几何条件 (如靶板厚度、弹体直径和头部形状) 等因素。Wilkins (1978)、Woodward (1990)、Corbett 等 (1996)、Liu 和 Stronge (2000) 及其他一些作者研究了这些问题。与第 3 章讨论的刚性侵彻体的深侵彻相比较, 靶板贯穿过程的内在复杂性需要用不同解析方法来分析。

　　图 4.1 展示了 Wingrove (1973) 给出的靶板贯穿的一些失效模式, 显示了改变弹体头部形状引起的丰富现象, 实验是用直径 7 mm、具有不同头部形状的硬钢弹撞击厚 10 mm 2024-T6 铝板。高强度的 2024-T6 铝合金表现出半脆性特点。图 4.1(a) 是平头弹以 180 m/s 速度撞击靶板时通过剪切过程形成的冲塞。冲塞体直径等于弹体直径, 其厚度稍小于靶板厚度。图 4.1(b) 是球头弹导致的锥形冲塞, 冲塞体厚度大约是板厚的 1/2。图 4.1(c)

是卵头弹撞击导致的碟片破坏, 从靶板背面形成的碟片分离可以表明这一点。碟片破坏是高强度材料的靶板背面受弯曲所致的常见破坏模式, 弯曲使靶板沿着平行于靶面的薄弱平面拉伸失效, Woodward (1990) 讨论了该问题。

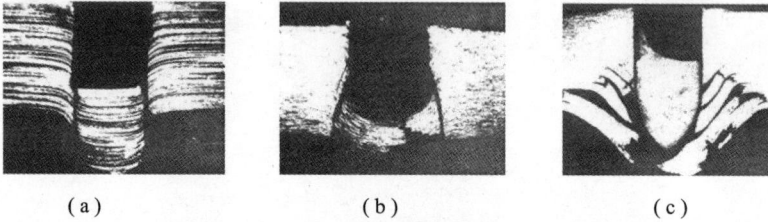

(a)　　　　　　　(b)　　　　　　　(c)

图 4.1　不同头部形状刚性弹体贯穿靶板时靶板的失效模式
(a) 平头弹; (b) 球头弹; (c) 卵头弹。

Wingrove (1973) 连续监测了强度实验机上平头弹准静态贯穿靶板过程的载荷, 以此测量靶板作用于弹体的抵抗应力。测量发现, 该作用力持续上升到侵深约 3.5 mm 以后逐渐下降直至弹体破裂。这意味着, 当弹体侵彻到距离靶板背面约 1 倍弹径时, 冲塞形成过程结束。在后面分析平头弹贯穿靶板时将讨论这个问题。图 4.1 显示了贯穿过程中靶板失效模式的多样性, 使得利用工程模型进行分析变得更复杂。Corbett 等 (1996) 广泛评述了靶板贯穿的不同解析模型。本章将利用数值模拟为基础的模型和解析模型得到靶板贯穿过程的合理认识, 集中于讨论不同头部形状 (尖头、球头和钝头) 的刚性弹体对金属靶板的贯穿过程。第 5 章将讨论非刚性弹体, 或消蚀弹体对靶板的贯穿过程。

对解析模型而言, 尖头弹贯穿韧性金属板是最简单的过程, 它由称为"延性扩孔"机制形成, 下一节将详细讨论这一相互作用。薄板贯穿以盘形凹陷过程为特点, 即在撞击点附近大面积范围的薄板发生严重拉伸和弯曲 (整体性变形)。在某些条件下, 薄板在经历大的弯曲后发生花瓣开裂现象, 导致贯穿孔附近已变形薄板的破裂。Landkof、Goldsmith (1985), Atkins 等 (1998) 及 Wierzbicki (1999) 考虑薄板环向伸展所需的能量, 分析了花瓣开裂过程。因为我们的主要兴趣集中于装甲应用有关的终点弹道学问题, 不准备进一步讨论薄板的花瓣开裂过程, 感兴趣的读者可参阅这些文章。钝头弹贯穿靶板是相当复杂的, 贯穿过程中出现几种失效模式, 各模式间的作用界限不容易分清楚。具体的失效模式依赖于无量纲靶板厚度 H/D, D 为弹体直径。这个比值通常用来区分靶板是属于薄板还是厚板。

4.2 刚性尖头弹对韧性靶板的贯穿

通常认为, 尖头弹贯穿韧性靶板是最简单的贯穿过程, 它不涉及靶板的失效机制。弹体通过 "延性扩孔" 机制将靶材料推开而使得弹体穿过。Woodward (1978) 给出的图 4.2 显示了锥头钢弹贯穿铝靶的过程。可以看出, 在弹体运动方向上, 有大量靶材料被推移开, 在靶板前后两面形成 "唇" 状边缘。铝板没有出现弯曲, 其内部也没有材料失效的迹象。

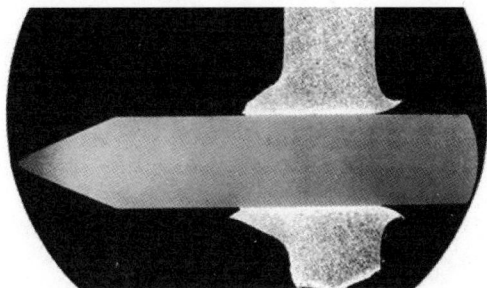

图 4.2   锥头弹贯穿铝靶

Rosenberg 和 Dekel (2009b, 2010c) 用数值模拟方法研究了这一贯穿过程在弹体上的作用力。为简化分析, 靶板材料的本构关系是简单的 von Mises 屈服准则, 不考虑应变率和应变硬化的复杂影响。由于多数材料都呈现一定的应变硬化, 因此建议在数值模拟里将这类材料的强度取为它们的动态流动应力, 即用 Kolsky 压杆得到的应力 – 应变曲线中高应变值对应的应力。第 1 章讨论过这些实验的典型应变率为 $10^3 \sim 10^4\,\mathrm{s}^{-1}$, 也是兵器速度撞击侵彻过程相应的应变率。

首先考虑 Rosenberg 和 Dekel (2009b) 数值模拟获得的刚性弹体的减速度特性。$D = 8.3\,\mathrm{mm}$, $L_{\mathrm{eff}} = 25.6\,\mathrm{mm}$ 的锥头钨弹体撞击强度 0.4 GPa 铝靶的数值模拟对应于 Forrestal 等 (1990) 的实验。对所有的靶板厚度, 弹体剩余速度的模拟结果都非常接近于实验数据, 因此 Rosenberg 和 Dekel (2009b) 用这些数据来展示贯穿过程的物理机制。这些数值模拟可以说明的一个问题与弹体贯穿靶板过程的减速度历史的本质有关。图 4.3(a) 为锥头弹以 800 m/s 速度撞击不同厚度靶板的减速度。可清楚看出, 除了厚度 $H = 100\,\mathrm{mm}$ 的靶板外, 由于靶板前、后自由面的共同影响, 弹体的减速度都没有达到常值阶段。即使对厚度 100 mm 的靶板 ($H/D = 12$), 常减速度只保持了很短的时间, 在 $t = 120\,\mathrm{\mu s}$ 就终止了, 详见图 4.3(a)。这个时

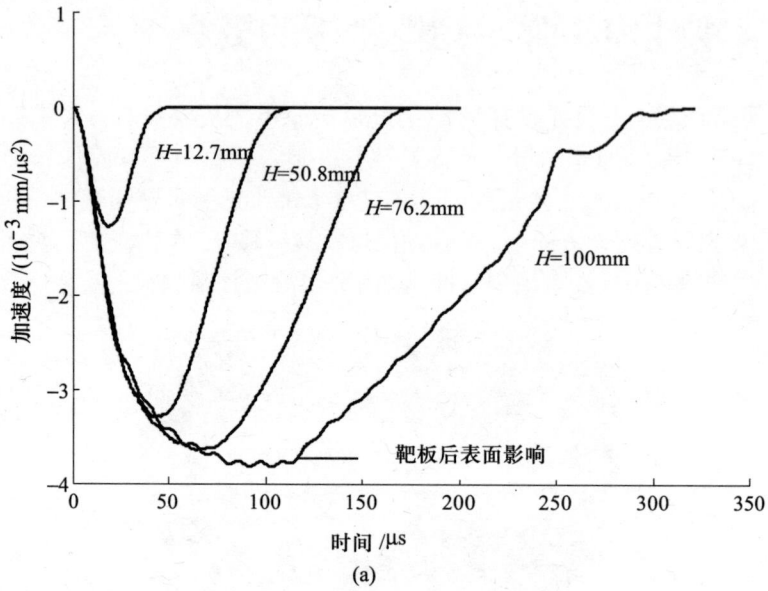

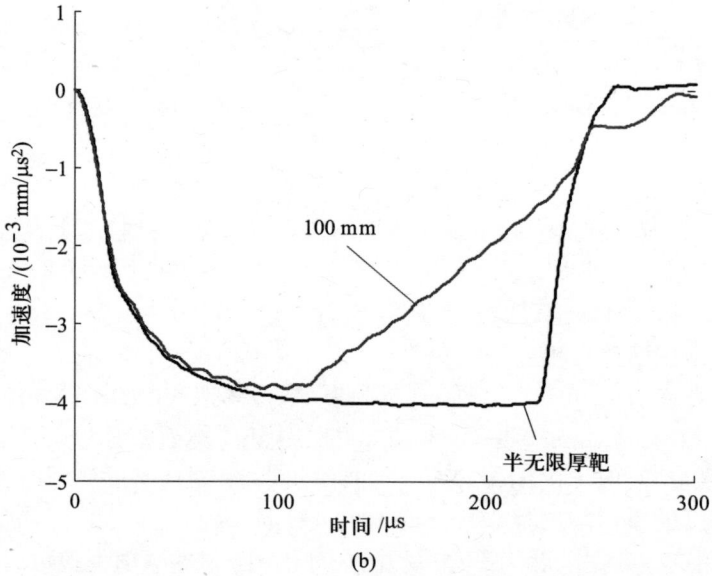

图 4.3 短弹体以 800 m/s 速度撞击不同厚度铝靶板的减速度历史

间标志着靶板后表面开始影响侵彻过程, 显然绝大部分时间内减速度是随时间变化的。但是该弹体侵彻半无限厚靶时在大约 100 μs 就达到常减速度状态, 如图 4.3(b) 所示。这个时间就是第 3 章讨论过的, 尖头弹侵彻深度达到约 $6D$ (即开坑阶段控制范围) 所需的时间。

Rosenberg 和 Dekel (2010c) 发现, 当弹体距离靶板背面约 3 倍弹径时, 弹体侵彻开始受背面影响。由于撞击开坑阶段效应的控制范围为 $6D$, 可以断定有限厚靶的厚度至少要 $10D$, 才能对弹体施加全部抵抗应力。图 4.3 表明, 即使对于这些较厚的有限厚靶板, 大部分侵彻过程中的减速度也是变化的。由于加速度随时间变化, 难以建立有限厚靶的简单解析模型。这是学者们采用以能量和动量守恒为基础的整体性方法处理这些问题的主要原因, 如 Recht 和 Ipson (1963) 的模型 (又称 RI 模型)。这个模型相对简单, 解释了刚性弹体和长杆弹的大量实验数据。下面将通过实验和数值模拟结果说明其有效性。

RI 模型假设贯穿过程中弹体动能减少等于在靶板上开孔以使弹体通过而耗费的功, 忽略了靶板的动能和用于板弯曲或拉伸的能量。于是贯穿靶板前后弹体动能以及弹体对靶板做的功 W_p 有以下关系:

$$\frac{1}{2}MV_0^2 = \frac{1}{2}MV_r^2 + W_p \tag{4.1a}$$

式中: V_0、V_r 分别为弹体的撞击速度和剩余速度。

根据定义, 以弹道极限速度发生的撞击的剩余速度等于零, 于是有

$$\frac{1}{2}MV_{bl}^2 = W_p \tag{4.1b}$$

综合这两方程可得

$$V_r^2 = V_0^2 - V_{bl}^2 \tag{4.2a}$$

或其无量纲形式为

$$\frac{V_r}{V_{bl}} = \sqrt{\left(\frac{V_0}{V_{bl}}\right)^2 - 1} \tag{4.2b}$$

Rosenberg 和 Dekel (2009b) 的研究表明, 这一简单方程非常出色地解释了尖头刚性弹贯穿韧性靶板的数据。图 4.4 汇总了 Forrestal 等 (1987, 1990) 和 Piekutowski 等 (1996) 的卵头或锥头钢杆贯穿铝板的实验数据。可见, 模型预测结果与很大速度范围内的实验数据非常一致。从式 (4.2b) 可知, 随着撞击速度增加, V_r 渐近地趋于 V_0, 其原因是贯穿靶板所需要的功变得远小于弹体动能。

Rosenberg 和 Dekel (2009b) 对不同弹、靶和撞击速度组合的数值模拟结果支持 RI 模型的基本假设, 即贯穿某给定靶板所要消耗的能量实际上

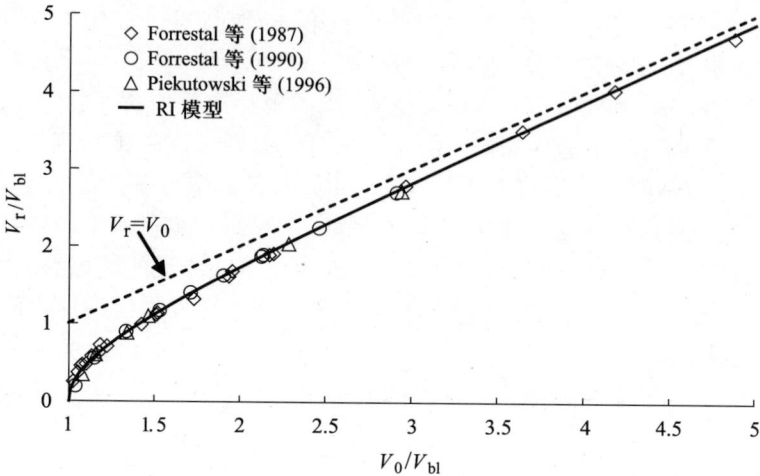

图 4.4 RI 模型的式 (4.2) 与实验数据的一致性

与撞击速度无关。为说明这一问题, 考虑锥头钨弹贯穿强度 0.4 GPa、厚度 12.7 mm 铝板的数值模拟结果。对 V_0 分别为 300 m/s、500 m/s 和 800 m/s 的撞击速度, 模拟得到的剩余速度 V_r 分别为 207 m/s、449 m/s 和 769 m/s。再利用式 (4.2a) 分别计算得 V_{bl} 分别为 217.1 m/s、220 m/s 和 220.5 m/s。于是可认为, 这一弹/靶板组合的弹道极限速度 $V_{bl} = (218.8 \pm 1.7)$ m/s。计算出的 V_{bl} 数值变动很小, 提高了贯穿靶板所需的功 (根据式 (4.1b) 计算) 实际上与撞击速度无关这一观点的说服力。对其他厚度靶板的数值模拟得到了类似结果, 在不同的撞击速度下计算出的 V_{bl} 值的变化不大 (小于 2%)。可得出结论, 这些数值模拟结果支持 RI 模型的主要假设 (即式 (4.1a) 和式 (4.1b))。也说明了数值模拟是验证解析模型的基本假设的有效手段。

RI 模型的主要意义在于, 如果某一弹/靶组合的贯穿过程是由延性扩孔过程形成的, 则为了确定这一弹/靶板组合的 V_r (V_0) 曲线, 并不需要进行很多实验。实际上, 只要足够准确地确定了 V_{bl} 值, 就可以利用式 (4.2b) 得到任意撞击速度下的剩余速度。对给定的弹/靶组合的贯穿过程的物理特性可以用 V_{bl} 来表征。通过一次实验准确测定撞击速度和剩余速度, 代入式 (4.2a) 就可确定 V_{bl} 值, 再通过式 (4.2b) 就可得出 V_r/V_{bl} 与 V_0/V_{bl} 之间的函数关系。这一曲线在略大于弹道极限速度附近的斜率很陡, 实际上它在 $V_0 = V_{bl}$ 处是垂直于水平轴的。因此, 在这个速度附近范围, 材料性质的小变化可以带来剩余速度测量值的大离散, 实验结果经常是这种情况。Rosenberg 和 Dekel (2009b) 分析了导致实验误差的各种源项, 建议用单次实验来确定 V_{bl} 的撞击速度约为 $1.5V_{bl}$。这一速度既远离 $V_r(V_0)$ 曲线的陡峭上升段, 又不是很高以至于小的剩余速度测量误差导致大的弹道极限速度的变化。

为表明这些问题的重要性, 考虑 Dey 等 (2004) 的卵头钢弹 ($L_{eff} = 80\,\mathrm{mm}$, $D = 20\,\mathrm{mm}$) 贯穿厚度 $12\,\mathrm{mm}$ 的三种不同材质钢板的数据。钢板材料分别是 Weldox 460E、700E 和 900E。对每种钢板, 进行 4 发撞击速度高于弹道极限速度的实验, 还有几发低于弹道极限速度的实验。Dey 等 (2004) 把导致靶板贯穿的最低撞击速度和不发生贯穿的最高撞击速度的平均值作为 V_{bl}。第 1 章已介绍过这一公认的确定弹道极限速度的方法。利用这些 V_{bl} 数值和实验数据, 他们拟合出的 V_r/V_{bl} 经验公式不同于根据 RI 模型 (4.2a) 得出的关系式。需要强调的是, 这一经验拟合关系并没有触及问题的物理本质, 尽管它比起基于物理模型的关系式更吻合实验数据。Dey 等 (2004) 的大多数实验的撞击速度仅略高于 V_{bl} 值, 并且相同撞击速度的重复实验给出的剩余速度有差异。这些情况导致他们的实验数据不遵从 RI 模型, 于是 Dey 等 (2004) 使用经验拟合方法处理数据。下面提出一个基于物理基础的方法处理这些实验数据。

先通过式 (4.2a) 确定每一次实验的 V_{bl} 值, 把这些 V_{bl} 值取平均获得每一种靶板的 V_{bl}。通过这个方法对 Weldox 460E、700E 和 900E 钢板分别得到 V_{bl} 分别为 $282.0\,\mathrm{m/s}$、$317.6\,\mathrm{m/s}$ 和 $312.5\,\mathrm{m/s}$。这些弹道极限速度数值与 Dey 等 (2004) 确定的 V_{bl} 分别为 $290.6\,\mathrm{m/s}$、$318.1\,\mathrm{m/s}$ 和 $322.2\,\mathrm{m/s}$ 有一点不同, 但与基于物理基础的 RI 模型是符合的。并且, 这样得到的弹道极限速度值可以突出与这些靶板的贯穿机理有关的重要问题。例如, 出现了这样得出的 Weldox 700E 和 900E 钢的弹道极限速度 V_{bl} 随靶板强度变化而非单调变化现象。这显示强度最高钢板的贯穿不能用延性扩孔过程来描述, 可能在贯穿过程有其他一些失效机制发生作用。在锥头弹的研究中观察到同样的非单调倾向, 平头弹的实验结果中这一倾向更显著。下面将看到, 对于延性扩孔机制形成的贯穿过程, V_{bl} 应随着靶板厚度和强度增加而单调上升。用基于物理基础的 RI 模型分析数据, 可以研究贯穿过程相对于延性扩孔机制的偏离情况。下面的讨论集中于金属板的延性扩孔过程, 以建立靶板材料压缩强度和它对贯穿的抵抗力之间的关系。对某一给定弹体/靶板组合, 根据有关的材料物理性质, 可以通过这一关系建立弹道极限速度的解析模型。

已有一些努力, 希望以弹体贯穿靶板过程中耗费的功为基础建立弹道极限速度的解析模型。著名物理学家、诺贝尔奖得主 Hans A. Bethe (1941) 和 G. I. Taylor (1948) (第二次世界大战期间分别在美国和英国的军事研究部门工作) 已经仔细地分析了这个问题。他们对于在金属板中开孔需要克服抵抗应力的有关研究工作在 Woodward (1978) 和 Corbett 等 (1996) 的文献中有简要总结。为简化分析, Bethe 和 Taylor 假设板中为平面应力状态、孔的直径与板厚度 H 相当。他们得到的开孔所需功 W_p 的表达式相似而系数不同:

$$W_p = \pi r^2 H \cdot 2Y_t \ (\text{Bethe, 1941}) \tag{4.3a}$$

$$W_p = \pi r^2 H \cdot 1.33Y_t \ (\text{Taylor, 1948}) \tag{4.3b}$$

式中: Y_t 为板材料强度; r 为孔半径, 实际上也是弹体半径。

可以将上述公式理解为: 按照 Bethe 和 Taylor 的分析, 靶板抵抗开孔的等效应力分别为 $2Y_t$、$1.33Y_t$。这些数值低于 Bishop 等 (1945) 计算出的在大体积弹塑性固体中扩张球形或锥形空腔需要的阈值压力。第 3 章已经描述过, 按空腔膨胀理论分析的阈值压力大约为 $(3 \sim 4)Y_t$。方程 (4.3) 得到的数值也远低于第 3 章的刚性弹体侵彻半无限靶的抵抗应力 $(5 \sim 6)Y_t$。方程 (4.3) 给出的抵抗应力低, 是由于有限厚板情况下应力状态接近于平面应力情况, 垂直于厚度方向应力为零。另一方面, 半无限厚靶的三向应力状态接近于平面应变情况, 导致这种条件下抵抗应力高得多。

Rosenberg 和 Dekel (2010c) 根据二维数值模拟提出了以数值模拟为基础的方法来分析贯穿过程作用于弹体的等效抵抗应力。其基本思路是, 将实际上随时间变化的应力替换为等效常值应力, 常值应力与实际应力导致的弹体能量损失相同。等效抵抗应力 (σ_r) 通过刚性弹体贯穿厚度 H 靶板的运动方程而定义:

$$F = M\frac{\mathrm{d}V}{\mathrm{d}t} = MV\frac{\mathrm{d}V}{\mathrm{d}x} = \pi r^2 \sigma_r = \text{const} \tag{4.4}$$

式中: M、r 为弹体的质量和半径。

对运动方程从 $x = 0$、$V_0 = V_{bl}$ 到 $x = H$、$V = 0$ 积分得

$$\frac{MV_{bl}^2}{2} = \pi r^2 H\sigma_r \tag{4.5a}$$

利用 $M = \rho_p\pi r^2 L_{eff}$, 改写式 (4.5a) 得到关于 V_{bl} 的关系式为

$$V_{bl} = \sqrt{\frac{2H\sigma_r}{\rho_p L_{eff}}} \tag{4.5b}$$

当 σ_r 已知时, 这一简单方程可以计算任意弹体/靶板组合的弹道极限速度。原则上, 如果存在用弹体和靶板有关参数建立的 σ_r 的可靠模型, 甚至不需要进行实验就可以确定 V_{bl}。显然, 其中一个有关参数是靶板厚度 H。考虑到前面介绍过的从薄板到厚板情况下 σ_r 的数值变化, 可知 σ_r 依赖于 H。对靶板厚度用 H/D (D 为弹体直径) 来度量是合理的, 即 $H/D \ll 1.0$ 为薄板, $H/D \approx 1$ 为中厚板, $H/D \gg 1$ 为厚板。

Thomson (1955) 的薄板解析模型考虑贯穿过程的盘形凹陷破坏机制 (图 4.5), 给出了 σ_r 的下界。根据 Thomson 模型, 很薄靶板对弹体的抵抗应力接近于 $\sigma_r = Y_t/2$。盘形凹陷贯穿模式包含板的拉伸和弯曲, Woodward 和 Cimpoeru (1998) 通过进一步的模拟进行了分析。

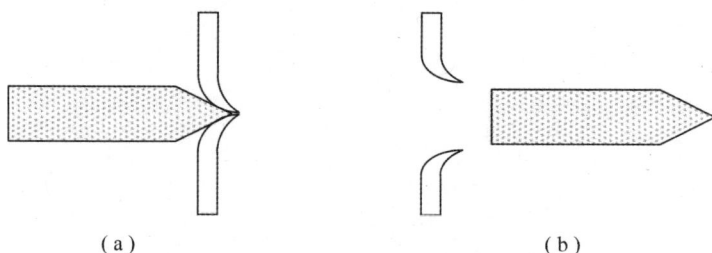

（a） （b）

图 4.5 薄板的盘形凹陷破坏过程示意图

对上面介绍的抵抗应力的解析表达式进行总结。根据 Thomson 模型, 很薄靶板的抵抗应力极限值 $\sigma_r = Y_t/2$。对与弹体直径相当的中等厚度板, Bethe (1941) 和 Taylor (1948) 给出 $\sigma_r = (1.33 \sim 2)Y_t$。随着靶板厚度增加, 自由面影响减弱, σ_r 将接近于第 3 章给出的 $R_t = (5 \sim 6)Y_t$。因此, 从很薄板到很厚板, 等效抵抗应力 σ_r 增加了一个量级。无量纲应力 σ_r/Y_t(Y_t 为靶板材料压缩强度) 是衡量靶板对贯穿抵抗能力的合适参数。下面根据孔洞扩大过程分析贯穿过程, 目标是确定无量纲等效应力 (σ_r/Y_t) 与靶板无量纲厚度 (H/D) 之间的关系。

令每个参数按确定的方式变化进行数值模拟, 是对这一关系进行严密的参数化研究的最好方法。Rosenberg 和 Dekel (2010c) 采用这一方法, 对大量不同弹体/靶板组合进行数值模拟, 以此为基础确定 σ_r 对靶板厚度和强度的依赖关系并建立 σ_r 的模型。利用 H/D 为 $0.026 \sim 15$ 范围内不同强度的钢板、铝板的数值模拟结果, 研究无量纲参数 σ_r/Y_t 与 H/D 之间的关系。弹体头部形状为尖锐程度不同的锥形或卵形, 以覆盖大范围的尖头弹体。每一弹/靶组合的 σ_r 值通过以下步骤确定: ① 进行一些撞击速度高

于 V_{bl} 的模拟以得到对应的一些剩余速度值 V_r。② 这些 V_r 代入式 (4.2a) 求得弹道极限速度; ③ 得到的 V_{bl} 代入式 (4.5b),得到这一特定弹/靶板组合的 σ_r 值。所有这些不同弹/靶板组合的 σ_r/Y_t 随 H/D 的变化情况如图 4.6 所示。

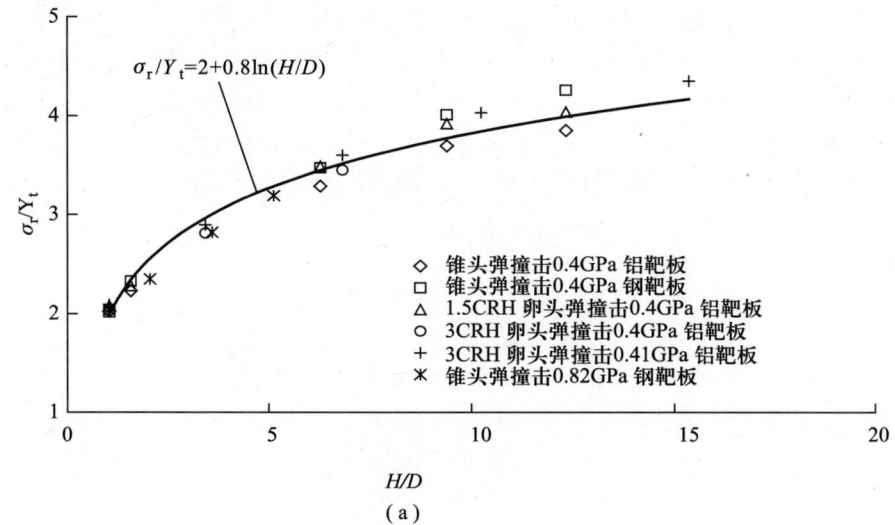

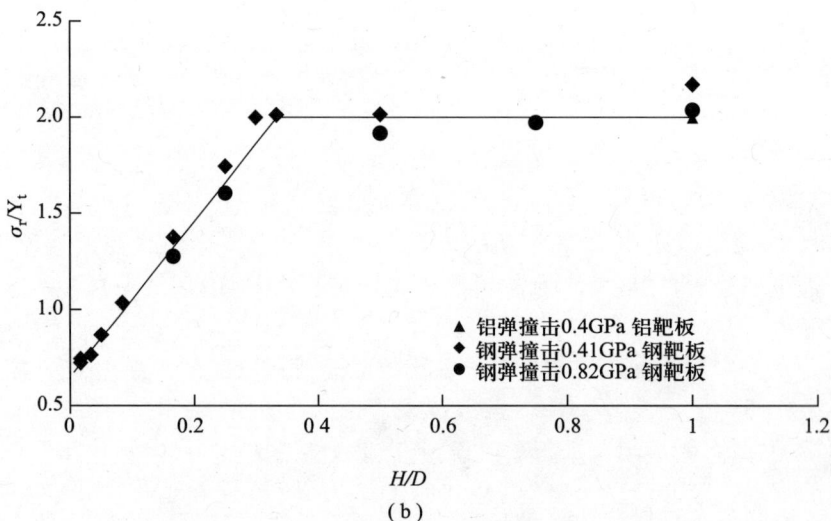

$$\sigma_r/Y_t = 2 + 0.8\ln(H/D)$$

◇ 锥头弹撞击0.4GPa 铝靶板
□ 锥头弹撞击0.4GPa 钢靶板
△ 1.5CRH 卵头弹撞击0.4GPa 铝靶板
○ 3CRH 卵头弹撞击0.4GPa 铝靶板
＋ 3CRH 卵头弹撞击0.41GPa 铝靶板
＊ 锥头弹撞击0.82GPa 钢靶板

(a)

▲ 铝弹撞击0.4GPa 铝靶板
◆ 钢弹撞击0.41GPa 钢靶板
● 钢弹撞击0.82GPa 钢靶板

(b)

图 4.6 σ_r/Y_t 随 H/D 变化的数值模拟结果

(a) 厚板 $H/D \geqslant 1.0$; (b) 中厚板和薄板 $H/D \leqslant 1.0$。

数值模拟结果可以按照 H/D 值分成三组:

对 $H/D \leqslant 1/3$ 的薄板, 模拟结果在一条斜率相对较陡的直线上, 如下式:

$$\frac{\sigma_r}{Y_t} = \frac{2}{3} + 4 \times \frac{H}{D} \quad (H/D \leqslant 1/3) \tag{4.6}$$

对 $1/3 \leqslant H/D \leqslant 1.0$ 的中厚板, 模拟结果落在下式描述的直线上:

$$\frac{\sigma_r}{Y_t} = 2.0 \quad (1/3 \leqslant H/D \leqslant 1.0) \tag{4.7}$$

由于这一板厚范围里 $\sigma_r = 2Y_t$, 于是从式 (4.5b) 可得到关于 V_{bl} 的简单式子, 即 $V_{bl} = 2\left[HY_t/(\rho_p L_{eff})\right]^{0.5}$。

对 $H/D \geqslant 1$ 的厚板, σ_r 值随靶板厚度增加而逐渐增加直至趋近于半无限厚靶的 R_t 值。Rosenberg 和 Dekel (2010c) 选取下述关系式来拟合其数值模拟结果:

$$\frac{\sigma_r}{Y_t} = 2.0 + 0.8 \ln \frac{H}{D} \quad (H/D \geqslant 1.0) \tag{4.8}$$

需要指出: 对所有弹/靶板组合, σ_r 的表达式与数值模拟值之间的偏差在 $\pm 5\%$ 以内。因此, 根据式 (4.5b) 确定 V_{bl} 的最大偏差应为 $\pm 2.5\%$。在这一偏差水平上, 可认为模型预测和数据 (实验或数值模拟) 一致性很好。Rosenberg 和 Dekel (2010c) 表明 V_{bl} 预测值与实验数据确实是一致的。对 $1/3 \leqslant H/D \leqslant 1.0$ 的中厚板, $\sigma_r/Y_t = 2.0$ 的常数值与 Bethe (1941) 的式 (4.3a) 计算值一样。这是令人满意的, 因为 Bethe 的分析是针对 $H \approx D$ 的中厚板。中厚板的 σ_r/Y_t 出现常值平台可能是由于中厚板处于平面应力状态。从平面应力状态向平面应变状态的转变看来是发生在 $H/D = 1.0$。当然, 这需要进一步模拟分析。对于厚板的 σ_r/Y_t 随 H/D 增加而渐近增加完全是意料中的, 因为 σ_r 应该最终接近于第 3 章得到的 $R_t = (5 \sim 6)Y_t$ 值。前已述及, 根据 Thomson (1955) 的模型, 随板厚逐渐减小, σ_r 的极限值为 $Y_t/2$。该值接近于由数值模拟给出的式 (4.6) 的极限值 $2Y_t/3$。可能会对靶板厚度趋近于零时 σ_r 为有限值背后的物理机制感到好奇, 其定性解释是: 随着靶板变薄, 大面积靶板参与盘形凹陷过程, 从而导致该过程吸收的能量为有限值而并不是消失为零。

对薄板 ($H/D \leqslant 1/3$) 的数值模拟表明, 靶板发生严重弯曲, 贯穿区域以盘形凹陷破坏为特征。对于无量纲厚度 $H/D \approx 1/3$ 的靶板, 贯穿过程从盘形凹陷破坏变成为延性扩孔, 如图 4.7 所示。模拟的情形是直径 $D = 6\,\mathrm{mm}$ 卵头弹贯穿厚度 H 分别为 $1.5\,\mathrm{mm}$、$1.8\,\mathrm{mm}$ 和 $3\,\mathrm{mm}$, 即 H/D 分别为 0.25、0.3 和 0.5 的铝板。较厚靶板 ($H/D = 0.5$) 出现延性扩孔, 其特征是靶板弯曲很小, 靶板前面、后面的弹孔周围有 "唇状" 隆起。盘形凹陷破坏特征在较薄靶板 ($H/D = 0.25$) 上很明显, 在 $H/D = 0.3$ 的靶板上明显程度差些。根据这些模拟结果, 可以得出结论: $H/D = 1/3$ 标志着贯穿机制从盘形凹陷破坏转变到延性扩孔。根据图 4.6(b) 显示的模拟结果散布情况, 应将 $H/D = 1/3$ 视为不同弹/靶板组合情况下的平均值。

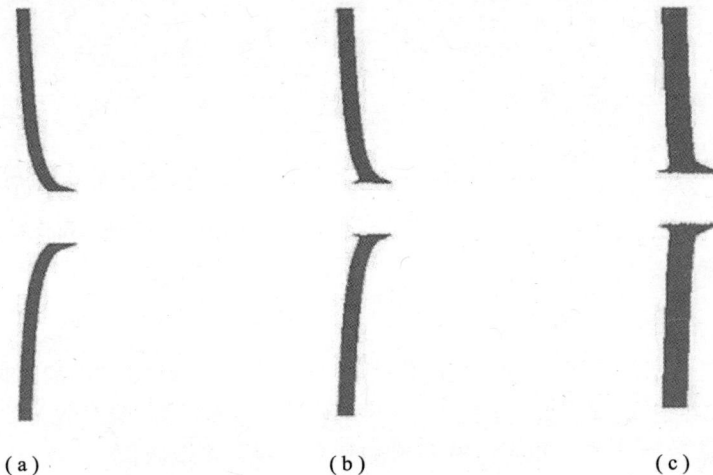

(a)　　　　　　　　　(b)　　　　　　　　　(c)

图 4.7　随靶板厚度增加, 破坏模式从盘形凹陷破坏转变到延性扩孔

(a) $H/D = 0.25$; (b) $H/D = 0.3$ (c) $H/D = 0.5$。

综上所述, 这一以数值模拟为基础的模型的预测结果与 Thomson (1955) 和 Bethe (1941) 的解析模型以及很厚靶板的 σ_r 增加等情况对应的结果是一致的。数值模拟包括多种多样弹/靶板情况, 得到的 σ_r 关系式 (式 (4.6) ~ 式 (4.8)) 并结合式 (4.5b) 可推算许多弹/靶板组合的弹道极限速度 V_{bl}。为了展示这一模型对 V_{bl} 以及 V_r/V_{bl} (和 RI 模型一起) 的预测能力, 把模型预测结果与覆盖大范围 H/D 和 Y_t 值的不同来源的几组实验数据进行对比。

先考虑 Borvik 等 (2004) 的锥头钢弹 ($L_{eff} = 80\,mm$、$D = 20\,mm$) 贯穿厚度 H 为 $15 \sim 30\,mm$ 的 5083-H116 铝板的实验。对应的 H/D 为 0.75 ~ 1.5。无量纲化的实验数据 V_r/V_{bl}、V_0/V_{bl} 如图 4.8 所示。对于厚度 H 为 $15\,mm$、$20\,mm$、$25\,mm$ 和 $30\,mm$ 的铝板, 实验获得的弹道极限速度 V_{bl} 分别为 $216.8\,m/s$、$249\,m/s$、$256.6\,m/s$ 和 $314.4\,m/s$。图 4.8 也给出了模型对 V_r/V_{bl} 随 V_0/V_{bl} 变化的预测曲线 (根据 RI 模型的式 (4.2b)), 显然可见模型预测与实验数据吻合良好。

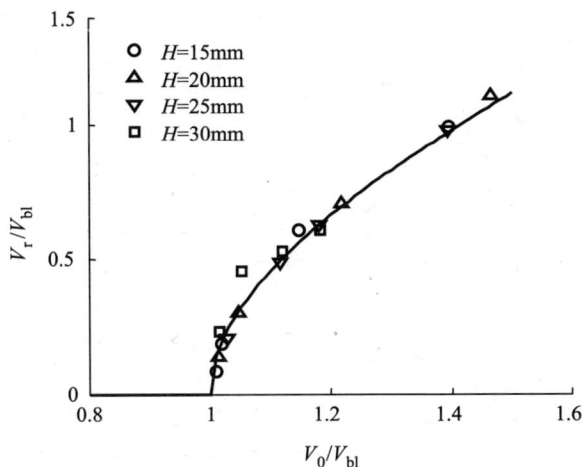

图 4.8 锥头弹贯穿不同厚度铝板的无量纲剩余速度

　　为了检查数值模拟为基础的模型分析 V_{bl} 实验值的能力, 需要知道铝板的流动应力。Borvik 等 (2004) 实验里不同铝板的流动应力不同,Borvik 等 (2009) 给出的这些铝板的应力 – 应变曲线表明了这一点。因此在模型里使用了以下 Y_t 值: 厚 15 mm 的铝板,Y_t 为 0.48 GPa; 厚 20 mm、30 mm 的铝板,Y_t 为 0.45 GPa; 厚 25 mm 的铝板,$Y_t = 0.4$ GPa。将这些值代入式 (4.7) (对 15 mm、20 mm 铝板) 或式 (4.8) (对 25 mm、30 mm 铝板), 得到厚度 H 分别为 15 mm、20 mm、25 mm 和 30 mm 的铝板的等效抵抗应力 σ_r 值分别为 0.96 GPa、0.9 GPa、0.87 GPa 和 1.06 GPa。将这些 σ_r 值代入式 (4.5b) 得到它们的弹道极限速度 V_{bl} 预测值分别为 214 m/s、239.5 m/s、263.2 m/s 和 318.2 m/s。这与 Borvik 等 (2004) 实验结果 V_{bl} 为 216.8 m/s、249 m/s、256.6 m/s 和 314.4 m/s 非常一致。就这些实验而言, RI 模型给出的剩余速度、Rosenberg 和 Dekel (2010c) 模型给出的 V_{bl} 很好地解释了尖头弹贯穿韧性金属板的实验数据。

　　Cheeseman 等 (2008) 确定了 0.3 英寸和 0.5 英寸 APM2 弹撞击压缩强度 $Y_t = 0.5$ GPa, 相对较厚的 2139–T8 铝板的 V_{bl}。铝板的无量纲厚度 H/D 为 $3.6 \sim 6.6$, 要用式 (4.8) 计算等效抵抗应力 σ_r。将 σ_r 代入式 (4.5b) 就可得到具体的弹体/靶板组合的 V_{bl}。利用解析模型对这些硬钢芯弹 (0.3 英寸弹的钢芯 $D = 6.2$ mm, $L_{eff} = 22.4$ mm; 0.5 英寸弹的钢芯 $D = 10.8$ mm、$L_{eff} = 34.8$ mm) 进行了计算。表 4.1 说明模型预测的 V_{bl} 与 Cheeseman 等 (2008) 的 V_{50} 实验数据有极好的一致性。

表 4.1 V_{bl} 的模型预测结果与 Cheeseman 等 (2008) 实验数据的比较

0.3 英寸弹			0.5 英寸弹		
H/mm	V_{50}/(m/s)		H/mm	V_{50}/(m/s)	
	实验	模型预测		实验	模型预测
25.2	682.6	672	39	657.3	653
32.3	783.2	780	40	668	663.4
39	860.9	876	40.9	677.4	673
40.9	893	902	52.1	785.4	783.3
			57.2	819.5	830
			64.1	873.5	884.5

Gupta 等 (2007) 用卵头中空钢弹 ($D = 19\,\mathrm{mm}$, $L_{\mathrm{eff}} = 23.6\,\mathrm{mm}$) 贯穿强度 $Y_t = 0.28\,\mathrm{GPa}$, 厚 $0.5 \sim 3.0\,\mathrm{mm}$ 的 1100–H12 薄铝板。这些实验中 H/D 值很低 ($0.0263 \sim 0.158$), 用适用于 $H/D \leqslant 1/3$ 范围的式 (4.6) 计算 σ_r 的预估值。表 4.2 显示了模型对 V_{bl} 的预估值与实验数据 (介于不发生贯穿的最高撞击速度 V_1 和发生贯穿的最低撞击速度 V_2 之间) 的一致性。模型预估值与实验结果的良好一致性, 说明了以数值模拟为基础的模型在很低 H/D 值时是正确的, 此时盘形凹陷破坏是主要的贯穿机制。

表 4.2 V_{bl} 的模型预测结果与 Gupta 等 (2007) 实验数据的比较

H/mm	H/D	V_1/(m/s)	V_2/(m/s)	V_{bl} (预测值)/(m/s)
3.0	0.158	90.4	96.9	108.4
2.5	0.1315	79.4	96.7	94.6
2.0	0.105	67.2	83.7	81
1.5	0.079	54.3	62.9	66.4
1.0	0.0526	45.3	51.3	51.5
0.71	0.03	38.4	44.3	41.4
0.5	0.0263	33.7	40.7	34.1

到目前为止, 数值模拟和实验都是针对理想的弹性 – 理想塑性材料, 遵从 von Mises 屈服准则。许多金属或合金有显著的应变强化效应, 其流动应力没有很确定的值。为了研究应变强化效应对贯穿过程的影响, Rosenberg 和 Dekel(2010c) 对锥头刚性钢弹贯穿 304 不锈钢板进行了一系列数值模拟。该材料表现出显著的应变强化效应, 其强度在屈服时为 $0.34\,\mathrm{GPa}$, 破坏时升高到约 $2.5\,\mathrm{GPa}$。模拟中材料常数按照数值模拟程序的材料库中的 Steinberg 模型选取, 取 $Y = Y_0(1 + \beta_p \varepsilon_p)^n$, $Y_0 = 0.34\,\mathrm{GPa}$, $\beta_p = 43$ 和 $n = 0.35$。对不同板厚的数值模拟结果按照前面描述的方法进行分析, 即

用每一个板厚下的撞击速度和剩余速度确定 V_{bl}, 将 V_{bl} 代入式 (4.5b) 计算对应的 σ_r 值。图 4.9 就是这样得出的 σ_r 与 H/D 关系曲线。由于应变强化效应致使该材料没有确定的 Y_t 值, 所以图中 σ_r 不是无量纲化表示的。

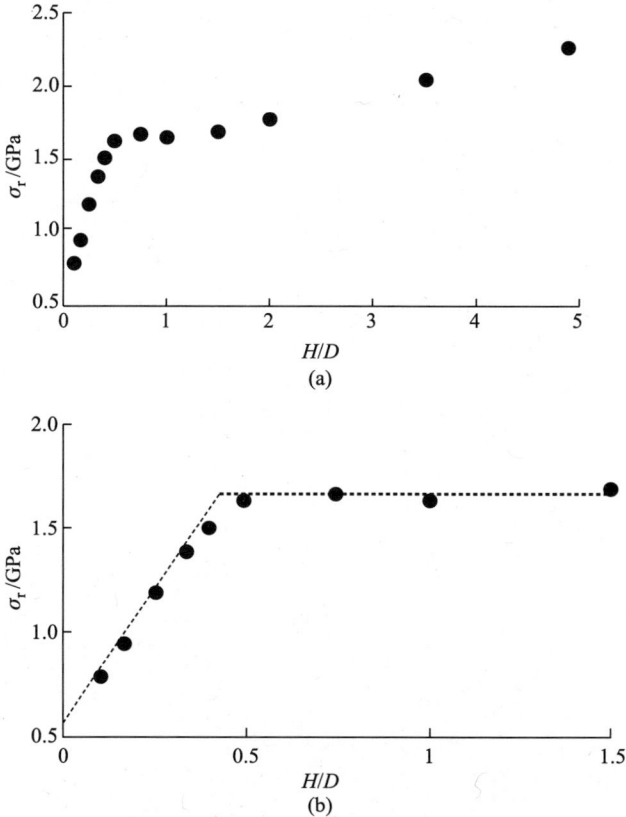

图 4.9　锥头刚性弹贯穿 304 不锈钢板的数值模拟结果
(a) 整个板厚范围的数值模拟结果; (b) $H/D \leqslant 1.5$ 范围内的局部放大图。

对弹性 – 理想塑性材料观察到的那些特征对于应变硬化材料 304 钢同样很明显。这包括: 在很低的 H/D 值范围内 σ_r 随 H/D 增加而快速上升; 在 H/D 为 $0.4 \sim 1.5$ 范围内的常值平台以及随后 $H/D > 1.5$ 时 σ_r 增加等。304 不锈钢从盘形凹陷破坏到延性扩孔转变发生在约 $H/D = 0.4$ 而不是 $H/D = 1/3$, 这可能是由于其应变硬化特性造成的。它的常值平台范围扩展到 $H/D = 1.5$ 而不是弹性 – 理想塑性靶板的 $H/D = 1.0$ 也是由于同样的原因。

在 H/D 为 $0.4 \sim 1.5$ 的平台区, 数值模拟得到 $\sigma_r = 1.66\,\mathrm{GPa}$。假设对于应变硬化材料 $\sigma_r/Y_t = 2.0$ 的关系依然适用, 则可得 304 不锈钢的等效强度 $Y_{\mathrm{eff}} = 0.83\,\mathrm{GPa}$。这介于 $Y_0 = 0.34\,\mathrm{GPa}$ 和 $Y_{\max} = 2.5\,\mathrm{GPa}$ 之间, 代表了靶板上弹孔周围材料强度的平均值。将 H/D 值较低的那部分直线外推到极限值 $H/D = 0$, 得到对应的 $\sigma_r = 0.55\,\mathrm{GPa}$。这一数值与很薄靶板的极限应力比值 $\sigma_r/Y_{\mathrm{eff}} = 2/3$ 相吻合, 弹性 – 理想塑性靶板材料也是这一比值。

图 4.9(b) 的 $H/D \leqslant 0.4$ 的那部分数值模拟结果的线性拟合的斜率为 3.33, 稍小于 von Mises 材料对应的斜率 4.0。这些结果可以解释其他应变硬化材料的响应, 其薄板的 $\sigma_r/Y_{\mathrm{eff}}$ 值处在式 (4.6) 和如下所示的 304 不锈钢关系式之间:

$$\frac{\sigma_r}{Y_{\mathrm{eff}}} = \frac{2}{3} + 3.33 \times \frac{H}{D} \quad (H/D \leqslant 0.4) \tag{4.9}$$

显然 Y_{eff} 的精确值与描述靶板材料应力 – 应变关系的参数 (Y_0、$Y_{\max}$、β_p 和 n) 有关, 需要利用解析模型进行更多工作, 以分析这些依据数值模拟得到的关系式。

这里的分析适用于贯穿过程中不发生材料失效的韧性靶板。对于准脆性材料, 例如, 高强度铝合金 2024-T351 或 7075-T651, 受尖头刚性弹体撞击时会发生显著的材料失效, 大片材料因痂片破坏或形成破片而从靶板背面掉落下来。图 4.1 所示 2014-T6 铝板受卵头弹撞击的照片就是形成破片的例子。材料失效减小了靶板的有效厚度, 使得弹道极限速度降低。Borvik 等 (2010) 用 $L_{\mathrm{eff}} = 80\,\mathrm{mm}$, $D = 20\,\mathrm{mm}$ 的卵头弹撞击厚 $20\,\mathrm{mm}$ 7075-T651 铝板的实验就是这种情况。从靶板的横切面看出, 由于这一脆性失效有大块材料从靶板背面脱落。从实验获得其弹道极限速度 $V_{\mathrm{bl}} = 208.7\,\mathrm{m/s}$, 这比 Borvik 等 (2004) 用相似尺寸的锥头弹贯穿厚 $20\,\mathrm{mm}$ 5083-H116 铝板实验得到的 $V_{\mathrm{bl}} = 249\,\mathrm{m/s}$ 小得多。尽管准脆性 7075 铝合金的强度几乎是韧性 5083 铝合金强度的 2 倍, 但由于材料背面的脆性失效, 使得 7075 铝靶的 V_{bl} 比 5083 铝靶的 V_{bl} 低大约 15%。

脆性靶板背面的破坏区大小与弹体直径直接相关。于是对于较小直径弹体贯穿 7075-T651 铝靶的实验, 其背面脆性失效的影响不那么重要, 预计实验结果应该符合前面讨论过的趋势。特别的, 对于不同强度、H/D 值大的靶板, 其弹道极限速度应按照式 (4.5b) 与其强度相对应。Forrestal 等 (2010) 用 0.3 英寸穿甲弹撞击厚度分别为 $20\,\mathrm{mm}$、$40\,\mathrm{mm}$ 的 7075-T651 和 5083-H116 铝板的实验结果确实就是如此。例如, 对于厚 $20\,\mathrm{mm}$ 的 5083 铝靶和 7075 铝靶, V_{bl} 的实验值分别为 513 m/s、633 m/s。也就是用 0.3 英寸穿甲弹 (硬钢芯直径 $D = 6.17$ mm) 撞击厚 20 mm 铝板时, 靶板材料强度高, V_{bl} 值也更高, 这与模型预测相符。也可将实验结果与数值模拟模型的预测结果进行比较。根据式 (4.8) 得到厚 20 mm、$H/D = 3.24$ 靶板的无量纲抵抗应力 $\sigma_r/Y_t = 2.94$。由 5083 和 7075 铝合金材料的应力 – 应变曲线得到其流动应力分别为 0.4 GPa、0.68 GPa。于是可得这两个弹体/靶板组合的抵抗应力 σ_r 分别为 1.176 GPa、1.716 GPa, 由式 (4.5b) 得 5083 和 7075 铝靶弹道极限速度的预测值分别为 517.5 m/s、639 m/s。这与实验结果非常一致, 强烈说明了数值模拟模型的有效性。另外也说明材料的准脆性性质不影响厚板抗侵彻性能的观点是正确的。

装甲设计的一个实际问题是分层靶是否比相同厚度的整体靶更有效。为此考虑尖头弹贯穿韧性靶的情况, 单层厚度为 h 的 N 个靶板分开放置, 使得弹体离开前一个靶板之前不会撞击下一个靶板。弹体穿透前一个靶板后的剩余速度等于它对下一个靶板的撞击速度。根据式 (4.2a) 写出每个靶板的能量平衡方程得到一组 (N 个) 方程:

$$V_{ri}^2 = V_{0i}^2 - V_{bli}^2 \tag{4.10a}$$

式中

$$V_{ri} = V_{0(i+1)} \tag{4.10b}$$

把这些方程加起来, 注意到厚度和材料相同的靶板的 V_{bl} 值相同, 得最终剩余速度为

$$V_r^2 = V_0^2 - NV_{bl}^2(h) \tag{4.11a}$$

式中: $V_{bl}(h)$ 为厚度 h 靶板的弹道极限速度。

因此, 大间距分层靶的弹道极限速度为

$$V_{bl}(N \times h) = \sqrt{N} \cdot V_{bl}(h) \tag{4.11b}$$

将分层靶与相同总厚度 H 的整体靶的 V_{bl} 值进行比较, 以估计分层靶的效率。这可通过比较出现在式 (4.5b) 中的 $(\sigma_r H)^{0.5}$ 和 $(\sigma_r h)^{0.5}$ 来实现。假设厚度 H 整体靶与分层靶的每层 (厚度 h) 具有相同的 σ_r 值, 则它们的 V_{bl} 值相同。这种情况仅对于 H/D 和 h/D 都处于 $1/3 \sim 1.0$ 之间、σ_r 为平台的阶段成立。对于其他情况, $\sigma_r(H) > \sigma_r(h)$, 则整体靶的 V_{bl} 大于分层靶的 V_{bl}。分层靶的各层紧密放置、弹体贯穿过程各层之间互相

支撑属于整体靶和大间距分层靶的中间情况。于是有

$$V_{bl}(H) \geqslant V_{bl}(N \times h)_{紧密放置} \geqslant V_{bl}(N \times h)_{大间距放置} = \sqrt{N} \cdot V_{bl}(h) \qquad (4.12)$$

以厚度 $H = 4D$ 靶板分成不同厚度分层靶为例来定量考察上述不等式。对于 $H = 4D$ 整体靶,由式 (4.8) 得 $\sigma_r = 3.11Y$,从而根据式 (4.5b) 得到 $V_{bl} = 5[YD/(\rho_p L_{eff})]^{0.5}$。为表述简洁,定义 $V^* = [YD/(\rho_p L_{eff})]^{0.5}$,于是对 $H = 4D$ 整体靶有 $V_{bl} = 5V^*$。对单层厚度 $2D$ 的两层分层靶,先利用式 (4.8) 计算 $H = 2D$ 靶板的 σ_r,并代入式 (4.5b) 可得 $H = 2D$ 靶板的 $V_{bl} = 3.2V^*$;再根据式 (4.11b) 得到单层厚度 $2D$ 的 2 层分层靶的 $V_{bl} = 4.52V^*$。重复上述步骤,得到由厚度 D 与 $3D$ 两层组成的靶的 $V_{bl} = 4.61V^*$。显然两层的不同排列方式下 V_{bl} 值相同。最后,对单层厚度为 D 的 4 层分层靶,有 $V_{bl} = 4V^*$。这些例子给出了不同分层组合情况的 V_{bl} 相对于整体靶 V_{bl} 减小的数值估计,同时看出各层排列顺序对 V_{bl} 值没有影响。当然这只针对尖头弹经由延性扩孔过程贯穿韧性靶的情况。对钝头弹可能得到不同的结果,第 4.4 节将进行讨论。Dey 等 (2007) 综述了许多公开发表的分层靶数据,认为这些结果互相矛盾。他综述的这些工作里,弹体具有不同的头部形状、靶体具有不同的 H/D 值,这至少可部分解释这个现象。

考虑 Dey 等 (2007) 的实验来说明这里的分析的有效性。他们用 $D = 20\,\text{mm}$, $L_{eff} = 80\,\text{mm}$ 的卵头钢弹撞击 Weldox 700E 钢板,确定不同靶板布置情况下的弹道极限速度。三种不同的布置及其对应的 V_{bl} 值分别是: ① 厚6 mm、12 mm 的整体靶,V_{bl} 分别为 $198\,\text{m/s}$、$318\,\text{m/s}$; ② 单层厚 6 mm 的两层靶板大间距布置,$V_{bl} = 280\,\text{m/s}$; ③ 单层厚 6 mm 的两层靶板紧密布置,$V_{bl} = 288\,\text{m/s}$。大间距双层靶 (单层厚 6 mm) 的 $V_{bl} = 280\,\text{m/s}$ 恰好是单层厚 6 mm 靶的 $V_{bl} = 198\,\text{m/s}$ 的 $\sqrt{2}$ 倍,与式 (4.11b) 相吻合。紧密双层靶 (单层厚 6 mm) 的 V_{bl} 实验值为 $288\,\text{m/s}$,比大间距双层靶 (单层厚 6 mm) 的 $V_{bl} = 280\,\text{m/s}$ 大一些,也与式 (4.12) 相符。

Ben-Dor 等 (2006) 总结了相同厚度整体靶和分层靶抗冲击性能的一些研究结果。总体来说,它们支持前面的讨论,或式 (4.12)。例如,Almohandes 等 (1996) 用标准的 0.3 英寸射弹撞击总厚度 $8 \sim 14\,\text{mm}$ 的整体和多层低碳钢靶,实验表明整体靶比各种配置的多层靶更有效。靶体抗侵彻性能的差异随撞击速度增加而减小,多层靶 (紧密放置或稀疏放置) 的性能随着分层数增加而降低。Gupta 和 Madhu (1997) 进行了另一组 0.3 英寸穿甲弹撞击铝靶和钢靶实验,通过测量弹体剩余速度确定靶体的效能。实验结

果表明, 对于 $H/D > 1.0$ 的靶板, 分层对于靶板弹道性能没有显著影响。对于更薄的靶板, 相对于整体靶, 分层靶的剩余速度更高或弹道极限速度更低, 这与前面的分析结论一致。另外, 有间隙多层靶的弹道极限速度略低于紧密放置多层靶的弹道极限速度。Marom 和 Bodner (1979) 对铝靶板的实验也得到类似结果, 整体靶的表现优于紧密放置多层靶, 但略低于大间距多层靶。这可解释为: 与靶板作用使弹体发生挠曲, 随着后继撞击弹体的挠曲进一步加剧。综上所述, 对于抵抗尖头弹贯穿而言, 多层靶不如相同厚度的整体靶有效。不过,4.4 节对于钝头弹贯穿靶板的研究将得到不同于此的结论。

4.3   球头弹对靶板的贯穿

球头弹贯穿靶板是介于尖头弹与平头弹之间的中间情况。经验观察表明, 只要靶板不是特别薄, 球头弹贯穿韧性靶板就类似于尖头弹。例如 Borvik 等 (2002) 用 D=20 mm 的硬钢弹撞击厚 12 mm 的 Weldox 460E 钢板, 发现锥头弹和球头弹的弹道极限速度几乎一样。仔细检查靶板横切面发现两种弹都是通过延性扩孔方式贯穿靶板的。仅有的差别是球头弹贯穿时从靶板中弹出一个小冲塞体 (在弹体前面), 这是钝头弹贯穿靶板的普遍特征。因此球头弹贯穿靶板确实是介于钝头弹和尖头弹之间的中间情况。钝头弹的 $V_r(V_0)$ 实验曲线的一个重要特点是, 它并不像尖头弹那样渐近趋于直线 $V_r = V_0$, 而是渐近趋于位于直线 $V_r = V_0$ 之下的另一条直线, 这两条直线之间的偏移距离随着靶板厚度增加而增加。这一偏移是由于出现了冲塞体, 偏移距离与冲塞体动能有关, 贯穿过程的能量平衡方程要考虑这部分能量。

为建立球头弹剩余速度的简单模型, 以类似于尖头弹 (4.1a) 式的方式考虑球头弹的能量平衡关系。区别是这里要考虑冲塞体的动能, 如下所示:

$$\frac{1}{2}MV_0^2 = \frac{1}{2}MV_r^2 + \frac{1}{2}mV_r^2 + W_p \tag{4.13}$$

式中: m 为冲塞体质量。

假设冲塞体的速度与弹体剩余速度 V_r 一样。这是个比较粗略的近似, 因为冲塞体在弹体前面, 其速度更高。

在弹道极限速度时 $V_r = 0$, 与式 (4.1b) 类似可得 $MV_{bl}^2/2 = W_p$, 于

是有

$$\frac{V_r}{V_{bl}} = \sqrt{\frac{1}{1+m/M}} \cdot \sqrt{\left(\frac{V_0}{V_{bl}}\right)^2 - 1} \tag{4.14}$$

这个方程揭示了实验得到的 $V_r(V_0)$ 曲线渐近趋于直线 $V_r = V_0$ 下方另一条直线的原因, 这两直线之间的偏移距离与质量比 m/M 有关。

对于薄板 ($H \leqslant D$), 可假设冲塞体厚度等于板厚度, 其直径接近于弹体直径。在该情形下质量比为

$$\frac{m}{M} = \frac{\rho_t H}{\rho_p L_{eff}} = \lambda \tag{4.15}$$

式中: L_{eff} 为弹体的等效长度。

将式 (4.15) 的值代入式 (4.14) 得到剩余速度的表达式为

$$\frac{V_r}{V_{bl}} = \sqrt{\frac{1}{1+\lambda}} \cdot \sqrt{\left(\frac{V_0}{V_{bl}}\right)^2 - 1} \tag{4.16}$$

当弹体为刚性球体时, 等效长度 $L_{eff} = 2D/3$, 其剩余速度方程为

$$\frac{V_r}{V_{bl}} = \sqrt{\frac{1}{1+\dfrac{3\rho_t H}{2\rho_p D}}} \cdot \sqrt{\left(\frac{V_0}{V_{bl}}\right)^2 - 1} \tag{4.17}$$

为验证其有效性, 将 Senf 和 Weimann (1973) 实验的 $V_r(V_0)$ 的测量值与计算值绘制于图 4.10 中。实验是用直径 $D = 12.7\,mm$ 的硬钢球贯穿厚度 H 为 $3 \sim 25\,mm$ 的 2024-T3 铝板。对厚度 H 为 $3\,mm$、$6\,mm$、$10\,mm$、$15\,mm$ 和 $25\,mm$ 的铝板, 对应的实验值 V_{bl} 为 $0.2\,km/s$、$0.34\,km/s$、$0.5\,km/s$、$0.66\,km/s$ 和 $0.95\,km/s$。图 4.10 表明计算曲线与实验结果吻合, 实验结果所趋近的直线偏离直线 $V_r = V_0$ 的距离与模型预测数值一致。

Borvik 等 (2002) 的 $L_{eff} = 80\,mm$, $D = 20\,mm$ 球头钢弹贯穿厚 $12\,mm$ Weldox 460E 钢板的实验测试结果可用于展示上述模型的适用性。选择该弹/靶组合的 $V_{bl} = 285\,m/s$, V_r 的实验结果与由式 (4.16) 得到的计算结果的比较列于表 4.3。

表 4.3　球头弹剩余速度的预测结果与实验数据的比较

$V_0/(m/s)$		300	326.7	362.9	420.6	452
$V_r/(m/s)$	实验值	97.2	154.8	220.2	284.3	325.1
	计算值	88.2	148.9	209.5	287.7	327.1

　　这些实验中测量的冲塞体质量和速度与模型里假设的不同。实际上，冲塞体接近于杯状而非圆柱体，其厚度为 $(0.5 \sim 0.7)$ H (H 为靶板厚度)。冲塞体厚度较小表明贯穿过程以延性扩孔开始，当弹体达到 $(0.3 \sim 0.5)$ H 深度时形成冲塞体。实验里冲塞体速度高于弹体剩余速度，是后者的 $1.07 \sim 1.64$ 倍。因此，冲塞体的动能是模型里假设冲塞体厚度为 H、速度为 V_r 而计算的动能的 $0.6 \sim 1.8$ 倍。由于这些实验里冲塞体质量仅为弹体质量的 15%，所以由这些简化假设引入的偏差不大。

　　总之，球头弹贯穿模型类似于尖头弹的 RI 模型，只是前者出现了冲塞体。只要确定了 V_{bl} 值，就能用这个模型计算弹体和冲塞体的剩余速度 (假设它们的速度一样)。还需要计算 V_{bl} 值的解析模型，通过数值模拟建立该模型是最容易的方法。另一个要解决的问题是球头弹撞击时冲塞体的真实厚度。对于很薄的靶板 ($H/D \ll 1$)，可假设冲塞体与靶板厚度一样，其速度接近于弹体的剩余速度。对于中等厚度靶板和厚靶板 ($H/D \geqslant 1$) 情况更加复杂，冲塞体厚度有可能比靶板厚度小得多。这些情形下贯穿初始阶段是延性扩孔过程，而最后阶段是剪切冲塞过程。因此，针对这些贯穿过程的解析模型应包括这两种机制。Bai 和 Johnson (1982) 对钝头弹提出了这样一个模型，下一节将对其进行讨论。

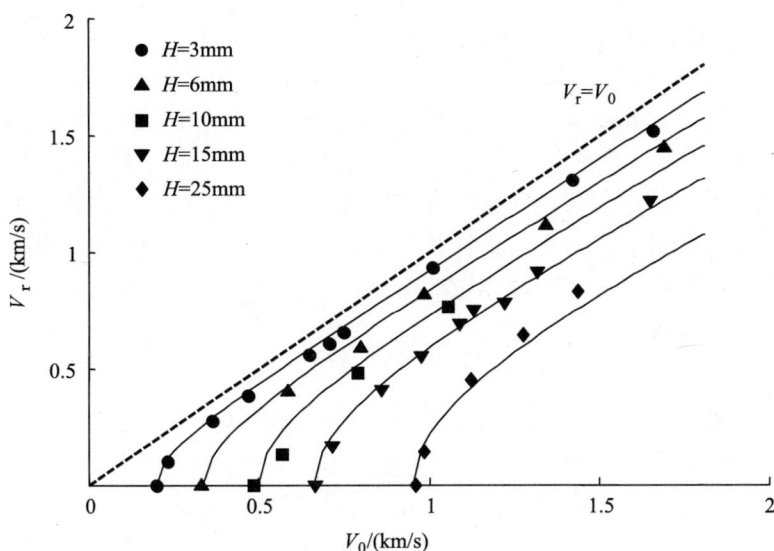

图 4.10　硬钢球贯穿铝板剩余速度的计算值与实测值的比较

4.4 钝头弹对靶板的贯穿

钝头弹对靶板的贯穿过程非常复杂, 其中会有不同的失效机制起作用, 如层裂、破片和冲塞等。另外, 对薄板要考虑其拉伸和弯曲, 因为这吸收了弹体的大量能量。贯穿过程几个失效机制可同时起作用, 进一步使得分析复杂化。Awerbuch、Bodner (1974), Woodward、De-Morton (1976), Shadbolt 等 (1983), Liss 等 (1983), Ravid、Bodner (1983), Woodward(1987)、Liu、Stronge (2000) 以及 Woodward、Cimpoeru (1998) 等讨论了这些复杂问题。根据这些研究工作, 钝头弹贯穿过程包括诸如初始压缩和早期侵彻、凸起变形、冲塞形成以及弹出等阶段。在这些模型里应用塑性理论的基本原理, 解析地确定了各阶段之间的转换。Corbett 等 (1996) 简明扼要地评述了其中一些模型。本节集中研究影响钝头弹贯穿过程的一些很常见的失效机制。

第 2 章描述的层裂失效是由于入射应力波在靶板背面的反射所致。层裂片的尺寸和速度依赖于撞击强度和靶材料的层裂强度。层裂常见于钝头弹高速撞击中等厚度靶板的情况, 如图 2.5 所示。层裂过程发生在弹体还处于贯穿靶板的早期阶段, 层裂的直接后果是减小了弹体前方的有效靶板厚度。破片 (碟片) 失效是由于靶板的弯曲和拉伸, Woodward (1990) 解释过这一问题。弯曲导致靶板中的薄弱面发生拉伸失效, 拉伸失效汇合形成大的碟片或环, 如图 4.1(c) 所示。

冲塞发生在薄板或中厚板, 此时弹体周围的靶板材料容易在大应变下剪切失效。不过即使对于厚板 $(H/D > 1)$, 在后期阶段当弹体距离靶板背面约为 D 时也会发生冲塞。Woodward (1990) 指出, 钝头弹贯穿靶板开始是延性扩孔过程, 到某一深度后变成冲塞模式, 对于弹体而言这样 "代价" 更低。考虑弹体在靶体内、靶板剩余厚度为 h 的情形, 此时通过延性扩孔过程侵彻 δh 深度所需要弹体做的功为

$$\delta W = \frac{\pi}{2} D^2 Y_{\mathrm{t}} \delta h \tag{4.18}$$

该式从 Bathe(1941) 分析在靶中扩孔需要做功的式 (4.3a) 得来。根据该式, 靶材料作用于弹体的等效抵抗应力为 $2Y_{\mathrm{t}}$。而按照 Woodward(1990) 的分析, 厚度为 h 的冲塞体克服剪应力 $\tau = Y_{\mathrm{t}}\sqrt{3}/$移动 δh 距离需要做的功为

$$\delta W = \frac{\pi}{\sqrt{3}} Y_{\mathrm{t}} D h \delta h \tag{4.19}$$

　　令式 (4.18) 和式 (4.19) 相等得到更有利于 (做功更少) 冲塞模式的临界厚度 $h = \sqrt{3}D/2$。因此钝头弹撞击厚靶 ($H/D > 1$) 时，先通过延性扩孔过程进行侵彻，将靶材料推到旁边并压缩弹体前方的靶材料。到距离靶自由面约 $0.87D$ 时，变成形成冲塞和弹出过程。冲塞是由于在弹体周围的靶材料产生大的剪切变形并扩展到靶板背面而形成的。在稍后的工作中，Woodward 和 Cimpoeru(1998) 取早期阶段弹体受到的等效抵抗应力值为 $2.7Y_t$，该值从 Tabor(1951) 对平冲头冲压平板的理论分析得到，这样导致从延性扩孔到冲塞的转变发生在距离靶板自由面 $h = 1.17D$ 处。因此，可以预计作用机制转变发生在弹体距靶板自由面约 $h = D$ 处，这与许多实验结果一致，下面给出一些实例。

　　来自于 Woodward 等 (1984) 的图 4.11 显示了受到不同速度的平头刚性钢弹撞击的铝板的切面图。钢弹直径为 $4.76\,\mathrm{mm}$, 7039-T6 铝板厚度为 $9\,\mathrm{mm}$。从图清楚看出，直到撞击速度约 $260\,\mathrm{m/s}$，还是通过延性扩孔实现侵彻的。靶材料受到弹体的压缩和推挤，在靶板正面弹孔边缘形成 "唇" 状突起，靶板背面出现可见的鼓起。在撞击速度 $315\,\mathrm{m/s}$ 下，当弹体距离靶板背面约 1 倍弹径时，强烈的剪切在冲塞体周围发展出可见的裂缝，在更高撞

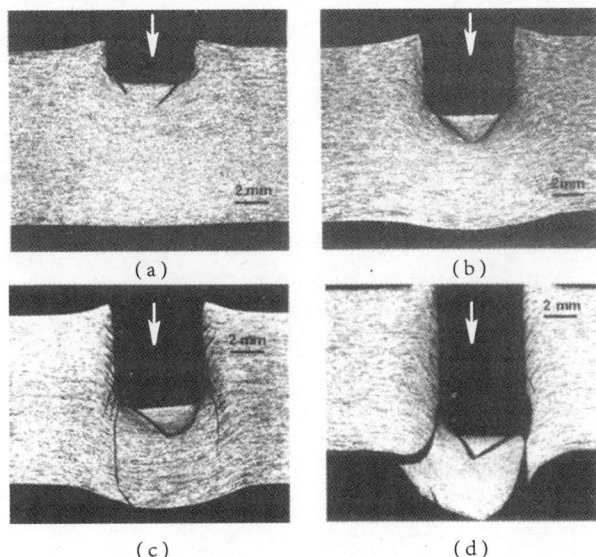

图 4.11　不同速度的钝头弹撞击铝靶的截面图
(a) $V_0 = 196\,\mathrm{m/s}$; (b) $V_0 = 257\,\mathrm{m/s}$; (c) $V_0 = 315\,\mathrm{m/s}$; (d) $V_0 = 353\,\mathrm{m/s}$。

击速度下冲塞体将弹出来。靶板中不同位置在不同时刻形成两个冲塞体:
上面的呈锥形, 称为 "死区", 是早期在弹体前方由于大的剪切变形造成的;
下面的呈圆柱形, 该冲塞体更常见, 是在弹体距离靶板背面约 1 倍弹径时
形成的, 其厚度接近于弹体直径。对于高强度、失效应变相对高的靶材料,
上述贯穿过程是常见的。而低强度靶板在受撞击区域显著变形, 从而避免
了剪切失效。

用数值模拟方法研究了直径 10 mm, $L/D = 3$ 的刚性钢弹撞击不同厚
度钢板的贯穿过程。钢板材料采用 Johnson-Cook 本构模型, $Y_0 = 0.8$ GPa。
这些模拟研究平头弹撞击时钢板的剪切过程, 同时通过改变靶板的破坏应
变 ε_f 和层裂强度 p_{min} 说明失效机制的重要影响。在模拟中, 如果某一单
元的等效应变达到阈值 ε_f, 在以后的时间步其强度变为 0。类似的, 如果
某一单元的拉应力大于 p_{min}, 其强度也立刻变为 0。

图 4.12 是刚性圆柱形钢弹撞击厚 10 mm 靶板的贯穿过程的数值模拟
结果, 靶板材料的失效应变 $\varepsilon_f = 1.5$。首先是延性扩孔过程。撞击后 10 μs
靶板的鼓起已变得明显, 出现如图 4.11 所看到的靶板失效的第一个迹象。
撞后 20 μs, 通过向后表面移动的裂纹可看出靶板中的剪切失效很明显。在
本例中由这些裂纹形成的冲塞体厚度约 8.6 mm, 即 $0.86D$, 这与 Woodward
(1990) 模型预估的厚度极为一致。

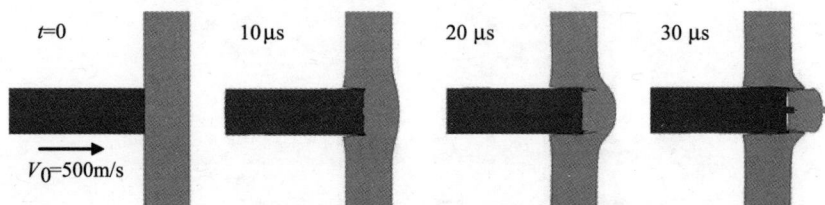

图 4.12　厚度 $H = D$ 靶板贯穿的数值模拟结果

图 4.13 是模拟得到的弹体速度变化曲线, 可清楚看出有一些不同于
尖头弹速度变化的新特点。特别是曲线中的平台部分是由于弹体与靶体
暂时分离而形成的, 这是这种贯穿模式所独有的。第一个平台出现在大约
$t = 10$ μs, 对应于弹体四周的靶板材料开始产生剪切裂纹。这些特点意味
着钝头弹体的减速度历史比尖头弹的更为复杂。因此以钝头弹体的减速度
为基础建立靶板贯穿的简单模型会困难得多。

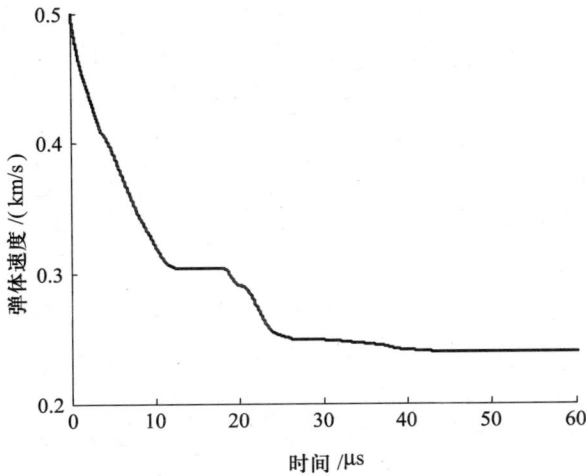

图 4.13 钝头钢弹贯穿 10 mm 靶板的速度历史

图 4.14 给出了其他一些厚度靶板的数值模拟结果。容易看出对于 $H = 5$ mm 的薄靶板, 冲塞体在侵彻早期形成, 其厚度比靶板厚度小一些。

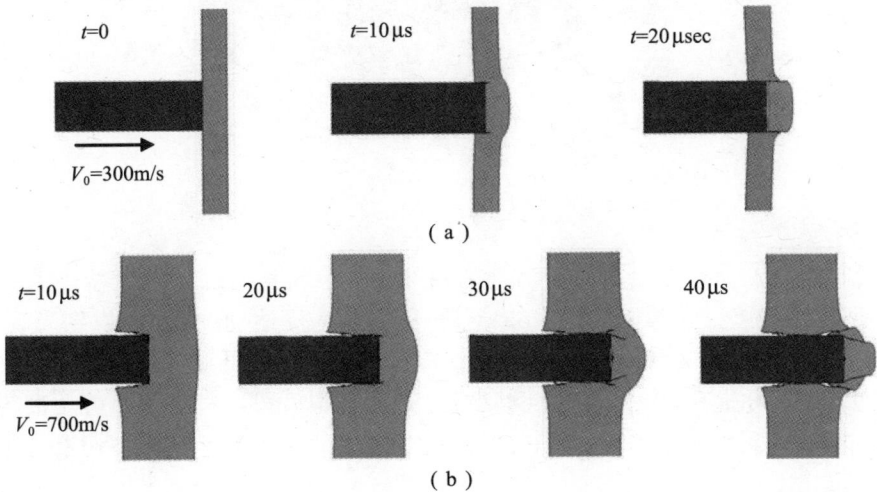

图 4.14 薄靶板 $(H/D = 0.5)$ 和厚靶板 $(H/D = 1.5)$ 贯穿的数值模拟结果

(a) 薄靶板; (b) 厚靶板。

对于厚度 $H = 15$ mm 的靶板, 在撞击后约 $30\mu s$ 形成了由中央塞体和围绕它的环状体组成的冲塞体。Borvik 等 (2003) 对 Weldox-460E 钢板贯穿的实验和数值模拟结果也发现相似的特征。在他们的研究中弹径为 20 mm, 当靶板厚度 ≤ 16 mm 时, 冲塞体厚度等于板厚度; 对更厚的靶板, 冲塞体厚度渐近趋于弹体直径值, 这与 Woodward (1990) 模型总体是一致的。

对于具有强烈绝热剪切倾向的材料 (如 Ti/6Al/4V 合金), 其贯穿过程与此很不相同。Woodward 等 (1984) 用直径 $D = 4.76$ mm 的刚性钢柱体撞击厚 6 mm 的 Ti/6Al/4V 合金靶板的实验清楚地显示了这一点。如图 4.15 所示, 即使在低速撞击下, 靶板也发生绝热剪切失效, 在很早期阶段就形成了冲塞体。这样, 对于诸如碳钢、钛合金等具有形成局部剪切带固有倾向的材料, 由绝热剪切形成冲塞是其失效模式。剪切带内温度升高很大, 削弱了剪切带内和剪切带附近的材料。

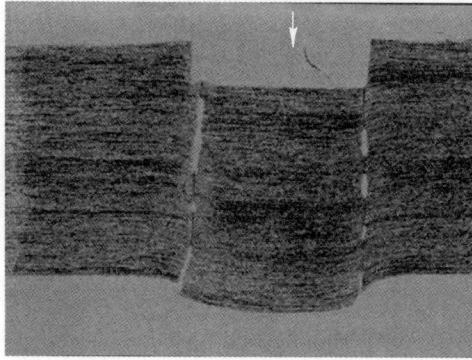

图 4.15　钝头弹撞击 Ti/6Al/4V 靶板形成的冲塞

Ti/6Al/4V 钛合金绝热剪切失效的倾向也由其动态应力 – 应变曲线所表明 (图 2.2)。其试件受 Kolsky 压杆压缩, 应变达到约 0.2 时发生失效。在数值模拟时, 给靶板材料规定低失效应变值 ε_f, 也可复现这些早期失效过程。实际上, 当单元尺寸足够小时, 数值模拟就可以复现绝热剪切带的基本特征。下面给出的模拟中, 单元尺寸为 50 μm, 接近于绝热剪切带的典型宽度 20 μm。

图 4.16 为厚度 10 mm、失效应变 ε_f 分别为 0.2、0.5 和 1.0 的钢靶板贯穿的数值模拟结果。钢圆柱体直径 $D = 10$ mm, 长径比 $L/D = 3$, 对靶板的撞击速度 $V_0 = 300$ m/s。材料本构关系使用 JC 模型, $Y_0 = 0.8$ GPa。可看出, 失效应变对于贯穿过程有强烈影响。特别是 $\varepsilon_f = 0.2$ 得到的早期冲塞与图 4.15 所示的钛合金靶板的冲塞非常类似。模拟还表明冲塞体获

得了较高速度, 在它从靶板中弹出以前, 就已经在弹体前移动 (比弹体的速度高)。随着靶板材料的 ε_f 值升高, 数值模拟得出的弹体剩余速度下降。对应于 ε_f 为 0.2、0.5 和 1.0, 剩余速度 V_r 分别为 196 m/s、123 m/s 和 0。在 $\varepsilon_f = 1.0$ 的情形下, 弹体并没有贯穿靶板, 但可以看出, 到撞击后 30 μs 已形成了冲塞体。不同 ε_f 值情况下剩余速度的差异大, 其原因是弹体贯穿靶板需要做的功差异大。这一问题在后面讨论 Recht、Ipson (1963) 关于 V_r 的解析模型以及 Bai、Johnson (1982) 关于贯穿所做的功时将进行分析。

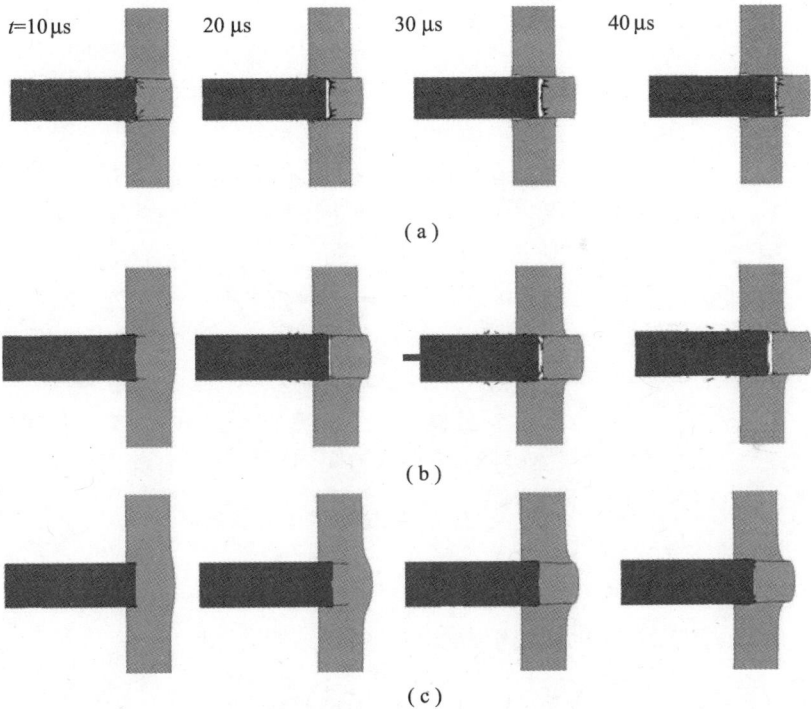

图 4.16 具有不同失效应变钢板的贯穿过程的数值模拟结果

(a) $\varepsilon_f = 0.2$; (b) $\varepsilon_f = 0.5$; (c) $\varepsilon_f = 1.0$。

最后展示数值模拟表现薄板贯穿过程的其他失效机制的能力。对靶板材料赋予不同的失效应力阈值的数值模拟结果如图 4.17 所示。当靶板某单元的材料经受的拉伸应力等于 p_{min} 时, 该单元就失效。本模拟中 $p_{min} = 0.8$ GPa, 等于该钢材的屈服强度。从图 4.17 中可清楚看出, 靶板背面的痂片破坏以及侵彻通道周围的裂缝。这些裂缝可发展成为 Woodward (1990) 讨论过的碟形环, 这与图 4.1(c) 所示的 2014 铝板破坏很类似。

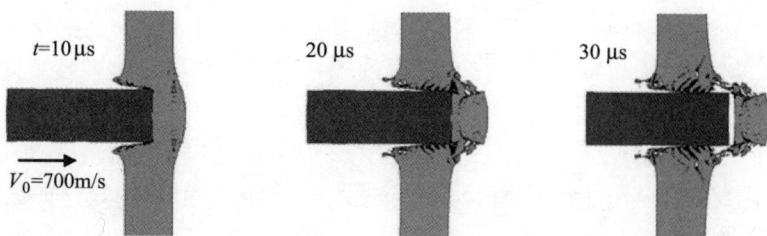

图 4.17 $p_{\min} = 0.8\,\text{GPa}$ 的厚 10 mm 钢板的破坏特征

考虑到这里讨论的不同失效模式，显然难以构建钝头弹侵彻的简单模型。此外，许多情况下钝头弹材料强度并不足够高以保证弹体保持刚性而在相对低速下就发生变形、消蚀甚至破碎，这更增加了分析的复杂性。对于钝头弹贯穿金属靶板，已提出了弹道极限速度、弹体剩余速度的分段解析模型。这些模型很复杂，依赖于一些在侵彻不同阶段需要分别标定的参数。相比之下，Recht、Ipson (1963) 关于钝头弹剩余速度的模型仅考虑了能量和动量，综合处理整个贯穿过程。采用这种途径，失效模式的准确细节就不重要，因为它被综合到对应于弹道极限速度的塑性功 W_p 数值中去了。下面概述此模型的基本假设及其得到的剩余速度表达式。

该模型基本观点是弹 – 靶的撞击主要是塑性碰撞。第一步，考虑弹体与质量为 m 的自由冲塞体碰撞，冲塞体与周围靶材料没有剪切作用。根据动量守恒，得弹 - 靶塑性碰撞导致的弹体能量损失为

$$E_{\text{fn}} = \frac{m}{M + m} \cdot \frac{1}{2} M V_0^2 \tag{4.20}$$

在贯穿过程的能量守恒中考虑这一 "损失的能量"：

$$\frac{1}{2} M V_0^2 = \frac{1}{2} M V_r^2 + \frac{1}{2} m V_r^2 + E_{\text{fn}} + W_p \tag{4.21}$$

式中：W_p 为在靶中将冲塞体推出需要做的功。

对 $V_0 = V_{\text{bl}}$，剩余速度等于 0，于是有

$$\frac{1}{2} M V_{\text{bl}}^2 = E_{\text{fn}} + W_p \tag{4.22}$$

从以上方程得到剩余速度为

$$V_r = \frac{M}{M + m} \cdot \sqrt{V_0^2 - V_{\text{bl}}^2} = \frac{1}{1 + \lambda} \cdot \sqrt{V_0^2 - V_{\text{bl}}^2} \tag{4.23}$$

式中：$\lambda = m/M$，已在式 (4.15) 定义。

弹道极限速度可表示为

$$V_{bl} = \sqrt{\frac{2W_p(M+m)}{M^2}} \qquad (4.24)$$

方程 (4.23) 类似于球头弹的相应表达式 (4.16), 不同的是在式 (4.16) 中出现了质量比 λ 的平方根。当 $M \gg m$ 时, 这两个式子得到的值非常接近, 这可能是式 (4.23) 也可成功地应用于球头弹的原因。该方程没有包括靶材料的物理性质, 如强度、硬化、应变率敏感性和失效应变等。这些性质决定了贯穿靶板需要做的功 W_p, 它们都被综合到 V_{bl} 值中, 见式 (4.24)。

在式 (4.21) 中假设冲塞体速度等于弹体剩余速度。这是不常见的, 冲塞体速度常常比弹体剩余速度高得多。当然, 对于相对较薄的靶板, 因为冲塞体的真实动能与计算动能之间的差异在总能量平衡里起作用较小, 所以式 (4.23) 的预测结果与 V_r 实验数值吻合良好。为了说明冲塞体的真实速度 V_{pl}, 可定义等效冲塞体质量 m^* 如下:

$$m^* = m\left(\frac{V_{pl}}{V_r}\right)^2 \qquad (4.25)$$

当冲塞体速度 V_{pl} 显著高于弹体剩余速度 V_r 时, 应该将冲塞体等效质量而不是其真实质量 m 代入式 (4.23), 以使预测值与 V_r 实验数值吻合良好。

为说明该方法的有效性, 需要一组精确测定了冲塞体速度和质量的实验。Borvik 等 (1999) 进行了这样的实验, 即用 $L = 80\,\mathrm{mm}$, $D = 20\,\mathrm{mm}$ 的刚性钢圆柱撞击厚 $12\,\mathrm{mm}$ 的 Weldox 460E 钢板。实验数据表明, 比值 V_{pl}/V_r 在撞击速度接近于弹道极限速度时大约为 1.5, 到实验中的最高撞击速度时减小到约 1.2。于是这一组实验的 V_{pl}/V_r 平均值可取为 1.35。测量了每一发实验冲塞体质量, 其平均值 27.8 g。该数值比正好与弹体等直径、与靶板等厚度的冲塞体的质量 $m = 29.7\,\mathrm{g}$ 小一点。利用 Borvik 等 (1999) 测得的 $V_{bl} = 184.5\,\mathrm{m/s}$ 数值来计算 V_r, 可见模型预测的 V_r 与实验数据非常一致, 详见表 4.4。这证明模型 (即式 (4.23) 及等效质量修正式 (4.25)) 的有效性, 也表明确实需要在解析模型中考虑弹出的冲塞体速度比平头弹剩余速度更高的影响。

Borvik 等 (2003) 测定了相同弹体贯穿厚度 $6 \sim 20\,\mathrm{mm}$ 的 Weldox 460E 钢板的 V_{bl} 及其剩余速度。所有实验中, 冲塞体速度大于弹体剩余速度的倍数与前面叙述的贯穿 $12\,\mathrm{mm}$ 钢板的情况相似。就 $V_r = V_r(V_0)$ 关系来说, 利用式 (4.23) 和式 (4.25) 可解释他们实验中钢板厚度 $8 \sim 20\,\mathrm{mm}$ 的所有

表 4.4 V_r 的模型预测值与 Borvik 等 (1999) 实验数据的比较

$V_0/(\text{m/s})$		303.5	285.4	244.2	224.7	200.4
$V_r/(\text{m/s})$	实验	199.7	181.1	132.6	113.7	71.4
	预测	202.4	182.3	134.4	107.7	65.7

实验数据。而对于厚度 6 mm 钢板贯穿, 由于模型没有考虑薄板发生大的永久挠曲变形这一因素, 模型不能较好地说明该厚度的实验数据。

本章给出的不同模型均具有相似的 V_r-V_0 依赖关系。Lambert、Jonas (1976) 对刚性弹体贯穿靶板的许多理论模型进行了综述, 指出它们都符合如下的基本形式:

$$\frac{V_r}{V_{bl}} = k\sqrt{\left(\frac{V_0}{V_{bl}}\right)^2 - 1} \tag{4.26}$$

式中: k 为与冲塞体和弹体质量之比有关的经验常数。

这一方程可以通过理论分析获得, 可应用于上面讨论的不同情况。令 $k = 1$, 则式 (4.26) 就成为 Recht 和 Ipson (1963) 的尖头弹的式 (4.2); 令 $k = [M/(M+m)]^{0.5}$, 则得到球头弹的式 (4.16); 令 $k = M/(M+m)$, 则得到平头弹的式 (4.23)。

总之, 刚性弹体剩余速度可通过能量和动量守恒关系予以解释, 不需要详细指明靶板的具体失效模式。我们强调使用这些基本物理方程解释实验数据的重要性, 而不是采用对实验数据进行最佳拟合的方法。当弹体在贯穿过程中损失质量, 不能使用能量和动量守恒关系时, 情况变得更加复杂。第 5 章处理消蚀杆贯穿靶板时将讨论这类问题。下一个要处理的问题是, 通过类似于 RI 模型的解析方法确定钝头弹的弹道极限速度 V_{bl}。已经得到了 V_{bl} 的一般表达式 (4.24), 使用该方程的困难在于不容易解析地获得贯穿靶板需要做的功 W_p。

4.2 节已经表明: 对尖头弹通过延性扩孔过程贯穿韧性靶板的情况, 可通过数值模拟建立以数值模拟为基础的模型来分析其 V_{bl}。因为钝头弹贯穿靶板涉及多种不同失效模式, 对钝头弹贯穿过程建立这样一个模型是困难的。一些文献里尝试推导出贯穿厚板或薄板的 V_{bl} 解析表达式。Borvik 等 (2003) 试图用其中一些模型来解释其实验数据。不过, 没有一个模型适用于他们研究的板厚范围的全部 V_{bl} 实验数据。Wen 和 Jones (1996) 的模型考虑了板的整体弯曲, 可解释贯穿薄板的 V_{bl} 数据。而 Bai 和 Johnson (1982) 的模型解释贯穿厚板的 V_{bl} 数据更为成功。该模型以物理考虑为基础研究平头弹穿过中等厚度靶板。下面对其进行讨论。

Bai 和 Johnson(1982) 分析了直径接近于靶板厚度的刚性冲头贯穿靶板所需要消耗的功 W_{p}。靶板材料剪应力 τ– 剪应变 γ 关系的一般表达式为

$$\tau = \tau_0(1 - \alpha_{\mathrm{T}}T)\gamma^n \tag{4.27}$$

式中: τ_0、α_{T} 和硬化系数 n 为材料常数; T 为温度。

分析中未考虑应变率效应。根据通常的绝热假设, 塑性功增量转化为热能, 即

$$\mathrm{d}W_{\mathrm{p}} = \tau\mathrm{d}\gamma = \rho C_{\mathrm{V}}\mathrm{d}T$$

可由此计算温度升高, C_{V} 为靶板材料的比热容。利用这些式子以及失稳 (临界) 应变 γ_{i} (即 $\mathrm{d}\tau = 0$ 时对应的应变)

$$\gamma_{\mathrm{i}} = \left(\frac{n\rho C_{\mathrm{V}}}{\alpha_{\mathrm{T}}\tau_0}\right)^{\left(\frac{1}{1+n}\right)} \tag{4.28}$$

得到最大剪应力 τ_{m} 表达式为

$$\tau_{\mathrm{m}} = \tau_0(1 - \alpha_{\mathrm{T}}T_0)\gamma_{\mathrm{i}}^n \exp\left(\frac{-n}{1+n}\right) \tag{4.29}$$

式中: T_0 为环境温度。

下面的分析将冲塞过程分成连续的两个阶段研究, 分析中用到材料参数 $(n, \gamma_{\mathrm{i}}, \tau_{\mathrm{m}})$、靶板厚度 H、冲头直径 D 等数据。首先, 弹体以延性扩孔方式贯穿靶板到一定深度。在此过程中, 弹体周围的靶板材料的剪应力为主要的侵彻抵抗力。剪应力按照应变强化规律式 (4.27) 而增加, 直至达到 τ_{m}, 同时剪应变到达其最大值 γ_{i}。记此时弹体侵彻深度为 P_{i} (待确定)。假设此后由于剪切失效, 靶板对于弹体侵彻没有阻力。这样, 第一阶段的运动方程为

$$(M + m)\frac{\mathrm{d}V}{\mathrm{d}t} = -\pi DH\tau_{\mathrm{R}} \tag{4.30}$$

式中: M、m 分别为弹体和冲塞体质量; τ_{R} 为弹体周围靶板材料的剪应力。

τ_{R} 可通过前面的式子确定, 于是可将式 (4.30) 从 $x = 0$ 到 $x = P_{\mathrm{i}}$ (即出现剪切失稳时对应的侵彻深度) 进行积分。为了估计弹体周围靶板材料中的应变分布, Bai 和 Johnson (1982) 将靶板中距离为 r 处 (大于弹体半径 R) 剪应变表示为

$$\frac{\gamma}{\gamma_R} = \left(\frac{R}{r}\right)^{1/n} \quad (r \geqslant R) \tag{4.31}$$

式中: γ_R 为 $r = R$ 处靶板的剪应变, 是剪应变的最大值。

当达到失稳应变时, 侵彻深度为

$$\frac{P_i}{R} = \frac{n}{1+n}\gamma_R \tag{4.32}$$

γ_R 的值最大为 γ_i (对多数韧性材料, $\gamma_i \approx 1.0$), 通常, $0.3 < n < 0.5$, 因此得到 $P_i \approx 0.3R$。注意到 $P_i \approx 0.15D$, 意味着冲塞体厚度约为 $0.85D$。这与 Woodward (1990) 的简单方法得到的值几乎一样。当侵彻深度为 P_i、剪应变为最大值 γ_i 时, 第二阶段贯穿过程开始。γ_i 的数值大, 则剪切失稳出现得晚, 这对于靶板吸收能量很重要。Bai 和 Johnson (1982) 推导了冲塞过程吸收能量的方程式, 可据此估计弹道极限速度。这样的分析得出 V_{bl} 要么正比于 $H(D/M)^{0.5}$, 要么正比于 $D(H/M)^{0.5}$。实际情况是, 弹道极限速度确实经验地符合这两个简单关系中的某一个。分析得出的最重要结果是靶板吸收的能量依赖于 n、γ_i 和 H/D。对 (n, γ_i) 的某些组合值, 无量纲化吸收能量 ($\omega_P = 2W_p/\pi D^2 H \tau_m$) 随靶板无量纲厚度 ($H/D$) 变化的曲线如图 4.18 所示。

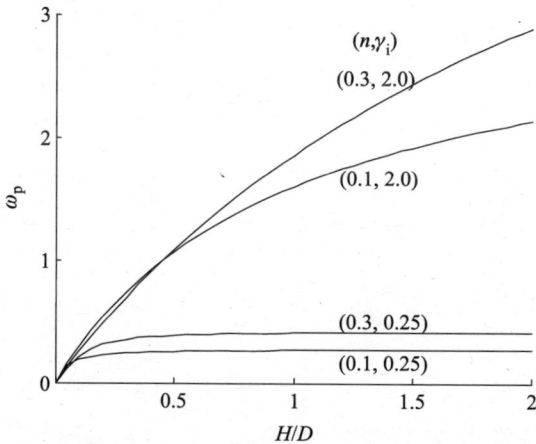

图 4.18　按照 Bai 和 Johnson 模型计算的靶板吸收的能量

图 4.18 清楚表明, 为获得较好的抵抗冲塞能力, 只有当靶板材料具有高的失效应变时, 增加靶板厚度才是有益的。γ_i 数值低的靶板材料吸收的能量随着靶板厚度而线性增加, 其弹道极限速度随 $(H/\rho_p L_{eff})^{0.5}$ 而变化。但 γ_i 数值高的靶板材料吸收的能量与 H^2 关联, 其弹道极限速度随 $H(1/\rho_p L_{eff})^{0.5}$ 而变化。这种载荷条件下, γ_i 数值高的靶板吸收的能量很

多, 其性能优于容易出现剪切带的靶板材料 (如 Ti/6Al/4V 合金)。这些结论也被具有不同失效应变 ε_f 值的钢靶板贯穿过程的数值模拟结果所证实。失效应变对于冲塞形成时间具有重要影响, 从而也决定了弹体被靶板吸收的能量和弹体的剩余速度。

Woodward (1990) 提出了上述模型的简化形式。假设冲塞体厚度为 H、直径为 D, 在圆柱面积 (πDH) 上作用着常值剪应力 (τ, 靶板材料的剪切强度)。剪应力的作用距离为 H, 直至冲塞体弹出。这样弹体从靶板上剪切出冲塞体做的功 $W_P = \pi DH^2\tau$。这也是 Bai 和 Johnson(1982) 模型在高 γ_i 数值情形下的简化形式。Woodward (1990) 建议剪应力 $\tau = Y/\sqrt{3}$, Y 为靶板材料压缩强度。在弹道极限速度时, 这一贯穿靶板过程中的塑性功就等于弹体的动能。于是有

$$\frac{1}{2}MV_{bl}^2 = \pi DH^2\tau \tag{4.33a}$$

注意到 $M = \pi D^2 \rho_P L_{eff}/4$, 得到

$$V_{bl} = 2H\sqrt{\frac{2\tau}{\rho_P L_{eff} D}} \tag{4.33b}$$

按照这个简单冲塞模型, V_{bl} 与靶板厚度 H 之间呈线性关系。为了检查式 (4.33) 与 Borvik 等 (2003) 的实验数据的符合程度, 对 Weldox 460E 钢板取 $\tau = 0.35\,\text{GPa}$, 流动应力 $Y = 0.6\,\text{GPa}$。这些数据连同弹体数据 $L_{eff} = 80\,\text{mm}$, $D = 20\,\text{mm}$ 一起代入式 (4.33b), 得到 V_{bl} 的预测值与实验数据的对比见表 4.5。模型预测结果与实验数据一致, 尤其是对厚靶板。其原因在于, 这些靶板的失效主要是由简单的剪切机制形成。对于厚度较薄的靶板 ($H \leqslant 10\,\text{mm}$), 由于靶板整体挠曲变形要额外消耗弹体的能量, 预测结果与实验结果的符合程度变差。

表 4.5 V_{bl} 的模型预测结果与 Borvik 等 (2003) 的实验数据的比较

H/mm		6	8	10	12	16	20
$V_{bl}/(\text{m/s})$	实验	145.5	154	165.3	184.5	236.9	293.9
	预测	89.6	119.4	149.3	179.2	238.9	298.6

Borvik 等 (2003) 给出的靶板切面图 4.19 显示了靶板的不同变形情况。厚 6 mm 的靶板 ($H/D = 0.3$) 有显著的整体变形, 厚 8 mm 靶板 ($H/D = 0.4$) 的整体变形小得多, 而厚 12 mm 靶板 ($H/D = 0.6$) 的整体变形可

忽略不计。因为 Woodward (1990) 模型没有考虑靶板的整体变形，所以薄板的大变形导致其实测 V_{bl} 值比模型预测值更高。根据这些结果可将 $H/D = 0.5$ 作为钝头弹贯穿靶板是否出现整体变形的界限。

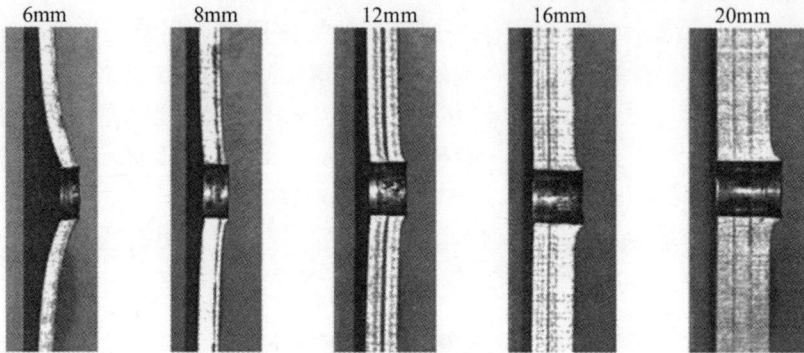

图 4.19　不同厚度靶板被钝头弹贯穿后的切面图

为了更好地了解靶板的整体变形情况，考虑 Borvik 等 (2003) 对厚度为 $4 \sim 12\,\mathrm{mm}$ 靶板的数值模拟结果 (图 4.20)。数值模拟时撞击速度比相应的弹道极限速度高出大约 20%。模拟表明，随厚度增加，靶板整体变形变小。对 $H \geqslant 10\,\mathrm{mm}$ 靶板实际上可忽略它的整体变形，可粗略判断转变点为 $H/D = 0.5$。这与 4.2 节尖头弹贯穿靶板的结果类似，在 $H/D \approx 1/3$ 时发生从盘形凹陷到延性扩孔模式的转变。不同之处在于，钝头弹贯穿靶板时没有侵彻模式转换。薄靶板的整体变形只是增加弹体的能量损失。不过这种能量损失的增加对于分层靶与单层靶性能比较有很重要影响。

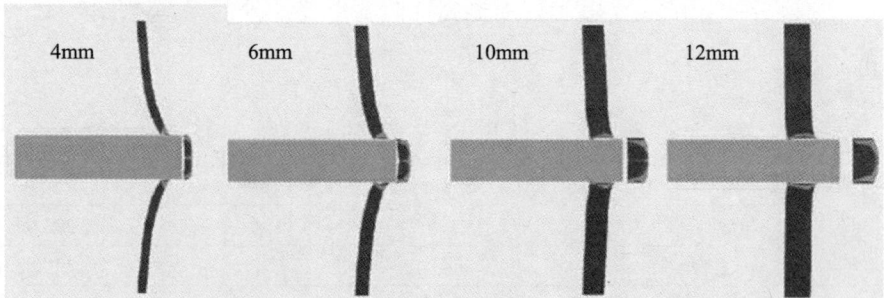

图 4.20　平头弹贯穿不同厚度靶板的数值模拟结果

钝头弹贯穿多层靶的过程与尖头弹的很不相同。其原因是钝头弹贯穿薄靶板时靶板发生整体变形, 弹体要消耗更多能量。另外, 从第一层靶板弹出的冲塞体会影响弹体对后继靶板的贯穿,Gogolewski 等 (1996)、Woodward 和 Cimpoeru (1998) 以及 Dey 等 (2007) 都注意到这一点。他们对圆柱形钢弹贯穿单层整体靶与多层靶 (2 层或 3 层靶板紧密放置) 的弹道极限速度进行了比较, 发现整体靶的 V_{bl} 数值显著低于多层靶的, 下面对其进行讨论。

Woodward 和 Cimpoeru (1998) 对双层铝靶的 V_{bl} 进行测试, 并与厚度相同整体靶的 V_{bl} 进行比较。如图 4.21 所示, 双层靶的 V_{bl} 更高。其中两层厚度相同的双层靶的 V_{bl} 最高, 相对于整体靶提高约 13.5%。另外, 两层厚度不同时, 薄层在后、厚层在前的布置的性能优于厚层在后的。这可归因于后面一层靶板的整体变形影响, 图中可明显观察到这一点。

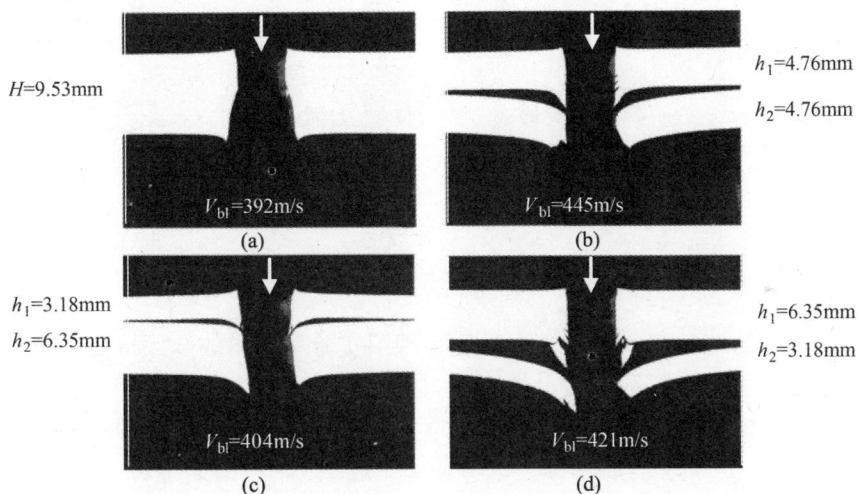

图 4.21　被钝头弹穿透的铝靶的切面图

(a) $V_{bl} = 392$ m/s; (b) $V_{bl} = 445$ m/s; (c) $V_{bl} = 404$ m/s; (d) $V_{bl} = 421$ m/s。

现在来考虑分层靶的后靶板无量纲厚度 (h/D) 对于提高 V_{bl} 数值的影响。Woodward 和 Cimpoeru (1998) 的圆柱形弹直径 $D = 6.35\,\text{mm}$, 双层 2024-T351 铝靶、单层厚度 $h/D = 0.75$, V_{bl} 提高 13.5%。Gogolewski 等 (1996) 的弹体直径 $D = 6.7\,\text{mm}$, 靶板由三层厚度均为 2.235 mm 的 6051-T6 铝板组成、单层厚度 $h/D = 0.3$, V_{bl} 提高 23%。Dey 等 (2007) 实验的 Weldox 700E 钢整体靶和双层靶厚度均为 12 mm, 分层靶 (单层厚度 $h/D = 0.3$) 的 V_{bl} 提高显著 (约为 47%)。可见, 靶板材料强度和无量纲厚度 (h/D) 都对分层靶性能提高有影响。

Dey 等 (2007) 的数值模拟 (图 4.22) 表现了有间距多层靶的后靶板的挠曲和拉伸。模拟结果突出了多层靶贯穿过程的重要特点。模拟时, 弹体的撞击速度略高于对应的弹道极限速度。图中靶板里的黑色部分对应于弹体周围靶板材料的高塑性应变。

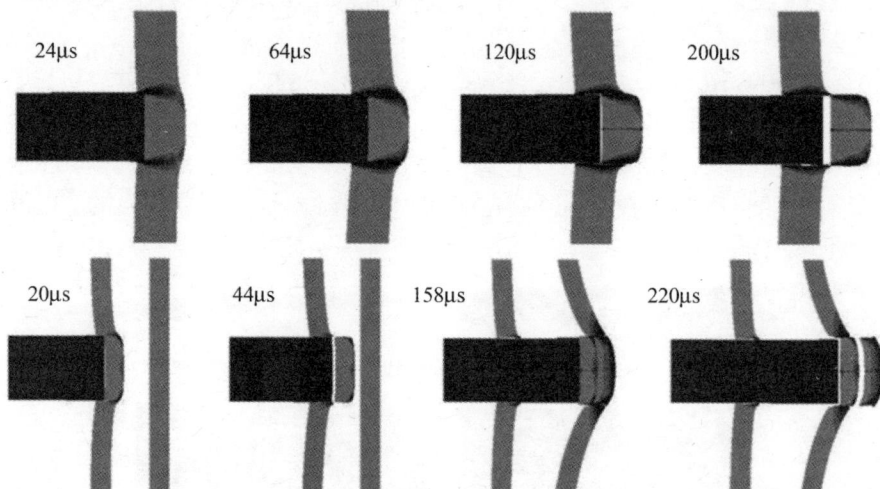

图 4.22　具有相同厚度的整体靶和双层靶的数值模拟结果

对间隙多层靶的数值模拟正确表现了实验呈现出的全部特征, 特别是它显示了从第一层靶板弹出的冲塞体阻止了第二层靶板发生剪切局部化, 第二层靶板发生了大变形和薄膜拉伸 (平行于板面方向)。冲塞体被第二层靶板挡住, 增加了需要弹体推动的质量, 导致 V_{bl} 数值的进一步增加。由于撞击速度远高于第一层靶板对应的弹道极限速度, 第一层靶板没有出现大变形。钝头弹高速撞击薄靶板时, 剪切出冲塞体而靶板没有变形, 这是人们熟知的结果。Goldsmith 和 Finnegan (1971) 发现靶板的挠曲变形在弹道极限速度撞击时最大, 并随撞击速度增加而单调减小。

总之, 钝头弹撞击时, 分层靶的弹道极限速度显著高于相同厚度的整体靶。性能提高与分层靶的 h/D 值 (h 为后靶板厚度) 有关。后靶板通过它的大挠曲变形额外吸收了弹体动能。$h/D = 0.3$ 的两种靶板布局的弹道极限速度增加率比 $h/D = 0.75$ 的高得多。这是因为薄板能更有效地吸收能量, 图 4.21 清楚地说明了这一点。对比 Dey 等 (2007) 和 Gogolewski 等 (1996) 的两个 $h/D = 0.3$ 研究结果可知, 相对于低强度靶板 (6061-T6 材料) 获得的性能提高 (23%), 高强度靶板 (Weldox 700E 材料) 得到了更大

的性能提高 (47%)。

根据 Teng 等 (2007) 对两种尺寸钝头弹贯穿相同靶板的数值模拟结果, 可判断 h/D 的单独影响作用。模拟中圆柱形弹体长径比 $L/D = 4$, 直径分别是 20 mm、7.6 mm; 靶板用的是 Weldox 460E 钢的材料参数, 这比 Dey 等 (2007) 实验中的 Weldox 700E 材料的强度低; 整体靶为厚 12 mm, 双层靶的单层厚度为 6 mm。模拟表明, 两种尺寸的弹体贯穿双层靶的弹道极限速度都高于整体靶的。直径较大的弹 ($h/D = 0.3$) 贯穿双层靶的 V_{bl} 比整体靶的增加约 25%, 而直径较小的弹 ($h/D = 0.79$) 的 V_{bl} 仅增加约 7%。这说明, 直径较大的弹体撞击时双层靶的后靶板挠曲变形更大。数值模拟和实验结果表明: 分层靶的弹道极限速度的提高是由于后靶板的大挠曲变形; 对 h/D 较小的后靶板, 弹道极限速度增加更显著。另外, 靶板强度对此有强烈影响。例如, 对 Weldox 460E 钢提高 25% (Teng 等 (2007)), 而更高强度的 Weldox 700E 钢提高 47%(Dey 等 (2007))。根据这些相对有限的信息, 可以推断靶板分层和材料强度对于弹道极限速度的增加大致具有同等作用。实验数据和数值模拟结果证明, 受钝头弹撞击的分层靶的 V_{bl} 显著增加是由于后靶板的挠曲变形, $h/D = 0.3$ 的后靶板的挠曲变形显著。

Teng 等 (2007) 对直径 D 为 20 mm、7.6 mm 的弹体撞击有间距分层靶的数值模拟表明, 其 V_{bl} 数值相对于无间距分层靶下降 0.5% ∼ 1.0%。这些细小差异支持这样的观点: 有间距分层靶实验中 V_{bl} 数值经常增加较大, 可能是第一层靶板使弹体弯曲所致, 而不是其他原因。Teng 等 (2007) 还对直径 20 mm、7.6 mm 的锥头弹贯穿整体靶和分层靶进行了数值模拟, 发现整体靶的 V_{bl} 数值略高于双层靶的, 并且有间距分层靶的 V_{bl} 比无间距分层靶的低一些 (不超过 1%), 这些都与 4.2 节的分析结论一致。因此, 对于钝头弹与尖头弹撞击, 靶板分层的影响是很不相同的。

4.5　剪切局部化和绝热剪切失效

许多年来, 金属或合金的绝热剪切受到许多关注。这一失效模式对终点弹道研究很重要, 尤其是钝头弹贯穿高强度靶板。传统上, 它被视为动态加载下材料的应变硬化和热软化两种相反效应的影响导致的一种剪切不稳定。有些材料通常被断言因绝热剪切失效, 但实际上, 它们在动载下的失效和静态载荷下的极为相似。Rosenberg 等 (2010) 指出了材料的剪切不稳定失效和特殊的绝热剪切失效 (如 Ti/6Al/4V) 之间的区别。静压缩下该钛合金在应变达到约 50% 时失效, 而在 Kolsky 杆实验 (应变率约 $10^3 \, \text{s}^{-1}$) 时失效应变仅为 20%。相比之下, 大多数高强合金, 如 2024-T3 和 7075-T651 铝合金, 在静态与动态加载作用时压缩失效应变相同。作为绝热剪切失效的情形, 应不受试件的几何因素导致的应力集中的影响。如果这种几何形状约束作为实验构型的一部分导致材料易于在相对较低的剪应变下失效, 则测得的失效应变不应认为是材料的一种物理性质。这样的应力集中出现在 Chen 等 (1999) 的 "帽子形状" 试件、Li 等 (2003) 的截锥状试件以及 Rittel 等 (2008) 的有凹槽试件中, 如图 4.23 所示。所有这些形状在确定位置引起应力集中, 从而掩盖了绝热剪切失效的真实性质。例如, "帽子形状" 试件被强制沿着图中虚线, 并且在相对低的应变水平发生剪切失效。Rosenberg 等 (2010) 指出, 应该针对具有绝热剪切固有倾向的材料 (如钛合金) 来寻求对绝热剪切现象的正确的物理解释, 绝热剪切特性应该通过没有应力集中的实验构型表现出来。

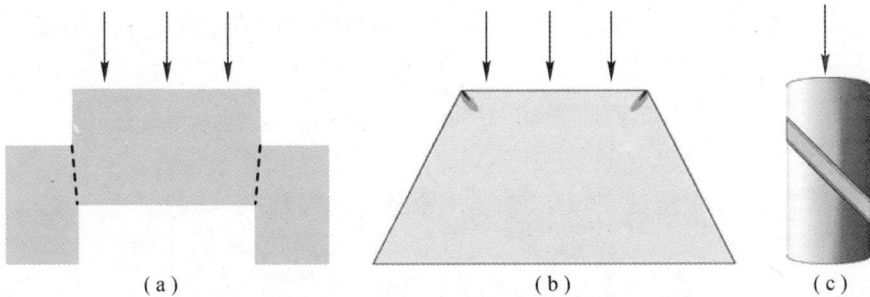

图 4.23　三种具有固有应力集中区的试件几何形状
(a) "帽子形状" 试件; (b) 截锥形状试件; (c) 有凹槽的圆柱体试件。

用于 Kolsky 压杆实验的的圆片状试件 (厚径比 $H/D \approx 0.5$) 没有几何形状导致的应力集中区, 适合于研究材料的固有性质。图 4.24 是用本实验室的 Kolsky 压杆系统得到的三种铝合金试件动态应力 – 应变曲线的典型例子。6061-T6 合金展现出完全的韧性特性, 即使压缩应变高达 $\varepsilon = 0.8$ 依然没有失效。而强度更高的 2024-T3 和 7075-T6 铝合金分别在 ε 大约为 0.5、0.6 呈现出显而易见的软化特性。在静载条件下也获得了这样的失效应变, 这不应该归入绝热剪切失效类别。根据这些实验,6061-T6、2024-T351 和 7075-T6 铝合金在应变率约 $10^3 \, \text{s}^{-1}$ 时的流动应力 Y 分

别为 $0.42\,\mathrm{GPa}$、$0.62\,\mathrm{GPa}$ 和 $0.7\,\mathrm{GPa}$。

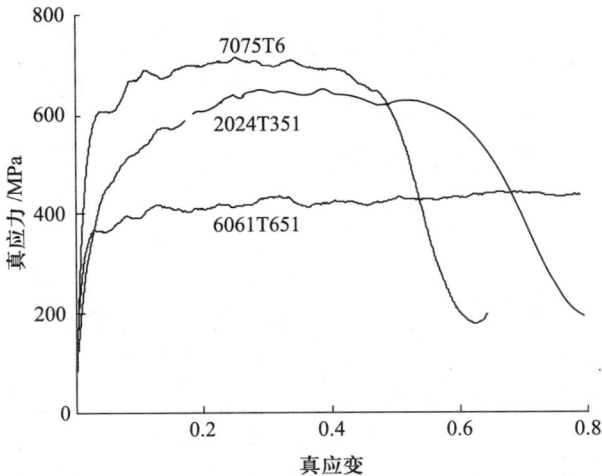

图 4.24 三种铝合金的动态应力 – 应变曲线

Flockhart 等 (1991) 讨论了不同的轴对称加载条件下产生的剪切失效, 包括平冲头压痕、钝头弹贯穿或深侵彻, 以及 Kolsky 压杆对圆柱试件的压缩等情况。他们用 Zener 和 Hollomon(1944) 的热 – 力学失稳模型 (第 1 章已介绍) 分析绝热剪切失效, 用空穴成核增长聚结模型分析剪切断裂失效, 强调了它们之间的差异。这两种机制间的区别还不清楚, 在许多实际情况下, 失效由发生在最大剪应变窄带内的剪切断裂造成, 而不是由绝热剪切造成。他们认为, 在脆性材料中出现 "死区" 和韧性材料中发生冲塞等实际情况中, 并不是由绝热剪切造成失效。Flockhart 等 (1991) 的数值模拟研究了试件中的速度不连续性, 证实其与剪切失效对应, 其中速度不连续可用数值模拟中的最大剪应变率识别。这些极值与压缩实验中观察到的失效或靶板贯穿过程的冲塞等有密切关系。强调这个问题是因为公开文献里有很多随意使用绝热剪切术语而不是简单地称为剪切失效的实例。绝热剪切的真实性质还未研究清楚, 还需要寻找这一特定现象背后的物理实质。

Ti/6Al/4V 合金是真正因绝热剪切机制而失效的材料的一个极好例子。如图 2.2 所示, 在 Kolsky 压杆动态加载下其失效压缩应变约为 20%。显然这一应变值太低, 不能在试件中引起显著、均匀的温度升高。因此, 不能将其由于剪切带导致的失效简单地与应变失稳 (由整个试件的应变强化和热软化两种对立机制相互作用造成) 联系起来。绝热剪切失效是由在局部化的剪切带内显著的加热导致的, 与此同时微空洞或微裂纹发育进一步升高了局部区域的温度而增强了软化作用机制。因此, 基于物理考虑的分析绝热剪切失效的模型要研究这些缺陷成核增长导致的剪切带内温度增加。Rice 和 Levy (1969) 采用这一方法推导了微裂纹以速度 V 扩展时, 裂纹前端的局部温度升高的表达式如下:

$$\Delta T = \frac{(1-\nu)^2 K_c Y}{E} \cdot \sqrt{\frac{2V}{\rho c \kappa}} \tag{4.34}$$

式中: ρ、E、ν、Y 分别为材料的密度、弹性模量、泊松比和强度; K_c 为断裂韧度; c 为比热容; κ 为导热系数。

该模型的假设: ① 材料没有应变强化性质; ② 变形发生于裂纹尖端前面的小区域; ③ 不存在热 – 力学耦合效应。方程 (4.34) 包含了控制扩展的裂纹前面的温度升高的有关热 – 物理参数,可解释窄带内温度升高大的现象。利用公开发表的参数, 他们发现对于一定的裂纹速度, Ti/6Al/4V 试件中的温度升高比低碳钢和 2024 铝合金的高一个数量级。这一差异能够说明钛合金容易绝热剪切失效的原因。

4.6   超高速撞击下薄板的贯穿

Swift (1982) 的综述指出, 多年来术语 "超高速" 的定义已经改变了。起初用弹体速度来确定碰撞类型, 但现在更习惯根据撞击引起的弹/靶作用机理来确定其类型。于是, 超高速碰撞指引起碰撞点附近弹、靶材料完全粉碎的撞击过程。此时弹、靶材料都可以忽略其强度而视为流体, 分析变得相对容易。这一定义导致对于不同的材料, 因强度、熔点、沸点和弹性模量不同, 而具有不同的超高速撞击阈值速度。

Fair (1984) 总结到, 保护航天器上脆弱设备免受微流星体意外撞击的需要促成了早期 (20 世纪 50 年代) 的超高速碰撞研究。Whipple (1947) 提出了一种基于双层屏障系统的轻质防护装置, 即所谓的 "Whipple 防护屏", 由被保护板和安装在一定距离外、称为缓冲屏的薄壁外板组成。当撞击时, 微流星体和碰撞点附近的缓冲板彻底粉碎 (汽化或熔化)。形成的碎片以云团方式在缓冲板后面扩散。充分扩散的碎片撞击航天器舱壁造成的损伤很小, 这样保护了飞船里面的设备。显然, 缓冲板应该由低熔点、高声阻抗材料制成, 以使微流星体/缓冲板的碰撞产生高的击波压力和温度。

早期阶段的研究已经表明, 镉具有作为缓冲板的最优性质。不过,Hermann 和 Wilbeck (1987) 的综述指出超高速碰撞研究已扩展到研究其他材料。比 Whipple 防护屏更轻一点的设计是分开一定距离的两块薄防护屏, 这可进一步减少航天器主舱壁受撞击的空间范围和碎片数量。所有这一速度范围的实验都使用第 1 章介绍的轻气炮进行, 实际上轻气炮就是为航天研究而发展起来的。

Piekutowski (1996) 的综述提供了特别有益的信息, 文中提供了许多不同尺寸的球形和圆柱形弹体以高达 7 km/s 速度撞击薄板的碎片云的闪光 X 射线照相。这些照相揭示了碎片云团结构令人感兴趣的细节, 可借此研究从弹体和靶板产生的碎片粒子的轨迹。图 4.25 为直径 12.7 mm 铝球以 6.38 km/s 速度撞击厚度 2.03 mm 铝板形成的碎片云的两个不同时刻的照片。可以据此研究碎片云的复杂结构, 确定组成碎片云的碎片粒子的大小和速度。

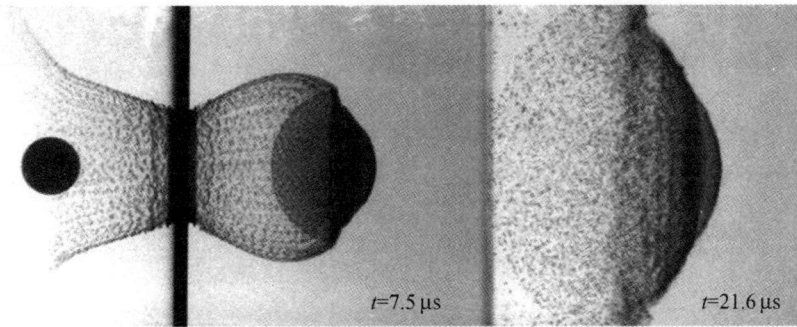

t=7.5 μs t=21.6 μs

图 4.25 铝球撞击铝板形成的碎片云照片

那些突出显示了在撞击或随后的稀疏过程中保持为固体的材料与发生熔化的材料之间的区别的照片是最令人关注的。来自于 Anderson 和 Mullin(1988) 的铅球撞铅板和钼球撞钼板形成的碎片云照片表明这一差别是很明显的 (图 4.26)。撞击速度都为 6.58 km/s, 也都是 40 μs 后拍照。钼和铅的密度很接近, 分别为 10.21 g/cm^3、11.35 g/cm^3, 因此撞击产生的击波压力差不多。由于两者熔化温度不同, 导致碎片云形状显著不同。钼球撞击钼板形成固体碎片, 没有熔化的迹象。而铅的熔点低得多, 看得出碎片云里相当数量的材料发生汽化和熔化。

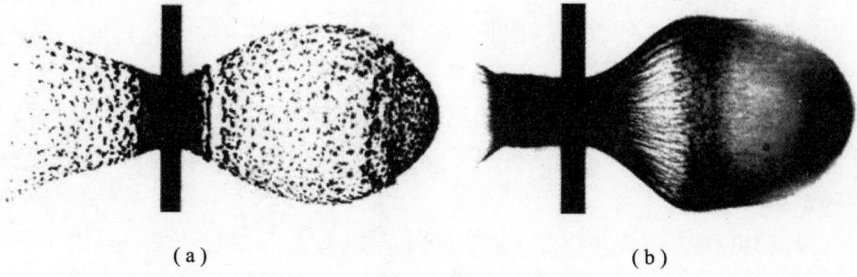

(a)   (b)

图 4.26   超高速撞击后 40 μs 的闪光 X 射线照相
(a) 钼球撞钼板; (b) 铅球撞铅板。

第 5 章

消蚀侵彻体

本章论述消蚀侵彻体, 即长杆和成形装药射流 (聚能射流) 的侵彻过程。无论是努力提高弹药侵彻能力的战斗部设计者, 还是设法用更轻、更便宜的设计抵御攻击的装甲工程师, 都对这个问题很感兴趣。聚能射流由安装在圆柱形炸药端部锥形孔里的薄壁锥形衬里 (或称为药型罩, 通常用铜制成) 形成。炸药爆轰将铜质药型罩压溃并互相撞击, 形成直径为几毫米的细长射流以极高速度运动。实际上, 各射流单元获得的速度并不相同, 从射流头部到尾部存在连续的速度梯度。射流头部速度可超过 8 km/s, 尾部速度约 3 km/s。跟在射流后面的更慢、更厚实部分称为杆体, 速度约 2 km/s。由于存在速度梯度, 射流长度可达到约 1m, 在装甲钢中侵彻深度与射流长度相近。长杆侵彻体的长径比 L/D 为 $20 \sim 30$, 直径 $D \approx 20\,\mathrm{mm}$。长杆弹由密度为 $17.0 \sim 18.0\,\mathrm{g/cm^3}$ 的钨合金 (WHA) 或贫铀 (DU) 等高密度材料制成。长杆弹的速度为 $1.5 \sim 1.7\,\mathrm{km/s}$, 侵彻装甲钢的深度与其长度相近。

这两类侵彻体是对装甲车辆的最致命威胁。为了设计出能有效抵御它们攻击的装甲, 需要了解它们侵彻特性的方方面面, 这是本章的主要课题。本章先简单描述流体动力学侵彻理论, 它最初用于分析射流侵彻过程, 随后进一步发展到分析消蚀长杆侵彻。本章将表明, 从流体动力学理论得到的解析模型依据的是简单的物理原理, 正确表达了实验数据的重要特征。

5.1 聚能射流侵彻

第二次世界大战期间, 美国和英国的两个研究小组分析了高速射流结构, 独立地发展了流体动力学理论来分析射流在大块金属中的侵彻深度。

战后 Birkhoff 等 (1948) 和 Pack、Evans (1951) 发表了这些工作，即将金属射流视为高速流体，和靶碰撞时产生极高压力，以至于分析时可以忽略射流和靶板的强度。将射流侵彻视为定常过程，用流体力学理论进行分析。图 5.1 画出了长度为 L、密度为 ρ_j 的射流以速度 V 撞击密度为 ρ_t 的大块靶体的基本要素。碰撞时，射流头部变形为蘑菇状，以不变的速度 U 侵彻靶体。站在以速度 U 移动的坐标系上来观察这个过程更为简单，见图 5.1 中的下面部分。

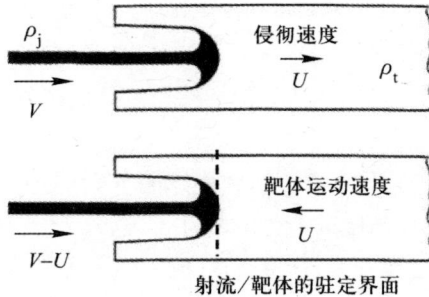

图 5.1　射流侵彻的流体动力学描述

假设伯努利方程适用于这一定常过程，即沿着中心线，射流/靶体界面两边的压力相等。于是有

$$\frac{1}{2}\rho_j(V-U)^2 = \frac{1}{2}\rho_t U^2 \tag{5.1a}$$

解方程得出以 V 及密度比 ρ_t/ρ_j 表示 U 的方程为

$$U = \frac{V}{1+\mu} \tag{5.1b}$$

式中

$$\mu = \sqrt{\frac{\rho_t}{\rho_j}}$$

对于常数值 V 和 U，射流的消蚀速率 $(V-U)$ 也为常数。最终侵彻深度可通过射流完全被消蚀的总侵彻时间 $t = L/(V-U)$ 计算。于是得

$$P = L \cdot \frac{U}{V-U} = L \cdot \sqrt{\frac{\rho_j}{\rho_t}} \tag{5.1c}$$

这一简洁的结论意味着射流的侵彻深度与射流长度成正比，而与射流速度无关。不过，就是在 Birkhoff 等 (1948) 及 Pack、Evans (1951) 等的

早期文献里就已指出, 有必要对这一简单的流体动力学理论进行修正。例如, 射流对很软靶 (如铅) 的侵彻深度比式 (5.1c) 的计算结果高得多。他们将这一额外的侵彻深度称为次级侵彻, 认为是由于软靶获得的大量动量所致。该动量克服了软材料强度, 在射流消蚀完成以后产生额外侵彻, 后来 Orphal (1997) 称之为 "侵彻第三阶段"。Pack、Evans (1951) 观察到射流对装甲钢和低碳钢的侵彻差异, 认识到靶材料强度 Y_t 的重要性, 进行了另一个修正。他们把总侵彻深度分成主侵彻深度 P_{prim} (与靶板强度有关) 和次侵彻深度 P_{sec} 两部分:

$$P_{\text{total}} = P_{\text{prim}} + P_{\text{sec}} = L \left(1 - \frac{\Omega Y_t}{\rho_j V^2} \right) \sqrt{\frac{\rho_j}{\rho_t}} + P_{\text{sec}} \tag{5.2}$$

式中: Ω 为依赖于射流和靶材料密度的经验常数。

根据 Pack、Evans (1951), 括号里的第二项与靶材料强度有关, 可使主侵彻深度降低约 30%。多数研究者把次侵彻深度 P_{sec} 取为侵彻坑直径的 1/2, 它也与靶材料强度有关。第三个修正是由于射流并不是以常速运动, 而是沿着射流长度方向有很大的速度梯度。Birkhoff 等 (1948) 注意到射流的这一固有特性, 认为射流断裂源于射流的速度梯度。Eichelberger (1956) 考虑了靶材料强度和射流断裂的组合效应。他在式 (5.1a) 的右端增加了一个强度项 σ, 以表示靶材料与射流的强度差异。他还指出强度项 σ 对碰撞压力不太高的射流的低速部分很重要。为了解释射流断裂, 他将式 (5.1a) 中射流密度乘上一个系数 g, 提出修正的伯努利方程如下:

$$\frac{1}{2} g \rho_j (V - U)^2 = \frac{1}{2} \rho_t U^2 + \sigma \tag{5.3}$$

总之, 在研究的早期阶段就已经认识到与射流的非理想性有关的许多问题。Dehn (1986) 及 Chou、Flis (1986) 综述了射流形成、断裂和侵彻过程有关的许多进展。Walters、Zukas (1989) 给出了这一课题研究的更新综述。

图 5.2 为示意性的侵彻深度 – 炸高曲线。曲线的这种形状是由于各射流微元之间存在速度梯度而造成的。曲线第一部分显示侵彻深度随炸高增加而急剧上升, 这归因于射流拉伸。随炸高进一步增加, 射流断裂导致曲线斜率不断变得更加平缓。在某一炸高, 出现射流微元偏离初始飞行方向而撞击弹孔壁面, 使得侵彻深度随炸高增加而下降。这就导致图 5.2 的侵彻深度 – 炸高曲线出现极大值点。显然, 为了获得大侵深, 应以高精度和高对称性制造成型装药战斗部, 以保证即使发生射流断裂, 射流微元依然共线运动。

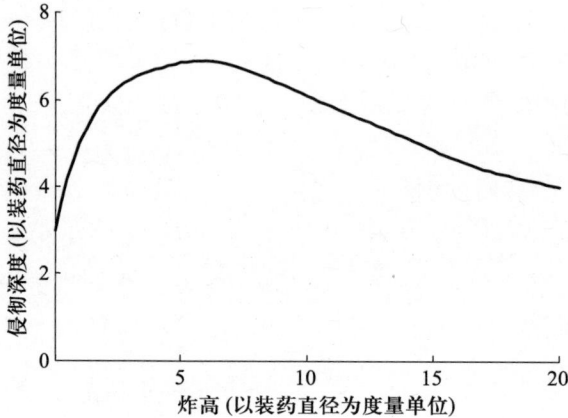

图 5.2　聚能射流的侵彻深度随炸高变化的示意图

　　为了分析射流侵彻曲线, 早年的研究中一些学者引进了 "虚拟源点"概念, 即认为所有射流微元在时间和空间上具有共同的起源点, 都从源点出发但具有不同的速度。Allison、Vitali (1963) 对连续射流应用这些概念, 解释了射流断裂前侵彻深度随炸高增加而增加的现象。对更大的炸高, 他们引入截止撞击速度 $V_{\min}$ 概念, 低于此速度射流微元不再侵彻靶体。Dipersio 等 (1965) 将 $V_{\min}$ 代之以截止侵彻速度 $U_{\min}$ 概念, 以此解释大炸高下侵彻深度降低趋势。还根据射流断裂时间考察了射流断裂对侵彻能力的影响。通过这些概念得出了不同射流/靶组合的侵彻深度 – 炸高公式。例如, 对射流断裂前就停止了侵彻过程的情况, 侵彻深度 P 与炸高 X 的关系如下

$$P = X \cdot \left[\left(\frac{V_0}{V_{\min}} \right)^{1/\mu} - 1 \right] \tag{5.4a}$$

式中: V_0 为射流头部速度。

　　另一种方法, 即用 $U_{\min}$ 取代 $V_{\min}$, 得到如下关系式

$$P = X \cdot \left[\left(\frac{V_0}{(1+\mu)U_{\min}} \right)^{1/\mu} - 1 \right] \tag{5.4b}$$

　　这些式子分析实验数据很有用, 但它们没有考虑引起射流断裂的物理原因。Walters、Zukas (1989) 的综述指出, 几个研究小组通过考虑黏性和惯性分析了这一过程。

5.2　消蚀长杆侵彻

自 20 世纪 60 年代起, 高密度材料制成的长金属杆取代短得多的钢弹成为坦克弹药, 人们对长杆弹深侵彻半无限厚靶问题开展了大量研究。长杆弹指其长径比至少为 10, 而短弹体长径比为 5 或更少。钨合金 (WHA) 或贫铀 (DU) 长杆弹对装甲钢的深侵彻过程中杆体持续消蚀, 直至整个杆消耗完为止。因此消蚀长杆的侵彻过程类似于聚能射流的, 而与第 3 章讨论的刚性长杆的侵彻过程很不相同。Christman、Gehring (1966) 将消蚀长杆侵彻过程分成四个阶段, 如图 5.3 所示。

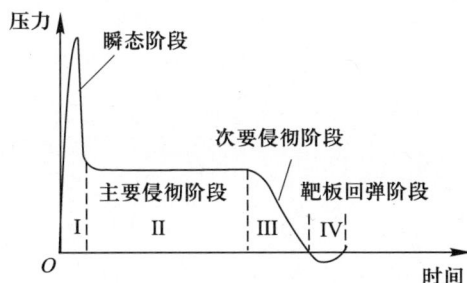

图 5.3　消蚀长杆的四个侵彻阶段

首先是短暂的开坑阶段, 在杆和靶中产生高压力冲击波, 杆头部发生大变形。这一阶段持续时间很短, 对应的侵彻深度约几倍杆径。对它的解析描述很复杂, 也缺乏它对总侵彻深度贡献的准确分析。第二阶段是准定常侵彻过程, 这是多数解析分析或数值模拟研究的中心, 是大长径比高速长杆弹侵彻靶体的最重要模式。第三阶段被一些研究者称为 "次要侵彻", 另一些研究者称为 "后流动侵彻", 发生于长杆完全消耗掉以后。Orphal (1997) 指出了在主要侵彻阶段末期起作用的这两种不同机制的区别。次要侵彻对应于某些情况下出现的消蚀杆残骸对靶体的额外侵彻。"后流动侵彻" 类似于 Pack、Evans (1951) 对射流侵彻低强度材料观察到的现象。即靶板材料接受的动量足够大, 可克服材料强度, 使得弹孔深度在长杆完全消蚀以后还继续增加。后面将讨论这些机制, 并给出一些数值结果。第四阶段是由于侵彻过程末期靶板回弹所致。它对总侵彻深度影响很小, 经常被忽略。

半无限厚靶是指靶体足够大, 其横向尺寸和厚度对侵彻过程没有影响。自由面对实验和数值模拟结果有影响, 需要确定避免这种影响的最小靶体尺寸。Rosenberg、Dekel (1994a) 通过对长径比 L/D 为 10、20 的钨合金杆以速度 $1.4 \sim 2.2\,\mathrm{km/s}$ 撞击钢靶的数值模拟研究了这一问题。靶材料采用 Johnson-Cook 本构模型, 初始屈服强度取为 $0.8\,\mathrm{GPa}$ 或 $1.2\,\mathrm{GPa}$ 以对应于真实装甲钢的强度值。第一组模拟针对很大的靶, 以确定长杆对半无限厚靶侵彻深度的基准值 P_0。改变靶直径、厚度得到的侵彻深度变化情况如图 5.4 所示。从图 5.4(a) 可见, 为了保证横向边界对侵彻深度影响小于 1%,

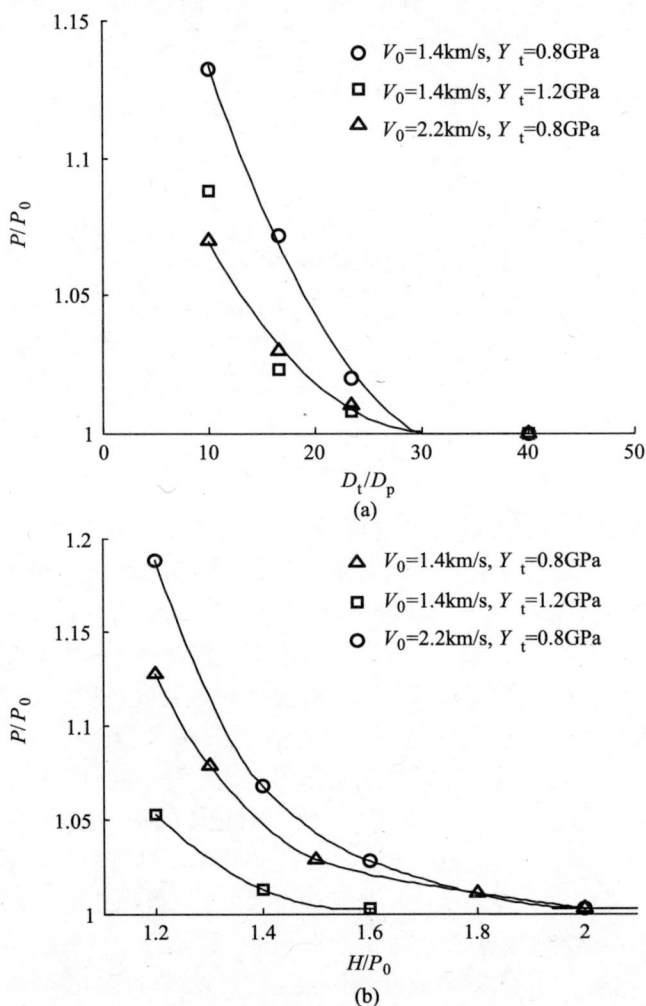

图 5.4　靶板尺寸对长杆侵彻深度影响的数值模拟结果

(a) 靶直径影响; (b) 靶厚度影响。

靶直径 D_t 至少要为杆直径 D_p 的 25 倍。至于靶厚度 H，图 5.4(b) 表明，靶厚约为侵彻深度 2 倍就可视为半无限厚靶。实验和数值模拟时都要考虑这些准则。Littlefield 等 (1997) 对钨合金杆以 $1.5\,\mathrm{km/s}$ 速度撞击不同直径钢靶进行了数值模拟和实验，也得到了类似结论。他们发现比值 D_t/D_p 必须大于 15 以避免横向边界稀疏影响，与我们的结论基本一致。

5.2.1　Allen–Rogers 侵彻模型

Allen、Rogers (1961) 最早公开发表了对消蚀长杆侵彻的分析。他们使用二级轻气炮发射 7075–T6 铝圆柱撞向很细长 (直径大约 $1\,\mathrm{mm}$)、不同材料制成的固定长杆。气炮的加速度过高使得发射比较柔软又细长的弹体遇到困难，此时特别适合于使用这种逆弹道技术进行高速撞击实验。杆材料为镁、铝、锡、铜、铅和金，杆的长径比 L/D 为 $6.3 \sim 12.2$。他们的分析与 Eichelberger (1956) 对聚能射流的分析类似。因为长杆各处不存在速度梯度，取式 (5.3) 的 $g = 1.0$。由于长杆材料相对柔软，式 (5.3) 的 σ 项就与靶材料强度有关。从式 (5.3) 解出侵彻速度为

$$U = \frac{V - \mu\sqrt{V^2 + Q}}{1 - \mu^2} \tag{5.5a}$$

$$\begin{cases} Q = 2\sigma\dfrac{1 - \mu^2}{\rho_t} \\[2mm] \mu = \sqrt{\dfrac{\rho_t}{\rho_p}} \end{cases} \tag{5.5b}$$

式中：ρ_t/ρ_p 为靶/杆材料的密度比。

对时间积分得到无量纲侵彻深度的表达式为

$$\frac{P}{L} = \frac{U}{V - U} = \frac{V - \mu\sqrt{V^2 + Q}}{\mu\sqrt{V^2 + Q} - \mu^2 V} \tag{5.6a}$$

对很高撞击速度，方程中的 Q 项可以忽略，就得到了长杆的"流体动力学侵彻极限"为

$$\frac{P}{L} = \frac{1}{\mu} = \left(\frac{\rho_p}{\rho_t}\right)^{0.5} \tag{5.6b}$$

这也是式 (5.1c) 描述的理想聚能射流的侵彻深度。

对于 $\rho_p = \rho_t = \rho$ 的特殊情况，由式 (5.3) 得

$$U = \frac{V}{2} - \frac{\sigma}{\rho_p V} \tag{5.6c}$$

则可得这一特殊情况的侵彻深度为

$$\frac{P}{L} = \frac{V^2 - 2\sigma/\rho_\mathrm{p}}{V^2 + 2\sigma/\rho_\mathrm{p}} \tag{5.6d}$$

图 5.5 显示了 Allen 和 Rogers (1961) 的实验数据, 图上还给出了根据式 (5.6a) 和式 (5.6d) 计算的 P/L 曲线。计算时取 7075-T6 铝靶的强度项 $\sigma = 1.95\,\mathrm{GPa}$, 这是他们的建议值。

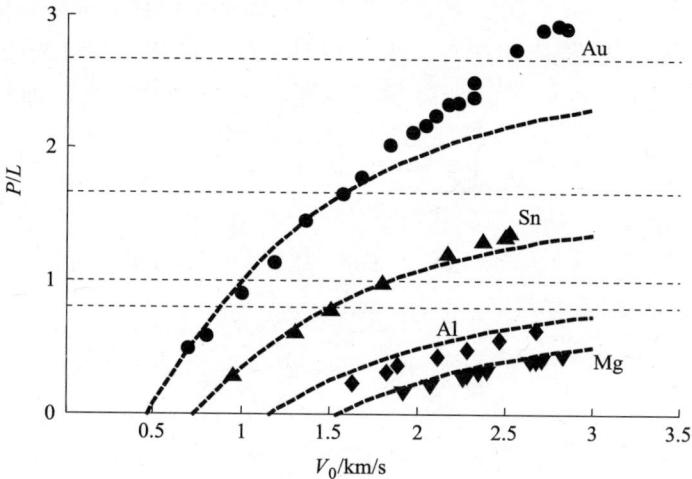

图 5.5　Allen、Rogers (1961) 的实验数据和根据他们的模型给出的曲线

显然, 除了金杆的高速实验外, 简单的流体动力学模型很成功地解释了实验数据。高速撞击时靶材料强度影响变得不重要, 模型预测侵彻深度 (P/L) 趋近于对应的流体动力学侵彻极限 $(\rho_\mathrm{p}/\rho_\mathrm{t})^{0.5}$。这在图 5.5 中表现得很清楚, 实验数据趋近于每种杆材料的侵彻极限 (图中的水平虚线)。这也意味着, 对于侵彻深度而言, 在某一速度值之上再增加撞击速度没有多大益处。这一特点与刚性长杆增加撞击速度就获得更高侵彻深度的本质特性形成强烈对比。另外, 就 P/L 值而言, 刚性杆比消蚀杆效率高得多。例如, 考虑 Piekutowski 等 (1999) 的卵头钢杆对 6061-T651 铝靶的侵彻实验。在 $1.8\,\mathrm{km/s}$ 撞击速度下, 这些钢杆的侵彻深度大约是杆长的 7 倍。另一方面, 消蚀钢杆撞击铝靶的预估最大侵彻深度仅为杆长的 1.7 倍。

来自于 Allen、Rogers(1961) 的实验和分析的一个很重要结论是, 对给定的某一长杆, 存在一个标志着开始发生侵彻的阈值撞击速度 V_c。将

$U = 0$ 代入式 (5.3) 得到该阈值 (临界) 速度为

$$V_c = \sqrt{\frac{2\sigma_t}{\rho_p}} \tag{5.7}$$

σ_t 与靶材料强度有关, 表示靶对侵彻的抵抗力。大体上当动态撞击压力 $(0.5\rho_p V^2)$ 等于 σ_t 时, 对应的撞击速度就等于临界速度。根据 Allen、Rogers (1961) 对不同长杆临界速度的实验值, 得知靶的侵彻抵抗力 $\sigma_t = (1.95 \pm 0.5)\,\mathrm{GPa}$。这一数值大约是实验中使用的 7075-T6 铝合金动态压缩强度的 3 倍。Allen 和 Rogers 指出, 这正是 Tabor (1951) 的压痕模型的预测结果。根据 Tabor 的分析, 圆柱形冲头作用下固体的压痕应力约等于其压缩强度的 3 倍。因此, 要发生侵彻, 长杆施加的最小动态压力值应等于靶材料动态压缩强度的 3 倍。

利用临界速度定义, 根据式 (5.6d) 得杆和靶密度相等时侵彻深度表达式为

$$\frac{P}{L} = \frac{z^2 - 1}{z^2 + 1} \tag{5.8}$$

式中

$$z = \frac{V_0}{V_c}$$

上面的表达式都是根据杆材料强度可忽略、仅考虑靶材料强度 σ_t 的假设而得到的。因此, 按照流体动力学侵彻模型, 材料强度为 0 的长杆撞击与其密度相同的靶体的所有数据应该位于式 (5.8) 描述的单一曲线上。

为了进一步考察临界速度, 用 AUTODYN-2D 程序对 $L/D = 10$, 强度为 0 的钢杆撞击不同强度钢靶进行了数值模拟。靶材料强度 Y_t (按照 von Mises 准则) 分别为 $0.4\,\mathrm{GPa}$、$0.8\,\mathrm{GPa}$ 和 $1.2\,\mathrm{GPa}$。图 5.6(a) 是这三组数值模拟的结果 (无量纲侵彻深度 – 撞击速度曲线)。数值模拟结果从以下几方面证实了流体动力学侵彻模型的有效性。在某一临界速度以下, 消蚀长杆不能侵彻靶体; 随靶材料强度提高, 临界速度增加。此外, 对所有强度的靶板, 随撞击速度提高, 侵彻深度接近流体动力学侵彻极限 (对杆和靶密度相同的情况, $P/L = 1$)。检查数值模拟结果发现, 对强度 Y_t 为 $0.4\,\mathrm{GPa}$、$0.8\,\mathrm{GPa}$ 和 $1.2\,\mathrm{GPa}$ 的靶板, 临界侵彻速度 V_c 分别为 $0.55\,\mathrm{km/s}$、$0.78\,\mathrm{km/s}$ 和 $0.95\,\mathrm{km/s}$。利用式 (5.7) 计算可得它们对应的 σ_t 值正好是 $3Y_t$, 这与 Allen、Rogers (1961) 和 Tabor (1951) 的分析一致。

一旦确定了临界速度, 就能够建立如图 5.6(b) 所示的无量纲侵彻深度 (P/L) 与无量纲速度 $(z = V_0/V_c)$ 的关系。很明显, 所有的数值模拟结果

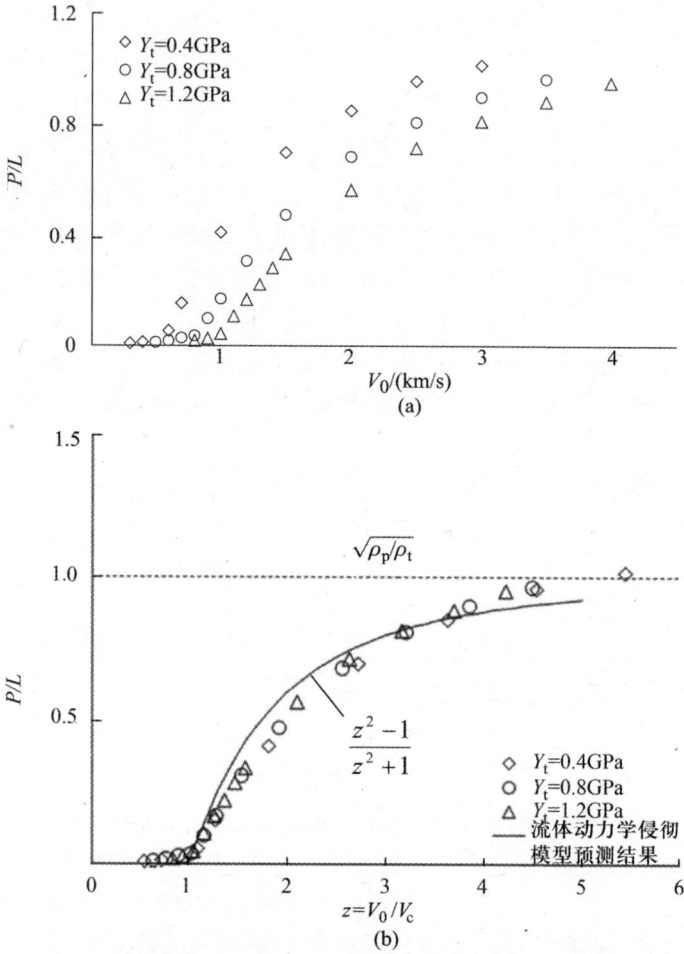

图 5.6　$L/D = 10$, 强度为 0 的钢杆撞击不同强度钢靶的数值模拟结果, 以及根据数
值模拟结果得到的 P/L–V_0/V_c 曲线

(a) 数值模拟结果; (b) P/L–V_0/V_c 曲线。

都可以用同一个无量纲曲线表示。不过, 这一曲线和流体动力学侵彻模型
式 (5.8) 的结果并不重合。这一比较是表明数值模拟对于验证解析模型有
效性的重要作用的极好例子。对目前的情形, 解析模型的结果与数值模拟
结果的一般趋势是彼此相似的。但它们的斜率很不相同, 相同的某一 z 值
对应的 P/L 可能差很多。特别在高撞击速度时, 数值模拟结果比流体动
力学侵彻极限还要高, 实验里也经常观察到这个现象。当然, 作为一个一
维简化模型, 流体动力学侵彻模型在刻画侵彻过程主要特征方面是很成功

的。该模型的一个重要结论是临界速度 V_c 与靶材料密度无关。为验证其正确与否，进行了另一组材料强度为 0 的钢杆撞击强度 0.4 GPa 铝靶的数值模拟。根据模拟结果推出 $V_c = 0.55\,\text{km/s}$，正好与强度 0.4 GPa 钢靶的结果一样。于是可知，式 (5.7) 可用于计算低强度长杆弹和聚能射流的临界速度。

数值模拟的一个重要作用是验证解析模型所依赖的假设的正确性。前面章节里已看到这样的例子，这里的分析获得了流体动力学侵彻模型的适用范围。Anderson、Orphal (2008) 通过强度为 0 的钢杆和钨合金杆撞击强度为 0 钢靶的数值模拟进行了类似研究。他们将侵彻的速度 – 时间历程与用流体动力学侵彻模型计算的结果进行对比，得到的主要结论是：速度历程的差异与流体侵彻模型里忽略了的材料的可压缩性有关。随撞击速度提高，可压缩性的影响增加。例如，对于 6 km/s 速度的钢杆撞击，界面压力比流体模型计算值高出约 10%。

在 Allen、Rogers (1961) 研究里，金杆高速撞击的侵彻深度相对较大被他们归因于 "次要侵彻" 过程。他们认为：如果杆/靶密度比 ρ_p/ρ_t 足够大且撞击速度在某一阈值之上，在主要侵彻阶段结束后杆弹残部将继续侵彻靶体。Rosenberg、Dekel (2000) 重新分析了该问题，提出了不同的解释。他们认为实验里被发射出去撞击静止金杆的铝圆柱体靶厚度不够，不能视为半无限厚靶。由于金密度高，金杆侵彻深度接近于铝圆柱长度。在侵彻后期阶段，圆柱体后表面降低了靶对侵彻的抵抗能力，使得高速撞击下产生额外的侵彻深度。

为了证实这一解释，对低强度 (0.2 GPa) 金杆撞击半无限厚 7075-T6 铝靶进行了数值模拟。模拟里金杆的长径比与 Allen、Rogers (1961) 研究里的一致，靶材料强度 $Y_t = 0.7\,\text{GPa}$ (按 von Mises 准则)，为 7075-T6 铝合金的流动应力。模拟的撞击速度为 $0.4 \sim 2.9\,\text{km/s}$，覆盖了 Allen、Rogers (1961) 实验的速度范围。模拟结果和实验数据的对比如图 5.7 所示。直到撞击速度 2.2 km/s，模拟结果与实验结果都很接近。对更高速度，实验数据高于模拟结果，模拟结果并没有显示出存在次要侵彻过程的迹象。这些数值模拟证实实验中高速金杆的额外侵彻是一种假象，而非新的侵彻机制。

Christman、Gehring (1966) 用长径比 L/D 为 $0.17 \sim 25$、速度为 $0.3 \sim 6.7\,\text{km/s}$ 的铝杆和钢杆进行实验，对其中一些实验的杆弹侵彻过程进行脉冲 X 射线照相。他们研究了图 5.3 所示的四个侵彻阶段后认为：在杆弹完全变形、不再为系统提供能量来源以后，开始了次要侵彻阶段。该阶段持续到膨胀的激波后方的能量密度太小以至于不能克服靶材料的侵彻抵抗

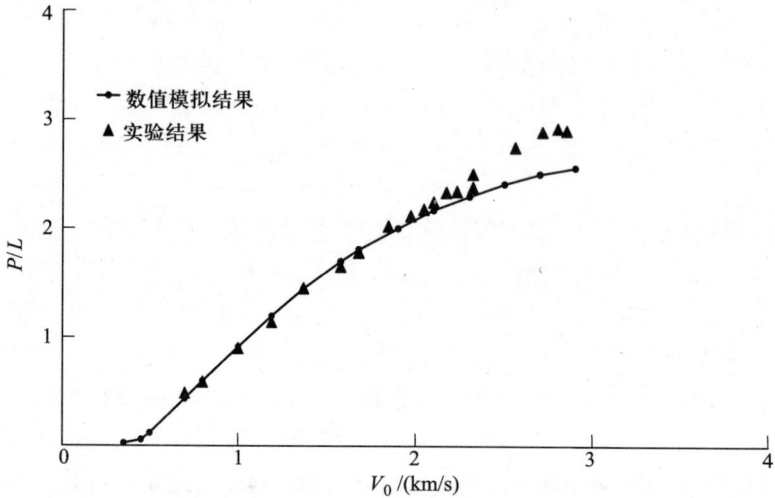

图 5.7　金杆撞铝靶数值模拟结果与 Allen 和 Rogers(1961) 实验数据的对比

力为止。他们指出, 主要侵彻和次要侵彻可以同时并存; 也认识到在低速 ($V_0 < 2\,\mathrm{km/s}$) 时杆弹没有被完全消耗掉, 这意味着杆弹的后部在侵彻过程中减速。于是在低速撞击时并没有达到定常过程状态。Christman、Gehring (1966) 用类似于 Pack、Evans (1951) 对聚能射流提出的 "后流动侵彻" 概念的半经验方法解释他们的实验数据。按照这一模型, 主要侵彻阶段 (定常流体动力学过程) 持续到杆弹剩余长度 $L/D \approx 1$ 时。这一剩余部分产生的附加侵彻与弹体速度、靶材料强度 (用布氏硬度表示, 公式中记为 B_h) 有关。包含这两阶段的总侵彻深度的半经验公式如下

$$P = (L - D)\left(\frac{\rho_\mathrm{p}}{\rho_\mathrm{t}}\right)^{1/2} + 2.42D\left(\frac{\rho_\mathrm{p}}{\rho_\mathrm{t}}\right)^{2/3}\left(\frac{\rho_\mathrm{t}V^2}{B_\mathrm{h}}\right)^{1/3} \tag{5.9a}$$

次要侵彻深度可改写为

$$\frac{P_\mathrm{sec}}{D} = 2.42 \times \left(\frac{\rho_\mathrm{p}}{\rho_\mathrm{t}}\right)^{1/3}\left(\frac{\rho_\mathrm{p}V^2}{B_\mathrm{h}}\right)^{1/3} \tag{5.9b}$$

在后面分析金属球超高速撞击时会更详细讨论这一关系式。

Rosenberg、Dekel (2001b) 对长径比 L/D 为 $3 \sim 30$ 的零强度钢杆撞击强度 0.4\,GPa 的半无限厚铝靶进行数值模拟, 研究了高速撞击的次要侵彻问题。模拟表明, 随时间增加, 杆长度和侵彻深度几乎匀速变化, 直到在侵彻过程末期完全中断。从图 5.8(a) ($L/D = 10$ 钢杆以 $7.0\,\mathrm{km/s}$ 速度撞击铝靶) 可看出这一点。图 5.8(b) 是弹/靶界面压力随时间变化曲线, 图 5.8(c) 是杆弹头部和尾部的速度 – 时间历程。

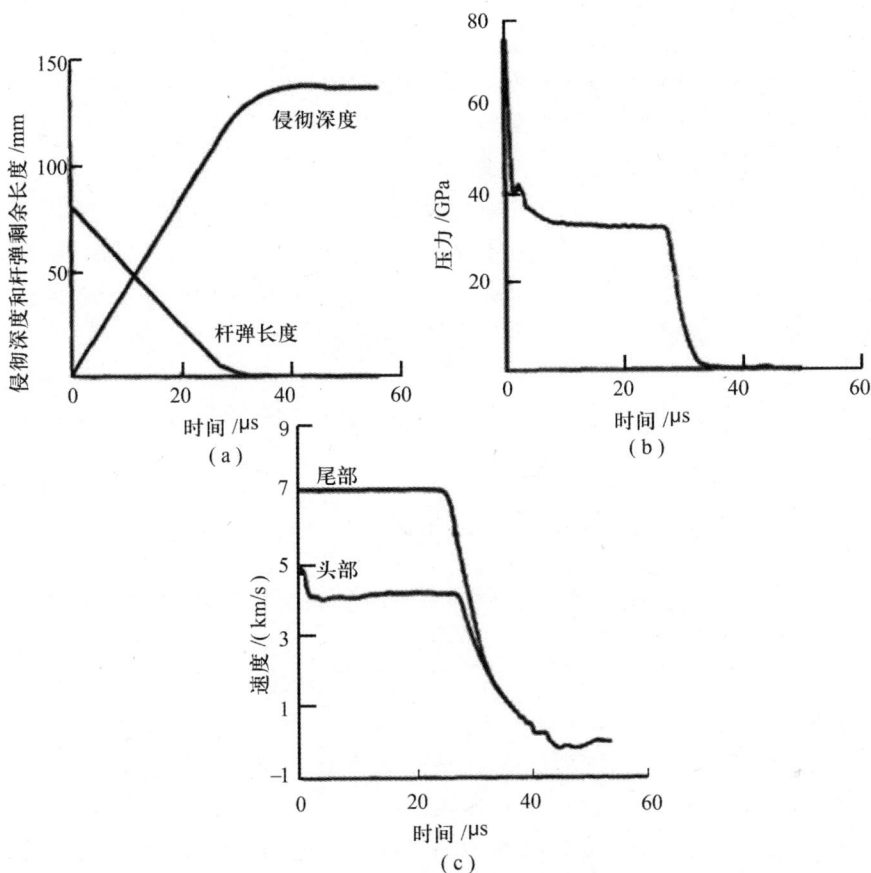

图 5.8 $L/D = 10$ 钢杆以 $7.0\,\mathrm{km/s}$ 速度撞击铝靶的数值模拟结果
(a) 侵彻深度与杆长度; (b) 弹/靶界面压力; (c) 杆弹头部和尾部速度。

　　数值模拟得到的弹/靶界面压力和弹体速度曲线表明, 初始瞬态阶段持续几微秒, 随后开始定常的主要侵彻阶段 (界面压力为常数值、杆头部和尾部速度为常数值)。接着是短时间内界面压力、弹体速度的急剧下降, 这就是次要侵彻阶段, 增加一些额外的侵彻深度。为了区分两阶段的侵彻深度, Rosenberg、Dekel (2001b) 选择压力曲线的转折点作为次要阶段的起始点。他们的数值模拟结果与 Christman、Gehring (1966) 的一般看法是一致的, 即主要侵彻阶段末期的侵彻深度很接近于长度为 $L - D$ 的长杆的流体动力学侵彻极限。还发现对 L/D 为 10 ~ 30 的长杆, 次要侵彻来自于长杆剩余的 $L/D = 1$ 部分。在撞击速度 V_0 为 3.0 ~ 7.0 km/s 时, 次要侵彻深度与 V_0 线性相关。在模拟中改变铝靶材料强度, 发现次要

侵彻深度与比值 $(V^2/Y_t)^{0.5}$ 成正比。这与式 (5.9a) 的 $(V^2/Y_t)^{1/3}$ 差别不大。Anderson、Orphal (2003) 对零强度钨合金杆撞击钢靶的数值模拟得到了类似结果。他们发现，提供次要侵彻的长杆剩余部分长度大约为 $1.25D$，它继续侵彻靶体直到长度消耗到 0 为止。

总之，上述模拟表明，流体动力学侵彻极限之外的侵彻深度来自于 $L/D \approx 1.0$ 的杆弹尾部。这部分侵彻深度与长杆撞击速度、靶板材料强度有关。模拟里没有发现存在"后流体侵彻"（即杆弹完全消耗以后侵彻深度继续扩大）的迹象。需要强调，这里的情况与粗短弹体、球体或 $L/D = 1$ 圆柱体高速撞击半无限靶很不相同。后面的分析将看到，这些短弹体撞击后很快被消耗掉，它们施加给靶体的动量导致半球状侵彻坑增大。即使速度高达 $10.0\,\mathrm{km/s}$，坑的最终尺寸也还是与弹体动能、靶材料强度有关。

5.2.2 Alekseevskii–Tate 侵彻模型

消蚀长杆侵彻理论模型的下一步发展由 Alekseevskii (1966)、Tate (1967, 1969) 独立且几乎同时给出，被认为是一个很成功的模型。AT 模型（以 Alekseevskii、Tate 命名）分析了强度 Y_p 的消蚀长杆侵彻的连续减速过程。该模型也以修正的伯努利方程为基础，但考虑了长杆材料动态强度 Y_p 与靶材料侵彻抵抗力 R_t。长杆的刚体部分减速由幅值为 Y_p、在长杆消蚀面和尾部之间来回反弹的弹性应力波实现。于是，在 Allen、Rogers (1961) 分析中使用的修正伯努利方程和消蚀速率关系中要增加长杆后部减速的式子。包含弹、靶材料的不同强度项的修正伯努利方程如下：

$$\frac{1}{2}\rho_p(V-U)^2 + Y_p = \frac{1}{2}\rho_t U^2 + R_t \tag{5.10}$$

AT 模型另外两个式子分别是表示长度为 l 的刚体部分减速方程和长杆消蚀速率的运动方程，如下：

$$\rho_p l \frac{\mathrm{d}V}{\mathrm{d}t} = -Y_p \tag{5.11}$$

$$\frac{\mathrm{d}l}{\mathrm{d}t} = -(V - U) \tag{5.12}$$

求解上述方程组可以获得不同速度下某一长杆撞击半无限靶的侵彻深度。根据弹、靶强度参数相对大小关系（$Y_p > R_t$ 或 $Y_p < R_t$），AT 模型分成两种情况。每种情况都有对应的解，侵彻深度 – 速度曲线也有不同的特征形状。介绍如下：

(1) $Y_p > R_t$, 长杆材料强度大于靶材料的侵彻抵抗力。低速撞击时长杆作为刚体侵彻靶板。撞击速度足够高时长杆进入消蚀侵彻阶段。Tate (1969) 假设刚性杆受到的阻滞应力来自于靶材料强度 R_t 和惯性 $\rho_t V^2/2$, 于是长杆的刚体侵彻阶段的运动方程为

$$\rho_p L \frac{dV}{dt} = -\left(\frac{1}{2}\rho_t V^2 + R_t\right) \tag{5.13}$$

第 3 章已表明, 当撞击速度低于 V_{cav} 时, 刚性杆减速度为常数。只有 $V_0 > V_{cav}$ 时才考虑靶材料惯性影响。而且刚性杆受到的抵抗应力与头部形状有关, 在 AT 模型中没考虑该问题。也正如 Tate (1969) 指出的, 从刚性杆侵彻到消蚀杆侵彻的转变并没有一个明确界定的阈值速度。在消蚀杆侵彻阶段之前, 存在一个速度范围, 杆发生变形但没有质量损失。由于这些问题, 不进一步论述这一种情况, 而转向 $Y_p < R_t$ 的情况, 这也是与装甲应用领域更密切相关的情况。

(2) $Y_p < R_t$, 长杆材料的强度小于靶材料的抵抗应力。这意味着撞击速度高于某一阈值 V_c 时长杆才能侵彻靶体。阈值 V_c 可令式 (5.10) 中的 $U = 0$ 得到, 即

$$V_c = \sqrt{\frac{2(R_t - Y_p)}{\rho_p}} \tag{5.14}$$

当 $V_0 > V_c$ 时长杆侵彻进入靶体, 碰撞一开始长杆就开始变形, 在短暂的瞬态阶段内长杆头部变成蘑菇状。接着长杆持续消蚀, 长杆后部不断减速。这是侵彻速度 U 随时间增加而下降的准定常侵彻模式。从修正的伯努利方程 (5.10) 得到侵彻速度 U 与长杆后部瞬时速度 V 的关系式如下:

$$U = \frac{V - \sqrt{\mu^2 V^2 + (1-\mu^2)V_c^2}}{1 - \mu^2} \tag{5.15}$$

式中: $\mu = (\rho_t/\rho_p)^{0.5}$; V_c 为式 (5.14) 定义的临界速度。

长杆的刚体部分由于反射弹性波作用持续减速, 其长度由于消蚀过程而不断变短。当刚体部分速度降到 V_c 或长杆完全消耗掉时, 侵彻过程就停止了。数值求解方程 (5.10) ~ 方程 (5.12) 得到一条起点在 $V = V_c$, 高撞击速度时渐趋于流体动力学极限 $(\rho_p/\rho_t)^{0.5}$ 的 S 形侵彻曲线。图 5.9 所示的钨合金杆 ($\rho_p = 17.3\,\text{g/cm}^3$) 撞击不同强度钢靶 ($\rho_t = 7.85\,\text{g/cm}^3$) 的侵深曲线表明了这一特点。计算时对钨合金取 $Y_p = 1.0\,\text{GPa}$, 对钢靶 R_t 分别取 $3.0\,\text{GPa}$、$5.0\,\text{GPa}$。

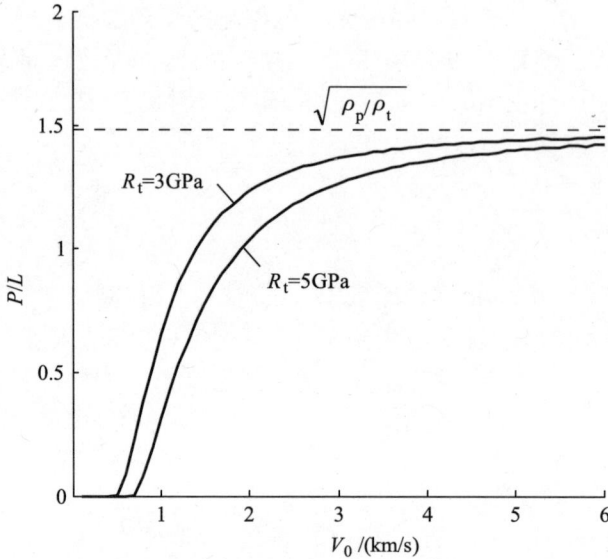

图 5.9 根据 AT 模型计算的消蚀钨合金杆撞击不同强度钢靶的侵彻深度曲线

不同杆/靶组合的许多实验研究中, 可观察到一些主要特征: ① 存在阈值速度 V_c, 低于此速度时长杆不能侵彻靶体; ② V_c 随靶材料强度增加而增加, 如式 (5.14) 所示; ③ 无量纲侵深曲线的 S 形, 及其当撞击速度在兵器速度范围 $(1.0 \sim 2.0 \, km/s)$ 内陡峭地上升; ④ 在更高速度下, 曲线渐趋于流体动力学极限 $(\rho_p/\rho_t)^{0.5}$。图 5.10 显示的是 Hohler、Stilp 用 $L/D = 10$ 的钨合金杆以最高 $4.0 \, km/s$ 速度撞击四种不同硬度 (强度) 钢靶的实验结果 (选自于 Anderson 等 (1992) 的侵彻力学数据库)。

可清楚看出, 前述 AT 模型的所有特征, 包括 S 形侵彻曲线、渐趋于流体动力学极限 (即图中虚线) 等, 都表现在这些实验曲线上。侵彻开始于某一阈值速度 V_c 之上, V_c 强烈依赖于靶体强度。与 AT 模型和实验数据都有关的一个最重要问题是, 侵彻深度显著依赖于靶材料强度, 如图 5.10 所示。例如, 对于 $1.5 \, km/s$ 撞击速度, 靶强度增加 1 倍, 导致侵彻深度下降 $1/2$ 倍。按照 AT 模型预测, 在更高撞击速度下, 靶强度对侵彻深度影响逐渐消失。其他来源的不同杆/靶组合的实验结果, 如 Perez(1980) 的, 也表现了同样的特征, 这显著增强了 AT 模型的正确性。另一方面, 高撞击速度下的数据点倾向于越过流体动力学极限, 对于低强度靶体尤其明显。超出于流体动力学极限的额外侵彻深度, 来自于前面讨论过的侵彻后期阶段。实验和数值模拟结果都表明, 长杆材料强度对侵彻深度的影响小得多。这部分来源于这样的事实: 长杆材料的强度高导致杆弹后部减速度大, 从而

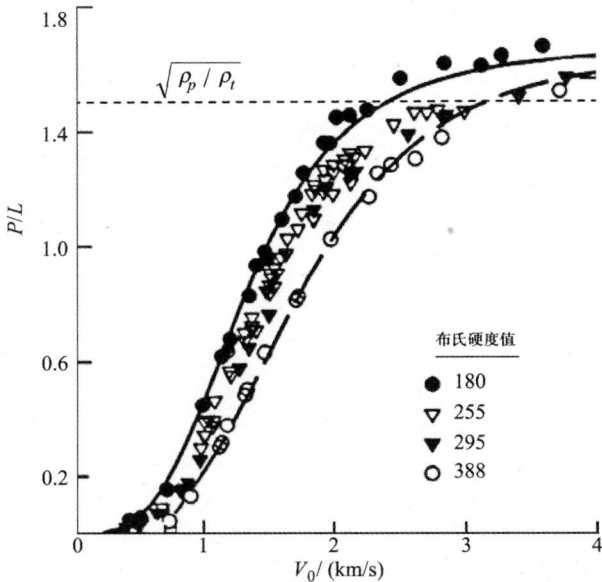

图 5.10 $L/D = 10$ 的钨合金杆撞击不同强度钢靶的实验结果

降低了它的侵彻能力。于是, 提高杆材料强度可能获得的侵彻深度增加又被增加的减速度减小了。后面将看到, 对于杆弹侵彻效率而言, 杆材料的失效特性比其压缩强度重要得多。

为了将 AT 模型预测结果与真实侵彻数据比较, 选择 Hohler、Stilp 的两组实验 (见 Anderson 等 (1992) 的侵彻数据库)。实验里钢靶的布氏硬度 180 HB, 钢杆或钨合金杆长径比 $L/D = 10$。这两组实验的无量纲侵彻深度 P/L 与撞击速度关系如图 5.11 所示。显然, 密度更高的钨合金杆侵彻深度大于钢杆的侵深, 两条曲线都倾向于趋近各自的流体动力学极限 (即图 5.11 中的水平虚线, 对钨合金杆和钢杆 $(\rho_p/\rho_t)^{0.5}$ 分别为 1.5、1.0)。另外, 根据式 (5.13), 钢杆的临界速度 V_c 更高。图中给出了 AT 模型的预测结果, 计算时取钢靶的 $R_t = 3.5\,\text{GPa}$, 对钢杆和钨合金杆都取 $Y_p = 1.2\,\text{GPa}$。可见, 对钢杆/钢靶撞击, 预测结果在所有速度范围都与实验结果一致。而钨合金杆撞击钢靶的预测结果仅在低速范围与实验结果吻合。前面已经提及数值模拟结果和流体动力学模型预测结果存在类似的偏离。AT 模型得到的侵彻深度低于实验的或数值模拟的结果, 后两者吻合良好。这一偏离对于低强度靶很典型, 随靶材料强度增加模型预测结果与实验/数值模拟结果吻合程度变好。

现在讨论不同杆/靶组合的侵彻结果 (来自于实验或数值模拟) 之间的

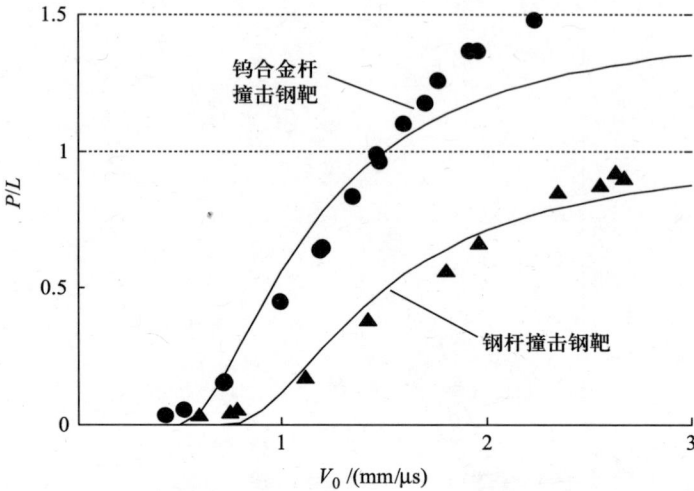

图 5.11 钨合金杆和钢杆撞击钢靶的实验数据 (图中圆形和三角形符号) 与模型预测
结果比较

相似性问题。得到确认的相似关系对理解某一过程的物理本质很重要, 还
可节省大量实验工作。Rosenberg、Dekel (2001a) 的相似性研究表明, 以阈
值速度 V_c 作为撞击速度的无量纲因子, 不同的实验数据可以方便地进行
无量纲化。他们建议, 实验数据表示为 P/L–V_0/V_c 关系。例如, 图 5.12(a)
为钨合金杆撞击两种不同钢靶的实验数据, 对布氏硬度 180 HB、388 HB
的钢靶的 V_c 值分别为 0.55 km/s、0.75 km/s。这两组数据无量纲化 (P/L–
V_0/V_c) 后落在同一曲线上, 如图 5.12(b) 所示。

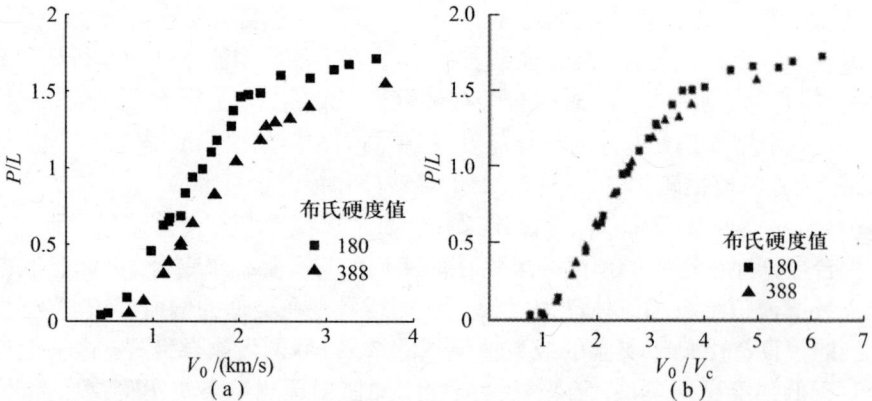

图 5.12 钨合金杆撞击不同硬度钢靶的实验数据, 以及实验数据无量纲化的结果
(a) 实验数据; (b) 无量纲化结果。

Rosenberg、Dekel (2001a) 的数值模拟表明, 给定的杆弹撞击仅仅是强度有差别的不同靶的所有侵彻曲线都可以用 P/L–V_0/V_c 的单一曲线表示。将杆弹和靶体的强度乘以相同的系数, 这两组弹/靶组合的无量纲侵彻曲线是一样的。另外, 数值模拟还表明, 对于密度比相同的不同弹/靶组合, 上述无量纲规律依旧成立。为了说明这一点, 考虑图 5.13, 数据来自于 Perez (1980) 用 $L/D = 11$ 的钛合金杆撞击铝靶和铝杆撞击镁靶的实验。这两组实验的杆/靶密度比 ρ_p/ρ_t 分别为 1.66、1.64, 几乎一样。图中清楚看出, 两组实验的数据点位于同一条 P/L–V_0 曲线上。两组数据之间这种极好的一致关系也与它们的强度比 Y_t/Y_p 的数值相近有关。需要指出的是, 与其他低强度靶一样, 数据点都越过了流体动力学极限 $(\rho_p/\rho_t)^{0.5} = 1.28$。

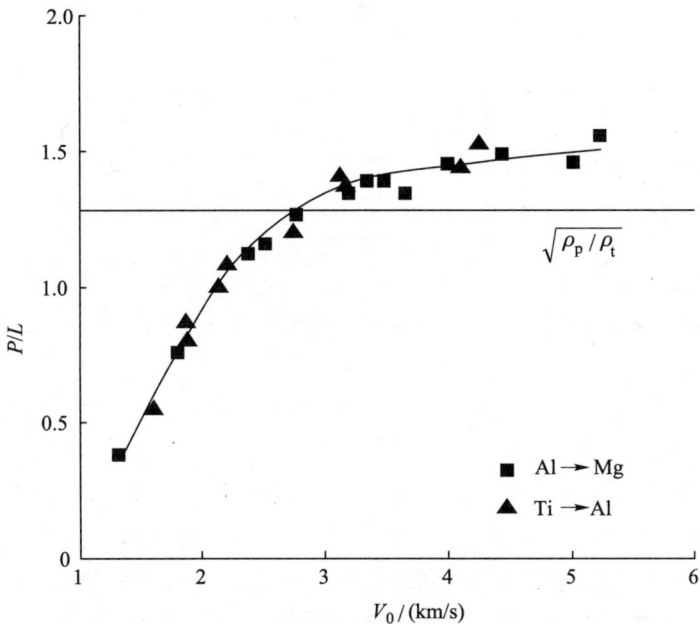

图 5.13　具有相同密度比的两组不同弹/靶组合的无量纲侵彻曲线

5.2.3　Alekseevskii–Tate 模型的有效性

一段时间来, 有许多工作关注研究一维 AT 模型的有效性, 其主要动机是为了解释模型预测结果与实验结果之间的偏离。Anderson、Walker (1991) 专门研究了 AT 模型对侵彻过程的描述是否与他们的数值模拟一致。$L/D = 10$ 的钨合金杆以 $1.5\,\mathrm{km/s}$ 速度撞击装甲钢靶, 杆头部和尾部速度的数值模拟结果与模型预测结果的比较如图 5.14 所示。

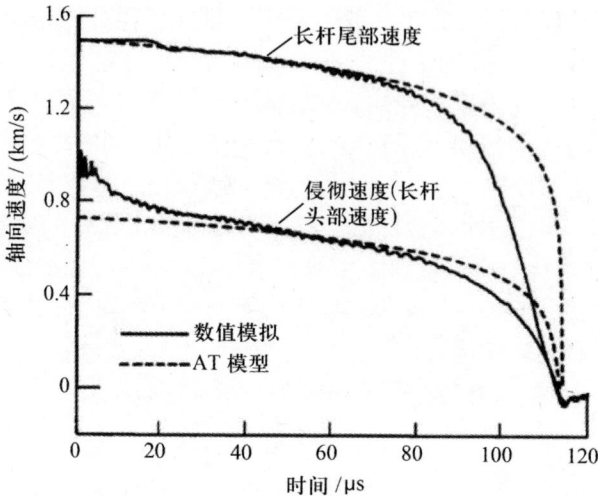

图 5.14 数值模拟结果与 AT 模型预测结果的比较

数值模拟显示了长杆的最后部分在侵彻最终阶段的减速过程特点, 而 AT 模型里没有体现这一点。另外, 撞击速度为 $1.5 \sim 2.0 \, \mathrm{km/s}$ 时, 模型预测杆弹完全侵彻消蚀掉, 而数值模拟和实验都表明在侵彻坑底留有 $L/D = 1$ 的残余杆。Anderson 等 (1996c) 进一步的数值模拟显示, 数值 $R_\mathrm{t} - Y_\mathrm{p}$ 与速度有关。因此可知, 由于 AT 模型的简化, 不能完全解释复杂的消蚀杆侵彻过程。

Rosenberg、Dekel (1994b, 2000) 通过数值模拟方法研究了 AT 模型中强度参数 (即靶的侵彻抵抗力 R_t 和杆强度 Y_p) 的有效性。为检验 R_t 的有效性, 研究了强度为 0、长径比 $L/D = 20$ 的不同材料 (钢、钨合金、铜、铝) 杆弹的侵彻过程。靶材料为钢或钨合金, 其屈服强度 (von Mises 准则) 为 $0.4 \sim 2.0 \, \mathrm{GPa}$。取杆材料强度为 0 进行数值模拟有两个互相关联的好处: 首先, 在修正的伯努利方程 (5.10) 中不用考虑 Y_p 项, 而集中于考察靶强度参数 R_t 的性质; 其次, 因 $Y_\mathrm{p} = 0$ 使得侵彻过程中杆后部不发生减速, V 和 U 都保持为常数。这样就简化了对 R_t 的分析, 如下面例子所示。

图 5.15 是强度为 0、$L/D = 20$ 的钨合金杆以 $2.2 \, \mathrm{km/s}$ 速度撞击 $0.8 \, \mathrm{GPa}$ 钢靶时, 杆头部、尾部速度历史的数值模拟结果。可以看出, 经过约 $20 \, \mu\mathrm{s}$ 的瞬态阶段后, 侵彻速度达到常数值 $U = 1.16 \, \mathrm{km/s}$。将 V、U 数值连同杆、靶的密度值代入式 (5.10), 得到靶的 $R_\mathrm{t} = 3.9 \, \mathrm{GPa}$。可见, 利用强度为 0 的杆进行数值模拟以得到 R_t 值的步骤是简单明了的。数值模拟里瞬态阶段对应的侵彻深度大约是杆径的 3 倍。这正是第 3 章讨论的球

头刚性杆侵彻开坑阶段起主导影响的范围。

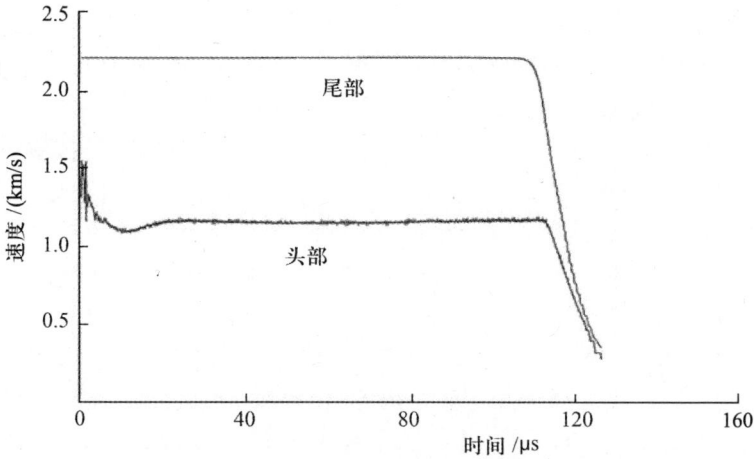

图 5.15 强度为零的钨合金杆撞击钢靶的数值模拟结果

在大范围内改变靶材料强度进行了类似的数值模拟, 以得到靶的侵彻抵抗力 R_t 与其强度 Y_t 之间的关系。对强度为 0、$L/D = 20$ 的钨合金杆以 $2.2\,\mathrm{km/s}$ 速度撞击不同强度钢靶进行数值模拟得到的钢靶 R_t/Y_t 与 $\ln(E/Y_t)$ 关系如图 5.16 所示。

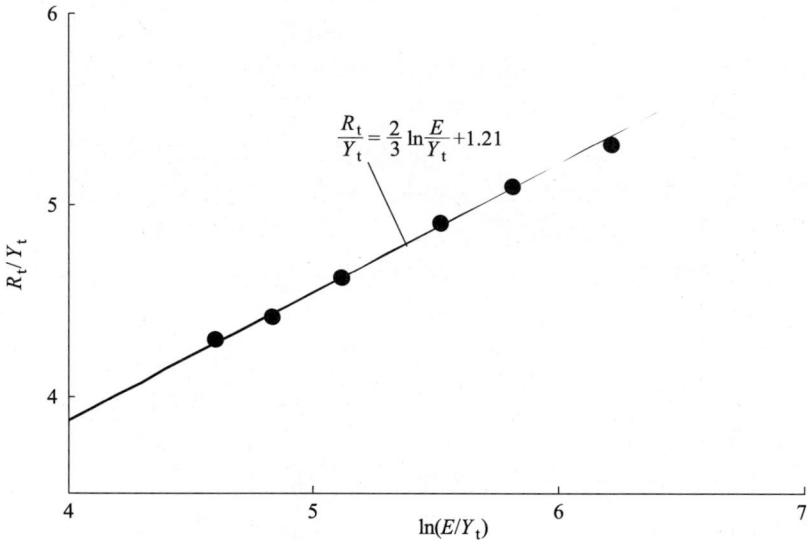

$$\frac{R_t}{Y_t} = \frac{2}{3} \ln \frac{E}{Y_t} + 1.21$$

图 5.16 数值模拟得到的 R_t 与靶材料强度的关系

得到的 R_t 值可表示成无量纲形式, 即 R_t/Y_t 与 $\ln(E/Y_t)$ 关系 (与第 3 章刚性杆的数值模拟和解析分析的有关结果的表现形式一致), 其中 $E = 200\,\mathrm{GPa}$ 为钢靶材料的弹性模量。具体关系式如下:

$$\frac{R_t}{Y_t} = \frac{2}{3} \ln \frac{E}{Y_t} + 1.21 \tag{5.16}$$

Rosenberg、Dekel (1994b) 对不同杆、靶材料的数值模拟结果表明, R_t 与靶材料强度有关, 与杆或靶材料密度无关。在撞击速度 $3.0\,\mathrm{km/s}$ 以内, R_t 值实际上与撞击速度无关。于是 R_t 可视为靶材料的一个有效物理参数, 尤其是在兵器速度范围内 (高达约 $2.0\,\mathrm{km/s}$)。另一方面, Rosenberg、Dekel (2000) 对不同强度长杆侵彻的数值模拟表明, AT 模型的杆材料强度参数 Y_p 与撞击速度和杆长径比 L/D 都有关。因此, AT 模型的 Y_p 参数是模型的 “弱点”, 不能被视为一个定义明确的材料参数。总之, 由于 AT 模型的简化, 导致其存在一些不足。主要由于存在所谓的 “L/D 效应” (下面将讨论), AT 模型的这些不足不能通过进一步修正予以克服。在继续讨论之前, 先指出刚性杆和消蚀杆侵彻时靶体抵抗力的区别。

容易看出式 (5.16) 给出的 R_t 值显著低于式 (3.9) 给出的球头刚性杆侵彻时的 R_t 值。比较刚性杆和消蚀杆侵彻不同强度靶体时相应侵彻抵抗力 R_t 的数值就可以清楚地了解这一点。对于 Y_t 为 $0.5\,\mathrm{GPa}$、$1.0\,\mathrm{GPa}$ 和 $1.5\,\mathrm{GPa}$ 的钢靶, 式 (5.16) 得到消蚀杆侵彻受到的抵抗力 R_t 为 $2.6\,\mathrm{GPa}$、$4.74\,\mathrm{GPa}$ 和 $6.7\,\mathrm{GPa}$, 而式 (3.9) 得到刚性杆侵彻受到的抵抗力 R_t 为 $3.2\,\mathrm{GPa}$、$5.63\,\mathrm{GPa}$ 和 $7.77\,\mathrm{GPa}$。两组 R_t 的数值相差 $16\% \sim 23\%$, 归因于这两种情形下靶材料流动情况不同。因此, 数值模拟结果否定了球头刚性杆与消蚀杆受到的抵抗力是一样的直觉假设。

考虑 Rosenberg、Dekel (2008) 的数值模拟结果以显示靶体抵抗力对于靶材料流动情况的依赖关系。这些模拟研究了部分空腔表面、而不是整个表面受内压作用的球形空腔在大体积弹 – 塑性固体里的运动情况。将压力作用在空腔壁上的一个高强度薄壳 (厚 $0.1\,\mathrm{mm}$) 就实现了部分表面加载, 其示意如图 5.17 所示。

采用二维数值模拟方案, 薄壳围绕对称轴伸展的角度分别是 $13°$、$27°$、$54°$、$90°$ 和 $180°$。薄壳 $180°$ 张角对应于整个球形空腔受载荷, 而 $90°$ 张角对应于半个球空腔表面受载荷。模拟结果表明, 使部分受载空腔扩展所需要的临界 (阈值) 压力依赖于压力施加的面积。图 5.18 是强度 $1.0\,\mathrm{GPa}$ 钢靶的情况, 空腔表面全部受压时临界压力 $P_{\mathrm{crit}} = 3.63\,\mathrm{GPa}$, 当受载薄壳面积最小时 (角度 $13°$) 临界压力 $P_{\mathrm{crit}} = 5.64\,\mathrm{GPa}$。压力值的显著差异来

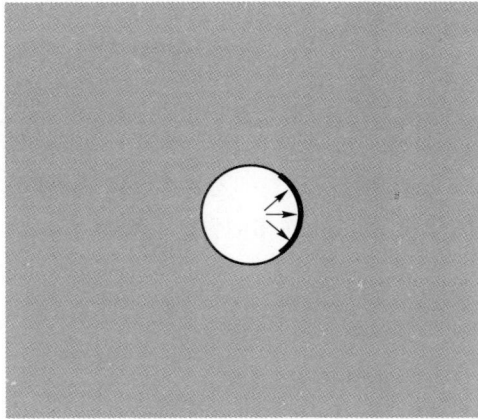

图 5.17 空腔的部分表面受载荷的示意图

自于材料绕受压区域流动情况的不同, 与杆弹的不同形状头部附近靶材料流线不同从而压力不同类似。

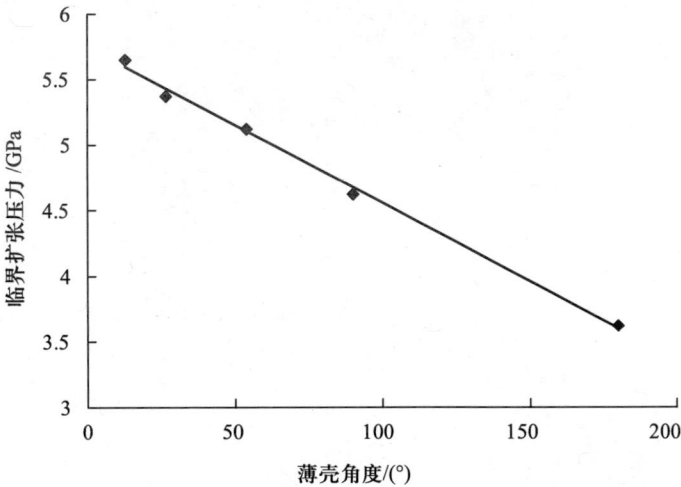

图 5.18 临界扩张压力随薄壳角度的变化

薄壳 $180°$ 角度是整个空腔表面受压的情形, 临界压力正好等于在强度 $1.0\,\mathrm{GPa}$ 的可压缩钢材料中球形空腔膨胀分析得到的压力值 P_{sph}。这是预料之中的结果, 两种情况下材料都沿径向 (垂直于空腔表面) 移动。薄壳 $90°$ 角度 (即空腔 $1/2$ 面积受内压) 的数值模拟结果 $P_{\mathrm{crit}} = 4.7\,\mathrm{GPa}$, 消蚀杆侵彻强度为 1.0 GPa 钢靶受到的抵抗力按式 (5.16) 计算 $R_t = 4.74$ GPa, 两者很接近。这是由于这两个过程 (即消蚀杆深侵彻过程和常值内压作用于半个空腔的膨胀过程) 的靶材料流场相似。图 5.19 显示了这一流场的相似性, 一个是铜杆以 2.2 km/s 速度撞击 1.0 GPa 钢靶的流场, 另一个是球空腔 1/2 面积受内压时的流场。图中不同的颜色表示材料流动的不同速度, 很容易看出这两个流场之间的相似性。

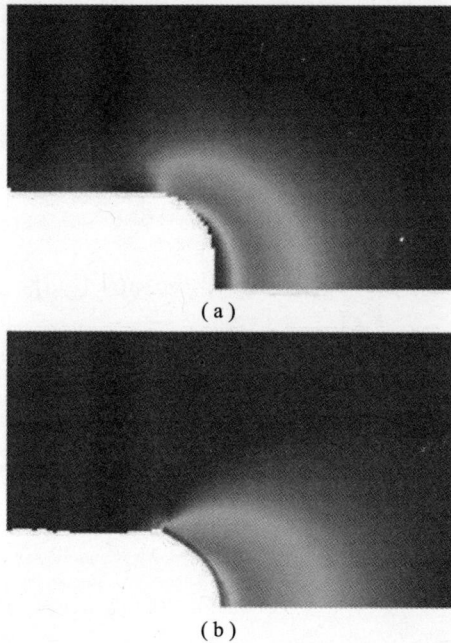

(a)

(b)

图 5.19 杆弹侵彻坑附近和 1/2 面积受内压的膨胀空腔附近的速度场
(a) 杆弹侵彻; (b) 空腔膨胀。

5.2.4 长径比影响

广为大家熟悉的一个事实是, 长消蚀杆的侵彻效率 (定义为单位杆弹长度的侵彻深度 P/L) 低于短消蚀杆的侵彻效率。如 $L/D = 1$ 圆柱体的侵彻效率高于 $L/D = 5$ 杆弹的侵彻效率, 而 $L/D = 5$ 杆弹的效率又高于 $L/D = 10$ 杆弹的侵彻效率。Tate 等 (1978) 用 L/D 为 3、6 和 12 的钨合金杆以兵器速度撞击装甲钢靶的结果如图 5.20 所示。可见, 这一倾向很明显, 随着长径比增加, 侵彻效率 (P/L) 下降。

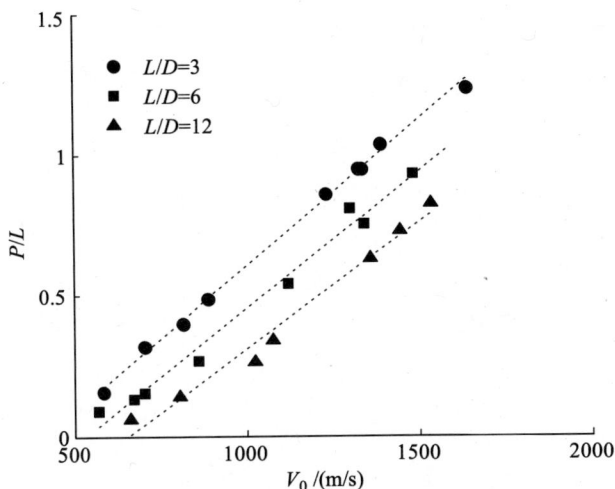

图 5.20　钨合金杆撞击装甲钢靶的结果

　　研究者们普遍假设侵彻效率的下降趋势在 $L/D = 10$ 就饱和了, 所有 $L/D \geqslant 10$ 的数据点会落在同一条 P/L–V_0 曲线上。消蚀长杆的侵彻效率 P/L 与 L/D 无关是 AT 模型的一个固有特性, AT 模型的成功也较大程度归功于这一特性。但 Hohler、Stilp (1987) 的实验数据显示, 甚至对 L/D 为 20、30 的长杆, 其侵彻效率还是显著下降。钢杆和钨合金杆撞击钢靶的实验结果表明, P/L 强烈地依赖于 L/D, 尤其在兵器速度范围内。这称为 "L/D 效应", 在 20世纪 90 年代对此开展了众多研究。图 5.21 为

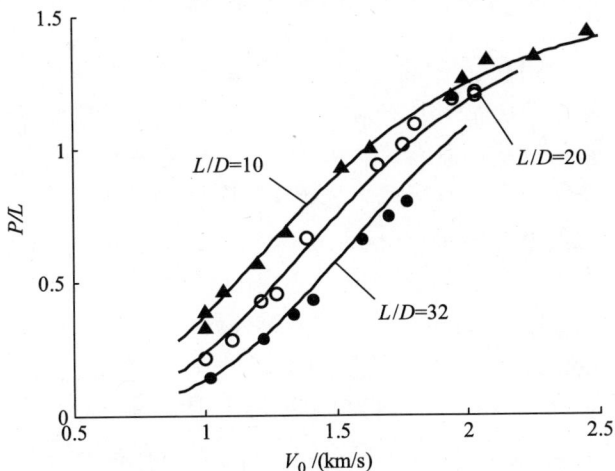

图 5.21　钨合金杆撞击装甲钢靶的实验结果显示 "L/D 效应"

Hohler、Stilp (1987) 的钨合金杆撞击装甲钢靶的实验结果。可清楚看出，在速度约 1.5 km/s, L/D 为 10、30 的两长杆的 P/L 值相差达 50%。

　　为了找出产生"L/D 效应"的机制，一些研究者用数值模拟方法对此做了进一步分析。Rosenberg、Dekel (1994c, 2001b) 的数值模拟复现了"L/D 效应"，发现当 L/D 的比值更大时 P/L 值的差消失。模拟表明，即使是强度为 0 的杆弹也具有"L/D 效应"。图 5.22 的强度为 0 的钨合金杆以 1.4 km/s 速度撞击装甲钢靶的数值模拟结果可清楚地看出这一点。

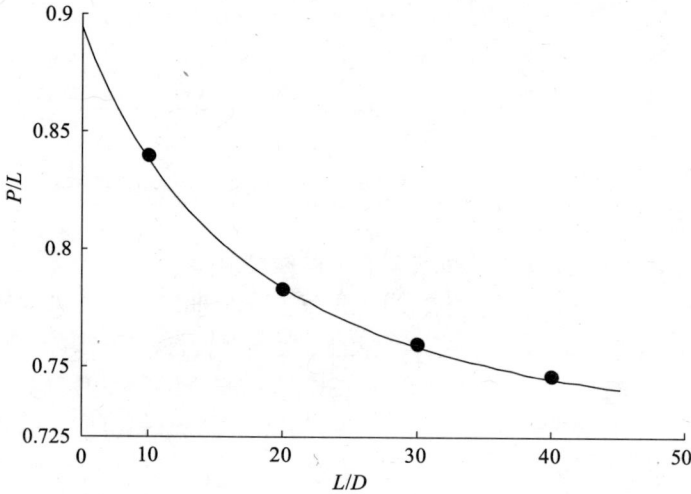

图 5.22　强度为 0 的钨合金杆以 1.4 km/s 速度撞击装甲钢靶的数值模拟结果

　　Anderson 等 (1995, 1996a) 的数值模拟表明，有一些因素在侵彻过程的不同阶段起作用从而产生"L/D 效应"。对于低撞击速度，侵彻过程早期阶段的非定常特性是其原因。在大于 2.0 km/s 的高速范围，侵彻终了阶段增加了另一个影响"L/D 效应"的因素。图 5.23 总结了不同来源的钨合金杆撞击钢靶的实验结果。Anderson 等 (1995) 收集整理了这些数据，说明在兵器速度范围内，"L/D 效应"实际上与撞击速度无关。

　　综上所述，Alekseevskii、Tate 的一维侵彻模型过于简化而不能完全解释消蚀杆的侵彻过程，主要是该模型没有处理在侵彻过程开始和终了时期的瞬态阶段。Anderson、Orphal (2008) 的模拟说明，作为 AT 模型主要研究目标的定常 (或主要) 侵彻阶段在侵彻深度达到若干倍杆径后才成立。消蚀杆侵彻的开坑阶段包括头部变成蘑菇状，这也需要一定时间。根据开坑阶段的短暂性质，可以定性估计"L/D 效应"的程度。消蚀杆的侵彻

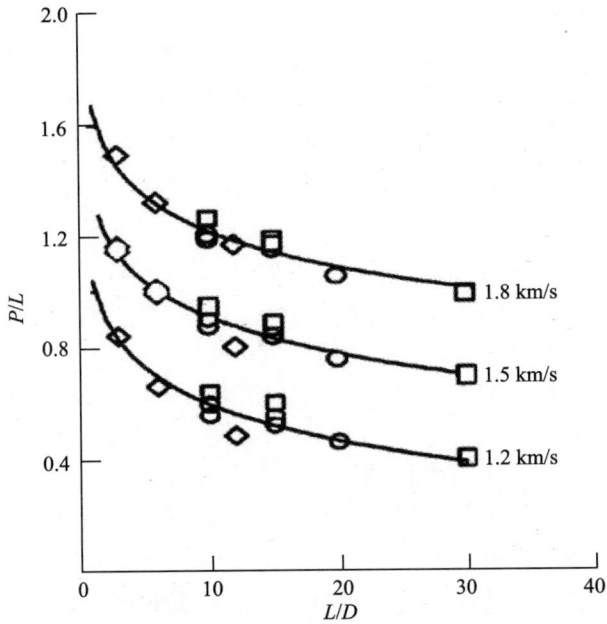

图 5.23 兵器速度范围内的 "L/D 效应"

深度为 $1.0 \sim 1.5$ 倍杆初始长度。这样对于 $L/D = 10$ 的杆, 侵彻深度为 $(10 \sim 15)D$。开坑阶段可持续到大约 5 倍杆径范围, 这意味着 $L/D = 10$ 的杆弹的定常侵彻阶段只占总侵彻过程的1/2。于是 "L/D 效应" 对 L/D 为 $10 \sim 30$ 杆弹的侵彻深度产生影响就不令人惊奇。图 5.24 所示的 Anderson

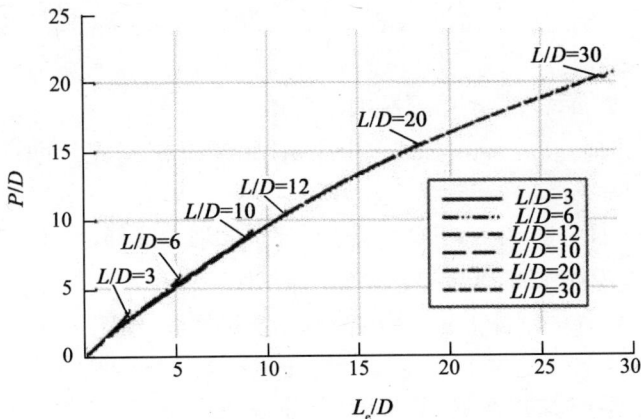

图 5.24 速度 $1.5\,\mathrm{km/s}$ 的钨合金杆撞击装甲钢靶的侵彻效率随杆弹消蚀长度的变化

(2003) 的数值模拟说明了这一点。该图概括了不同长径比杆弹的侵彻效率 (以 P/D 表示) 随杆弹消蚀部分 (L_e/D) 变化的情况。模拟中钨合金杆长径比 L/D 为 3 ～ 30, 以 1.5 km/s 速度撞击装甲钢靶。曲线的不同斜率与杆弹效率有关, 它们描述了侵彻深度随着杆弹已消蚀长度变化的情况。很显然随着杆弹长度增加, 侵彻效率下降。图 5.24 中箭头所指处为模拟里不同杆弹的最终侵彻深度。

$L/D = 1$ 杆弹的侵彻效率 (P/L) 比 $L/D = 10$ (或 20) 的效率大不少, 这促使一些研究者考虑分段杆弹的概念。分段杆弹由相隔较大距离放置的 10 或 20 个 $L/D = 1$ 的圆柱体组成。其基本想法是: 每个小段已经完成其侵彻过程后, 后继的小段才撞上侵彻坑。这样避免了杆弹后部的减速, 增加了总侵彻深度。例如, Orphal、Franzen (1989) 的数值模拟显示这种结构的侵彻深度有令人鼓舞的增加, 特别是高撞击速度时。Tate (1990) 综述了关于这一问题的理论与实验数据, 以及发射分段杆弹涉及的实际问题。他对已经公开发表的相对不多的尝试进行总结并认为, 在兵器速度范围内分段杆弹相对于连续杆弹并没有表现出可观的进步。

5.2.5　其他侵彻模型

一维 AT 模型的不足促使人们尝试改进它。Dehn(1987)、Rosenberg 等 (1990) 和 Grace (1993) 等提出考虑杆弹/靶体界面的作用力, 而不仅是考虑沿着中线的应力。这些模型将蘑菇状头部面积作为另一个自由参数, 基于侵彻抵抗力推导方程。Dehn (1987) 的模型可解释很多种类侵彻体 (长的或短的, 刚性的或消蚀的), 但模型涉及弹/靶界面面积, 对每一弹/靶组合需要经验地确定这一面积。Grace (1993) 的非定常侵彻模型提出一个新概念, 即确定有限体积 (厚度) 的靶材料参与侵彻过程。将这部分有限体积的运动方程增加到弹体的减速和消蚀方程中。

Wright、Frank (1988) 提出了一个更严密的方法处理消蚀长杆侵彻过程。他们将质量、动量和能量平衡方程简化并近似成一组侵彻方程。如图 5.25 所示, 长杆被分成 R 和 S 两部分, 分别处理这几部分。靶的参数由密度 ρ_t 和侵彻坑横截面积 A_t 说明。

R 区为杆弹的刚体部分, 密度为 ρ_p、长度为 l、横截面积为 A_p、运动速度为 V。假设 S 区大小、形状不变 (定常状态), 杆弹物质塑性流动经过 R-S 边界后速度反向, 速度、密度和横截面积分别为 W、ρ_d 和 A_d。靶材料位于 T 区, 靶体中侵彻坑横截面积为 A_t。R-S 和 S-T 边界简单地以水平

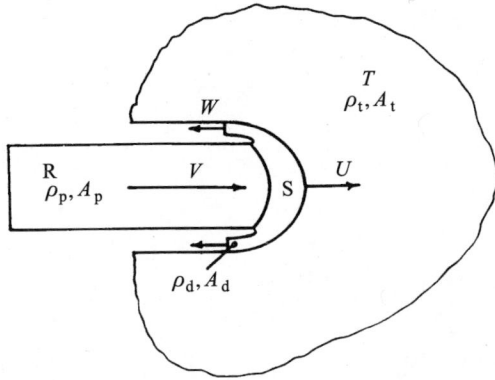

图 5.25 Wright、Frank (1988) 模型中不同的分区

速度 U 移动。Wright、Frank (1988) 考虑了杆弹不同部分的守恒方程, 做了一些简化假设以减少自由参数的数量。对 R 区采用 AT 模型的减速方程 (5.11) 和消蚀方程 (5.12)。对 S 区, 结合边界两边不同面积 A_p、A_d 和 A_t, 考虑 R-S 和 S-T 边界的作用力。

由质量和动量守恒得到下面方程:

质量方程为

$$\rho_p A_p (V - U) = \rho_d A_d (U + W) \tag{5.17a}$$

动量方程为

$$\rho_p A_p (V - U)^2 + \rho_d A_d (U + W)^2 = F_t - F_r - F_d = F \tag{5.17b}$$

动量方程中的三个力分别是 R-S 边界上的轴向力 F_r、作用于反向流动杆材料的轴向力 F_d 和 S-T 边界上的轴向力 F_t。通过一些简化假设来确定这几个力。例如, 定常状态时作用于 S-T 边界的力为

$$F_t = A_t (a_1 Y_t + b_1 \rho_t U^2) \tag{5.18}$$

式中: 常数 b_1 起形状因子的作用。

从该分析得出的能量方程为

$$\frac{1}{2} \rho_p (V - U)^2 + Y_p = \frac{1}{4} \rho_t b_1 \frac{A_t}{A_p} U^2 + \left[\frac{A_t a_1 Y_t}{4 A_p} + f(Y_p, \rho_p) \right] \tag{5.19a}$$

该方程可写成类似于修正伯努利方程的更简洁的形式, 即

$$\frac{1}{2} \rho_p (V - U)^2 + Y_p = \frac{1}{2} \rho_t^* U^2 + R_t^* \tag{5.19b}$$

式中: R_t^* 为式 (5.19a) 中方括号内各项之和; ρ_t^* 为等效靶密度, 可表示成

$$\rho_t^* = \frac{\rho_t b_1 A_t}{2 A_p} \tag{5.19c}$$

取头部形状因子 $b_1 = 0.5$ 且 $A_t/A_p = 4$, 则靶材料的等效密度与其真密度相等。另外, $A_t/A_p = 4$ 时, 式 (5.19a) 方括号中的第一项变成侵彻抵抗力 $R_t = a_1 Y_t$。式 (5.19a) 方括号中的最后一项与杆有关, 表明靶体对侵彻的抵抗作用 (R_t^*) 也与杆弹材料的性质有关。不过也可以将此项移到方程左边, 合并到杆材料强度 Y_p 中。这也解释了前一节讨论 AT 模型里 Y_p 参数有效性时遇到的困难 (即 Y_p 与撞击速度和杆弹长径比 L/D 都有关, 不能被视为一个定义明确的材料参数)。

Walker、Anderson (1995) 基于对界面附近杆、靶变形的更精细描述提出了一个与时间相关的模型。该模型以动量平衡方程开始, 进行数值模拟以得到杆/靶界面两侧杆、靶材料中的速度梯度。杆头部蘑菇形状与 Wright、Frank (1988) 模型的类似, 杆中塑性区范围伸展到距杆/靶界面一定距离 s 处。使杆后部减速的弹性波在自由端和塑性区之间来回传播。从数值模拟得到塑性区内杆弹材料的速度分布图, 该区内杆弹材料的速度逐渐从 U 增加到 V。靶材料的速度分布图也根据数值模拟和描述靶中塑性区范围的另一个参数 (α_p) 获得。靶中半球形塑性区伸展到 $\alpha_p D_c$ 处, D_c 为侵彻坑直径。参数 α_p 与速度有关, 在侵彻过程中随时间而变化。弹体中塑性区范围 s 与参数 α_p 通过下式联系起来:

$$s = \frac{D_c}{2} \left(\frac{V}{U} - 1 \right) \left(1 - \frac{1}{\alpha_p^2} \right) \tag{5.20}$$

靶体中塑性区范围 (α_p) 通过解下面的超越方程得到:

$$\left(1 + \frac{\rho_t U^2}{Y_t} \right) \sqrt{K_t - \rho_t U^2 \alpha_p} = \left(1 + \frac{\rho_t U^2 \alpha_p^2}{2 G_t} \right) \sqrt{K_t - \rho_t U^2} \tag{5.21}$$

式中: K_t 为靶材料的体积压缩模量 (与压力有关); G_t 为剪切模量。

杆弹消蚀方程、杆弹刚体部分减速方程和弹/靶界面的应力平衡方程要用数值方法求解。该模型的杆弹消蚀方程与 AT 模型的式 (5.11) 一样, 杆弹刚体部分减速方程为

$$\frac{\mathrm{d}V}{\mathrm{d}t} = - \frac{Y_p}{\rho_p (L - s)} \left[1 + \frac{V - U}{c_b} + \frac{1}{c_b} \frac{\mathrm{d}s}{\mathrm{d}t} \right] \tag{5.22}$$

式中: c_b 为杆弹中的弹性波速度。

方程 (5.22) 包含有 V、U 及其时间导数, 以及与 s 和 α_p 有关的其他项。因为 α_p 与速度、时间都有关, 因此该模型的主要结果是, 在侵彻过程中 R_t 不是常数而是与速度有关。另一方面, Walker、Anderson (1995) 表明, α_p 随时间变化不很大, 对具体的侵彻过程可以取一个平均值来表示这一参数。如果将三维项设置为零, 并且杆弹中弹性波速变得很大, 该模型的控制方程组就简化成 AT 模型的方程。事实上, 这时靶的侵彻抵抗力简化为:

$$R_t = \frac{7Y_t}{3} \ln \alpha_p \tag{5.23}$$

该模型表明, R_t 随着塑性区范围 (α_p) 和靶材料流动应力 Y_t 而变化。为了提供 α_p 的先验估计值, Walker、Anderson (1995) 建议利用 Bishop 等 (1945) 的空腔膨胀分析理论。他们发现, 从柱形空腔膨胀分析得到的 α_p 表达式比来自于球形空腔膨胀分析的表达式与相关数据的一致程度更好。Chocron 等 (1998) 进一步讨论了这一问题, 证实柱形空腔分析符合更好。

Bishop 等 (1945) 的分析给出了弹塑性材料 (弹性模量 E、泊松比 ν、强度 Y) 中, 半径为 r 的膨胀空腔周围的材料进入屈服状态的尺度 r_y 表达式为

$$\left(\frac{r_y}{r}\right)_{sph} = \left[\frac{E}{(1+\nu)Y}\right]^{1/3} \quad (\text{球形空腔}) \tag{5.24a}$$

$$\left(\frac{r_y}{r}\right)_{cyl} = \left[\frac{\sqrt{3}E}{2(1+\nu)Y}\right]^{0.5} \quad (\text{柱形空腔}) \tag{5.24b}$$

利用式 (5.24b) 并取 $\alpha_p = (r_y/r)_{cyl}$, 从式 (5.23) 得到 R_t 的关系式为

$$\frac{R_t}{Y} = \frac{7}{6} \times \ln \frac{E}{Y} + \frac{7}{6} \times \ln \frac{\sqrt{3}}{2(1+\nu)} \tag{5.25a}$$

对钢靶, $\nu = 0.29$, 得

$$\frac{R_t}{Y} = 1.167 \times \ln \frac{E}{Y} - 0.465 \tag{5.25b}$$

根据式 (5.24a) 球空腔膨胀分析的 r_y/r, 得到 R_t/Y 的表达式为

$$\frac{R_t}{Y} = \frac{7}{9} \times \ln \frac{E}{Y} + \frac{7}{9} \times \ln \frac{1}{1+\nu} \tag{5.26a}$$

于是对钢靶, 有

$$\frac{R_t}{Y} = 0.778 \times \ln \frac{E}{Y} - 0.2 \tag{5.26b}$$

对于 $Y = 1.0\,\mathrm{GPa}$, $E = 200\,\mathrm{GPa}$ 的钢靶, 这些表达式得出 $R_\mathrm{t} = 5.72\,\mathrm{GPa}$ (柱空腔分析), $R_\mathrm{t} = 3.9\,\mathrm{GPa}$ (球空腔分析)。Rosenberg、Dekel (2000) 的数值模拟得到 $R_\mathrm{t} = 4.7\,\mathrm{GPa}$, 介于这两个数值之间。需要指出, 此处的 R_t/Y–E/Y 函数关系式与通过数值模拟给出的消蚀杆的式 (5.16) 相似。它们也与第 3 章中由数值模拟给出的, 以及 Tate (1986)、Yarin 等 (1996) 的解析模型得到的刚性杆的相应方程相似。

5.3 终点弹道学研究的相似律问题

到现在为止, 都还没有遇到终点弹道学中的相似律问题, 刚性杆和消蚀杆的侵彻数据都可以表示为无量纲化侵深 P/D (或 P/L) 与 V_0 的函数关系。相似律问题有很重要的实用特点, 因为大多数终点弹道学的实验工作是通过实验室内的缩比实验完成的。使用的典型缩比比例为 $1:3$ 和 $1:4$, 需要关注任何不符合相似律的效应, 它们可能影响到从缩比实验得出的结论。本小节讨论 Magness、Farrand (1990) 及 Magness、Leonard (1993) 强调过的两个紧密关联的相似律问题。Magness、Farrand (1990) 对贫铀 (DU) 和钨合金 (WHA) 杆弹的研究工作发现贫铀杆比钨合金杆的侵彻效率高很多, 尽管它们的密度和强度几乎一样。图 5.26 为这两种杆弹对轧制

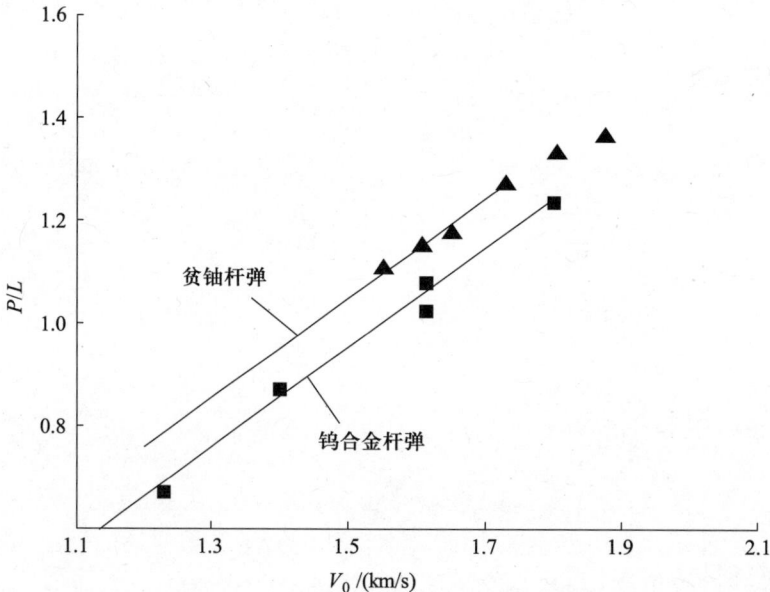

图 5.26 贫铀和钨合金杆弹对轧制均质装甲钢的无量纲侵彻深度

均质装甲钢 (RHA) 的侵彻结果。

可以清楚看出, 在兵器速度范围内 (约 1.5 km/s), 实验的数据点落在两条明显分开且几乎平行的直线上。这是与材料有关的相似律效应的差异, 是由贫铀和钨合金材料性质差异造成的。在更高撞击速度 (2.0 km/s), 两组数据趋近于落在同一曲线上。Magness、Farrand (1990) 把这两者不同的侵彻效率归功于贫铀材料的绝热剪切失效倾向导致的 "自锐" 特性。按照这一解释, 由于贫铀材料在相对较低应变下因绝热剪切失效, 所以贫铀杆弹的头部比钨合金杆弹的头部更尖锐。从有限厚靶板贯穿实验中, 通过杆弹残体的脉冲 X 射线照相可明显看出它们的头部形状的差异。另外, U–6Nb (含铌 6% 的铀合金) 长杆侵彻性能不如 DU (含钛 0.75% 的铀合金) 长杆。在 U–6Nb 长杆的残余部分上看不出绝热剪切失效的迹象, 这强烈说明长杆侵彻性能与侵彻过程中头部形状的联系。

Magness、Leonard (1993) 将贫铀和钨合金杆弹撞击轧制均质装甲钢靶的全尺寸实验数据与 1 : 4 缩比实验数据进行了比较, 发现两种材料杆弹的全尺寸实验数据 (无量纲侵彻深度) 大于缩比实验的数据 (图 5.27), 因此这两种材料都存在尺度效应。

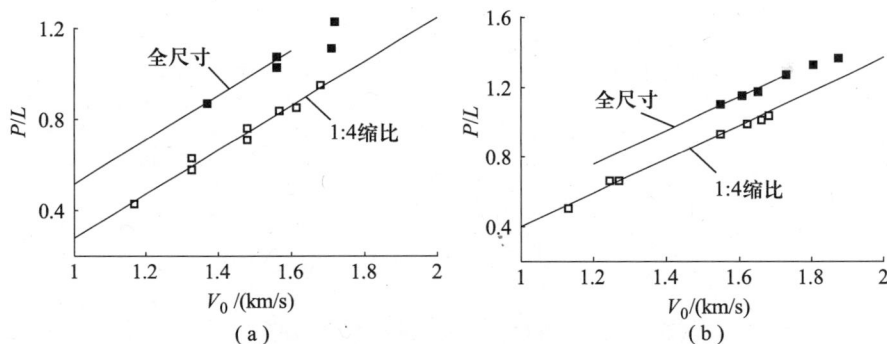

图 5.27　贫铀和钨合金杆弹的全尺寸和 1 : 4 缩比实验数据对比

(a) 钨合金杆弹; (b) 贫铀杆弹。

实验里出现的尺度效应似乎与不同尺度下靶材料的应变率不同有关。小尺寸实验的应变率高于全尺寸实验的应变率。这会导致小尺寸实验靶材料的强度更高, 从而降低了侵彻深度。为研究这一问题,Anderson 等 (1993) 对钨合金杆以 1.5 km/s 速度撞击装甲钢靶进行了一系列数值模拟。靶材料的本构方程包含了一个应变率项以定量估计应变率效应。数值模拟表明全尺寸和 1 : 10 缩比的无量纲侵彻深度相差仅有 5%。这也是贯穿有限厚靶的数值模拟中, 应变率效应对杆弹剩余速度和剩余长度的影响幅值。钨合金杆弹和贫铀杆弹侵彻实验出现的较大尺度效应不能归因于应变率影响。相反, 他们认为这些尺度效应是由于靶材料的累积损伤所致, 而累积损伤是绝对时间而不是比例时间的强相关函数。

Rosenberg 等 (1997a) 及 Rosenberg、Dekel (1999a) 进一步讨论了前面提及的这两个相似性问题, 提出了一种可能的解释。其基本观点是: 杆弹头部形状的小改变能导致侵彻能力的显著变化。这可以通过不同头部形状、$L/D = 6$ 的刚性钨合金杆以 1.2 km/s、1.7 km/s 速度撞击钢靶的数值模拟展示出来。模拟结果如图 5.28 所示, 显然杆弹头部形状控制了侵彻能力。考虑到它们之间侵彻深度差异大, 可以预期杆头部形状的小改变会带来侵彻深度的大变化。

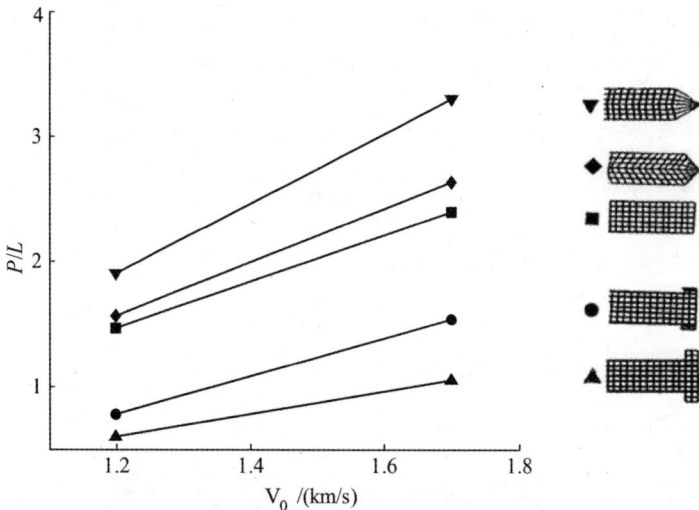

图 5.28 刚性杆头部形状对侵彻深度的影响

Rosenberg 等 (1997a) 开展了一些不同材料制成的杆弹贯穿靶板的实验以检查它们的头部形状。杆弹的长径比 $L/D = 10$, 尺寸相同, 分别用铜、钨合金和钛合金 (Ti-6Al-4V, 具有绝热剪切失效倾向的材料) 制成。用钛合金杆进行实验是为了验证绝热剪切可导致头部形状尖锐的论点。贯穿有限厚靶板后回收的杆弹如图 5.29 所示。从图 5.29 可看出, 出现绝热剪切失效的钛合金杆头部形状尖锐, 而按照理想流体动力学特点发生变形的铜杆头部呈圆形, 钨合金杆头部形状介于这两者之间。图 5.29 中还包括 Magness、Farrand (1990) 用来解释不同材料杆弹的不同失效机制的示意图。他们把这三种头部形状分类为早期剪切失效 (贫铀等材料, 绝热剪切

失效)、后期剪切失效 (半脆性材料, 如钨合金) 和流体动力学失效的蘑菇
状 (良好韧性材料, 如铜)。图 5.29 示意出对同一靶体, 由不同材料制成的
杆弹侵彻形成的弹坑直径不同, 韧性杆弹造成的弹坑直径最大, 具有自锐
特点的杆弹造成的弹坑直径最小, 如图 5.29 中双箭头线所示。

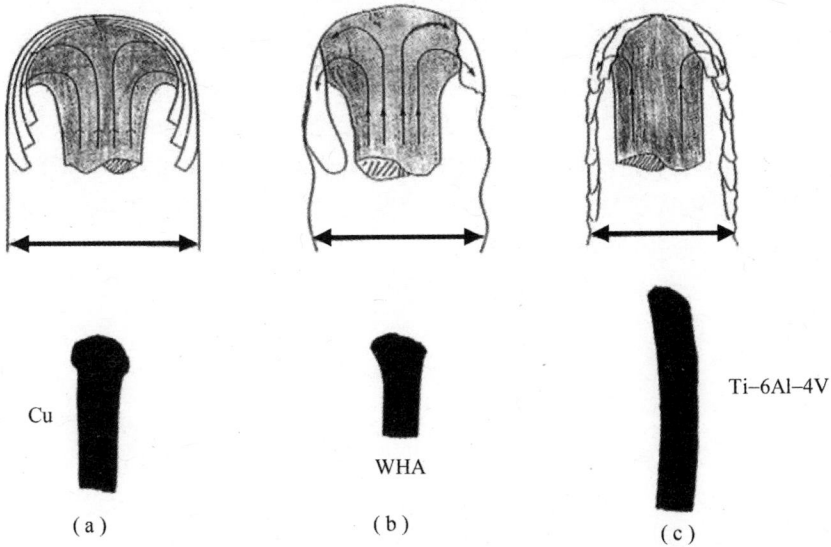

图 5.29　贯穿有限厚靶板后回收的不同材料的杆弹

(a) 流体动力学失效的韧性材料; (b) 半脆性材料; (c) 绝热剪切导致自锐特性。

Rosenberg、Dekel (1999a) 回收了长径比 $L/D = 10$, 直径分别为 $8\,mm$、
$16\ mm$ 的钨合金杆弹贯穿钢板后残余的弹体。由图 5.30 可见, 比较而言,
直径较大杆弹的头部蘑菇形状相对更小些。较小直径杆弹头部变形处直径

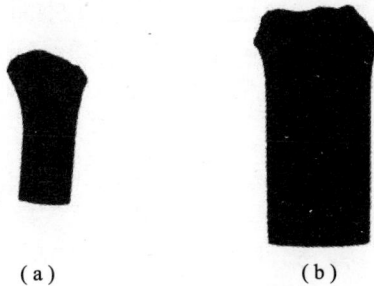

图 5.30　不同尺寸的钨合金杆弹残余弹体的头部形状

比原始杆径大 38%, 较大直径杆弹头部变形处直径只比原始杆径大 12%。较大直径杆弹侵彻能力更高可以用这样的头部形状差异予以解释。

这些发现充分支持了尺度效应和贫铀侵彻能力优于钨合金这两个现象都与杆弹头部形状尖锐程度有关的论点。侵彻过程中杆弹头部经历的强烈塑性变形远超出杆弹材料的失效应变, 于是侵彻靶体时杆弹头部四周材料持续剪切失效, 使头部保持一定尖锐程度。贫铀与钛合金材料的失效应变值低于钨合金的, 因此 Magness、Farrand (1990) 提出贫铀 (或钛合金) 倾向于形成更尖的头部形状, 从而侵彻能力更强。不过, 图 5.30 也表明, 头部尖锐程度与杆弹直径有关。大直径杆弹比小直径杆弹的头部形状更尖, 因此造成钨合金或贫铀杆弹侵彻的尺度效应。另一方面, 铜材料韧性很好, 失效应变值大, 使其头部呈圆形。于是可预计不同尺寸铜质杆弹的无量纲侵彻深度与直径无关。Rosenberg 等 (1997a) 的长径比 $L/D = 10$、尺寸变化 2 倍的铜杆侵彻实验结果正是如此。在撞击速度 $0.9 \sim 1.6\,\mathrm{km/s}$ 范围内, 两种尺寸铜质杆弹的无量纲侵彻深度 P/L 几乎是一样的。

为了解释这些与相似律有关的问题, Rosenberg 等 (1997a) 考虑断裂力学中定义的裂纹前端的塑性区尺寸 r_p。按照该理论, 材料依据其尺寸相对于塑性区 r_p 的大小关系可视为韧性或脆性。如果试件尺寸比 r_p 值小得多, 在大变形下其行为可视为韧性的。而如果试件尺寸比 r_p 值大得多, 就表现为脆性行为。根据断裂力学, 裂纹前端塑性区大小由下式给出:

$$r_p = \frac{1}{2\pi} \left(\frac{K_\mathrm{c}}{\sigma_y} \right)^2 \tag{5.27}$$

式中: K_c 为材料断裂韧度; σ_y 为材料屈服强度。

根据钨合金和铜材料断裂韧性 K_c 的典型值为 $30\,\mathrm{MPa}\sqrt{m}$、$150\,\mathrm{MPa}\sqrt{m}$, 及其他们的 σ_y 为 $1.2\,\mathrm{GPa}$、$0.2\,\mathrm{GPa}$, 可得钨合金 $r_\mathrm{p} = 0.4\,\mathrm{mm}$, 铜材料 $r_\mathrm{p} = 90\,\mathrm{mm}$。铜的 r_p 值大, 这就解释了实验中两种直径的铜杆弹侵彻时的韧性行为。相反, 直径数毫米的钨合金杆弹侵彻时表现出准脆性性质, 杆弹直径不同塑性程度也不同。同时包括塑性流动和断裂情形的相似律问题广受关注, 有大量实验和理论分析研究。Atkins (1988)、Ivanov (1994) 综述了与本节讨论的情形类似的实验及分析。总之, Magness 及其同事指出的由不相似效应导致的不同实验现象可归因于杆弹头部形状对侵彻深度的强烈影响。准脆性材料 (塑性区 r_p 大小与杆弹直径同一量级) 制成的不同尺寸杆弹在侵彻中其头部形状可以很不相同。

从图 5.26 和图 5.27 可看出, 在大约 $2.0\,\mathrm{km/s}$ 撞击速度时侵彻不相似

现象 (贫铀杆比钨合金杆侵彻效能好, 同种材料、不同尺寸杆弹侵深不成比例) 趋于消失。为解释此问题, 考虑 Rosenberg、Dekel (1998a) 在杆弹材料本构关系中增加失效阈值所进行的数值模拟。此阈值即为材料能承受的最大失效应变 ε_f, 这是流体动力学计算程序中材料模型的通常做法。第 4 章已显示了它对于钝头弹贯穿靶板过程的影响。一旦计算中某单元应变达到该数值, 在以后的计算轮次中其强度变成 0。在数值模拟里, $L/D = 20$ 的钨合金杆以不同速度撞击轧制均质装甲钢, 钨合金材料的 ε_f 从 0.2 变到 5.0 引起对钢靶侵彻深度的显著变化, 如图 5.31 所示。可见, ε_f 值对侵彻深度的影响程度与撞击速度很有关系, 随撞击速度提高影响程度下降明显。

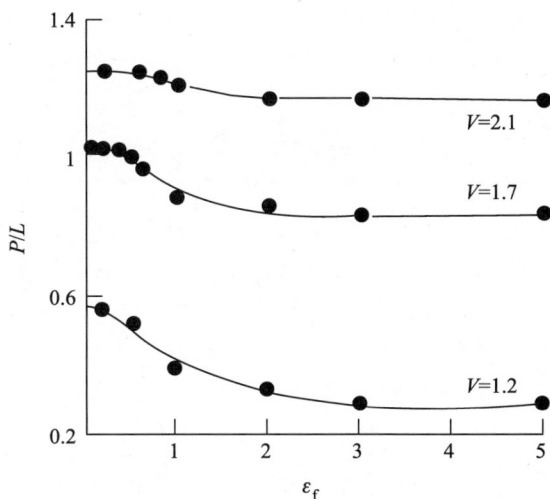

图 5.31　失效应变 ε_f 影响侵彻深度的数值模拟结果

就对侵彻深度的影响而言, 失效应变是数值模拟中非常起作用的参数, 尤其是在 ε_f 为 0.2 ~ 2.0 范围内。随着 ε_f 值增加, 侵彻深度下降, 下降程度与撞击速度有关。图 5.26 所示的 Magness、Farrand (1990) 的实验数据也能看到这一倾向。实际上在大约 2.0 km/s 速度上, 贫铀与钨合金杆弹的侵彻能力几乎一样。这一实验现象可由图 5.31 所示的数值模拟结果予以解释, 即在速度 2.1 km/s 时, 具有不同 ε_f 值的弹体的侵彻深度彼此非常接近。

Anderson 等 (1999) 指出, 在材料本构中增加失效应变参数, 改进了高强度钢杆弹剩余速度和剩余长度的数值模拟结果与实验数据的一致性。

他们假设单位体积弹体材料失效前能够吸收的塑性功为常数。在数值模拟中不同钢杆材料的 $Y_p \cdot \varepsilon_f$ 乘积被赋予固定值 $1.5\,\mathrm{GJ/mm^3}$，这样对强度 $Y_p = 1.5\,\mathrm{GPa}$ 的材料，对应的 $\varepsilon_f = 1.0$。这一材料强度与其最大失效应变之间的关系式，和强度较高的钢材拉伸实验的延伸率较低的实验结果是一致的。总之数值模拟中失效应变参数 ε_f 解释了实验观察到的重要现象。Anderson 等 (1999) 建议 ε_f 值应该与材料真实性质，也就是动态加载下材料能承受的最大应变紧密相关。

Rosenberg、Dekel (1998a) 进一步显示了数值模拟中对弹/靶材料给予真实材料性质参数的重要性。在钨合金杆撞击轧制均质装甲钢的模拟中，杆弹材料强度 (von Mises) 在 $0.2 \sim 2.5\,\mathrm{GPa}$ 之间变化。当杆弹材料的本构关系中不包含失效阈值时，数值模拟给出的侵彻深度随杆弹材料强度变化的曲线 (图 5.32) 清楚地出现极点，即对杆弹材料强度约 $0.8\,\mathrm{GPa}$、撞击速度 $1.4\,\mathrm{km/s}$ 的数值模拟给出了最大侵深。这一结果与涉及杆弹材料强度的两个互相竞争的因素有关：一方面，杆弹材料强度越高其侵彻深度越大；另一方面，材料强度增加则侵彻过程中减速度升高，这会导致侵彻深度下降。于是在某些强度值时这两个互相矛盾的因素相平衡，得到最大侵彻深度。当杆弹材料的本构关系中增加热软化机制时，这种侵彻深度极值就消失了，图中这点很明显。仅仅给靶材料的本构关系增加某一失效机制并不能去除数值模拟结果的极值点，这样做使得靶体变得更弱，其结果只是将 P/L 曲线整体移向更高的值。

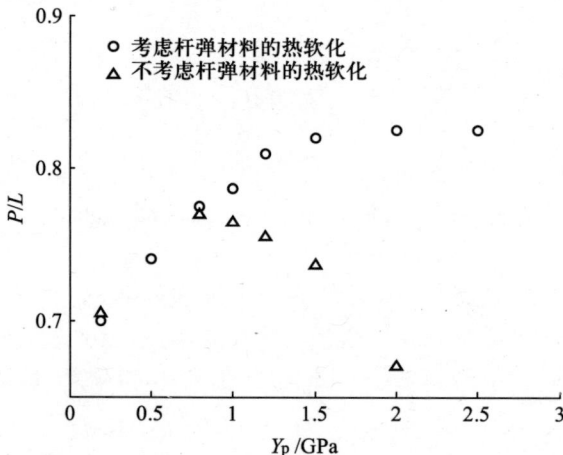

图 5.32　有无热软化时杆弹侵彻效率的数值模拟结果

杆弹材料包含热软化效应的数值模拟结果表明, 在较低强度范围内, 杆弹侵彻效率 (P/L) 对杆弹材料强度很敏感。另一方面, 杆弹材料强度超过 1.2 GPa 后这一敏感性几乎消失了。从这些数值模拟看出, 材料强度从 1.2 GPa 增加到 2.0 GPa, 侵彻效率只有一点增加。这种侵彻效率饱和现象可能是前述两种互相相反作用机制, 即杆弹材料强度的增加在提高侵彻能力同时又提高了弹体减速度这两种效应折中的结果。

5.4 超高速碰撞阶段的侵彻

Hermann、Jones (1961) 的综述包含了粗短弹体以超高速 (2.0 ～ 10 km/s) 撞击半无限厚靶的侵彻深度的许多实验结果, Hermann、Wilbeck (1987) 也评述了这些实验。这些实验中弹体为球体或长径比约为 1.0 的短圆柱体。在这样的高速下, 弹坑为半球形, 这是弹体能量在撞击瞬间就消耗掉的结果。超高速撞击的弹坑是由撞击点处产生的径向膨胀的强烈击波造成的。相比之下, 粗短弹体低速撞击的坑是圆柱形, 深度可大于或小于其直径 (与弹/靶材料的密度和强度有关)。随着撞击速度提高, 弹坑变得更接近半球形。有些研究者甚至根据这一现象来确定标志着转变为超高速碰撞的阈值撞击速度。

研究发现, 在超高速撞击范围内, 弹坑体积与弹体动能的比值为常数。该比值与靶材料极限强度有关, 或按照 Hermann、Wilbeck (1987) 的叙述, 依赖于材料的布氏硬度 (在公式中以 B_h 表示):

$$\frac{E_k}{\text{Vol}} = 27B_h \tag{5.28}$$

式中: E_k 为弹体动能 (J); Vol 为弹坑体积 (cm^3)。

这一关系直到速度高达 10 km/s 都成立, 而一般预期在此速度下靶材料强度起的作用很小, 因此这可能会令人难以理解。事实上, 在早期的超高速撞击会议文集 (1955—1965 年) 中, 有些研究工作就试图寻找靶强度作用消失的阈值速度。但数据表明, 即使速度在 10 km/s 以上, 靶材料强度的影响依然存在。例如, Kineke、Richards (1963) 对 Halperson、Atkins (1962) 的工作进行了扩展, 用铝球撞击强度约 0.5 GPa 的 2014-T6 铝合金和强度约 0.05 GPa 的软得多的 1100-F 铝合金靶。结果显示即使速度高达 9.7 km/s, 这两种材料中弹坑体积的比值约为 0.37。图 5.33 表明, 在 3 ～ 9 km/s 速度范围内, 直径 4.76 mm 铝球撞击这两种铝靶的弹坑深度的差值是常数, 约为 1 倍弹径。因此对弹坑尺寸而言, 即使在极高速度下靶材料强度还起着控制作用。

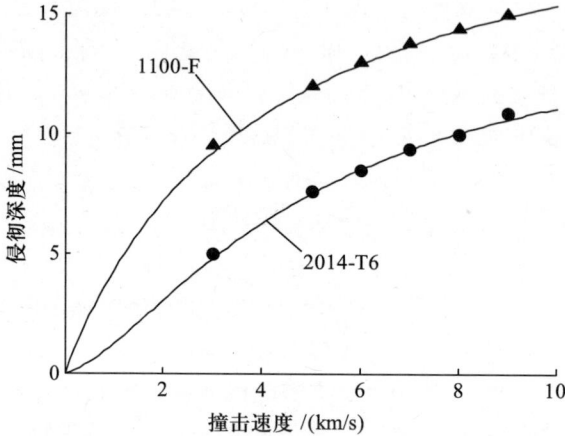

图 5.33　铝球撞击两种不同铝靶的实验结果

Hermann、Jones (1961) 和 Belyakov 等 (1964) 对金属球撞击半无限靶数据的综述表明, 控制侵彻深度的无量纲参数为 $\rho_p V_0^2 / B_h$, B_h 为靶材料布氏硬度。这一参数通常被称为 Best 数, 是以研究了弹体撞击泥土靶时弹体动能与弹坑体积关系的一位 19 世纪弹道学家命名的。Hermann、Jones (1961) 给出了高速金属球侵彻深度的半经验公式, 公式中的两个无量纲参数分别是 Best 数和弹/靶密度比。Christman、Gehring (1966) 的长杆弹高速撞击靶体的次要侵彻阶段的经验公式 (5.9b) 中也包含了 Best 数和弹/靶密度比。次要侵彻阶段是杆弹的 $L/D = 1$ 的最后部分造成的。因此, 次要侵彻阶段的侵彻深度和短弹体高速撞击的侵彻深度一样依赖于 Best 数就不足为奇了。

为了展示这一无量纲组合的有效性, 考虑图 5.33 所示的 1100-F 和 2014-T6 铝合金的实验数据。用这两种材料的布氏硬度 B_h 为 26 HB、137 HB 对数据进行无量纲化的结果如图 5.34 所示, 容易看出这是有效可行的。Belyakov 等 (1964) 给出了铁、铜、铝、铅球对称碰撞 (弹/靶材料相同)、Best 数 ($\rho_p V_0^2 / B_h$) 超过 400 的数据, 这些数据点落在同一曲线上。

假设弹体动能与弹坑体积比值为式 (5.28) 所示的常数, 即可得出球形弹坑的无量纲深度为

$$\frac{P}{D} = k(\rho_p V_0^2)^{1/3} \tag{5.29}$$

式中: 常数 k 依赖于弹/靶组合的具体性质。

要注意的是, P 关于 $V_0^{2/3}$ 的曲线和 P 关于 $\ln V_0$ 的曲线非常接近, 因此许多研究者对超高速碰撞侵彻深度的半经验公式采用了 $P = P(\ln V_0)$ 形式也就不奇怪了 (见 Hermann、Jones (1961))。如 Holsapple (1987) 所示, 通过基于点源近似的量纲分析, 为式 (5.29) 的 P/D 对 ρ_p 和 V_0 的特定依赖关系提供了物理解释。基本假设是: 弹体传递给靶板的能量等于撞击瞬间作用于靶板表面的点源能量。自 20 世纪 40 年代以来, 点源近似在气体和液体中应用很成功。然而应用于固体只是在证明所有点源解都具有形如 $D(V_0)^{\delta_1}(\rho)^{\delta_2}$ 的相似解之后才成为可能, D、ρ 分别为弹体直径和密度, V_0 为撞击速度。指数 δ_1 和 δ_2 决定了按照点源近似理论得到的相似规律。Holsapple (1987) 指出依据能量相似导致上述式子中 $\delta_1 = 2/3$ 和 $\delta_2 = 1/3$。感兴趣的读者可以参看 Kinslow (1970) 的文献, 以获得关于相似理论、点源理论分析的更多信息, 以及超高速撞击的数值模拟和实验结果。

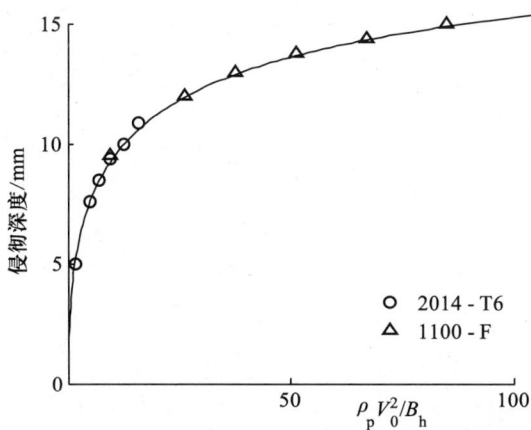

图 5.34　铝球撞击两种铝靶的侵彻深度随 Best 数的变化

粗短弹体和长杆弹的超高速撞击形成的弹坑形状有些不同。粗短弹体造成的弹坑基本是球形的, 而长杆弹造成的弹坑是狭窄的深坑。另一个差别是很高速度下极限侵彻深度不同。长杆弹侵彻深度渐近趋于流体动力学极限 $(\rho_p/\rho_t)^{0.5}$, 或者当强度影响重要时趋近于稍高于此的值。而球形弹侵彻深度正比于 $V_0^{2/3}$, 实际上没有上限。长径比大致为 1.0 的圆柱体弹也是这样。找出标志着粗短弹体向长杆弹转变的长径比 L/D 阈值是令人感兴趣的问题。为了至少是定性地探讨这个问题, 考虑图 5.35 所示的 Rosenberg、Dekel (2001b) 的数值模拟结果。强度为 0、长径比 L/D 为 3

~ 30 的钢弹以 7.0 km/s 的最高速度撞击强度 0.4 GPa 的铝靶。对无量纲侵彻深度 P/L 乘以 $(\rho_t/\rho_p)^{0.5}$，以便渐近值成为 1.0。可清楚看出，L/D 为 3、5 的短弹体行为类似于球形弹，随撞击速度增加侵彻深度连续提高。而 L/D 为 20、30 的杆弹可视为长杆，其侵彻深度倾向于趋近流体动力学极限侵深。$L/D = 10$ 杆弹的行为介于这两类之间，可以推论标志着粗短弹体向长杆弹转变的 L/D 阈值应该在 L/D 为 5 ~ 10 之间的某处。

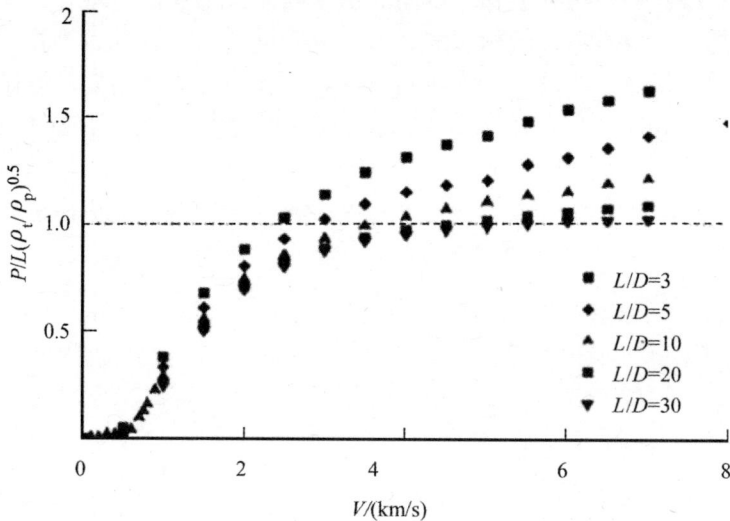

图 5.35　强度为 0 的钢弹撞击 0.4 GPa 铝靶的数值模拟结果

为支持该结论，考虑图 5.36 所示的 $L/D = 5$ 钽弹和 $L/D = 10$ 钨合金弹撞击 6061-T6 铝靶的实验结果。钽弹的数据来自于 Bless 等 (1987)。Hohler、Stilp 的钨合金弹的数据以表格形式列在 Anderson 等 (1992) 的资料库中。这两组实验的速度范围大，它们的无量纲侵彻深度 P/L 乘以其对应的密度比 $(\rho_t/\rho_p)^{0.5}$ 绘于图中。由图可见，$L/D = 5$ 的钽杆随速度增加侵深提高，而 $L/D = 10$ 的钨合金杆侵深趋近于极限值，与长杆侵彻理论结果一致。这支持了前一段落给出的结论，即就长径比而言，短杆和长杆的分界线位于 L/D 为 5 ~ 10 之间某处。

由于钨合金杆/铝靶组合的强度比大，和其他的类似弹/靶组合一样，$L/D = 10$ 的钨合金杆撞击铝靶的无量纲侵深的渐近值显著高于流体动力学侵深极限。虽然两组实验的杆弹的 L/D 值差别很大，但在兵器速度范围内，它们的无量纲侵深数据位于同一曲线上。这与几个互相竞争的因素以不同方式影响侵彻过程有关。一方面，"L/D 效应" 使得较短的钽杆的 P/L

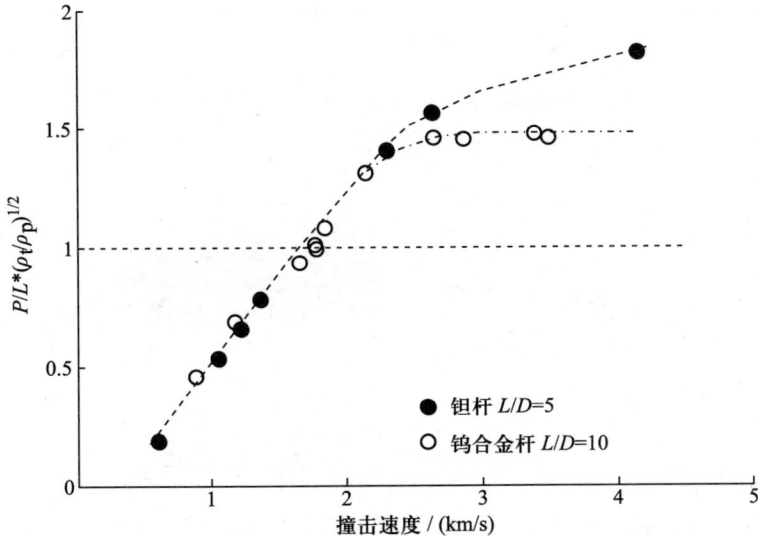

图 5.36 $L/D = 5$ 钽杆和 $L/D = 10$ 钨合金杆撞击铝靶的无量纲侵彻深度

值较大; 另一方面, 钽杆强度比钨合金杆强度低得多, 又使其侵深比钨合金杆的侵深低。另外, 钽是韧性材料, 而钨合金为准脆性材料。这一差别又增加了钨合金杆的侵彻深度 (由于前一节讨论过的不相似效应)。这三个因素在兵器速度范围内对长杆侵彻过程影响显著, 从数据看在这两个弹/靶组合的实验里它们的影响正好互相抵消。

5.5   消蚀杆对靶板的贯穿

    消蚀杆贯穿靶板是装甲工程师关心的最重要问题, 这是绝大多数实际情况中所遇到的问题。同时, 这也是最复杂的弹/靶间相互作用, 涉及许多难以理论分析的问题, 如非定常侵彻和消蚀过程、靶板后表面引起的抵抗应力降低、弹体到达靶板后表面之前靶板中不同失效机制的作用等。这些复杂性是缺少可消蚀侵彻体的弹道极限速度、剩余速度、剩余质量的简单解析模型的主要原因。Ravid、Bodner (1983) 和 Walker (1999) 等的少数解析模型研究了消蚀杆侵彻有限厚靶问题, 解释了靶板背面鼓起。Ravid-Bodner 模型基于塑性理论, Walker 的模型考虑弹体前的速度场以及靶背面对这一速度场的影响。Chocron 等 (2003) 把这两个贯穿/鼓胀模型联合应用于消蚀杆贯穿许多分开放置的钢靶板。不过, 所有这些模型一点都不简单, 严重依赖于数值模拟。消蚀杆贯穿靶板作用的复杂性由 Stilp、Hohler

(1990) 的 $L/D = 10$ 钢杆以 $2.03\,\mathrm{km/s}$ 速度侵彻钢板得到的侵彻坑 (图 5.37) 可见一斑。可清楚地看到, 反向流动的杆弹材料形成的薄壁圆柱筒排列在侵彻弹坑壁上, 还有靶板背面的鼓胀以及拉伸失效痕迹。另外, 靠近靶板背面弹坑直径有所增大是侵彻晚期阶段靶板背面影响所致的抵抗应力降低的标志。

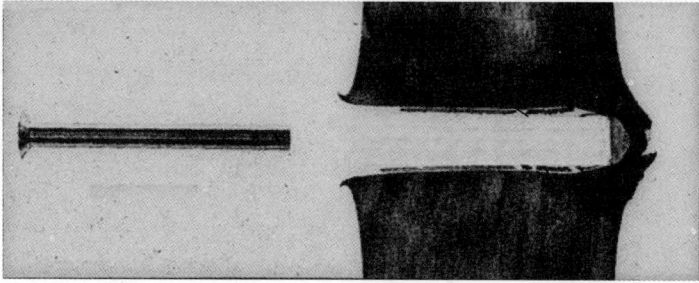

图 5.37　钢杆撞击在钢板中形成的侵彻坑和背面鼓胀

　　许多对有限厚靶侵彻的研究工作以确定贯穿给定厚度 H 的靶板需要的最低撞击速度 V_{BL} 为目标。数据也可以理解为阻止给定撞击速度的杆弹需要的最小靶板厚度 H_{BL}, 该厚度大于对应的半无限厚靶的侵彻深度。Anderson 等 (1992) 汇编的数据包含了许多针对不同弹/靶的 $H_{\mathrm{BL}}(V_0)$ 结果。图 5.38 是 Hohler、Stilp 的 $L/D = 10$ 钢杆撞击布氏硬度 $180\,\mathrm{HB}$ 钢

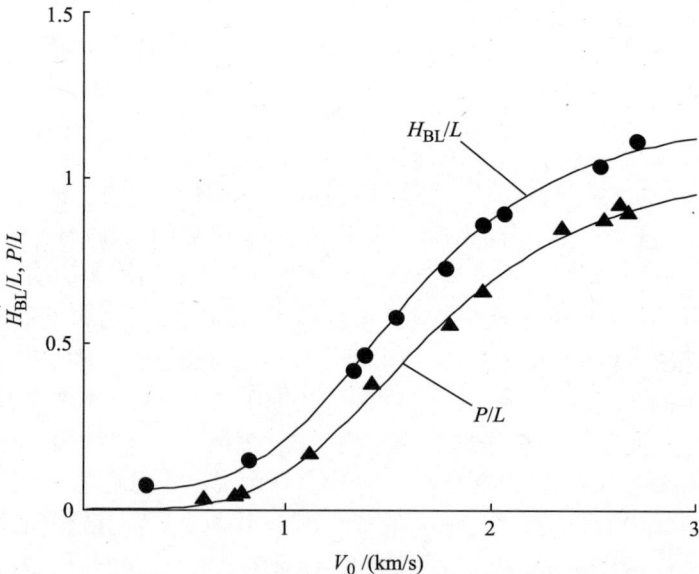

图 5.38　$L/D = 10$ 钢杆弹撞击半无限厚钢靶和有限厚钢靶的数据

板的 $H_{BL}(V_0)$ 数据。钢杆对同样硬度半无限厚靶的无量纲侵深 P/L 数据也在图中。很容易看出，这两组数据间的差别是很显著的，在高撞击速度时也如此。撞击速度 $1.0\,\text{km/s}$ 时 $P/H_{BL} = 0.63$，$3.0\,\text{km/s}$ 时 $P/H_{BL} \approx 0.85$。如以弹体直径度量，则在此速度范围内 H_{BL} 比 P 大出 $1 \sim 2$ 倍弹径。Tate 等 (1978) 用钨合金杆撞击轧制均质装甲钢也得到类似结果。因此可把这些结果当做一个根据半无限厚靶的侵彻深度估计对应的 H_{BL} 值的经验方法。

Hohler、Stilp (1975) 进行了 $L/D = 10$ 钢杆撞击两块分开一些距离的等厚度钢板的一组实验。其中一发实验的弹坑形状如图 5.39 所示 (引自 Stilp、Hohler (1995))。图中清楚显示了穿透第一层靶后飞出的弹体形状。实验时撞击速度为 $2.63\,\text{km/s}$，每块靶板厚度均为 $25.2\,\text{mm}$。

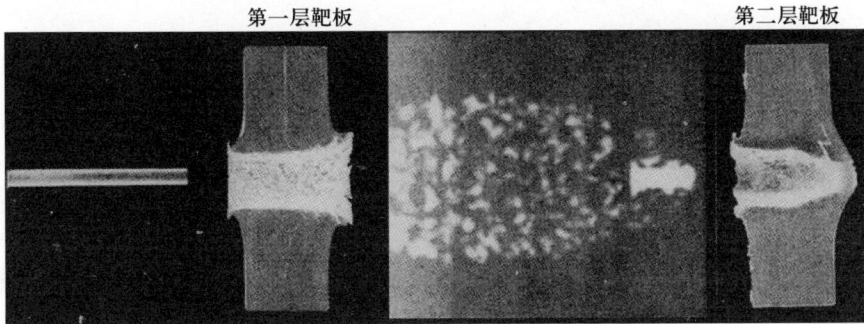

图 5.39　钢杆弹撞击双层靶板形成的弹坑和穿透第一层后的弹体

Hohler、Stilp (1975) 的实验数据以阻止弹体所需要的两块靶板的总厚度 T_{12} 随速度变化的形式绘制于图 5.40。图 5.38 中的 H_{BL}/L 和 P/L 曲线也画在图 5.40 中。低速时 $(V_0 < 1.2\,\text{km/s})$ 双层靶板的数据点 (T_{12}/L) 沿着有限厚靶板的曲线 (H_{BL}/L) 变化，在更高速度下转移到半无限厚靶板的曲线 (P/L) 上来。

Gragarek (1971) 对消蚀长杆侵彻装甲钢板的剩余速度的大量实验进行了总结，给出下面的经验公式：

$$\frac{V_r}{V_{bl}} = \frac{1.1y^2 + 0.8y + 2y^{0.5}}{1 + y} \tag{5.30}$$

式中

$$y = \frac{V_0}{V_{bl}} - 1$$

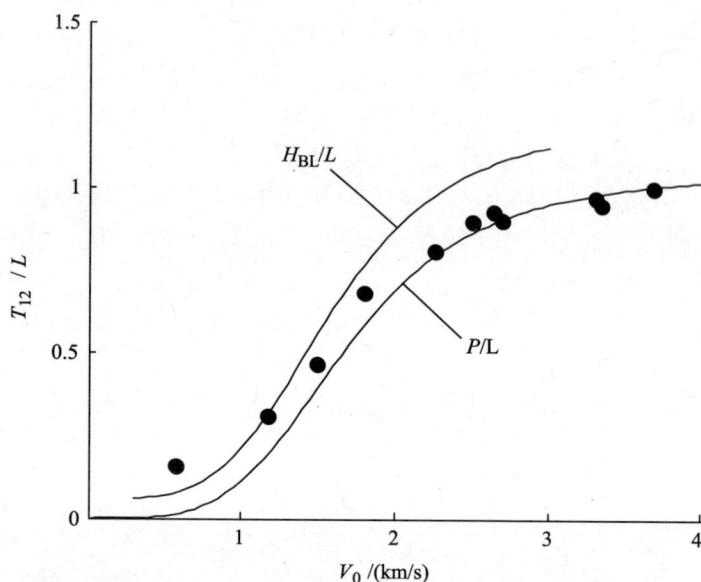

图 5.40 双层靶板实验数据 (圆点) 与有限厚和半无限厚靶曲线的对比

该式对于 $1.0 < V_0/V_{bl} < 2.5$ 速度范围的正撞击和斜撞击都适用。撞击速度大于 $2.5V_{bl}$ 时, 剩余速度几乎等于撞击速度。注意到以下情况就能理解这一结果: 消蚀长杆对有限厚靶和半无限厚靶的绝大部分侵彻过程中减速度都相对较小, 只是在杆弹长度与杆弹直径相当时减速度才很显著。当撞击速度比弹道极限速度高得多时, 杆弹贯穿靶板花的时间相对很短, 速度降低几乎可忽略。这在 Hohler 等 (1978) 的 $L/D = 10$ 钨合金杆以 $1.52\,\mathrm{km/s}$ 速度撞击不同厚度钢板的实验结果中表现得很明显。图 5.41 为正撞击和 $\beta = 60°$ 斜撞击 (β 为杆弹轴线与靶板法线夹角) 的结果。

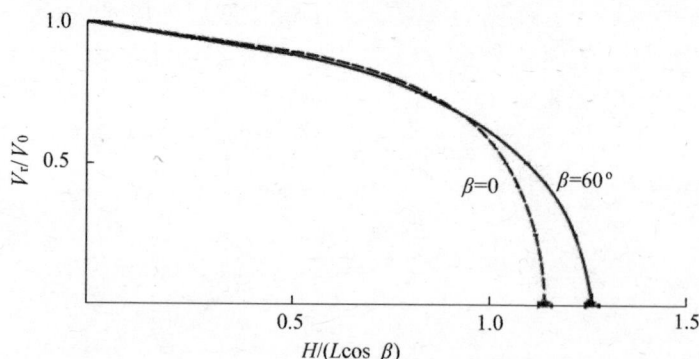

图 5.41 正撞击和斜撞击的无量纲剩余速度与靶板厚度关系

斜撞击时靶板沿着撞击方向的厚度为 $H/\cos\beta$, 因此图中无量纲靶板厚度为 $H/(L\cos\beta)$。图中两曲线证实了前述结论, 即靶板厚度比 H_{BL} 薄得多时剩余速度比撞击速度降低很少, 靶板厚度接近 H_{BL} 则剩余速度显著降低。H_{BL} 值在图 5.41 中以横轴上的小箭头表示。斜撞击的 H_{BL} 值比正撞击的 H_{BL} 值大一些, 表明靶板斜放置提高了抗侵彻能力。

Anderson 等 (1996b) 对不同强度钢杆贯穿两种硬度值的装甲板的实验数据采用式 (5.30) 的形式进行拟合, 得到 y^2、y 和 $y^{0.5}$ 的系数分别是 0.9、1.3 和 1.6。这些系数值与 Grabarek 的 1.1、0.8 和 2.0 不相同。可见, 这类没有基于物理基础的、一组拟合系数不能解释多组实验结果的经验拟合是没有多大用途的。

Lambert (1978) 基于一些解析分析 (Zukas (1982) 也有所描述), 提出了另一个消蚀长杆侵彻剩余速度的半经验关系如下:

$$\frac{V_r}{V_{bl}} = k_0 \cdot \left[\left(\frac{V_0}{V_{bl}}\right)^m - 1\right]^{1/m} \tag{5.31}$$

式中: k_0、m 为对每一个弹/靶组合确定的经验常数。

取 $k_0 = 1$ 和 $m = 2.5$, 该方程就可以很好地解释 Anderson 等 (1996b) 的数据, 如图 5.42 所示。

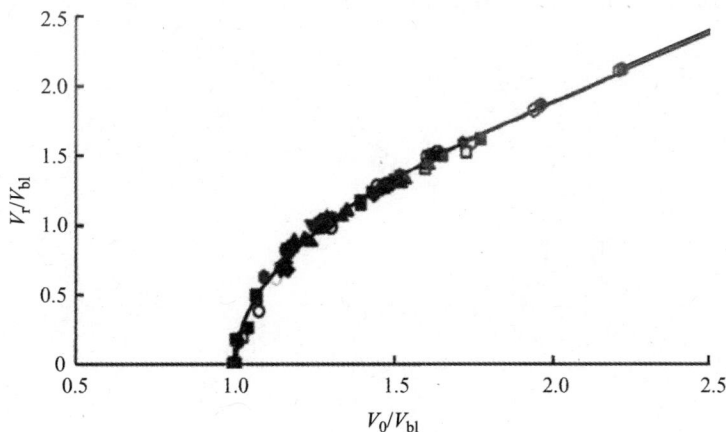

图 5.42　钢杆贯穿装甲钢的剩余速度以及 Lambert 方程拟合结果 (取 $k_0 = 1$ 和 $m = 2.5$)

Burkins 等 (1996) 测量了 $L/D = 10$ 的钨合金与贫铀杆弹贯穿 Ti/6Al/4V 靶板的剩余速度, 发现方程 (5.31) 用 $k_0 = 1$ 和 $m = 2.6$ 可以很好地拟

合实测数据。考虑到 Lambert 关系 (方程 (5.31)) 包括的参数少, 同时基于对过程的物理描述, 认为它比 Grabarek 关系 (方程 (5.30)) 更好。

为了进一步研究这一问题, 对 $L/D = 10$, $D = 6\,\mathrm{mm}$ 的钢弹撞击厚 35 mm 钢靶进行了一组数值模拟。模拟里取 $V_{bl} = 1.55\,\mathrm{km/s}$, 弹、靶材料强度分别为 1.0 GPa、0.8 GPa, 撞击速度为 $1.5 \sim 2.2\,\mathrm{km/s}$, 得到的 V_r/V_{bl} 与 V_0/V_{bl} 关系如图 5.43 所示。图中曲线为 $k_0 = 1$ 和 $m = 2.5$ 的 Lambert 关系给出, 可见其与数值模拟结果很一致。这也说明, 就剩余速度而言, Lambert 关系表达了贯穿过程的基本特点。参数 m 决定了 V_0/V_{bl} 值较低时曲线变化的陡峭程度。而 V_r/V_{bl} 值较高时对参数 m 不太敏感。下面用具体数值说明这一点: 对 $V_0/V_{bl} = 1.1$, 当 m 为 2、3 时, 根据式 (5.31) 计算得 V_r/V_{bl} 分别为 0.458、0.69。这两个值相差约 50%, 表明撞击速度接近于 V_{bl} 时, V_r/V_{bl} 对参数 m 的强烈依赖性。另一方面, 对 $V_0/V_{bl} = 3$, 当 m 为 2、3 时计算得 V_r/V_{bl} 分别为 2.83、2.96, 两者仅相差 4%。撞击速度 $V_0 = 2.5V_{bl}$ 时, 按照 Lambert 关系计算 V_r 迅速接近 V_0, Grabarek (1971) 曾观察到这一现象。

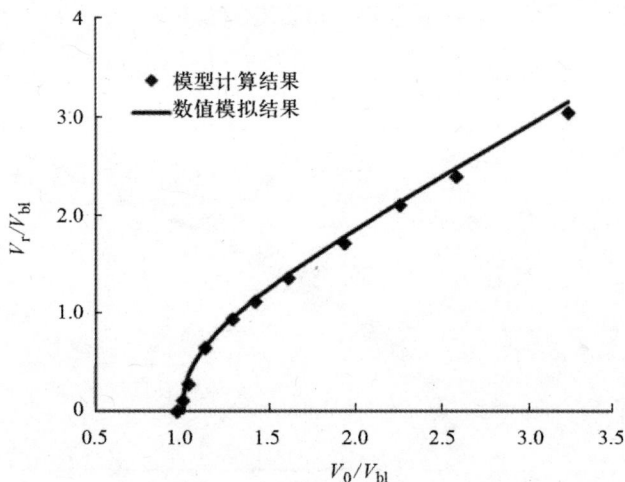

图 5.43　数值模拟得到的无量纲剩余速度

消蚀长杆的剩余长度随靶板厚度增加成比例下降。图 5.44 为 Hohler 等 (1978) 用 $L/D = 10$ 的钨合金杆以不同速度正撞击和斜撞击装甲钢板的实验结果。斜撞击时无量纲靶板厚度以 $H/(L_0 \cos\beta)$ 给出。撞击速度约为 1.52 km/s, 两组实验的杆长度相对变化 ($\Delta L/L_0$) 数据位于同一曲线上。

注意杆剩余长度的渐近值 $L_r = 0.1L_0$ (对应于 $\Delta L/L_0 = 0.9$), 且杆原始长度 $L = 10D$, 因此剩余长度渐近值等于 1 倍杆径。这与前面对于兵器速度范围内撞击时杆剩余长度的讨论结果是一致的。

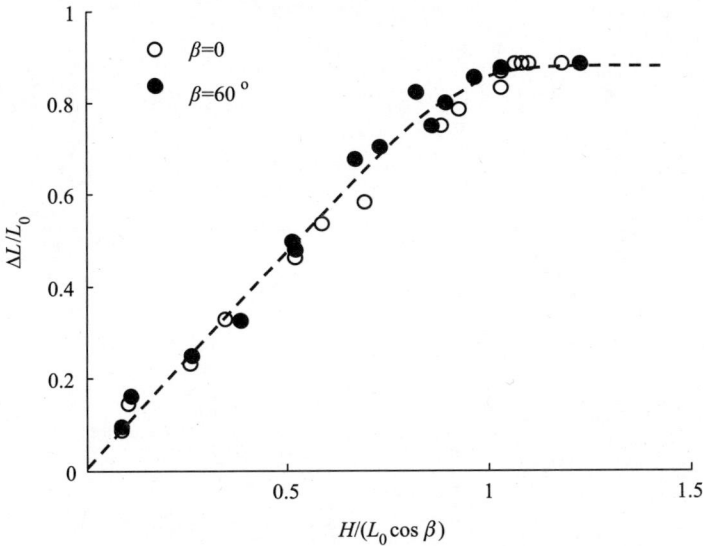

图 5.44　随靶板厚度增加, 长杆弹的剩余长度下降

第三篇　抗侵彻机制

装甲设计师的主要目标是用最轻、最简单的结构防止某一给定威胁击穿被防护目标。这可通过最优化被防护目标的材料性质，或者在目标前增加附加装甲来实现。为了构建高效的附加装甲，需要优化利用可降低来袭威胁毁伤力的机制。本节论述使战场上最常遇到的三种威胁失效的机制。这三种威胁是：① 具有硬钢芯或碳化钨芯的穿甲弹；② 高密度材料 (钨合金或贫铀) 制成的长杆弹；③ 聚能射流 (破甲弹)。

为了降低威胁的毁伤力，需要使一个或多个令威胁失效 (如使威胁减速、消蚀、破碎和挠曲) 的机制的作用最大化。这些机制在不同的装甲设计中起作用，其中装甲可分为被动装甲、反应装甲和主动装甲等几类。被动装甲利用具有特殊设计的几何形状的高强材料挫败威胁。反应装甲 (在威胁撞击时) 和主动装甲 (当威胁在一定距离时) 推动金属板飞向威胁。这些装甲设计中起作用的主要机制基于两个原则：① 使用高强度材料，最好是低密度的，以增强对侵彻的抵抗力；② 利用大倾角引起威胁与装甲之间相互作用的非对称性。Ogorkiewicz (1995) 对这些机制在不同装甲车辆上的应用给出了内容丰富的论述。

第 6 章集中讨论正撞击时基于靶强度影响而挫败威胁的机制。第 7 章讨论斜撞击及其作用的非对称性。一些较好的装甲设计集合了高强度靶材料和大倾角这两个因素，以求获得最大防护能力，第 7 章将对其进行讨论。

第 6 章

高强度靶抗侵彻

6.1 定义

防护结构对给定威胁的防护能力可以通过几种方法进行评价, 其中之一是特定装甲/威胁组合所对应的弹道极限速度 V_{bl}。显然, 设计目标是尽量增加 V_{bl} 值而不增加防护结构重量。与装甲重量紧密关联的衡量标准是其面密度 (Areal Density, AD), 以 kg/m^2 为单位, 其等于防护结构的材料密度乘以厚度。某一防护结构的弹道防护效率定义为, 它抵抗某给定威胁所需的面密度与参考靶板需要的面密度之比。Frank (1981) 提出质量防护效率 E_m、空间防护效率 E_s 等几个衡量抗侵彻防护效率的方法:

$$E_m = \frac{AD_r}{AD_s} \tag{6.1a}$$

$$E_s = \frac{P_r}{P_s} \tag{6.1b}$$

式中: 下标 r、s 分别表示参考靶板和被测结构; P 为抵抗威胁需要的参考靶板或被测结构的最小厚度。

显然, 防护效率应大于 1.0。设计师的任务是尽量提高装甲的防护效率数值。抵抗威胁的一个更实用的方法是在被防护目标前增加一个相对轻的结构, 如图 6.1 所示。这种附加装甲可以显著降低威胁的穿透能力, 其作用机制将在下面讨论。

表示附加装甲弹道防护效率的最常用方法是 Yaziv (1986) 定义的效率系数 (Differential Efficiency Factor, DEF):

$$DEF = \frac{\rho_r(P_r - P_{res})}{\rho_s H_s} \tag{6.2}$$

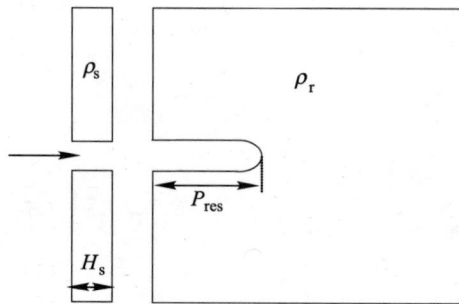

图 6.1　附加装甲以及与效率系数有关的参数

式中: $\rho_s H_s$ 为附加装甲的面密度; P_{res} 和 P_r 分别为有、无附加装甲两种情况下威胁对密度 ρ_r 的主靶板的侵彻深度。

6.2　金属靶

　　靶材料强度是决定刚性侵彻体和消蚀侵彻体侵彻深度的最重要物理参数, 这在本书第二篇已经论述。刚性杆的侵彻效率 P/L 随着靶体对侵彻的抵抗力 R_t (与靶材料压缩强度有关) 增加而下降。但在兵器速度范围内 (低于弹孔扩张阈值速度) 靶材料密度对侵彻没有影响。图 6.2 汇集了 0.5 英寸 APM2 穿甲弹以兵器速度撞击不同靶体的侵彻深度数据。由图 6.2 可见, 侵彻深度依赖于靶材料强度而与靶材料密度无关。

　　以面密度而言, 铝靶抵抗弹体侵彻比钢靶更有效。将它们的密度和对应侵彻深度的乘积进行比较就很明显看出这一点。例如, 轧制均质装甲钢靶的面密度为 7075-T6 铝合金靶面密度的 1.6 倍。因此, 对抵抗这些弹体而言, 用高强度铝合金制造车辆主体要好得多。这是一些轻型装甲运兵车 (Armored Personnel Carriers, APC) 使用 5083 铝合金而不是常规装甲钢的考虑因素之一。

　　根据聚能射流侵彻的流体动力学理论, 聚能射流对整体装甲靶的侵彻深度也有和上面类似的结论。该理论指出, 长度为 L 的射流对整体靶板的侵彻深度为 $L(\rho_j/\rho_t)^{0.5}$。将该式乘以靶密度, 得到阻止射流所需的面密度 $AD = L(\rho_j \cdot \rho_t)^{0.5}$。因此, 抵抗射流侵彻时, 低密度靶的面密度值低, 从而效率更高。低密度靶与参考靶的性能 (或效率) 之比反比于它们密度的平方根。例如, 铝靶的效率应该是钢靶效率的 $(7.85/2.75)^{0.5} = 1.69$ 倍。第 5

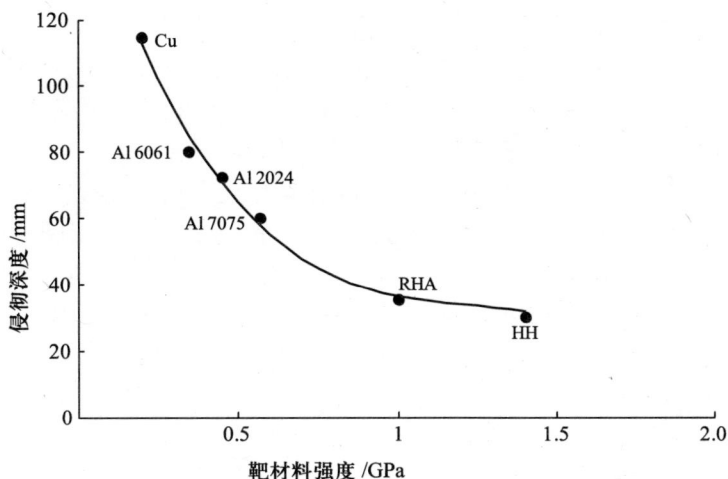

图 6.2　0.5 英寸 APM2 弹对不同靶体的侵彻深度

章已经讨论到, 增加靶材料强度可提高其弹道防护性能, 但这并不改变总
体趋势, 即对于强度相等的靶, 低密度靶抵抗射流比高密度靶更有效。

对于消蚀长杆侵彻也有类似结论, 尽管此时不如前面几种情况那么明
显。为此, 考虑消蚀杆撞击相同强度的两种不同靶体的数值模拟结果。图
6.3 为 $L/D = 10$, 强度为 0 的钢杆撞击 0.4 GPa 铝靶和钢靶的侵彻深度的
数值模拟结果。

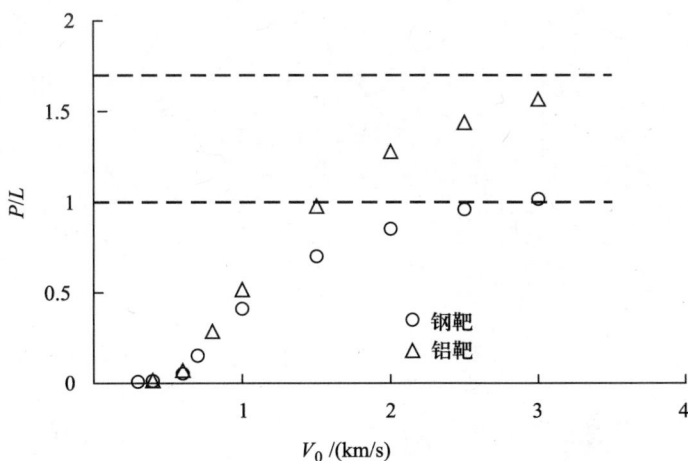

图 6.3　强度为 0 的钢杆撞击 0.4 GPa 的铝靶和钢靶的数值模拟结果

在高速时, 无量纲侵彻深度趋近于流体动力学极限 $(\rho_j/\rho_t)^{0.5}$ (图中以虚线表示)。这也是聚能射流的侵彻深度。因此, 对于抵抗高速消蚀长杆, 低密度靶比高密度靶更有效, 效率比值和前面讨论的几种情况是一样的。这些数值模拟对这两种靶得到几乎相同的侵彻临界速度 $(V_c = 0.55\,\mathrm{km/s})$, 与 AT 模型的式 (5.11) 结果一致。数值模拟的最重要结果是, 在略高于临界速度时杆对两种靶的侵彻深度几乎是一样的。因此, 低密度靶的弹道防护效率 (以面密度为表征) 高于高密度靶的弹道防护效率, 两者的效率比值反比于其密度比。对有限强度杆侵彻靶体的数值模拟表现出一样的趋向。总之, 强度相同、密度不同的两个靶体抵抗消蚀杆侵彻时, 所需要的面密度比值从低速时的 ρ_1/ρ_2 逐渐变化到高速时的 $(\rho_1/\rho_2)^{0.5}$。

Gooch 等 (1995) 用钨合金长杆与贫铀长杆撞击半无限厚装甲钢靶和 Ti/6Al/4V 靶的实验数据可观察到这一趋势。图 6.4 为 $L/D = 10$ 的钨合金杆侵彻实验得到的面密度数据 (靶材料密度乘以侵彻深度)。在整个速度范围内, 钛合金靶的面密度都低于装甲钢靶的面密度。另外, 两种靶的面密度比值在撞击速度 1.0 km/s 时为 1.7, 在速度 2.0 km/s 时变为 1.45。钢材料/钛合金的密度比为 1.76, 其平方根为 1.33, 这两个数值分别非常接近于低速和高速实验的面密度比值。

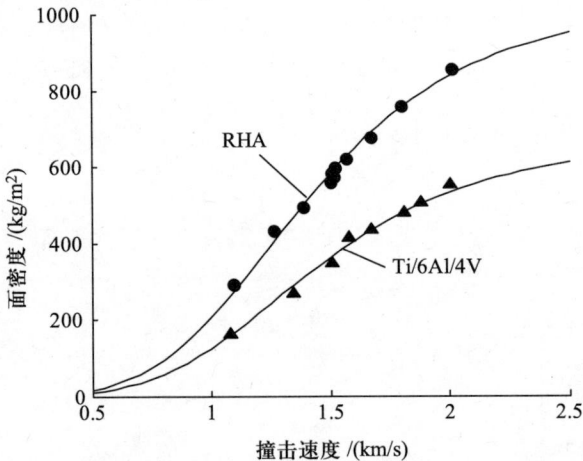

图 6.4 $L/D = 10$ 的钨合金杆撞击装甲钢靶和 Ti/6Al/4V 靶的面密度值

现在考虑刚性弹体和消蚀弹体对有限厚靶板的贯穿过程。第 4 章中已指出, 靶板对侵彻的抵抗力由靶材料等效强度 σ_r 决定, 等效强度与材料压缩强度有关。另外, 靶材料密度通过从靶体中弹出的栓塞质量的方式进入靶板的弹道极限速度表达式。因此, 为了提高附加装甲 (基于厚度相对较薄的靶板) 的弹道防护效率, 应该使用高强度、低密度材料。这一结论促进了对于高强低密度材料的大量研究, 如高强度铝合金和钛合金。它们的比强度 (即强度除以密度的比值) 高。

近期应用于装甲防护的另一种合金材料是镁合金 AZ31B, 主要的添加成分是约 3%的铝和 1%的锌。它的密度很低 (1.75g/cm³), 极限拉伸强度约为 0.26 GPa。其比强度接近于用来制造装甲运兵车的 5083-H131 铝合金。Jones 等 (2007) 的研究表明, 该镁合金抵抗 0.3 英寸穿甲弹侵彻的性能与 5083 铝合金相当, 甚至接近于装甲钢板。Van Wegen 和 Carton (2008) 对镁合金抵抗不同弹体进行了测试。根据 14.5 mm 穿甲弹撞击 Elektron 675 靶板测量得到的 V_{bl}, 获得该靶板的质量防护效率 E_m 为 1.3 ~ 1.5, 而 20 mm 破片模拟弹 (FSP) 侵彻实验获得的质量防护效率 $E_m = 2.0$。效率计算时以 5083-H32 铝合金为参考靶板。实验表明, 镁合金具有装甲防护应用的现实潜力。新型装甲材料抵抗 FSP 弹体的效率也进行了测试, 而 FSP 弹体代表了炮弹破片的一般形状。

提高这些具有潜力的改良装甲材料的强度不可避免伴随着其韧性降低。高强材料往往更脆, 导致撞击点附近较大体积靶材料破碎。另外, 材料变脆可能使得弹体贯穿靶板的模式改变, 这也许会导致靶板的弹道防护效率随靶板材料强度的增加而下降。这种侵彻模式改变对倾向于绝热剪切失效的薄板特别重要。穿甲弹贯穿高强度薄钢板时, 材料强度和脆性对侵彻过程的互相矛盾的影响示意性地画在图 6.5 中。

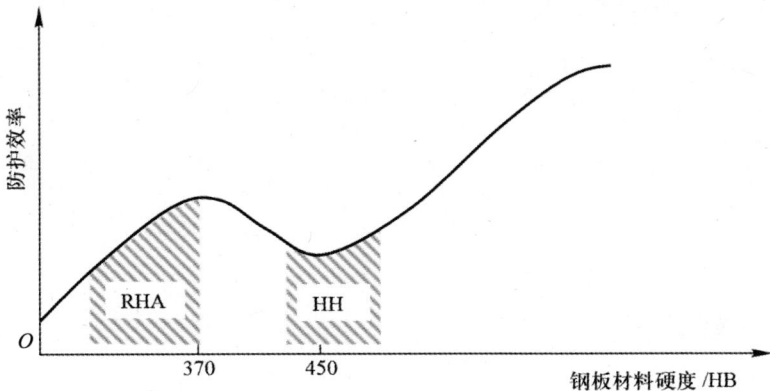

图 6.5　薄钢板抵抗硬芯弹体的效率随靶材料硬度变化的情况

低硬度钢板通过延性扩孔过程被贯穿,弹体硬钢芯的损伤可忽略不计。其弹道效率单调增加直到约布氏硬度 370 HB。这是用于制造主战坦克主体的装甲钢的硬度范围。随着钢板硬度进一步增加,发生绝热剪切冲塞和形成碟片而失效,导致靶板弹道效率明显下降。在布氏硬度大约 450 HB 时趋势发生反转,弹道防护效率重新开始增加,因为高硬度钢 (High Hardness Steels, HHS) 足够硬,使得撞击时硬钢芯弹发生破碎。高硬度钢板很脆,撞击点附近出现大面积破坏区,这降低了靶板抗多次打击能力。

为了克服高硬度钢硬而脆的固有不足,装甲设计师提出了高硬度前板覆盖高韧性衬板的双硬度靶的概念。其基本原理是: 第一块靶板使弹体粉碎; 第二块靶板可发生挠曲以阻止弹体和前板形成的碎片。另外, 在弹体贯穿前板时, 衬板对前板提供支撑, 使得高硬度前板的粉碎区较小。通过优化前后板的硬度比例和厚度比例, 可得到更高的弹道防护效率。双硬度靶抵抗各种硬芯穿甲弹很有效。不过前后板焊接中存在的制造问题限制了双硬度靶在附加装甲上的应用。目前, 双硬度靶的前板硬度为 600 ~ 700 HB, 后板约为 500 HB。近期, 制造技术的进步使得合金钢既具有高硬度又不损失其韧性。这类合金钢硬度超过 650 HB, 拉伸强度为 2.0 ~ 2.25 GPa, 延伸率约为 8%。Showalter 等 (2008) 的测试表明这些钢对 0.3 英寸和 0.5 英寸穿甲弹的 V_{50} 比标准高硬度钢的 V_{50} 高出 10% ~ 20%。显然提高这些钢材抗侵彻性能是许多国家有关研究工作的重要内容。

Held (1993) 指出, 高强钢抵抗聚能射流也是非常有效的。表 6.1 列出了相同射流对不同钢靶侵彻深度的实验结果, 侵彻深度以装药直径 (Charge Diameters, CD) 的倍数表示。很明显, 使用很高硬度的钢材抵抗聚能射流侵彻可以显著增加弹道防护效率。

表 6.1 聚能射流对不同强度钢靶的侵彻深度

Y_t/GPa	0.3	0.45	0.7	2.05	2.9
P	5.9 CD	5.25 CD	4.8 CD	3.25 CD	2.2 CD

6.3 陶瓷装甲

将高硬度钢前板用陶瓷板代替, 而背衬钢板用更轻的铝板或复合材料板代替, 是前述双硬度靶概念的自然发展。陶瓷的密度 (2.5 ~ 4.5 g/cm^3)

相对较低, 压缩强度比高强钢的还要高。因此, 陶瓷装甲抵抗穿甲弹和长杆弹非常有效, 下面将具体讨论。近几十年来发表了极多有关此问题的研究工作, 感兴趣的读者可参阅 McCauley 等 (2002) 的会议文集, 有关文献讨论了陶瓷装甲的各方面特性。尤其是 Gooch (2002) 的综述文章概述了防弹衣、直升机座椅和装甲运兵车等以陶瓷为主的装甲设计方案。下面几节论述不同威胁与陶瓷板之间的相互作用。每一节集中讨论一种威胁, 以突出强调它们不同的作用机制。

6.3.1 陶瓷装甲抗穿甲弹侵彻

Mark Wilkins 及其同事对于陶瓷装甲的开创性研究工作是终点弹道学领域的经典工作之一。他们针对 0.3 英寸硬钢弹与陶瓷板加上韧性金属衬板组成的复合靶之间的相互作用开展了实验和数值模拟研究, 一些内部报告 (如 Wilkins (1968)、Wilkins 等 (1970)) 对此进行了总结。实验内容包括用脉冲 X 射线照相研究不同时刻弹/靶作用、剩余速度测量、弹体和陶瓷板失效模式分析等。用有限差分程序 HEMP 进行二维数值模拟开创了终点弹道学领域此类研究工作的先河。此外, HEMP 程序里用于陶瓷材料动态响应的模型成为许多学者后继研究工作中陶瓷材料模型的基础。Wilkins (1978) 和 Anderson (2002, 2006) 对此问题有简要的论述。实验工作集中于评估各种陶瓷材料 (包括氧化铝、碳化硼、二硼化钛和碳化硅等) 的弹道防护性能。数值模拟中应用了通过拉伸实验确定的铝衬板和硬钢弹的本构关系。陶瓷材料的体模量和剪切模量由超声测量确定, 其压缩强度由平板撞击实验测得的 Hugoniot 弹性限导出。

陶瓷材料的失效模型以第 2 章介绍的脆性材料的 Griffith 模型为基础。该失效模型具有如下的特点: ① 某一计算单元的主拉伸应力之一超过给定的阈值 (设为 0.3 GPa), 本单元就启动断裂过程; ② 单元开始断裂到完全断裂具有一定的延时; ③ 只能在表面 (包括物质界面) 或已经完全断裂单元的临近单元启动断裂; ④ 单元断裂需要的时间依赖于断裂传播速度, 该速度大约为剪切波速度的 1/2; ⑤ 在数值模拟的后继时间步中, 已经断裂单元的材料强度变为 0。Anderson (2006) 讨论了这些限制条件, 指出, 为了更好地与实验数据吻合, 20 世纪 90 年代发展的不同模型对于已破碎的材料赋予一定的强度。另外, 他证实裂缝速度或损伤发展速度应该比剪切波速度的 1/2 小得多, 以更好地与实验数据吻合。尽管有这些改进, 对从撞击到贯穿的顺序发展过程的基本理解与 Wilkins 及其同事在 20 世纪

60 年代的观察认识相比并没有改变。

图 6.6 给出的陶瓷板中断裂产生和发展以及弹体变短情况, 是早期数值模拟中的一个例子。算例是 0.3 英寸锥头硬钢弹以 760 m/s 速度撞击氧化铝陶瓷和铝衬板组成的靶体。氧化铝陶瓷板厚度为 8.13 mm, 6061-T6 铝合金衬板厚度为 6.35 mm。

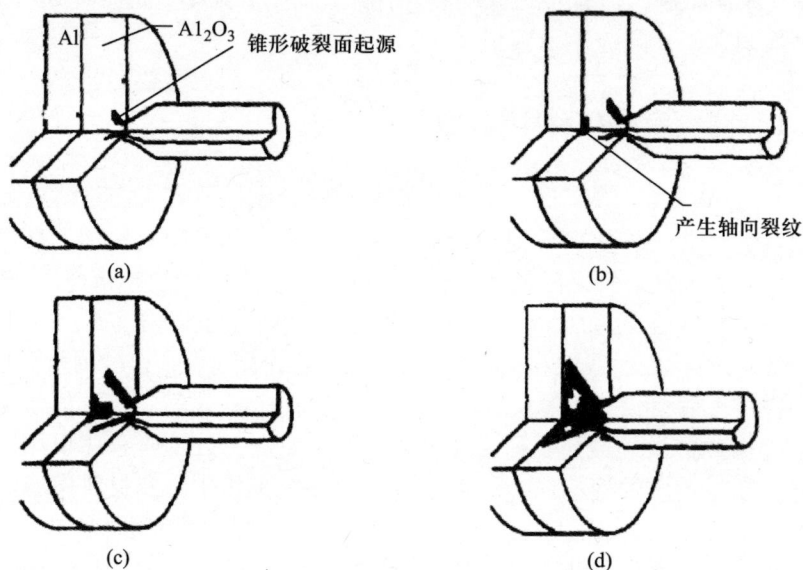

图 6.6   硬钢弹撞击 Al$_2$O$_3$/Al 靶的数值模拟结果

(a) $t = 2\,\mu s$; (b) $t = 3.25\,\mu s$; (c) $t = 4.1\,\mu s$; (d) $t = 6.1\,\mu s$。

数值模拟得出的撞击一开始在受撞击面引发的锥形破裂面向陶瓷板内部伸展的角度和速度与实验观察结果很一致。同时弹体头锥部开始破坏, 弹体后部速度降低。于是, 弹体头部质量损失和弹体后部速度下降导致弹体的动能下降。在此阶段弹体并没有侵入陶瓷靶内, 这一被称为 "停留" 的现象在 30 多年后研究长杆弹撞击厚陶瓷靶时又被发现。锥形破裂面限制了参与向衬板传递载荷的陶瓷材料总量。在撞击后一定时间, 铝衬板受到破裂锥面内陶瓷材料压缩, 开始发生弯曲变形。弯曲变形缓解了陶瓷/铝衬板界面的高压力, 在此位置陶瓷材料的应力变为拉伸应力。此刻陶瓷板背面形成轴向裂纹, 裂纹沿着陶瓷板厚度方向传播, 如图 6.6 中黑色区域所示。接着, 锥面内所有的陶瓷材料碎裂, 弹体剩余部分可视为刚体穿透这部分粉碎的陶瓷材料。直到这一时刻之前, 弹体仍停留在撞击面上并持续损失质量和速度。通过这些数值模拟，Wilkins (1978) 表明铝衬板上叠放两块陶瓷板的结构，不如单一陶瓷板 (与两块陶瓷板总厚度相同) 加铝衬板的结构有效。数值模拟表明，第一块陶瓷板在相对更早的时间在与第二块陶瓷交界面处出现失效，使得这种双陶瓷板结构的防护效率降低。这些情况清楚表明，锥形破裂面内全部材料破裂所对应的停留时间是最重要的。为了使靶体防护性能最好，尽可能延长停留过程很关键。

图 6.7 为 AD85 氧化铝陶瓷板加 6061 铝衬板靶的弹道极限数据 (精度为 $\pm 15\,\mathrm{m/s}$)。考虑到图中数据需要的高精度和巨大工作量，人们就会非常赞赏 Wilkins 及同事们有条不紊的研究工作。AD85 陶瓷包含 85% 的氧化铝和 15% 的二氧化硅，密度约 $3.4\,\mathrm{g/cm^3}$，比纯氧化铝的密度 (接近 $4.0\,\mathrm{g/cm^3}$) 低。这种陶瓷板价格低，是进行大量实验工作以便对参数变化的影响进行规律性研究的理想材料。要注意图 6.7 中每个 V_{bl} 值要经过几发不同速度的实验才能获得。并且 $V_0 = V_{bl}$ 的实验至少要 6 发，要求其中 1/2 的实验中弹体穿透靶板。可见，对某些陶瓷厚度 Δ，V_{bl} 随着衬板厚度 δ 变化而线性变化。Wilkins (1978) 指出，这些曲线在 δ 为 $5 \sim 6\,\mathrm{mm}$ 附近发生突变，是由于铝衬板从厚度较小时的碟形凹陷和花瓣破坏失效模式变成较厚板时的剪切冲塞模式所造成的。

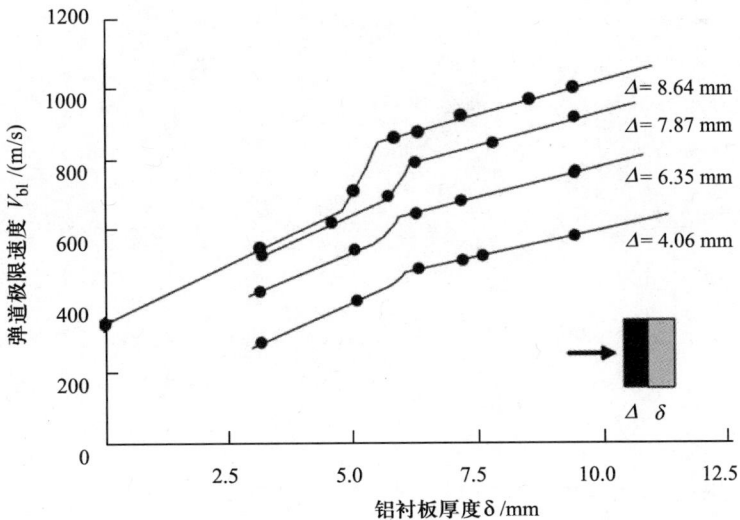

图 6.7   AD85 陶瓷板加 6061 铝衬板靶的弹道极限速度

Wilkins 及其同事得出的一个重要结论是：如果增加陶瓷材料的韧性，就可提高其防护性能。这促使几十年来许多研究工作瞄准在陶瓷材料中添加百分之几的软金属材料以增加陶瓷韧性。这种金属陶瓷比对应的纯陶瓷材料性能好些,但没有显著的性能提高,与付出的制造成本不相称。Wilkins及其同事引进的另一个创新是梯度陶瓷材料。认识到陶瓷材料从它与金属衬板的界面开始失效,导致研究者们研制陶瓷与金属比例逐渐变化的金属陶瓷,在撞击面为纯陶瓷,到了背面变成纯金属材料。梯度陶瓷材料受到了很大关注,但是制造技术问题还有待解决。

　　Anderson (2002, 2006) 进一步分析了 Wilkins (1978) 提出的停留阶段发生的弹体消蚀和减速的这一作用机制,指出这两者对于弹体动能损失起的作用大体上一样,到停留阶段结束时弹体动能损失约为 50%。图 6.8 所示的一组很棒的脉冲 X 射线照相来自于 Anderson (2006)。实验的弹速约820 m/s 左右,图像用 1 MeV 的脉冲 X 射线机拍摄。靶体由厚 7.62 mm碳化硼陶瓷粘在厚 6.6 mm 6061-T6 铝衬板上组成,可清晰观察 0.3 英寸APM2 弹在接触面的停留阶段。由图 6.8 可见,陶瓷中的锥形破裂面、持续时间约 20 μs 的停留阶段,以及弹体头部的破坏、弹体剩余部分 (作为刚体) 侵入已粉碎的陶瓷材料。

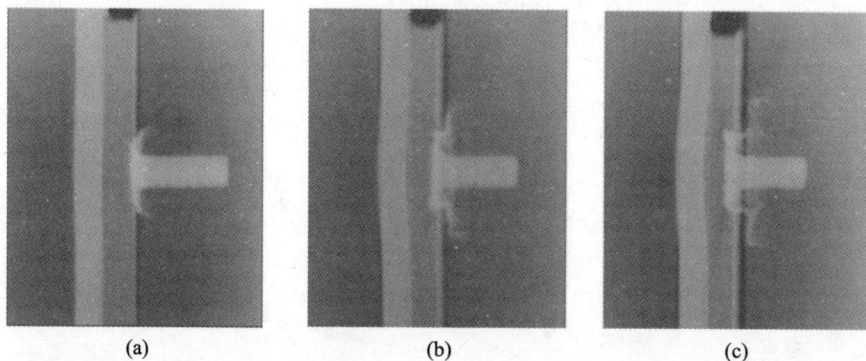

(a) (b) (c)

图 6.8　0.3 英寸 APM2 弹撞击 B_4C 陶瓷加铝衬板靶的闪光 X 射线照相图像
(a) $t = 15.3\,\mu s$; (b) $t = 20.7\,\mu s$; (c) $t = 22.9\,\mu s$。

　　为了使用 CTH 程序模拟这些实验现象, Anderson、Walker (1999) 改进了最早由 Wilkins 提出的失效模型。改进的模型用下面参数描述陶瓷材料的失效行为: 完整无损材料的压缩强度、已受损陶瓷材料的 Drucker-Prager 屈服面的斜率和帽盖参数、陶瓷材料中损伤扩展速度。他们发现,为了解释实验结果,损伤传播速度约为陶瓷材料剪切波速度的 0.025 倍,而不是在 Wilkins 的数值模拟里用的 0.5 倍。另外, 他们对已粉碎的陶瓷材料赋予一定的强度, 而非 Wilkins 模型的零强度。这些改进使得数值模拟结果与闪光照相影像里弹体头部、尾部位置符合程度很好。图 6.9 为 Anderson (2006) 对图 6.8 所示实验的数值模拟结果。由图 6.9 可见, 模拟结果与实验结果极为一致。

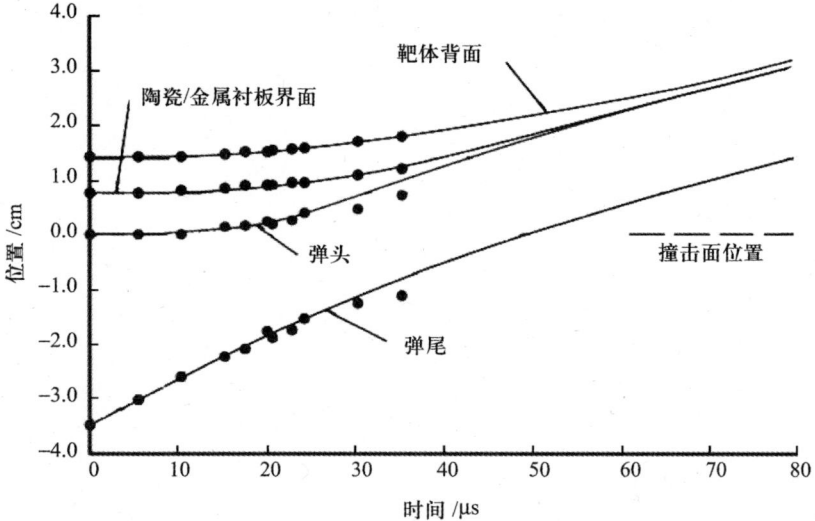

图 6.9 0.3 英寸钢弹撞击 B_4C/Al 靶的实验结果 (圆圈) 和数值模拟结果 (实线) 对比

Wilkins 及合作者收集了 6.35 mm 铝板上粘贴不同陶瓷板的侵彻实验数据, 按照其性能对不同靶体进行分级 (保持靶体单位面积重量相等), 最低密度的硼化铍 (Be_2B) 陶瓷性能最好, 高密度的二硼化钛 (TiB_2)、碳化钛 (TiC) 陶瓷性能最差。Rosenberg 等 (2009) 将各陶瓷的性能分值随密度变化绘成图 6.10 以说明陶瓷的防弹性能分级情况。碳化硼 (B_4C) 性能分值取为 1.0, 其他陶瓷根据其弹道极限速度和碳化硼的弹道极限速度相比较获得它的分值 (相对效率)。图 6.10 表明了相对效率随陶瓷密度变化的关系。

从图 6.10 看出, 随陶瓷密度增加其性能下降的趋势应该是个真实的客观现象。例如, B_4C 和 BeO+B 两种不同的陶瓷密度几乎都为 $2.5 g/cm^3$, 其弹道防护效率一样。又如, 同为钛化合物, $TiBe_{12}$ 更轻而 TiB_2 和 TiC 更重, 但前者比后两者效率高得多。因此, 造成图 6.10 所示变化趋势的原因是陶瓷密度而非其组成成分或强度等性质。为理解该变化趋势, 要注意图 6.10 是在保持所有不同的陶瓷/衬板组合的重量为常数的前提下, 以

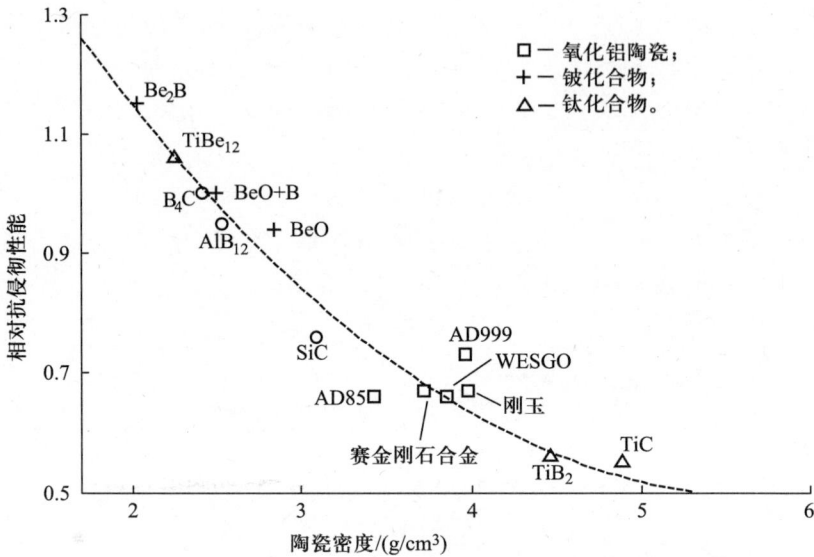

图 6.10 相对抗侵彻性能随陶瓷密度变化情况 (以碳化硼为 1)

V_{bl} 值对陶瓷打分。而铝衬板厚度不变, 唯一变化的参数是陶瓷厚度。为保持靶体重量为常数, 随陶瓷材料密度不同其厚度要相应变化。于是, Be_2B 密度最低 ($2.0g/cm^3$) 其陶瓷板厚度最大; 而 TiB_2 和 TiC 的密度分别为 $4.5g/cm^3$、$4.9g/cm^3$, 它们的厚度最小。这些陶瓷都是防弹 (装甲) 材料, 孔隙率极小且压缩强度高于钢弹体的强度。因此, 可认为这些不同靶体的失效机制是一样的。前面已经强调指出, 停留时间是阻止弹体侵彻过程的最重要参数, 要从这些不同靶体的停留时间的不同来解释它们抗侵彻性能的差异。显然, 厚陶瓷板的停留时间更长, 因为它的锥形破裂面形成和破裂面以内材料粉碎必然要花费更多时间。因此, 实验里低密度陶瓷的厚度更厚, 其停留时间更长, 性能就更好。这一简单的解释至少定性地说清了图 6.10 显示出的陶瓷密度越大其效率越低的变化趋势。

为了说明这些陶瓷板的压缩强度足够高以破坏穿甲弹弹体, Rosenberg 等 (2009) 用 0.5 英寸穿甲弹撞击每边尺寸为 300 mm 的氧化铝陶瓷块体。撞击后弹体破碎, 全部被阻止在撞击面上, 陶瓷块几乎没有划伤。该实验也支持薄陶瓷板是由起源于陶瓷板自由面或陶瓷板与其他靶板交界面的拉伸应力而损伤的观点。这种损伤在大块体陶瓷的实验中得以避免, 因为自由面距离撞击点足够远, 对于弹/靶作用过程没有显著影响。总之, Wilkins 及其同事的实验给出的陶瓷板的不同抗侵彻性能是他们实验的靶板结构,即对重量保持为常数的靶板测试其 V_{bl} 的直接后果。V_{bl} 实验给出某结构弹道防护性能的一种度量, 是具体设计使用的实验方法。它包括各种各样细节的影响, 如衬板性质的影响, 而衬板性质与陶瓷板性质并没有联系。在这些实验里陶瓷板压缩强度对 V_{bl} 值的影响也没有显示出来。另外, V_{bl} 实验相当昂贵, 需要围绕 V_{bl} 值左右进行多发不同速度的实验。

Rosenberg 等 (1987a) 提出了一种新的实验方式以克服 V_{bl} 实验方法的不足, 即如图 6.11 所示的厚衬板实验技术, 后来称为侵彻深度 (the Depth of Penetration, DOP) 实验。这种简单的实验技术广泛用作陶瓷材料性能评估的标准方法。它也提供了抵抗长杆弹侵彻的实际装甲设计中装甲陶瓷板性能的相关信息, 下一节将对此予以论述。

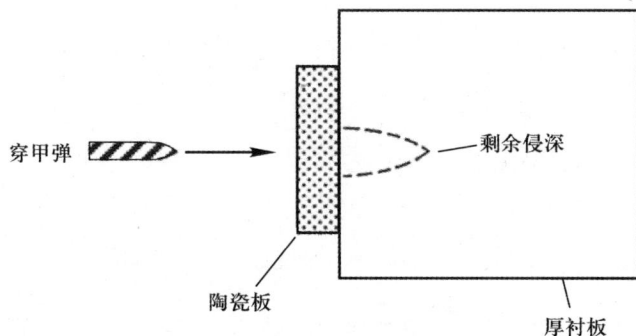

图 6.11 DOP 实验

在 DOP 实验中, 厚度 h_{c}、密度 ρ_{c} 的陶瓷板粘贴在作为参考材料 (如铝或钢) 的厚金属块上。弹体对厚衬板的剩余侵彻深度 P_{res} 决定了陶瓷板相对于衬板材料的防护效率。Rosenberg 等 (1987a) 及 Rosenberg、Yeshurun (1988) 对不同穿甲弹的实验中使用 2024-T351 铝合金作为参考材料。用式 (6.2) 定义的 DEF 来确定陶瓷板的防护效率:

$$\eta = \frac{\rho_{\mathrm{Al}}(P_{\mathrm{Al}} - P_{\mathrm{res}})}{\rho_{\mathrm{c}} h_{\mathrm{c}}} \tag{6.3}$$

式中: P_{Al} 为弹体对无陶瓷覆盖铝块的侵彻深度; $\rho_{\mathrm{c}} h_{\mathrm{c}}$ 为被试陶瓷板的面密度。

这种实验设置的一个主要优点是: 厚衬板对陶瓷板提供的支撑防止了陶瓷板由于拉伸应力作用导致的早期失效, 或至少将这种失效推迟到很晚的时候。更为重要的是, 该实验设计可通过一发实验就得到陶瓷材料的性能度量, 和弹道极限速度测试相比, 简化了评价过程。

为检查该技术基于一次实验来评价陶瓷性能是否可行, Rosenberg 等 (1987a) 用不同的穿甲弹撞击以 2024-T351 厚铝块为衬板的不同厚度 AD85 氧化铝陶瓷板进行了实验。得到的剩余侵彻深度数据如图 6.12 所示。显然可见, 数据点位于几条直线上。

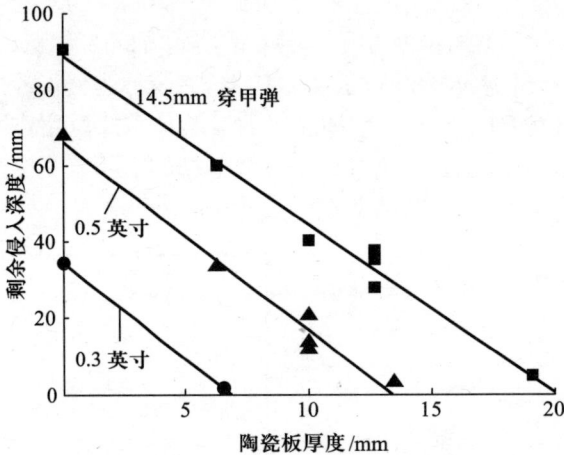

图 6.12　0.3 英寸、0.5 英寸和 14.5 mm 穿甲弹的 DOP 实验结果

相同弹体对不同厚度陶瓷板的实验结果位于同一直线上的事实, 意味着陶瓷板的防护效率与其厚度无关, 且可通过一次实验用式 (6.3) 确定其防护效率。实验中, 三种穿甲弹的卵形弹头的钢芯的形状相同而尺寸不同。另外, 弹体的出口速度 (830 ∼ 970m/s) 足够接近以至于与速度有关的效应可忽略不计。这些相似性是图 6.12 中各直线几乎彼此平行的主要原因。由于数据点位于直线上, 可写出防护效率的另一个表达式, 即将直线外推至剩余侵彻深度 $P_{\mathrm{res}} = 0$, 按下式写出面密度比值:

$$\eta = \frac{\rho_{\mathrm{Al}} P_{\mathrm{Al}}}{\rho_{\mathrm{c}} h_{\mathrm{c}}^*} \tag{6.4a}$$

式中: h_{c}^* 为剩余侵彻深度为 0 所需的最小陶瓷厚度。

将实验结果以面密度而不是侵彻深度表示, 可发现防护效率 η 就是通过这些数据点的直线的斜率。因此, 可将式 (6.4a) 用这些直线与坐标轴的夹角 θ 改写为

$$\eta = \tan \theta^* \tag{6.4b}$$

图 6.13 为 Rosenberg、Yeshurun (1988) 的 0.5 英寸 APM2 弹撞击不

同陶瓷材料得到的以式 (6.4b) 表示防护效率的结果。实验对象包括碳化硅、碳化硼和两种氧化铝陶瓷 (AD85 和密度稍大一点的 BC90G)。

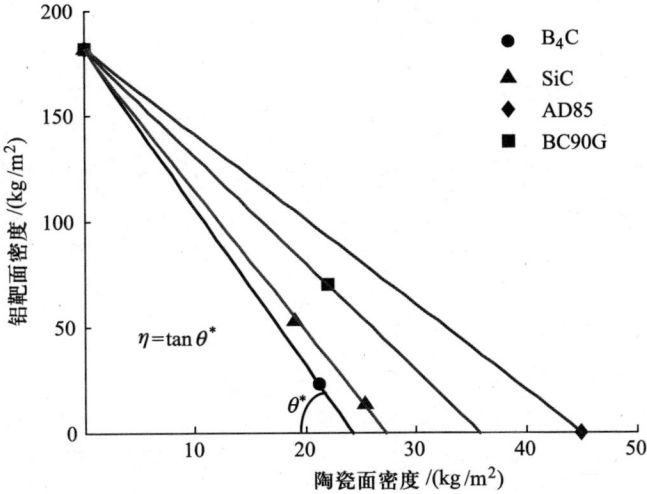

图 6.13　以实验数据点所在直线的斜率定义的不同陶瓷材料的防护效率

这样得到的效率显然与材料密度和强度有关, 这与图 6.10 所示的由 V_{bl} 测试给出的结果是不同的。例如, AD85 和 BC90G 两种氧化铝陶瓷的密度分别为 $3.42\,\mathrm{g/cm^3}$、$3.56\,\mathrm{g/cm^3}$, 根据平板碰撞实验测得它们的 Hugoniot 弹性限分别为 $6.0\,\mathrm{GPa}$、$7.0\,\mathrm{GPa}$。BC90G 的防护效率 $\eta = 4.9$ 而 AD85 的防护效率 $\eta = 4.0$, 这与 BC90G 材料的强度较高相一致。Rosenberg、Yeshurun (1988) 表明, 利用 DOP 实验确定的陶瓷材料防护效率与材料的比强度 (即强度与密度之比) 有关。另外值得注意的是, 由于厚的铝衬板防止了陶瓷板因过早受拉伸应力作用而失效, 因此陶瓷的防护效率可达到相对较高的值, 如实验给出碳化硼的 $\eta = 7.7$。这促使设计师考虑直接将陶瓷板贴粘在装甲车辆的车体上。Gooch (2002) 的综述指出, 这个想法已经在一些装甲车上实施。

需要了解导致这些 DOP 实验结果离散的主要原因, 同时也是不同来源实验结果不一致的原因。对同一个材料性质, 由不同厚度陶瓷板给出的实验结果的重复性情况是可能导致防护效率与厚度相关的一个因素。还有, 陶瓷板较厚使得剩余侵彻深度小, 这通常伴随着重复实验结果存在较大离散性。另一方面, 很薄的陶瓷板对于侵彻过程影响小, 这也能导致实验结果存在一定模糊性。为了避免这些困难, 应选择陶瓷板厚度使得剩余侵彻深度大约为弹体对纯金属衬板侵彻深度的 1/2。陶瓷板的横向尺寸约为弹体直径 10 倍以上, 以避免横向表面的稀疏波导致陶瓷板过早破坏。如果将陶瓷板嵌入金属衬板中, 且陶瓷和衬板紧密接合, 则可以减小陶瓷板的横向尺寸。

上面引用的防护效率值是 Rosenberg 等 (1987a) 及 Rosenberg、Yeshurun (1998) 用 2024-T351 铝合金衬板的结果。对同一种陶瓷材料, 使用其他的衬板材料或其他弹体会得到不同的防护效率值, 但是依据防护效率值对不同陶瓷材料进行的排序应不变。比如, Rosenberg 等 (1987a) 用 0.3 英寸的烧结钨合金 (钨钛钴类硬质合金 Kennametal W-2) 弹对 AD85 陶瓷加铝衬块进行实验得到效率 $\eta \approx 8.0$。这一数值是用 0.3 英寸穿甲弹撞击同样靶体得出的效率值的 2 倍。Vuval 等 (2002) 用很软的 6061-T0 铝合金作为氧化铝陶瓷抗击 0.3 英寸穿甲弹的衬板材料, 得出很高的效率值 (η 为 8 ~ 10), 这清楚表明衬板材料强度的影响。Senf 等 (1998) 使用装甲钢作为 AD995 氧化铝陶瓷 (密度为 3.95 g/cm³) 的背衬材料。直径 10 mm、长径比 $L/D = 3.2$ 的球头钨合金弹以 1.0 ~ 2.0 km/s 的速度撞靶。实验得出以钢材为衬板的 AD995 陶瓷抵抗钨合金弹的效率值 $\eta = 2.0$ (相对于钢材)。图 6.14 所示的剩余侵彻深度 – 陶瓷厚度曲线为他们的实验结果。对某一撞击速度, 不同厚度陶瓷的实验数据位于同一直线上, 与前面描述的情形类似。这证实了采用 DOP 实验方法, 仅通过一发实验就可以给出某

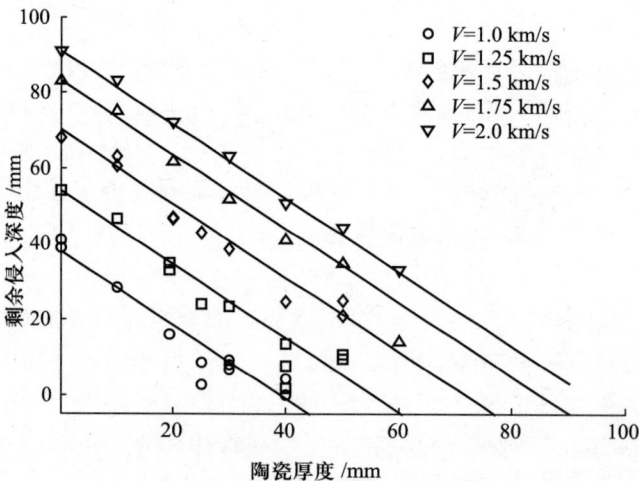

图 6.14　钨合金短弹撞击氧化铝陶瓷/钢衬板靶的 DOP 实验结果

一陶瓷材料防护效率值的观点。此外,不同弹速的数据所在的直线互相平行,说明至少在实验的速度范围内,这种材料的防护效率与撞击速度无关。陶瓷板较厚时数据分散性较大的原因前面已经介绍了。

总之可以看出,某陶瓷材料的防护效率值强烈依赖于前面提到的诸参数。因此,应该把 DOP 实验视为对装甲陶瓷材料性能进行相对排序的一种方便的筛选实验方法,仅需要一次简单而耗费小的实验就行。

6.3.2 陶瓷装甲与长杆弹相互作用

长杆弹与陶瓷板的相互作用及其失效机制与硬芯穿甲弹的很不相同。长杆弹由重金属合金制成,其强度比穿甲弹硬钢芯的强度低得多。因此,陶瓷装甲抵抗长杆弹的作用机制必须基于它对杆的持续消蚀而不是杆的破碎。把长杆完全消耗掉所需的陶瓷材料厚度也相应很大。这对装甲设计师强加了难于实现的限制条件,其结果是抵抗长杆弹的陶瓷装甲概念还处于早期阶段。虽然如此,20 世纪 80 年代以来,用流体动力学程序对此问题开展了很多研究工作,数值模拟被广泛应用于研究长杆/陶瓷相互作用的具体细节,下面对其进行论述。

采用 DOP 实验分析用于抵抗消蚀杆作用的陶瓷材料的工作最早是由 Bless 等 (1987) 报道的,他们用 $L/D = 5$ 的钽杆撞击粘贴在厚铝衬块上的 AD85 氧化铝陶瓷。Mellgrad 等 (1989) 和 Woolsey 等 (1989) 提出采用装甲钢作为衬板材料以降低杆的剩余侵彻深度,同时获得陶瓷材料可能作为实际装甲应用的有关信息。许多研究者应用了以装甲钢为背衬材料的 DOP 实验方法,陶瓷板前面要么裸露着,要么在陶瓷板前面有一块薄盖板。Hauver 等 (1992) 的工作力图对陶瓷板提供更好的横向约束,便将陶瓷板嵌埋于钢衬板中以达到最优的约束条件。

图 6.15 为 Hohler 等 (1995) 的以硬钢作为背衬的氧化铝陶瓷 (密度 $3.8\,\mathrm{g/cm^3}$) 的实验结果。陶瓷厚度为 $10 \sim 80\,\mathrm{mm}$,$L/D = 12$ 的钨合金杆的撞击速度为 $1.25\,\mathrm{km/s}$、$1.7\,\mathrm{km/s}$ 和 $3.0\,\mathrm{km/s}$。从图可见,剩余侵彻深度数据位于几乎平行的三条直线上。因此,在实验的较大速度范围内,陶瓷材料抵抗长杆弹的效率与撞击速度无关。氧化铝陶瓷板抵抗长杆弹的防护效率 $\eta = 1.7$,比 Senf 等 (1998) 用短杆弹撞击类似陶瓷得到的 $\eta = 2.0$ 低一些。这一效率差别来自于这两组实验中钢背衬的强度不同,Hohler 等 (1995) 的实验里的钢衬块强度更高。前面已经知道,对于某陶瓷材料,背衬材料的强度提高会导致防护效率值降低,陶瓷的防护效率是与背衬材料

相关联的。

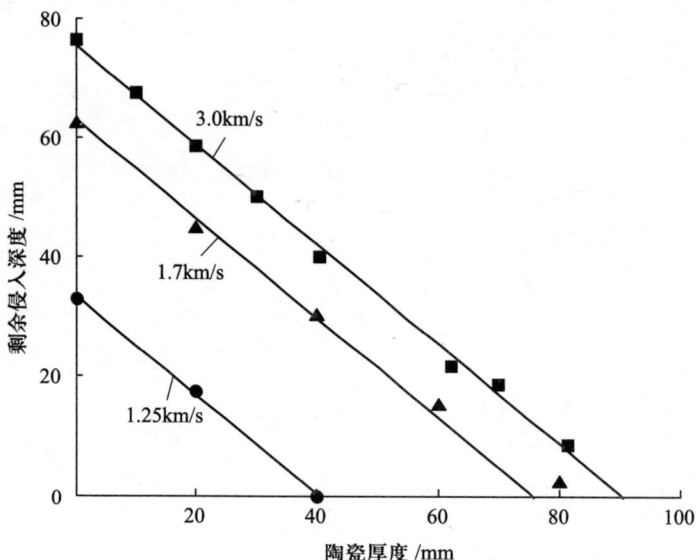

图 6.15　$L/D = 12$ 的钨合金杆以不同速度撞击氧化铝陶瓷/钢衬靶的 DOP 实验结果

　　Rosenberg 等 (1998) 叙述了以高硬度钢为背衬的不同陶瓷材料的另一组实验。陶瓷板厚度为 $20 \sim 80\,\mathrm{mm}$, 横向尺寸为 $75 \sim 150\,\mathrm{mm}$。$L/D = 12.5$ 的钨合金杆 (直径 $D = 5.8\,\mathrm{mm}$) 以 $1.7\,\mathrm{km/s}$ 速度撞击靶体。实验对象包括碳化硅、碳化硼、二硼化钛和氮化铝陶瓷。实验得到的侵入深度 – 陶瓷面密度曲线如图 6.16 所示。对横向尺寸小的陶瓷板, 根据实验的剩余侵彻深度得到的 η 值低。这是横向稀疏波衰减了长杆/陶瓷界面附近高压所造成的影响的清楚指征。许多实验表明, 为了避免横向边界对实验结果的干扰影响, 陶瓷板宽度至少应为其厚度的 5 倍。另一种克服横向边界影响的方法是将陶瓷板嵌埋进衬板中, 或用金属框包围住陶瓷板, 使陶瓷板与衬板中的空腔密切贴合可提高陶瓷的防护效率。为了使陶瓷板和衬板间声阻抗匹配更好, 一些研究者甚至在陶瓷板与衬板贴合的四周使用含金属粉末的特殊胶。

　　上述实验得出陶瓷材料的防护效率 η 为 1.7~2.7, 即处于图 6.16 中的两条直线之间。这是高强陶瓷相对高硬度钢衬的典型效率值, Reaugh 等 (1999) 也给出类似结论。他们用 $L/D = 4$ 的钨合金短杆撞击以高强度钢为衬板的不同陶瓷板。对 $1.7\,\mathrm{km/s}$ 的撞击速度, 不同材料的效率为: 氧化

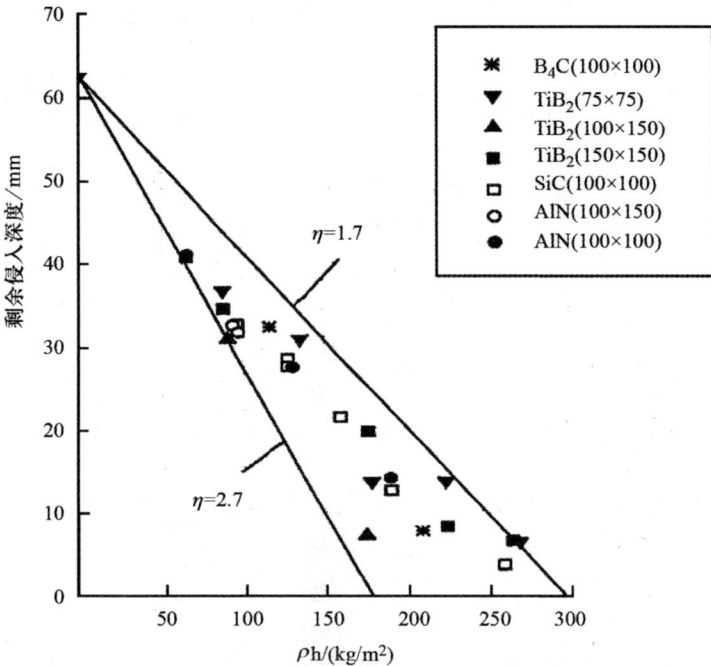

图 6.16　不同陶瓷的 DOP 实验结果

铝陶瓷, $\eta = 2.0$; 氮化铝和碳化硅, $\eta = 2.5$; 硼化钛, $\eta = 3.1$。

　　Hohler 等 (1995) 在对氧化铝陶瓷的实验中运用闪光 X 射线照相研究长杆侵入陶瓷中的情况, 如图 6.17 所示。由图 6.17 可看出, 钨合金杆侵彻陶瓷的过程中, 长杆的消蚀情形与它在厚金属靶中的消蚀类似。特别地, 准定常侵彻模式和杆的消蚀速率都与金属靶中的相似。因此, 可断定 Alekseevskii 与 Tate 的侵彻模型 (AT 模型) 也能用来分析长杆侵入厚陶瓷块的过程。

　　Rosenberg、Tsaliah (1990) 论证了 AT 模型分析长杆侵彻厚陶瓷靶的相互作用的适用性。第一步检查是否可对陶瓷定义一个开始侵彻阈值速度 V_c, 其定义方法和半无限厚金属靶的一样。他们用不同材料、不同强度的 $L/D = 10$ 杆弹 (铜、钢和钨合金) 撞击两种大块体氧化铝陶瓷靶 (密度 $3.42\,\mathrm{g/cm^3}$ 的 AD85 靶和密度 $3.56\,\mathrm{g/cm^3}$ 的 BC90G 靶)。改变撞击速度进行实验, 发现在某阈值速度之下弹体不能侵入陶瓷块, 仅是在碰撞点出现小凹痕。铜、钢和钨合金杆弹撞击 AD85 陶瓷靶的开始侵彻阈值速度 V_c 分别为 $1.15\,\mathrm{km/s}$、$0.99\,\mathrm{km/s}$ 和 $0.66\,\mathrm{km/s}$。利用杆弹材料的强

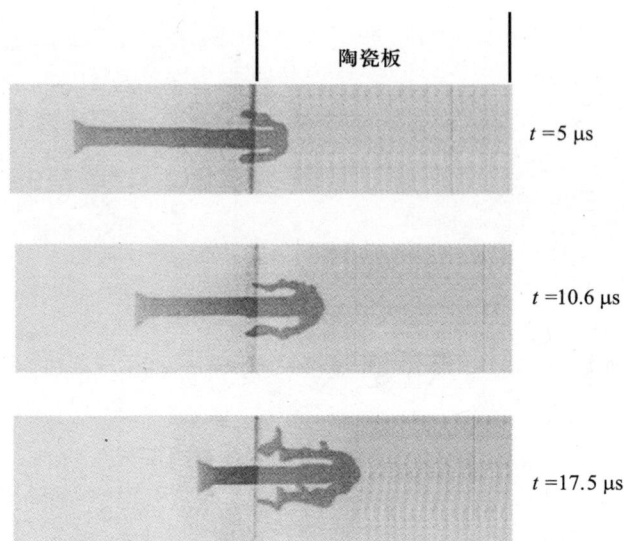

图 6.17 钨合金杆以 $V_0 = 2.5\,\mathrm{km/s}$ 撞击氧化铝陶瓷板的侵彻过程和杆的消蚀

度值 Y_p 和阈值速度的关系式 $V_\mathrm{c} = [2(R_\mathrm{t} - Y_\mathrm{p})/\rho_\mathrm{p}]^{0.5}$, 计算得 AD85 陶瓷的 $R_\mathrm{t} = (5.5 \pm 0.5)\,\mathrm{GPa}$。另一组针对强度较高的 BC90G 陶瓷的实验得到 $R_\mathrm{t} = 7.0\,\mathrm{GPa}$。这两组 R_t 值非常接近于用平板碰撞实验测量得到的它们的 Hugoniot 弹性限 (HEL)。另外, Rosenberg、Tsaliah (1990) 表明, 这些 R_t 值对以钢材为背衬的陶瓷板的实验中的剩余侵彻深度提供了解释。因此, 他们断定, 分析陶瓷对消蚀长杆弹侵彻的抵抗力时, 可以取 $R_\mathrm{t} \approx \mathrm{HEL}$。Rosenberg、Tsaliah (1990) 的实验显示出来的阈值侵彻行为后来被称为 "在界面失效" 现象, 并成为大量研究工作的热点问题。

Subramanian、Bless (1995) 用 $L/D = 20$ 的钨杆撞击大块体 AD995 陶瓷板, 得到 $R_\mathrm{t} = (8.0 \pm 1.0)\,\mathrm{GPa}$, 这也接近于它的 HEL 值。这一 R_t 值是通过分析闪光 X 射线照相测量的长杆侵彻速度而得到的。另一方面, Behner 等 (2008) 用金杆撞击厚 SiC 陶瓷块得到开始侵彻阈值速度约 $0.9\,\mathrm{km/s}$。这一速度对应的滞止压力约 $7.8\,\mathrm{GPa}$, 显著低于 SiC 的 HEL=$11\,\mathrm{GPa}$ 数值。显然很需要关于陶瓷材料开始侵彻阈值速度的理论解释。高强陶瓷的 HEL 值可达 $8 \sim 12\,\mathrm{GPa}$, 粗略估算钨合金杆 ($\rho_\mathrm{p} = 17.5\,\mathrm{g/cm^3}$, $Y_\mathrm{p} = 1.5\,\mathrm{GPa}$) 对它的开始侵彻阈值速度 V_c 为 $0.85 \sim 1.1\,\mathrm{km/s}$。

前面已提到 Subramanian、Bless (1995) 运用脉冲 X 射线照相对消蚀钨合金杆侵入厚 AD995 陶瓷块进行研究。实验结果表明, 杆的侵彻速度

U 与碰撞速度 V_0 呈线性关系, 如图 6.18 所示。图 6.18 中空心圆表示对每一次实验的侵入深度随时间变化的数据根据线性关系拟合得到 U 的数据点, 而实心圆为相同名义速度的 6 个实验数据的平均拟合结果。实线是对实验数据的线性拟合得到, 虚线是根据流体动力学模型 (无强度) 的关系式 (6.5) 得到的预测结果。

$$U_{\text{hyd}} = \frac{V}{1 + \sqrt{\rho_t/\rho_p}} = 0.69V \tag{6.5}$$

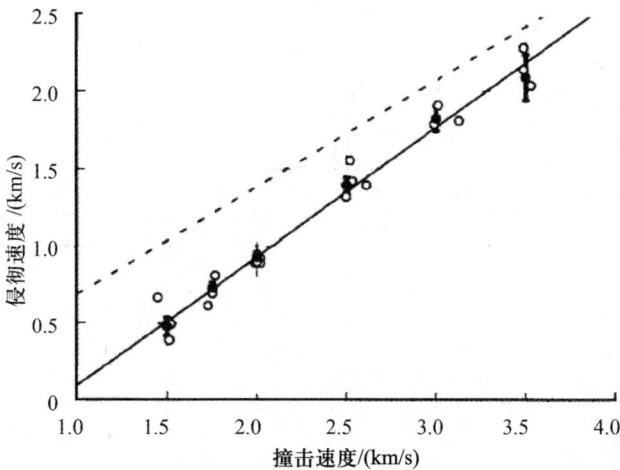

图 6.18   钨杆撞击 AD995 陶瓷的侵彻速度的实验结果

根据实验得出当撞击速度 $V_0 \geqslant 1.5\,\text{km/s}$ 时, 侵彻速度 U 与撞击速度的关系如下:

$$U = 0.836V_0 - 0.742 \quad \text{(对 AD995 陶瓷)} \tag{6.6a}$$

式中: U、V_0 以 km/s 为单位。Subramanian 等 (1995) 用钨杆在 $1.5 \sim 4.2\,\text{km/s}$ 速度范围内撞击 6061-T651 铝靶的实验也得出侵彻速度与撞击速度之间的线性关系式。

用钨合金杆在 $1.5 \sim 5.0\,\text{km/s}$ 速度范围内对其他陶瓷材料的侵彻实验也得到类似结果。Orphal 等 (1996)、Orphal 等 (1997) 及 Orphal、Franzen (1997) 分别对氮化铝、碳化硼、碳化硅陶瓷的有关实验进行了综述。根据这些研究数据得出的线性拟合关系如下:

$$U = 0.575V_0 - 0.406 \quad \text{(对 B}_4\text{C 陶瓷)} \tag{6.6b}$$

$$U = 0.781V_0 - 0.51 \quad \text{(对 SiC 陶瓷)} \tag{6.6c}$$

$$U = 0.792V_0 - 0.524 \quad \text{(对 AlN 陶瓷)} \tag{6.6d}$$

Orphal、Anderson (2006) 认为, 陶瓷材料的这些线性关系 (同时金属靶也得到了类似的关系) 看起来与 AT 侵彻模型的预测相矛盾, 这一矛盾突显了 AT 模型的不足。不过, 仔细分析得知, AT 模型对高密度杆撞击低密度靶得出实际上是线性的 U–V_0 关系, 尤其是高撞击速度时。也应注意, 在高速撞击时, 在绝大部分侵彻过程中杆并没有显著减速。因此, 未消蚀部分的杆的速度 V 接近于撞击速度 V_0。考虑从修正的伯努利方程 (5.10) 得到的 $U = U(V)$ 关系, 根据 AT 模型可获得实际上是线性的 U–V_0 (或 V) 关系:

$$U = \frac{V - \mu\sqrt{V^2 + A_0}}{1 - \mu^2} \tag{6.7a}$$

$$A_0 = \frac{2(R_t - Y_p)(1 - \mu^2)}{\rho_t} \tag{6.7b}$$

式中

$$\mu = \sqrt{\frac{\rho_t}{\rho_p}}$$

将这些实验中所用弹、靶材料的密度 ρ_p、ρ_t 典型值 $3.0\,\mathrm{g/cm^3}$、$17.5\,\mathrm{g/cm^3}$, 连同 $R_t = 10.0\,\mathrm{GPa}$ 和 $Y_p = 1.0\,\mathrm{GPa}$ 的典型值代入式 (6.7b) 计算得 $A_0 = 5$ 和 $\mu = 0.414$。这些值代入 (6.7a), 容易得出撞击速度 V_0 为 $1.5 \sim 5.0\,\mathrm{km/s}$ 范围内 U–V_0 的拟合式为

$$U = 0.8V_0 - 0.7 \tag{6.8}$$

这一关系式与对不同陶瓷材料的实验获得的线性关系式 (式 (6.6a) $\sim$ 式 (6.6d)) 类似。可见, 长杆侵彻陶瓷的实验数据可用 AT 模型进行分析, 不同陶瓷材料的防护效率与其 R_t 值相关联, R_t 可由长杆对陶瓷的侵彻速度测量值推算得出。

这一方面研究的第二步是由 Bless 等 (1992) 完成的, 他们提出了妥善封装陶瓷板以实现长杆弹以很高的撞击速度侵彻大块体陶瓷的实验技术。由于它对陶瓷装甲抵抗长杆弹研究的潜在益处, 这一问题是大量研究工作的焦点。Hauver 等 (1993, 1994)、Subramanian 和 Bless(1995)、Lundberg 等 (1998, 2000) 以及 Westerling 等 (2001) 展示了高密度长杆以高达 $1.6\,\mathrm{km/s}$ 速度撞击陶瓷靶而被靶体阻挡住的研究报道。大多数实验采用逆弹道实验技术, 即用气体炮发射陶瓷靶去碰撞静止的长杆。这样的布置特别适合

于高速碰撞, 因为无论是火药炮还是气体炮, 都无法加速纤细长杆到很高速度。但是, 将厚陶瓷柱约束在金属弹托中, 很容易用轻气炮将它加速到 $5.0\,\mathrm{km/s}$。这些气炮的口径约为 $40\,\mathrm{mm}$, 因此实验的缩比比例很大, 静止长杆弹的直径 D 限制在 $1 \sim 2\,\mathrm{mm}$。于是必须考虑相似性问题, Hauver 等 (2005) 指出, 大缩比比例的实验复现了此前研究的主要结果。缩比实验的另一个好处与闪光 X 射线照相技术有关。由于缩比实验靶体尺寸小, X 射线束可轻易穿透小尺寸陶瓷圆柱, 从而追踪记录侵彻过程中杆弹的形状变化和前进过程。这一优点可在 Holmquist 等 (2008) 发射碳化硅圆柱体撞击细长金杆 ($D = 1\,\mathrm{mm}$, $L = 70\,\mathrm{mm}$) 的闪光 X 射线影像 (图 6.19) 中清楚地看出来。

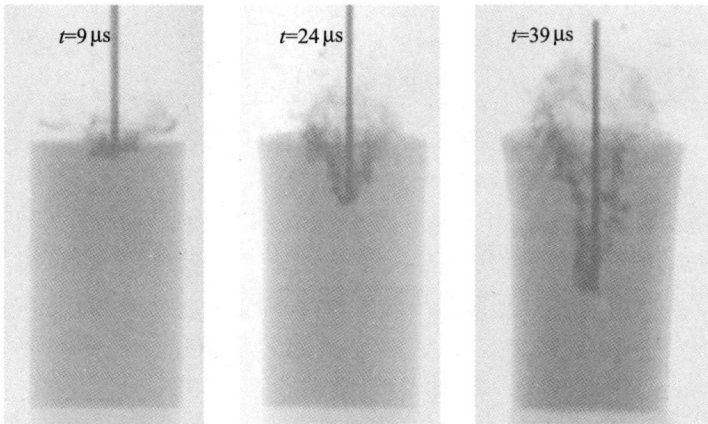

图 6.19　用逆弹道实验技术的 SiC 圆柱以 $V_0 = 1.38\,\mathrm{km/s}$ 撞击静止金杆的闪光 X 射线影像

Lundberg 等 (1998) 对这些照片进行分析后认识到, 在 "在界面失效" 机制起作用的速度范围之后, 存在着杆弹真实地在界面 "停留" 一定时间后才开始侵入靶体的一个狭窄的速度范围。"停留" 现象最早是 Wilkins 及其同事在他们用穿甲弹进行实验的经典工作中发现的。在停留阶段之后, 杆弹以相对低一些的速度侵入陶瓷中。对更高的撞击速度, 停留阶段消失了, 几乎就在撞击后侵彻就以高速度向前进行。图 6.20 是 Lundberg 等 (1998) 的碳化硼块体撞击静止钨合金杆的实验结果。容易看出, 撞击速度 $V_0 \approx 1.5\,\mathrm{km/s}$ 对应于停留机制作用的速度范围 (图中阴影区)。这是杆弹从 "在界面失效" 向常规侵彻过程转变的区域。

Bless 等 (1992)、Hauver 等 (1993)、Lundberg 等 (1998,2000) 和 Hauver

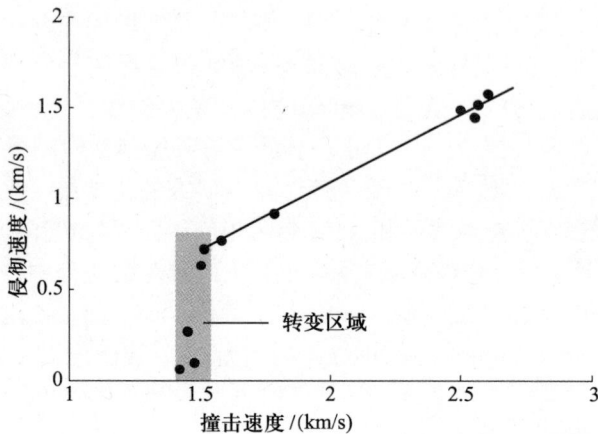

图 6.20　碳化硼陶瓷的 "在界面失效" 和停留阶段对应的速度范围

等 (2005) 的实验表明, 在陶瓷板上合理地设置盖板可获得很高的 "在界面失效" 速度。这些盖板在撞击点周围含有杆弹所用的材料, 这在相对长时间里对陶瓷板施加连续的压力作用。这一动力学约束防止了产生于撞击面的拉伸应力导致陶瓷板过早失效。盖板的第二个作用是使杆弹头部面积扩大, 从而将长杆撞击陶瓷时产生的初始载荷分散开。Lundberg 等 (1998) 使用了中央带有凸台 (其直径和高度数倍于杆弹直径) 的钢盖板。Holmquist、Johnson (2002) 的数值模拟表明, 将铜质小圆板粘贴在陶瓷板上, 就足以使 "在界面失效" 速度获得显著提高。模拟中铜质缓冲块的直径和厚度分别为 $2D$、$4D$, D 为杆弹的直径。下一节分析长杆弹撞击陶瓷板的数值模拟时将讨论铜缓冲块的作用。Lundberg 等 (2001) 表明很长的杆弹 (几段焊接而成, 长超过 770 mm) 的停留过程能持续长的时间 $(300\mu s)$。这些实验说明, 通过合理的设计, 在抵抗全尺寸杆弹时应用 "在界面失效" 机制应该是可实现的。

6.3.3　数值模拟

有很大量研究工作集中于对前面描述的各种现象进行数值模拟分析, 以求弄清楚陶瓷材料对撞击和侵彻的响应的控制参数。适用于陶瓷的一些材料模型已经植入商用流体动力学程序中, 它们都具有 6.3.1 节叙述的 M.Wilkins 提出的模型的那些特征。最复杂的一个是已在第 2 章介绍过的, 由 Johnson 和 Holmquist(1990) 提出的 JH-1 模型。其他一些脆性材料模型参见 Curran 等 (1993), Rosenberg 等 (1995), Rajendran、Grove(1996),
Walker、Anderson(1996) 及 Walker(2003) 等文献。撞击时在陶瓷板中产生
高幅值应力波，导致弹体前较大体积的陶瓷破裂和粉碎。因此，为了模拟
陶瓷的行为，模型必须描述完整无损伤和已破裂陶瓷材料的特性。Shockey
等 (1990) 用小球体撞击有钢板覆盖的氮化硅陶瓷板的实验显示了脆性材
料的这一独有特征。这些实验里撞击速度相对较低，球体没有穿透钢盖板。
但是撞击后陶瓷的横截面图 (图 6.21) 表明，在撞击点下面的陶瓷材料存在
很多裂纹和破碎。这些数量众多的损伤是由碳化钨球体以 231m/s 速度撞
击造成的。球体并没有穿透钢盖板，因此陶瓷的损伤是由撞击引起的强烈
应力波 (压缩和拉伸) 形成的。弹体侵入时必将遇到一部分已严重受损的
陶瓷材料，显然已受损陶瓷材料的性质对侵彻过程具有控制性影响作用。

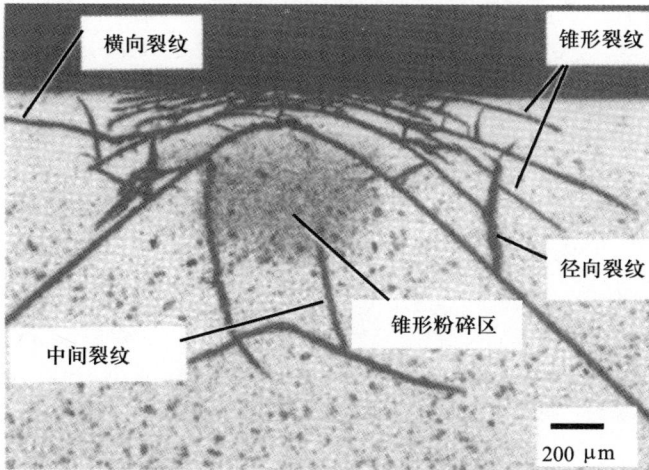

图 6.21 球体撞击 (但没有侵入) 对陶瓷板造成的损伤

　　模拟这些失效更加复杂，含裂纹材料与已粉碎材料具有不同的特点。
需要清楚描述这些不同特点，尤其是对完全受约束陶瓷板，因为约束作用
使得陶瓷板中高压维持一定时间。已产生裂纹的陶瓷板在高约束压力作
用下并不丧失对侵彻的抵抗能力。通过对陶瓷施加合适的约束，拉伸应力
波造成的潜在损伤可以被阻止或推迟到很晚时候。对陶瓷材料本构关系
的许多实验工作专注于研究破裂和粉碎的陶瓷材料的本构特性。实际上，
Anderson (2006) 的评述指出，前面提及的各个材料模型的主要差别在于对
已损伤材料指定的强度值不同。例如，引自 Anderson (2006) 的图 6.22 是

JH-1 模型和 Walker (2003) 模型描述的碳化硅的强度。对已破裂的 SiC 材料, JH-1 模型和 Walker 模型给予的强度值分别为 1.3 GPa、3.7 GPa。对于不同系列的实验结果调整模型参数得到了这些很不相同的值, 因此更加需要对已损伤陶瓷材料性能的仔细标定。图 6.22 还给出了来自不同文献的完整无损材料的强度值数据。

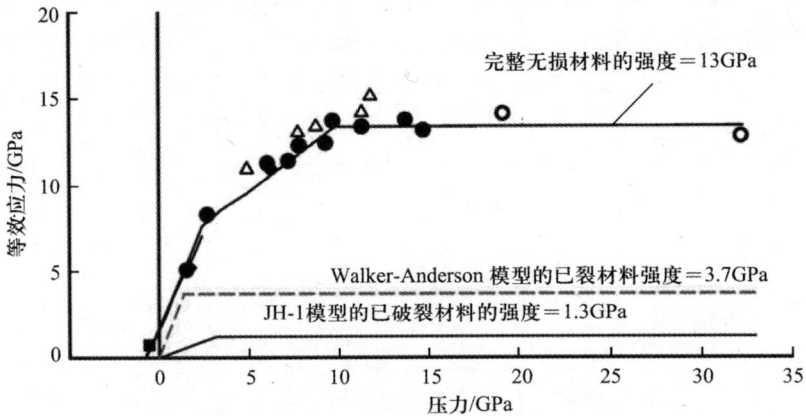

图 6.22 对 SiC 的 JH-1 模型以及 Walker-Anderson 失效面

为了展示这些模型的预测能力, 考虑 Holmquist 等 (2008) 对金杆以 1.38 km/s 速度撞击 SiC 陶瓷板的数值模拟结果 (图 6.23), 对应的实验的

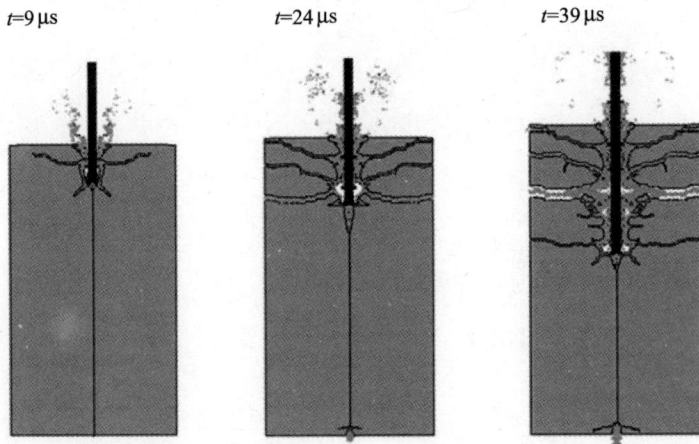

图 6.23 金杆撞击 SiC 圆柱体的数值模拟结果

闪光 X 射线影像如图 6.19 所示。显然可见, 对于侵彻的推进过程和弹坑周围的损坏情况, 数值模拟和实验结果非常一致。这说明对该陶瓷的材料模型是有效的。

Holmquist、Johnson (2002) 及 Holmquist 等 (2005, 2008) 通过数值模拟研究了缓冲块的作用。Holmquist 等 (2008) 给出了金杆以 1.484 km/s 速度撞击带缓冲块 SiC 陶瓷的实验结果和数值模拟结果对比情况 (图 6.24)。铜缓冲块直径为 5 mm、厚度为 4 mm。金杆的直径为 1.0 mm、长度为 70 mm, 这与图 6.19 和图 6.23 的以 1.38 km/s 速度撞击 SiC 陶瓷的金杆的参数一样。很明显, 铜缓冲块阻止了更高速度金杆对陶瓷的侵入 (图 6.24), 而较低速度金杆撞击光陶瓷板容易发生侵彻 (图 6.19 和图 6.23)。另外, 实验和数值模拟都表明增加铜缓冲块导致发生 "在界面失效" 现象的撞击速度范围有显著增加。

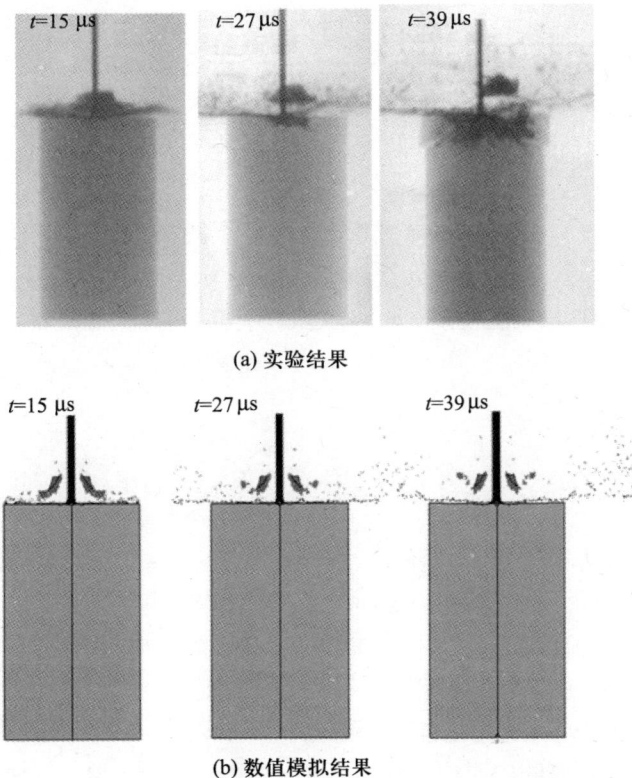

(a) 实验结果

(b) 数值模拟结果

图 6.24　金杆以 1.484 km/s 速度撞击带缓冲板的 SiC 圆柱体的实验结果和数值模拟结果

Holmquist 等 (2005) 的数值模拟结果 (图 6.25) 也表明了铜缓冲块的作用。模拟的情况是直径 $D = 0.75\,\mathrm{mm}$, 长度 $L = 30\,\mathrm{mm}$ 的金杆以不同的速度撞击 SiC 陶瓷和带缓冲板 SiC 陶瓷。数值模拟获得的 "在界面失效" 速度和对应的停留时间和实验数据是一致的。

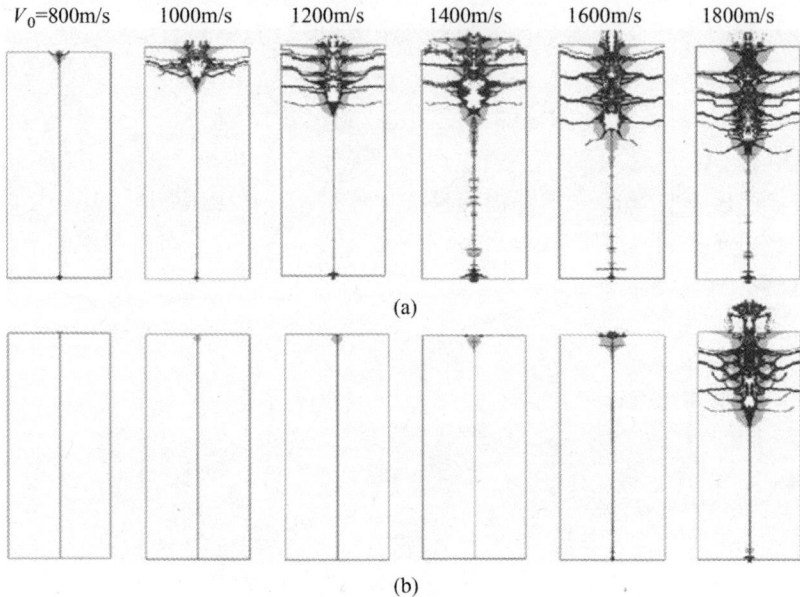

图 6.25 金杆以不同速度撞击 SiC 陶瓷柱和带缓冲板 SiC 陶瓷柱的数值模拟结果
(a) 裸靶; (b) 带缓冲板的靶。

实验和数值模拟都表明,SiC 陶瓷使金杆 "在界面失效" 的速度 $V_0 = 0.9\,\mathrm{km/s}$, 这可定义为开始侵彻阈值速度 V_c。对应于这一速度的滞止压力 $P = 0.5\rho_p V_c^2 = 7.8\,\mathrm{GPa}$。而实验和数值模拟结果证明, 带缓冲板的 SiC 使金杆 "在界面失效" 的速度高达 $V_0 = 1.65\,\mathrm{km/s}$, 对应的滞止压力约 26 GPa。因此, 增加铜缓冲板使阈值压力提高到原来的 3.3 倍。这种侵彻抵抗能力的增加引起装甲设计师实际应用陶瓷材料的强烈兴趣。

Holmquist 等 (2005) 指出, 缓冲板应该足够大, 以衰减传递到陶瓷板的碰撞冲击, 同时引起杆弹头部蘑菇状变形以将载荷分散到更大面积上。缓冲板也在短时间内对碰撞区域施加一些压缩应力, 这足以阻止由碰撞区产生的拉伸应力导致的陶瓷过早失效。缓冲材料密度要高, 以减小对陶瓷表面的作用应力。对用聚碳酸酯做缓冲板进行的数值模拟表明, 在陶瓷表面的压力波形与用铜缓冲板和钨缓冲板的相比, 幅值更高、上升更陡峭。图 6.26 为 Holmquist 等 (2005) 对金杆以 1.6 km/s 速度撞击带缓冲板的碳化硅陶瓷时对称轴上碰撞应力的数值模拟结果。金杆以 $V_0 = 1.6$ km/s 速度碰撞碳化硅陶瓷的击波压力为 38 GPa。增加铜缓冲板或钨缓冲板使击波幅值下降到 26.3 GPa, 同时大大延长了应力波上升时间。根据数值模拟里的材料参数得知, 从 "在界面失效" 向停留阶段的转变对应的应力大约为 26 GPa。

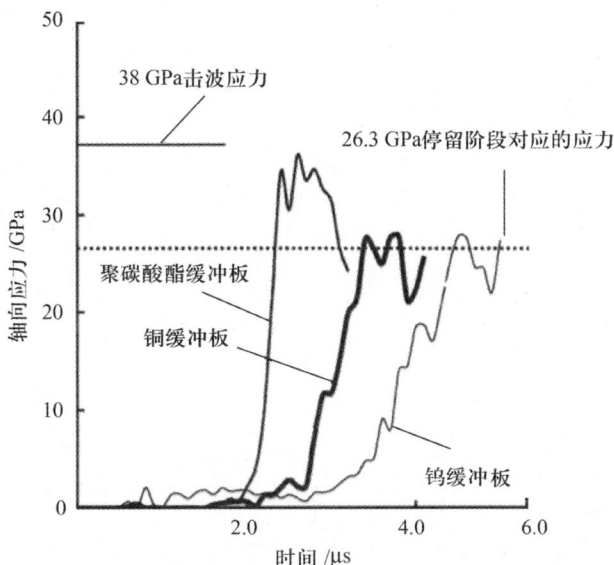

图 6.26　使用不同缓冲材料时陶瓷表面作用应力的数值模拟结果

　　Malaise 等 (2000) 使用不同的实验设计也使 "在界面失效" 阈值速度获得了显著增加。他们把 $L/D = 10$, $D = 5$ mm 的钨合金杆嵌入聚碳酸酯圆柱体中, 将其侵彻性能与自由杆的侵彻特性进行比较。靶体为大块钢背衬的厚 30 mm SiC 陶瓷板, 撞击速度约为 1.45 km/s。自由的钨合金杆穿透了陶瓷板, 在钢衬板上的剩余侵彻深度为 4.5 mm。而嵌入聚碳酸酯的钨合金杆仅在碰撞面产生 3 mm 的凹痕, 这表明塑料包裹对侵彻的强烈影响。这一影响来自于长杆周围的塑料圆柱体对靶体的撞击及撞击后塑料相对长时间地呈蘑菇状扩散, 对于陶瓷材料的碰撞表面施加高幅值压缩应力, 从而阻止了拉伸应力导致的陶瓷过早失效。这和铜缓冲板的情形类似。
　　总之, 各种缓冲板的作用在于把初始击波压力降低到损伤阈值之下,延长碰撞面的压缩载荷作用时间, 以及通过杆弹的蘑菇状变形将载荷分散到较大面积上。需要强调指出, 前述数值模拟中使用的受损伤材料的参数是通过实验结果修正得来的。因此, 数值模拟结果与实验数据一致并不意味着已达到对损伤过程的全面理解。为了理解这些实验现象, 需要建立受撞击陶瓷材料的损伤开始及其演化的理论模型。

Rosenberg 等 (1995) 提出了 JH-1 模型的简化形式, 它可以解释很多长杆撞击背衬厚金属块的陶瓷板的侵彻数据。该模型以完整无损伤陶瓷材料本构特性的实验数据为基础, 包括单轴应力状态下的压缩强度 Y_c、拉伸(层裂) 强度、高冲击压力下的压缩强度 Y_{max}。Y_{max} 值用第 1 章介绍的横向测计技术测量。对于高压下表现出常值强度的材料, 完整无损伤材料的失效曲线是如图 6.27 所示的双线性形式。图 6.27 中给出了完整材料和已损伤材料的本构关系。在数值计算中当某单元应力状态达到图中上曲线的状态, 其强度就下降到表示已损伤材料的下曲线上。该下曲线从原点 (零拉伸强度) 开始, 以某一斜率线性增加到已损伤材料的最大强度值。下曲线的斜率和最大值是用损伤参数 ($f < 1.0$) 乘以完整无损伤材料的对应值而得到的, 损伤参数是该模型唯一的自由参数。

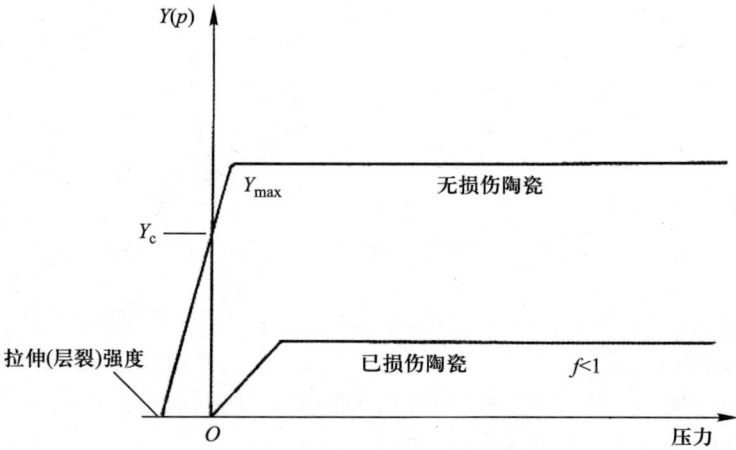

图 6.27 陶瓷材料的简化模型

某一陶瓷材料的损伤参数值 f 通过以下步骤得到: 给定一组侵彻实验, 选择其中一个实验作为标定实验, 在数值模拟中改变损伤参数 f 的数值, 直至计算侵深与实验的侵深一致。使用这一参数 f 对所有其他的实验进行数值模拟, 模拟与实验都应该一致。使用这一技术, 对 AD85 氧化铝陶

瓷得到 $f = 0.3$ (Rosenberg 等 (1995)),对 AD995 氧化铝陶瓷得到 $f = 0.45$ (Rosenberg 等 (1997b))。

完整无损陶瓷材料的 Y_{max} 用平板碰撞实验的纵向和横向应力计测量数据获得 (第 1 章已介绍)。测计测得受冲击试件的两个主应力 (σ_x、σ_y),通过某一适当的屈服准则推算得到材料在高冲击压力下的强度。如利用 von Mises 屈服准则,则有 $Y_{max} = \sigma_x - \sigma_y$。图 6.28 为 Rosenberg 等 (1987a) 和 Rosenberg 等 (1991a) 对 Al$_2$O$_3$ (AD85) 和 TiB$_2$ 给出的结果。可见,氧化铝陶瓷试件在高压下表现出常值强度的特点,Rosenberg 等 (1991b) 对氮化铝的测量也有类似结果。而 TiB$_2$ 陶瓷表现出高压硬化效应,随着冲击波压力增加材料强度显著增加。

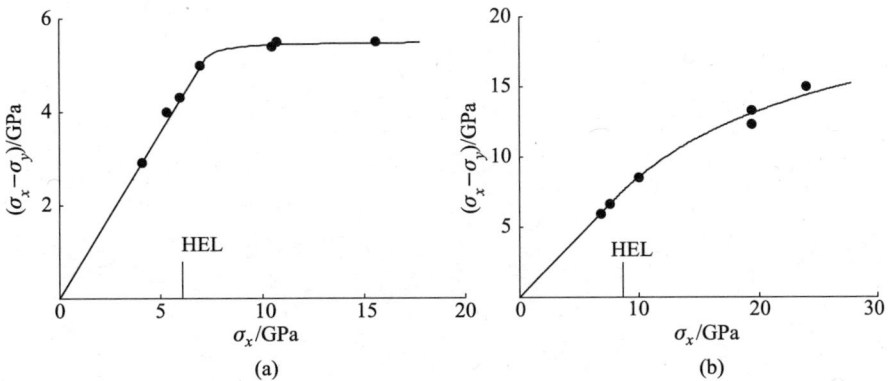

图 6.28　对 Al$_2$O$_3$ (AD85) 和 TiB$_2$ 进行平板碰撞实验,由纵向和横向应力计给出的主应力差值

(a) Al$_2$O$_3$ (AD85); (b) TiB$_2$。

6.3.4　陶瓷装甲抗聚能射流侵彻

各种陶瓷材料抵抗高密度长杆弹的防护效率 η 为 2.0 ~ 3.0 (相对于装甲钢)。其相对高效是由于陶瓷的压缩强度高和密度低。对陶瓷和玻璃块的实验结果说明,它们抵抗聚能射流时效率 η 甚至可高达 4.0 ~ 5.0 (相对于装甲钢),其中与玻璃有关的此类研究参见 Hornemann(1989), Solve、Cagnoux (1990), Finch (1990), Moran 等 (1991) 以及 Kozhushko、Rykova (1994),与陶瓷有关的此类研究参见 Kozhushko 等 (1992)。研究似乎说明这些材料的高强度对于抵抗聚能射流更有效,这与高速碰撞下靶材料强度的影响变得不重要的这一已为大家普遍接受的认识相矛盾。高速摄影照片和闪光 X 射线影像显示, 侵彻过程中射流单元受到某些横向力作用而明显偏离了其初始飞行方向。因此可推断这些材料抵抗射流的高效率是由于某种横向作用而不是它们的高强度。这种横向扰动作用与脆性材料的膨胀现象有关。这种现象是指脆性材料在加载阶段的裂纹产生和发展导致应力释放后脆性材料出现额外的体积膨胀。特别地, 玻璃碎块与射流单元的横向碰撞造成了玻璃靶抵抗射流的效率提高。

Rosenberg 等 (1995) 通过 $L/D = 10$ 的零强度长杆高速碰撞背衬厚装甲钢的陶瓷板的数值模拟对此问题进行了研究。模拟中碰撞速度选为 $5\,km/s$, 这代表了不同射流单元的平均速度。在模拟中, 厚 $40\,mm$ 陶瓷板前面放置一块厚 $10\,mm$ 钢板。陶瓷材料的失效模型在前一节已介绍, 并取 $f = 1.0$ 以避免陶瓷材料早期失效而使问题复杂化。数值模拟表明在陶瓷材料强度 $3.0 \sim 9.0\,GPa$ 的范围内, 钢衬块中侵彻坑深度几乎是一样的, 这证实了在这样速度下靶材料强度对于抵抗力只有较小作用的看法。但是陶瓷板中弹坑直径随着陶瓷强度增加而明显下降。更重要的是数值模拟表明弹坑壁面坍塌而横向运动, 随陶瓷强度增加有更多的材料射向轴线方向。横向运动的材料包括弹坑壁面的陶瓷碎块和侵彻后顺着弹坑壁面反向移动的射流材料。图 6.29 为强度 $6.0\,GPa$ 氧化铝陶瓷靶中横向运动的数值

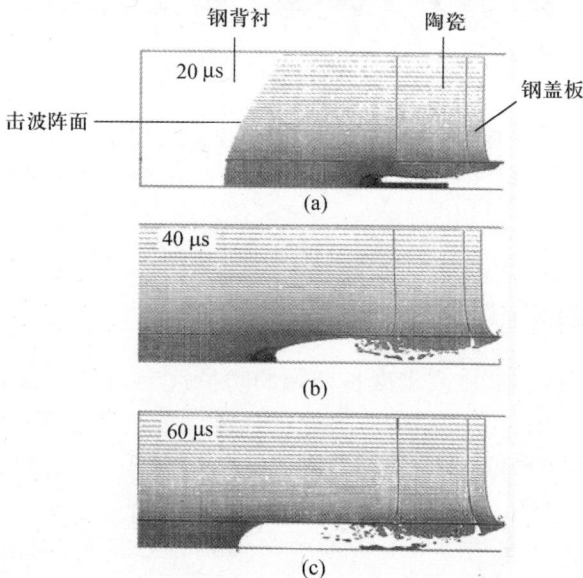

图 6.29　陶瓷碎块和沿着弹坑壁面反向运动射流材料向对称轴横向运动的数值模拟结果

模拟结果。由此可看出，撞击后 $40 \sim 60\,\mu s$, 反向流动的射流材料的一大部分以较大的横向速度到达对称轴。它们使长射流的运动较慢部分转向，从而导致陶瓷和玻璃抵抗聚能射流的效率提高。

Rosenberg 等 (1995) 的数值模拟比较了向对称轴横向运动的材料的数量，强调了陶瓷材料强度与横向扰动程度的关系，如图 6.30 所示。图 6.30 中显示了相对较晚时候陶瓷和碎块材料沿着侵入轴线的分布情况，以强调三种情况之间的差别。模拟显示: 对 3.0 GPa 的陶瓷板没有材料横向弹射到对称轴上; 而 9.0 GPa 和 6.0 GPa 的陶瓷板相比，前者横向弹射出的材料更多、时间更早。可以看出，在本算例中，在碎块横向运动到轴线之前侵彻过程已经结束了，因此在陶瓷强度不同的几种情况下，剩余侵彻深度几乎是一样的。对于更长的射流，碎块将和射流的运动慢的部分碰撞而降低其侵彻能力。所以高强陶瓷和玻璃抵抗射流的效率提高与射流同反向运动的射流碎块的横向碰撞有关。

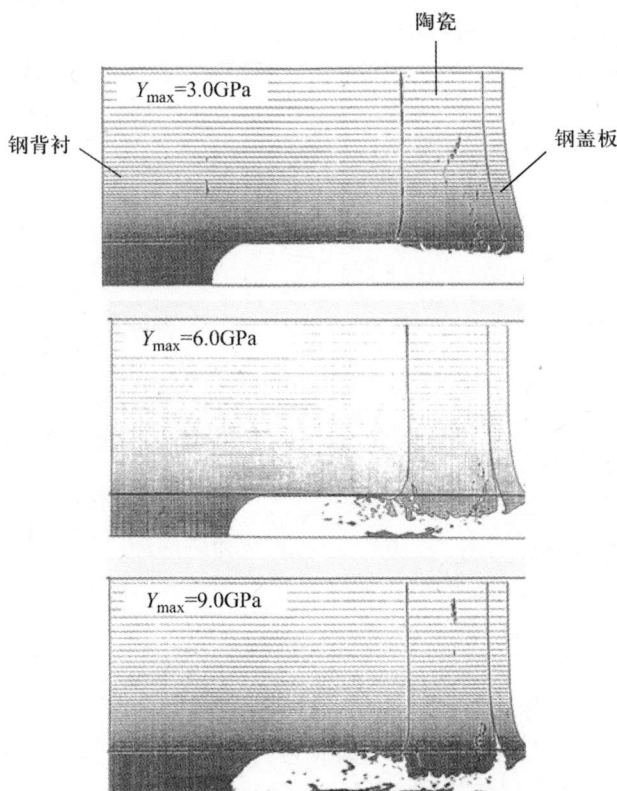

图 6.30　陶瓷材料强度对碎块横向运动的影响

6.4 编织物作为装甲材料

已经看出, 附加装甲的最优化设计是以低密度材料多层靶为基础的, 其第一层材料的压缩强度要高 (如陶瓷板), 背板材料的拉伸强度要高以吸收弹体和前板的碎片。人们发现, 以织物为基础的复合材料的比强度高 (强度与密度的比值), 作为陶瓷和高强金属板的背衬材料非常有效。复合材料最早在 20 世纪 60 年代开始应用, 其中包括玻纤增强塑料 (GFRP)。效能更高的纤维复合材料以芳族聚酰胺纤维 (商品名 Kevlar®)、超高分子量聚乙烯纤维 (商品名 Spectra® 和 Dyneema®) 以及最早以 Zylon 名称面世的 PBO 纤维等为基础。这些有机纤维的密度低 ($1.0 \sim 1.4g/cm^3$)、拉伸强度高 (约 3 GPa), 广泛应用于侵彻碰撞防护领域, 如空间站防护、防弹背心等。它们的初始弹性模量高 (约 100 GPa), 拉伸失效应变为 3% ~ 5%, 吸收能量性能很好 (优于金属材料)。先将纤维纺成纱, 然后将纱编织后一层层叠放起来 (有的浸渍树脂, 有的不浸), 这样制成防护结构。通过不同的编织技术将纤维织成二维或三维结构, 详见 Zaera (2011)。Bhatanagar (2006)、Abrate (2011) 等文献对于纤维、纤维纱束和织物的性能、制造过程以及在不同防护结构中的应用等方面有广泛的叙述。纤维织物最广泛的应用是制作防弹背心, 有的单独由织物层压板制成, 有的在织物层压板前面贴上陶瓷板。织物层压板也用于粘贴在装甲车辆内壁作为防层裂内衬, 以防止由于威胁 (穿甲弹、杆弹等) 的侵彻撞击导致的碎片而造成的破坏。织物可以是 "干" 片缝制在一起, 也可以用聚酯或环氧等树脂浸渍。

为了研究几层织物制成的层合板的冲击响应, 通常从研究单根线对弹体横向冲击响应开始着手, 然后对纤维交叉节点采用一些假设以分析单层织物, 最后对多层织物板 (浸渍树脂或不浸渍树脂) 进行分析。Cheeseman、Bogetti (2003) 评述了控制织物和柔性复合材料侵彻过程的重要因素, 包括纤维纱的材料性质、织物结构、弹体形状和碰撞速度、多股纱之间的相互作用、远场边界条件、纱与弹体之间的摩擦等。不同因素的多样性变化使得侵彻和贯穿过程的分析复杂化, 从一组实验得到的结论不能推广到其他情况。例如, Jacobs、Van Dingenen (2001) 观察到 Dyneema 纤维的单向铺层 0°/90° 正交叠放后抵抗钝头弹撞击的性能比它的织物性能好得多。他们认为, 其原因是铺层 0°/90° 放置使得更广泛区域的结构参与相互作用。这一结果可能仅对于钝头弹成立, 而且可能仅限于这类纤维。这些复杂因素是缺乏弹体/复合材料相互作用的分析方法的主要原因, 尽管通过实验观察和数值模拟已经取得很多进展。

观察 Irenmonger (1999) 给出的实验后织物靶体切面图 (图 6.31) 可以体会到弹体与织物之间相互作用的复杂性, 这是 5.56 mm 铅芯硬钢头弹体撞击 Dyneema® 板后得到的。弹体容易贯穿薄靶 ($H = 11$ mm), 剪切破坏过程 (图 6.31(a)) 使得弹孔直径接近于弹体直径。这是相对薄的靶体受尖头弹高速撞击的典型失效模式。图 6.31(b) 中 $H = 22$ mm 靶厚度足以抵抗弹体, 弹/靶相互作用更复杂。切面图可看出侵彻第一阶段弹体对靶体的剪切作用。在后期靶材料的高拉伸强度对弹体产生影响, 靶板后面部分各层纤维的大面积弯曲和层间分离说明了这一点。这是纤维织物用作复合靶衬里的通常作用模式。这样的布置使得织物发挥其超强的拉伸性能以阻止碎片, 获得高的弹道防护效率。侵彻后期阶段弹体的整体变形导致此阶段弹孔直径变大, 弹体变形也导致更大范围的织物参与弹/靶相互作用。

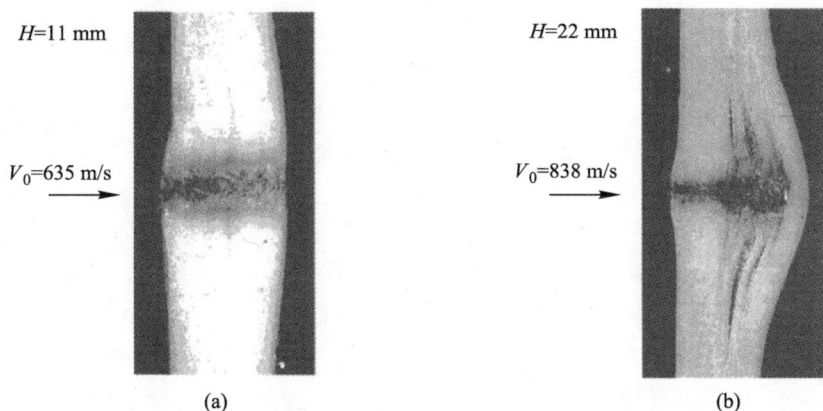

图 6.31   5.56 mm 弹体撞击 Dyneema 靶, 靶体的截面图

弹体形状和碰撞速度决定了织物的失效模式, 显然尖头弹挤入织物受到的运动阻力确实相对较低。当撞击速度较高时, 纤维纱线受到弹体剪切作用 (如图 6.31 所示), 甚至可能一撞击就断裂 (如 Cheeseman、Bogetti (2003) 所述)。因此这类复合材料在抵抗低速钝头弹时性能最好, 此时纤维纱线通过大的横向弯曲变形吸收弹体的大部分动能。注意, 对于防护弹体之用的织物, 其树脂含量应该为 20% 左右, 以使得各层能够发生大的弯曲变形。出于同样理由, 纤维与基体之间的粘结力也不应太强。如图 6.31(b) 所示, 当弹体撞击多层织物层合靶时, 前面几层被剪断; 而后面各层表现得像薄膜, 通过弯曲变形吸收弹体动能, 发挥其最优性能和获得高效

率。Gama、Guillespie (2011) 对 $L/D = 1$ 钢圆柱弹撞击厚的 S-2 玻纤/SC15 层合板的实验和数值模拟清楚地展示了这些特征。为了解弹体/织物复合材料靶相互作用的有关材料特性,下面对其中一些重要问题予以概述。

Rakhmatulin (1966) 的综述指出,对于单根纱线撞击的早期研究工作是单层织物横向受载的理论基础。Smith 等 (1958) 提出的单根纱线受撞击理论的突出特点可借助根据高速摄影给出的示意图 6.32 给予说明,即受横向撞击纱线呈三角形形状,随时间增加三角形扩大直至发生断裂。

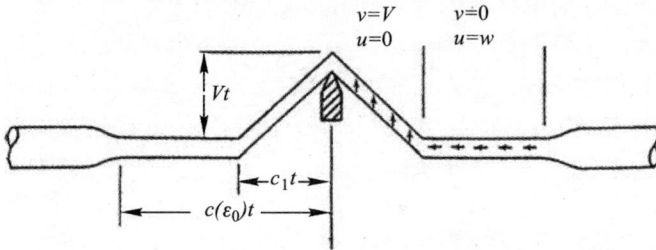

图 6.32　刚性弹体横向撞击纱线的示意图

进行分析时假设:当撞击时,纵向和横向应力波从撞击点以不同的速度向外传播。纵向应力波以弹性波速度 $c_0 = (E/\rho)^{0.5}$ 移动,波后材料处于应力为 σ_0、应变为 ε_0 的状态。织物材料的弹性模量高、密度低,因此其弹性波速度 c_0 很高。这意味着,很大一部分材料参与和弹体的相互作用,增强织物的能量吸收能力。弹性波后的物质以一定速度 w 向撞击点移动。在弹性纵波后面的横向应力波以波速 c_1 传播,它使物质的运动方向变成与弹体运动方向相同,质点速度变成等于弹体速度 V,角度不变的三角形随时间增加而扩大。Roylance (1977) 对常模量 E 的纤维材料给出纤维应变 ε_0 与弹体速度 V 之间的关系如下:

$$V^2 = \frac{E\varepsilon_0(2\sqrt{\varepsilon_0 + \varepsilon_0^2} - \varepsilon_0)}{\rho} = c_0^2 f(\varepsilon_0) \tag{6.9}$$

该方程可用数值方法求解。根据 V 计算出 ε_0,以获得某一织物的设计曲线。对于某一速度 V,一旦知道 ε_0,就可确定其他参数,如 σ_0、c_1 和 w。例如,横向应力波速度为

$$c_1 = c_0 \left(\sqrt{\varepsilon_0 + \varepsilon_0^2} - \varepsilon_0\right) \tag{6.10}$$

利用这些简化分析,可以计算纤维的应变能 $\sigma_0\varepsilon_0/2$,并将它与纤维的能量吸收率联系起来。将纤维的最大拉伸应力和应变值代入式 (6.9) 就得

到纤维开始断裂对应的最大速度值 V。这些极限速度值很少在实验里达到，实际的极限速度值大约为理论值的 $1/2$。对此差异提出了一些解释 (如 Bazhenov 等 (2001))，但这一问题并没有解决。Tan 等 (2003) 研究了弹体头部形状对极限速度的影响、纤维的能量吸收性能以及平纹芳纶布单层靶的贯穿机制等。对不同形状的弹体的实验得到相类似的趋势，即直到临界速度前纤维吸收的能量增加，此后更高速度下其吸收的能量下降。

来自于 Jameson 等 (1962) 的钝头弹撞击尼龙纱的高速摄影照片 (图 6.33) 表明，单根纤维纱线可达到很高的延伸率。图 6.33 中不同时刻的影像进行了平移，以更好地展示图 6.32 显示的纤维变形情况。

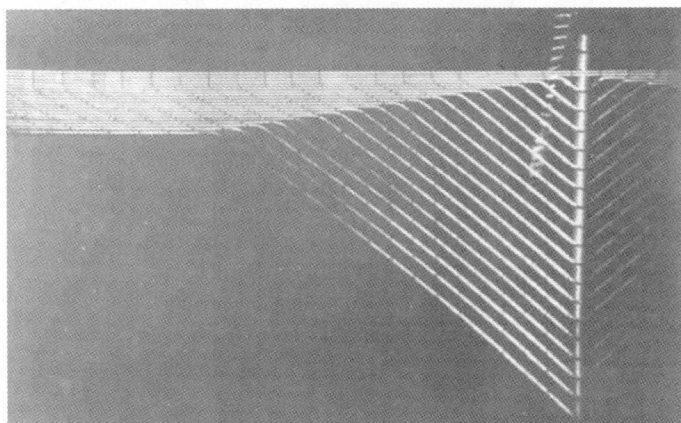

图 6.33 弹体撞击一根尼龙纱的高速摄影照片

要注意，不可能通过不断增加纤维的刚度而无限提高它的防护效率，因为纤维刚度的提高同时伴随着它的失效 (断裂) 应变下降。因此用于确定纤维最优刚度的完整的模型应包含这两个参数的影响关系。正如 Cunniff (1992) 所叙述的，对于多层织物结构的抗冲击性能，要考虑某些互相之间存在冲突的影响趋势 (它们对于系统性能有相反的影响)。例如，层数增加会约束第一层的横向弯曲变形，增强拉应力的集中从而降低结构的防护效率。Cunniff (1992) 分析了影响织物结构性能的一些特点，例如，约束织物的框架夹具的开口尺寸。开口尺寸大使得织物各层可以发生大变形，从而弹道极限速度更高。

Cunniff (1996) 对不同织物抗冲击行为的大量数据进行了总结，在他参加 1999 年的第十八届国际弹道学会议的几篇文章里也有相关数据。大多数数据是用长径比 $L/D = 1$ 的钢质或钨合金圆柱体进行实验取得的。

他分析的复合材料包括不同的芳纶 (凯夫拉)、超高模量聚乙烯以及尼龙66、E 玻纤等织物。对于某一弹体/纤维复合材料靶的组合, 设计师关心的问题和金属靶板的情况一样, 即弹道极限速度 V_{bl} 以及 $V_0 > V_{bl}$ 时剩余速度 V_r 随撞击速度的变化规律。图 6.34 为 Cunniff (1996) 用不同质量 (M 为 0.13 g、0.26 g、1.04 g 和 4.16 g) 的钢圆柱撞击 8 层芳纶 – 29 靶得到的 V_r 随 V_0 的变化情况。可见, 变化趋势类似于金属靶的情况, 在撞击速度稍高于弹道极限速度时 V_r 急剧上升, 高速时渐近趋于一条平行于 $V_r = V_0$ 的直线 (图 6.34 中的虚线)。随弹体质量增加, 弹道极限速度下降, 并且渐近直线更靠近直线 $V_r = V_0$, 这也与金属靶时的情况相同。

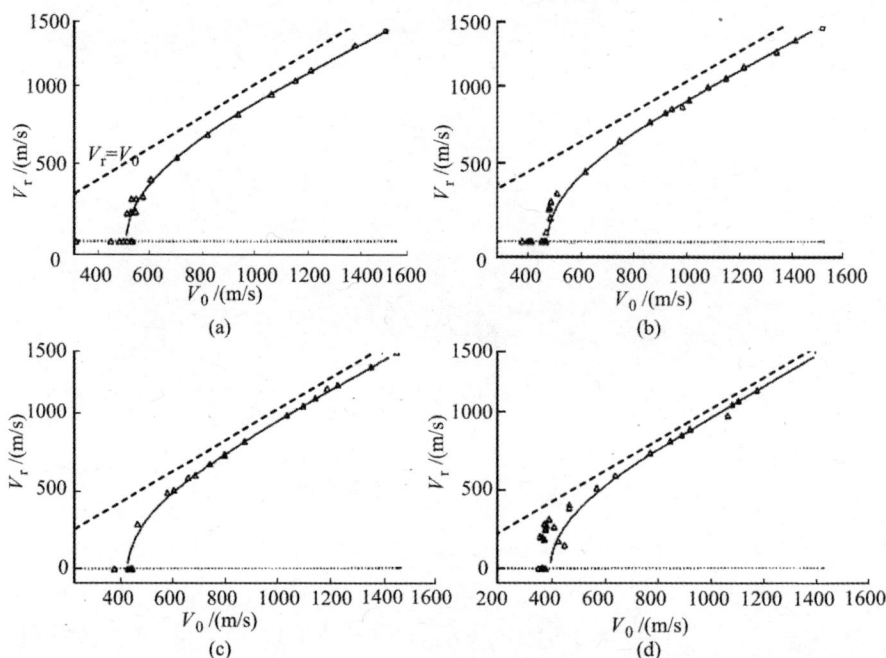

图 6.34 钢弹贯穿 8 层芳纶 – 29 靶后的剩余速度

(a) $M = 0.13$ g; (b) $M = 0.26$ g; (c) $M = 1.04$ g; (d) $M = 4.16$ g。

Cunniff (1999a, 1999b) 给出了大量弹/靶组合的弹道极限速度, 可以建立起它们与面密度比之间的简单联系。他指出, V_{bl} 可以用针对每种织物的特征速度 U^* 进行无量纲化。U^* 可以用纤维材料的应变能 $\sigma_f \varepsilon_f$ (σ_f、ε_f 分别为拉伸失效的应力和应变值) 和声速 c_0 表示如下:

$$U^* = \left(\frac{\sigma_f \varepsilon_f c_0}{2\rho} \right)^{1/3} \tag{6.11}$$

Cunniff (1999b) 表明, 对于很多的弹体/织物靶组合, 可以将 V_{bl}/U^* 和面密度比联系起来。他得出 V_{bl}/U^* 和面密度比值 AD_t/AD_p 的通用关系式如下:

$$\Phi = \left(\frac{V_{bl}}{U^*}, \frac{AD_t}{AD_p} \right) = 0 \tag{6.12}$$

式中: 下标 t、p 分别表示靶体 (织物) 和弹体。Cunniff (1999b) 所研究的不同纤维复合材料的拉伸失效应力 σ_f 为 3.0 ~ 5.0 GPa, 失效应变 ε_f 为 3% ~ 4%。

Van Gorp 等 (1993) 分析了不同尺寸的刚性破片模拟弹 (FSP) 撞击一些织物的 V_{bl} 数据, 发现了类似的趋势, 即织物吸收的能量与面密度比存在线性关系。因此对于某弹体/织物组合, 他们将弹道极限速度表示为

$$V_{bl}^2 = C \frac{AD_t}{AD_p} \tag{6.13}$$

式中: 斜率 C 与织物种类有关。

Walker (2001) 对于复合材料靶的贯穿过程提出了一个简化分析, 得出某一弹体/织物靶组合的 V_{bl} 表达式。根据动量守恒得到撞击速度 V_0 与刚发生撞击后弹体和织物的速度 V 之间的关系如下:

$$V = \frac{MV_0}{M + \psi A_p \rho_f} \tag{6.14}$$

式中: M、A_p 分别为弹体的质量和投影面积; ρ_f 为织物的密度; ψ 为位于弹体下面、实际参与弹/靶相互作用的织物范围, Walker (2001) 选择 $\psi = 2.5$。根据织物的最大拉伸应变为 ε_f, 就得到弹道极限速度如下:

$$V_{bl} = 1.8(1 + \psi X_f)c_0 \varepsilon_f \tag{6.15}$$

式中: X_f 为弹体与织物的面密度之比。

这一简单方程解释了 $L/D = 1$ 的钢圆柱撞击不同织物的大部分数据。如 Cunniff (1999b) 的综述所述, 不同织物 ε_f 的典型值为 3% ~ 4%。

Walker (2001) 进一步分析了织物增加树脂后的复杂特性。对几层织物, 增加树脂降低了靶的抗冲击性能。另外, 随着织物面密度增加, 织物/树脂板的性能胜过相同面密度的 "干" 织物。实验发现, 两者性能的交叉点位于动量平衡所涉及的织物量等于弹体质量的这一区域。为了分析这一复杂行为, Walker (2001) 研究了树脂对材料性能影响的互相矛盾的两个方面: 一方面, 对于面密度相同的靶, 增加树脂就要减少织物, 这会降低织物/树

脂板的弹道极限速度; 另一方面, 增加树脂会提高复合材料的抗弯曲能力, 这又提高了靶体的弹道极限速度。他得出织物/树脂靶 (树脂质量分数为 r_f) 的弹道极限速度 $V_{bl}(X_f, r_f)$ 与 "干" 织物靶的弹道极限速度 $V_{bl}(X_f, 0)$ 的关系如下:

$$V_{bl}(X_f, r_f) = \sqrt{1 - r_f + r_f(\psi X_f)^3} V_{bl}(X_f, 0) \tag{6.16}$$

该方程解释了 "干的" 和 "湿的" 芳纶 – 29 靶板的弹道极限速度数据以及实验观察到的织物靶性能交叉点所对应的 X_f 值。

公开发表的关于织物受撞击的数值模拟工作非常多, 按照 Chocron (2011) 的总结可分为 "离散体" 模拟和 "连续体" 模拟两类。一维离散体模拟是用两端互相连接的一维杆单元来模拟织物 (如 Shim 等 (1995))。二维离散体模拟用壳单元, 可更真实地模拟各股纱之间、各层之间的相互作用。三维离散体模拟用代表纱线的实体单元来描述织物。由于有功能强大的高速计算机可利用, 这种三维模拟很普遍。Duan 等 (2006)、Rao 等 (2009) 研究了摩擦的影响, 并对各参数进行了灵敏度分析。连续体模拟不需要单独描述纱线。对织物单元进行拉伸和剪切实验以评估其性能, 并与冲击实验数据进行检验。Chocron 等 (2011) 则使用了最早由 Shockey 等 (1999) 提出的混合模式, 即织物由离散的纱线描述, 而纱线由实体单元组成。Chocron 等采用这一方法对凯夫拉 KM2、Dyneema 和 PBO 纤维材料进行了数值模拟并与实验结果进行了全面对比。实验包括对单根纱、单层布的撞击, 也包括对多层布撞击及弹道极限速度测试。数值模拟结果与实验结果吻合很好 (在 10% 之内), 可以将这类数值模拟作为设计工具, 这样可节省大量实验工作。来自于 Chocron 等 (2011) 的图 6.35 可作为例子显

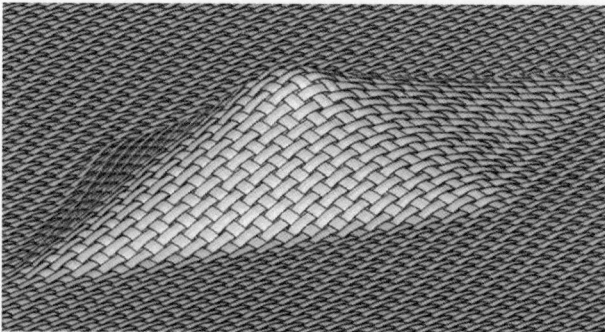

图 6.35　破片模拟弹 (FSP) 撞击复合材料靶 35 μs 后靶材变形发展情况的数值模拟结果

示数值模拟的能力。图 6.35 中展示了 10 层 Dyneema 布构成的靶板受破片模拟弹 (FSP) 撞击后靶板锥状变形的立体视图。

织物材料的主要优点在于, 其比强度 (即拉伸强度/密度的比值) 高。它们抵抗钝头弹具有的高效率使其成为陶瓷板或金属板的理想背衬材料。也就是高强度面板材料使弹体破坏, 而织物发挥其杰出的拉伸性能阻止弹片。显然, 织物靶直接受尖头刚性弹撞击时性能表现不那么好。这也是只有少量研究工作针对尖头弹直接撞击织物靶的主要原因。Zhu 等 (1992a, 1992b) 用锥头硬钢弹撞击浸渍了热固性聚酯树脂的芳纶 – 29 层合板, 确定了两种弹对厚度范围为 3.1 ~ 12.7 mm 靶的弹道极限速度。他们的实验结果可用第 4 章介绍的关于金属靶的侵彻模型予以解释, 下面将给予说明。

Zhu 等 (1992a, 1992b) 的实验中弹体直径为 12.7 mm、9.525 mm, 对应的质量为 28.5 g、12.5 g。图 6.36 为 $D = 12.7$ mm 的较大弹体撞击厚 3.125 mm、6.35 mm 靶时剩余速度与撞击速度的关系。图中同时给出根据 Recht 和 Ipson (1963) 模型, 利用表达式 $V_r = (V_0^2 - V_{bl}^2)^{0.5}$ 和通过实验确定的 V_{bl} 绘出的对应曲线。模型预测与实验结果很一致, 这证实了尖头弹贯穿织物靶与贯穿金属靶相类似的观点。

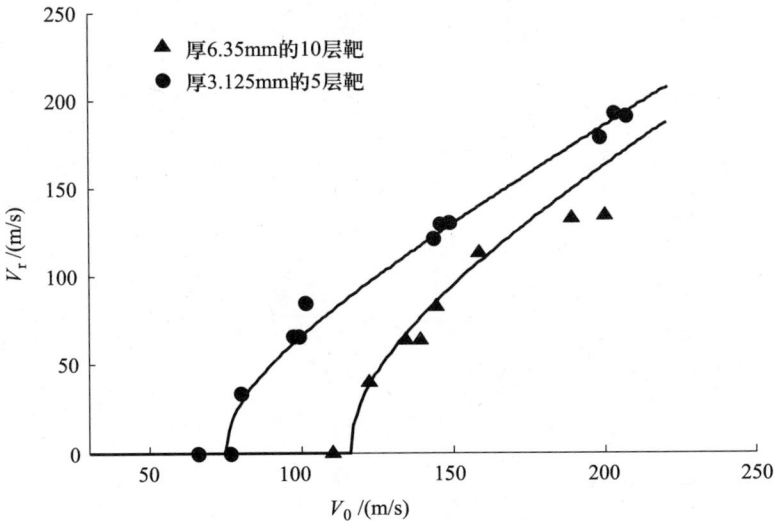

图 6.36　直径 12.7 mm 弹体贯穿两种芳纶 – 29 靶的剩余速度

他们实测的 V_{bl} 数据见表 6.2。这些 V_{bl} 数值随靶板厚度的变化关系类似于尖头弹贯穿金属靶的情况。为说明这一点, 考虑式 (4.5) 定义的靶体作用于弹体的等效应力 $\sigma_r = \rho_p L_{eff} V_{bl}^2/(2H)$, 其中 H 为靶板厚度。直径 D 为 12.7 mm、9.5 mm 的弹体的等效长度 L_{eff} 分别为 28.7 mm、22.4 mm。σ_r 的计算值随 H/D 的变化如图 6.37 所示。可清楚地看到, 其特点与尖头弹贯穿金属靶的类似: 在某个 H/D 数值范围内 (此处为 0.3 ~ 1.0), σ_r 几乎为常数; 在此范围之外 ($H/D < 0.3$ 和 $H/D > 1.0$), σ_r 值随 H/D 增加而增加。当然, 少量的实验结果不足以证实这一相似性, 还需要进一步实验验证和分析研究。

表 6.2 Zhu 等 (1992a) 实测的 V_{bl} 数据

H/mm		3.125	6.35	9.525	12.7
$V_{bl}/(m/s)$	$D = 12.7\,mm$	78	116	143	170
	$D = 9.5\,mm$	97	135	168	210

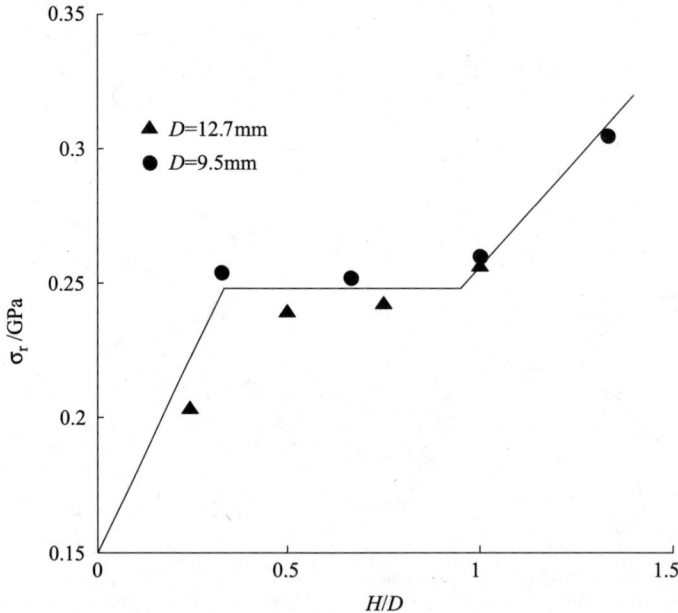

图 6.37 尖头弹贯穿芳纶 – 29 靶的 σ_r–H/D 关系

这些复合材料在装甲结构上的一个应用是作为车辆壳体的轻质内衬。内衬可有效减少穿透靶板的弹片数量及其空间分布范围, 从而显著降低车辆内部受到的损伤, Lampert、Jeanquartier (1999) 用 $L/D = 1$ 的钨合金圆柱撞击 13.7 mm 裸钢板和带芳纶衬里钢板的实验证实了这一点。内衬厚度为 5 ~ 20 mm, 对每一种靶板都测定其弹道极限速度。实验得出裸钢板的 $V_{bl} = 970$ m/s, 而具有 5 mm、10 mm 和 20 mm 内衬的钢板的弹道极限速度 V_{bl} 分别为 1350 m/s、1630 m/s 和 1900 m/s。钢板/内衬靶不但阻止本领明显提高, 还显著减少了撞击速度高于 V_{bl} 的情况下的弹片数量及其空间分布范围。

最后考虑复合材料厚靶抵抗长杆弹的防护效率。关于这一问题的公开数据非常少, Ernst 等 (2003) 的研究工作是其中之一。他们采用轧制均质装甲钢厚背衬的 DOP 实验布置, 研究了玻纤增强塑料抵抗 $L/D = 20$, $D = 7.25$ mm 的钨合金弹的防护效率。玻纤靶厚度在 22 ~ 116 mm 之间变化, 弹体撞击速度为 1.8 km/s 左右。实验结果中最令人感兴趣的是玻纤靶的防护效率随着厚度增加而增加的趋势, 大厚度玻纤靶相对于装甲钢的效率 η 值达 1.9。对于抵抗长杆弹而言这一数值是相对较高的, Ernst 等 (2003) 建议考虑将复合材料作为抵抗长杆弹的被动装甲的候选材料。

第 7 章

非对称弹/靶相互作用

本章讨论弹/靶之间非对称相互作用引起的侵彻失效机制及其在装甲防护上的可能应用。由于可精确高效地对弹/靶非对称相互作用进行研究的三维程序的持续改进，人们在了解并充分利用这种机制方面取得了重要进展。使靶板向着弹体飞行方向倾斜一定角度就产生了最简单的非对称性。有两种方式定义弹体的碰撞角度，如图 7.1(a) 所示，它们在本章都会用到。倾角 α 为弹体速度矢量与靶板表面的夹角，而斜角 β 为弹体速度矢量与靶板表面法线方向的夹角。弹体撞击倾斜靶板导致弹体受到垂直于靶板表面方向的净合力。此力对弹体产生力矩作用，可使斜角在某一临界值之上的弹体发生跳飞。Warren、Poormon (2001) 对卵头钢杆以不同斜角撞击厚铝靶的研究显示了这种非对称作用。以 1.184 km/s 速度、45° 斜角发生撞击的杆弹轨迹如图 7.1(b) 所示。侵彻早期阶段弹体所受作用力的非对称性来自于此阶段抵抗应力的强烈变化。作用于弹体头部的非对称力使

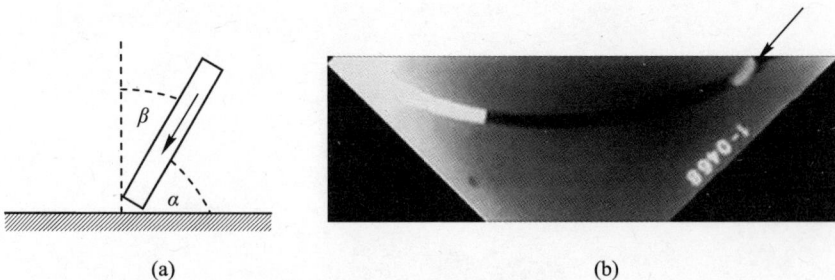

| (a) | (b) |

图 7.1　碰撞角的定义和以 45° 斜角撞击铝靶的长杆钢弹的轨迹
(a) 碰撞角定义；(b) 长杆钢弹的轨迹。

得弹体在靶体中的轨迹弯曲, 弹体本身也显著弯曲, 这更增加轨迹的弯曲程度。他们的数值模拟表明, 当杆弹材料强度仅增加 0.1 GPa 时, 杆弹的弹体弯曲及其跳飞就很不显著了。

对于有限厚靶板, 弹体头部的非对称作用力与靶板的受撞击面和背面都有关。这些作用耦合起来导致弹体前进方向向着靶板法线方向变化, 如图 7.2(a) 所示。钢弹斜贯穿铝板时方向偏转的实际例子如图 7.2(b) 所示。图 7.2(b) 左边是 Piekutowski 等 (1996) 给出的卵头钢弹以倾角 $\alpha = 60°$

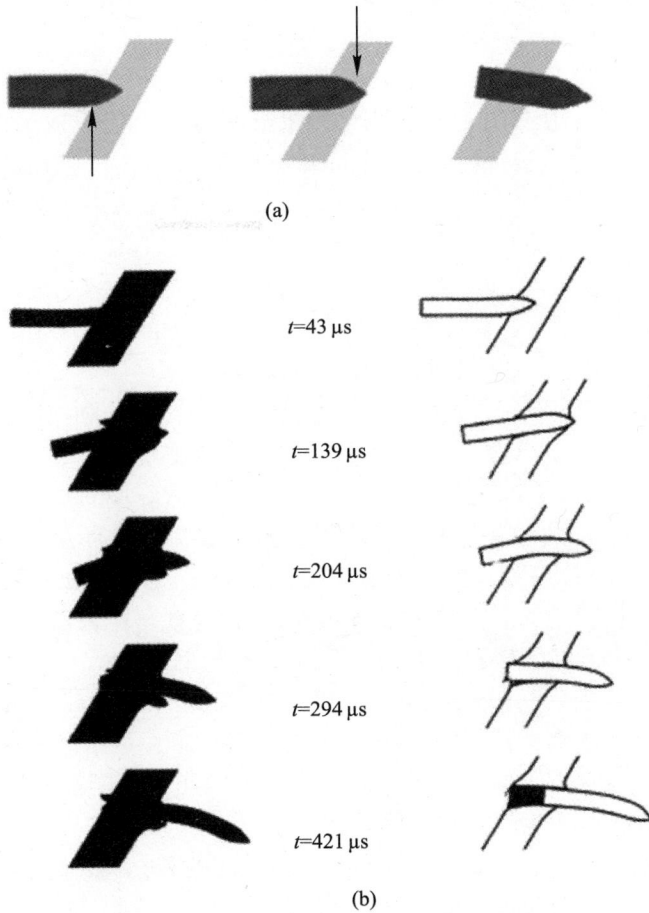

(a)

$t = 43\,\mu s$

$t = 139\,\mu s$

$t = 204\,\mu s$

$t = 294\,\mu s$

$t = 421\,\mu s$

(b)

图 7.2 倾斜靶板对弹体的非对称作用力, 以及卵头钢弹贯穿铝靶的实验和数值模拟结果

(a) 非对称作用力; (b) 实验和数值模拟结果。

贯穿铝靶的高速摄影照片, 右边是由 Coleau 等 (1998) 给出的对应的数值模拟结果。从弹体飞行方向的强烈改变可看出非对称作用的影响很显著。也能注意到, 数值模拟结果复现了实验中弹体出现的可观的弯曲。后面将看到这些弯曲力矩能引起弹体断裂甚至破碎。

需要彻底理解这些弹/靶非对称作用所能引起的侵彻失效机制, 以便在装甲设计时使其效果最优化。倾斜厚靶可使长杆弹跳飞, 高硬度薄钢板可使穿甲弹芯完全粉碎。反应装甲和主动装甲通过提高倾斜靶板的速度增强这些机制的作用, 延长非对称作用和提高装置的防护效果。Goldsmith (1999) 综述了大量公开发表的关于弹/靶非对称作用的研究工作, Held (2005)、Rosenberg 等 (2009) 提供了另外一些例子。

有两种装甲结构本身并不倾斜面向弹体, 但可导致弹/靶非对称相互作用。第一种是 Ben-Moshe 等 (1986) 提出的预打孔装甲板, 即在高强度钢板上均匀钻孔, 设计的孔径和孔间距使得穿甲弹 (AP) 撞击区域总包括某个孔的一部分。作用于穿甲弹的非对称力使其断裂或显著改变其行进方向。这类结构对于降低穿甲弹侵彻能力很有效。例如, Heritier 等 (2010) 使用硬度 600 HB、开孔面积约 50% 的钢板抵抗直径达 14.5 mm 的穿甲弹, 实验表明效果很好。这类靶板不但防护效率高, 而且还表现出杰出的抗多次打击能力, 可经受 20 发射击而不丧失其性能。

第二种结构最先由 Yeshurun、Ziv (1992) 提出, 是利用陶瓷球体, 除非穿甲弹正好撞击球体正中心的情况外, 都引起弹/靶显著的非对称相互作用。其他研究者将陶瓷球换成 $L/D = 1$, 头部为球形的六边形柱体。这些柱体紧密排列具有更大的面积覆盖率, 柱体接触点之间没有空隙。这两者都提高了抗多次打击能力, 因为每次射击只是碰撞点附近小范围的靶体破坏。这些创新是为人员防护装备而设计的, 这些防护装备以芳纶 (商品名 Kevlar®) 或高强聚乙烯 (商品名 Spectra® 或 Dyneema®) 层合板为背衬、以陶瓷板为面板。Rosenberg 等 (1996) 将头部为球形, $L/D = 10$ ($D = 10$ mm) 的陶瓷杆用胶粘在一起作为靶体。0.3 英寸钢芯穿甲弹撞击时, 弹体前部粉碎, 未破碎的剩余弹体以显著角度飞离。这些实验说明, 高强陶瓷的球形外表对于抵抗穿甲弹很有效。当然在实际装甲设计时这些陶瓷球体 (或球头柱体) 的直径需要与穿甲弹尺寸相对应。

下面各小节分析静止或移动的倾斜靶板的作用机制。每一节涉及特定的一种威胁 (分为穿甲弹、长杆弹和聚能射流三种)。某些问题具有额外的指导意义, 将更详细地予以讨论。这些例子也突出显示了综合利用实验、数值模拟和解析模型分析研究这类相互作用的好处。

7.1 抵抗穿甲弹侵彻

Yeshurun、Rosenberg (1993) 表明, 斜置的高强度靶板对穿甲弹的非对称弯曲作用力能引起穿甲弹体粉碎, 如相对较薄的、倾角约为 45° 的高硬度钢板可完全粉碎 0.5 英寸和 14.5 mm 穿甲弹的硬钢芯。脆性弹芯由钢或碳化钨制成, 达到某一与靶板硬度和厚度有关的临界倾角后弹芯破碎。图 7.3 为 0.5 英寸穿甲弹斜撞击 4.4 mm 硬钢板的 X 射线照片。

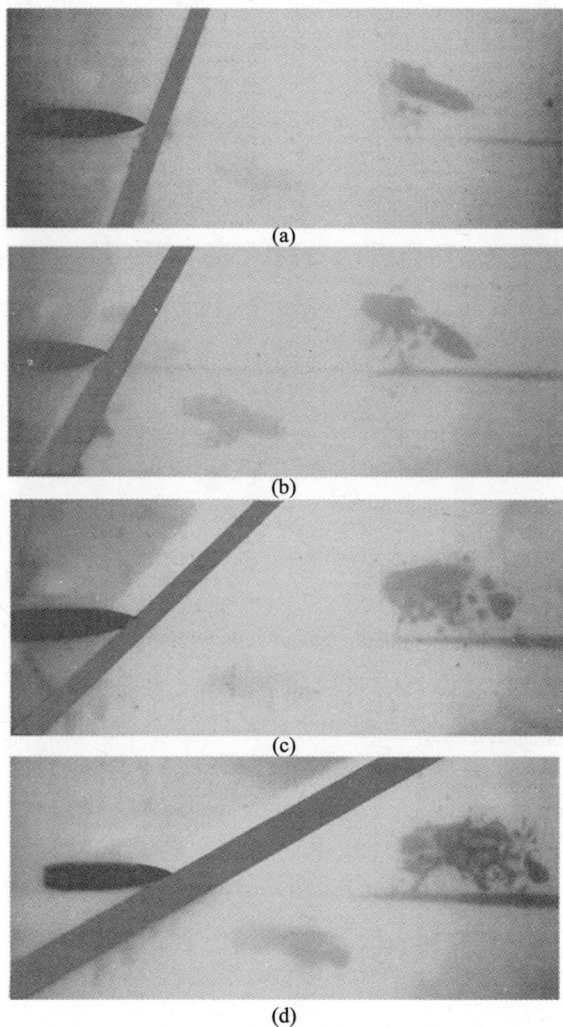

图 7.3 倾斜的高强度靶板破坏 0.5 英寸穿甲弹
(a) $\alpha = 70°$; (b) $\alpha = 60°$; (c) $\alpha = 45°$; (d) $\alpha = 30°$。

照片显示弹体以倾角 $\alpha = 70°$ 撞击后硬钢弹芯保持完整, 弹芯轴线转向靶板法线方向。倾角 $\alpha = 60°$ 时弹芯发生弯曲并断裂成两大块。倾角 $\alpha = 45°$ 和 $\alpha = 30°$ 的两张照片显示弹芯完全粉碎是最令人感兴趣的结果。注意, 已粉碎弹体的对称轴保持为初始飞行方向, 这说明在贯穿靶板的早期阶段弹体发生破碎。Yeshurun、Rosenberg (1993) 发现厚 4.4mm 高硬度钢板在临界倾角约 40° 时使 14.5mm 弹 (钢芯或碳化钨芯) 粉碎,0.5 英寸钢芯弹的临界倾角约 50°。已粉碎弹体对一定距离以外放置的见证靶板的侵彻深度相对于完整弹体的侵深下降了 80%。低碳钢靶板在任何倾角下都不能使弹芯粉碎。软弹芯弹体也不发生粉碎, 倾斜靶板对于它们没有效果。

Rosenberg 等 (2009) 使用 AUTODYN 3D 程序进行数值模拟, 以期更进一步了解这些影响。这些模拟能在很大范围内改变有关参数的取值, 可为实际设计节省大量实验工作。为了复现临界倾角的实验值, 数值模拟时弹体材料的拉伸强度必须比压缩强度低很多。这种脆性特点与洛氏硬度约 60 HRC 的弹芯材料的实际性能是一致的。图 7.4 为 14.5mm 硬钢芯弹以两种倾角撞击厚 4mm 高硬度靶板的数值模拟结果。可以看出, 数值模拟表现了实验中拍摄的 X 射线照片反映的基本特点, 即倾角 $\alpha = 30°$ 时弹体完全粉碎, 倾角 $\alpha = 60°$ 时弹体断裂。

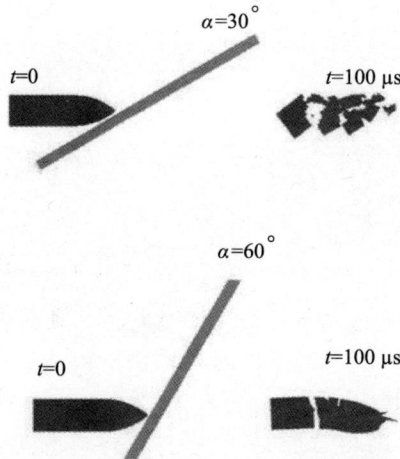

图 7.4　硬钢芯弹撞击高硬度钢靶板的数值模拟结果

Recht、Ipson (1962) 的系统性研究工作已辨别了穿甲弹撞击倾斜金属靶板的失效机制。他们对一些弹/靶组合改变撞击速度和倾角, 将实验结果总结表示为撞击状态图, 如图 7.5 所示。撞击状态图中不同的区域及其对应的边界与某一失效机制起作用的条件相关联, 这有助于装甲设计。为了得到这一撞击状态图, 需要进行大量实验, 精确测量撞击速度, 并且每发实验后要回收弹体残骸。这既费钱又效率低, 可以利用经过适当标定的三维数值模拟来减少绘制撞击状态图所必需的实验数量。

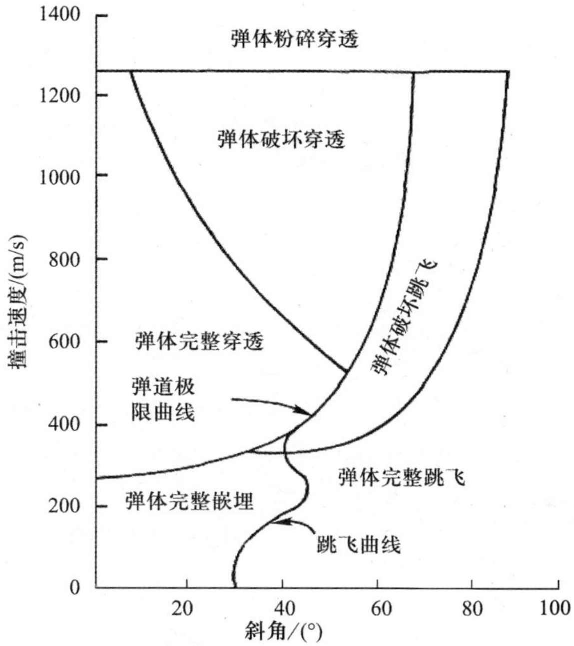

图 7.5 0.3 英寸穿甲弹撞击厚 6.35 mm 2024 铝靶板的撞击状态图

跳飞弹体飞离倾斜靶板的角度很接近于其入射角, 在靶板表面形成相当长而浅的弹坑。如 Goldsmith (1999) 的综述, 靶材料强度是影响穿甲弹跳飞过程的最重要性质。Yeshurun 等 (2001) 对倾斜聚合物板的一系列实验发现, 树脂玻璃 (一种用聚甲基丙烯酸甲酯制成的固态透明塑料) 可引起斜撞击的 0.3 英寸穿甲弹跳飞并发生可观的弯曲, 这可应用于实际装甲设计。对聚碳酸酯、聚氯乙烯和环氧树脂等材料也进行了实验。不过只有树脂玻璃板能导致弹体显著跳飞, 如图 7.6 所示。这些 X 射线照片显示了 0.3 英寸穿甲弹以倾角 $\alpha = 30°$ 对厚 20 mm 树脂玻璃板的撞击过程, 弹体飞离靶板的方向垂直于它的初始飞行方向。

Rosenberg 等 (2005) 在三维数值模拟中改变聚合物靶板的有关参数,

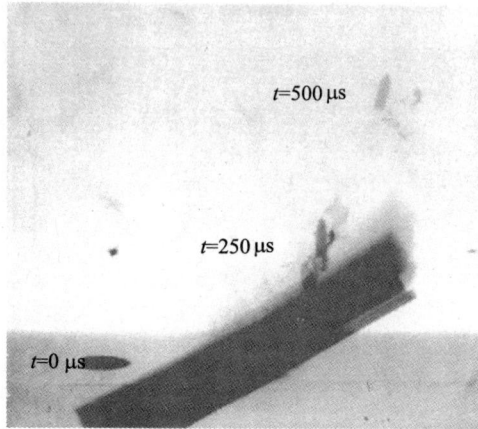

图 7.6　0.3 英寸穿甲弹从倾斜的树脂玻璃靶板的跳飞

对这一作用过程进行了研究, 重现了弹体跳飞、显著转向现象。数值模拟表明弹体的跳飞是脆性树脂玻璃压缩强度高、拉伸强度低综合作用的结果。树脂玻璃在高应变率下压缩强度可达 0.4 GPa, 而其动态拉伸强度 (层裂强度) 低一个量级。Rosenberg 等 (2005) 将这些数值赋予树脂玻璃材料, 进行的数值模拟就复现了实验中观察到的主要特征。研究图 7.7 中弹体周围靶板材料的状态就能理解在该过程起作用的基本机理。

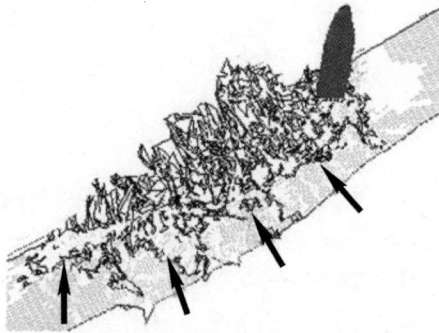

图 7.7　弹体跳飞过程的数值模拟结果

在侵彻早期阶段, 弹体轨迹之上的靶材料由于自由面膨胀导致的拉伸应力作用而破坏。而轨迹之下的靶材料处于压缩应力状态, 破坏程度小得多。显然破坏的材料不能对弹体施加抵抗作用力, 只有弹体下方的靶材料能影响弹体轨迹, 如图 7.8 所示。因此, 处在靶体内的弹体向上偏转是位于弹体轨迹上方和下方的脆性树脂玻璃所处的状态不同而造成的结果。

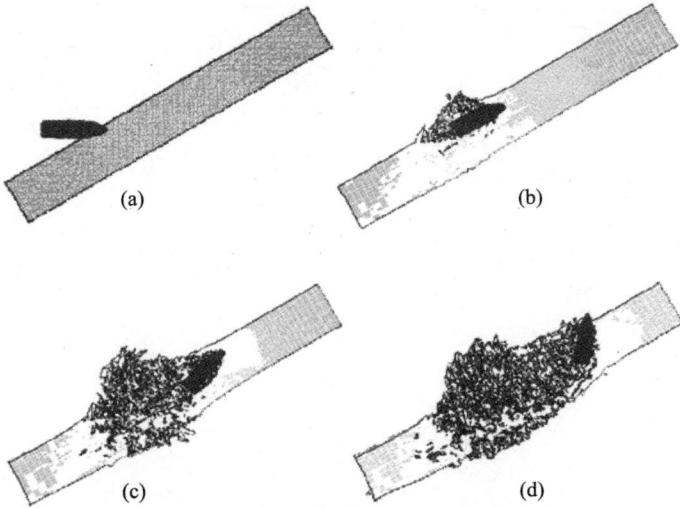

图 7.8 侵彻倾斜的树脂玻璃靶的过程中弹体受到的非对称作用力

(a) $t = 0\,\mu s$; (b) $t = 50\,\mu s$; (c) $t = 100\,\mu s$; (b) $t = 150\,\mu s$。

为了充分认识材料性质对这一相互作用影响的重要性, 考虑 Rosenberg 等 (2005) 给出的弹体以倾角 $\alpha = 30°$ 撞击聚碳酸酯靶板的实验和数值模拟结果 (图 7.9)。0.3 英寸穿甲弹贯穿了靶板, 改变了飞行方向。数值模拟中聚碳酸酯材料的压缩强度和拉伸强度均设置为 $0.1\,\mathrm{GPa}$ (该材料的典型值)。

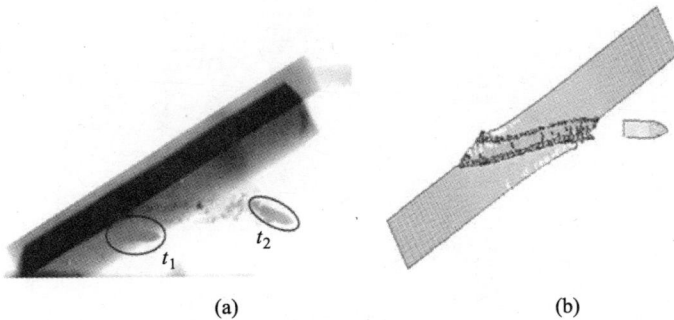

图 7.9 0.3 英寸穿甲弹斜撞击聚碳酸酯靶板的实验 X 射线照片和数值模拟结果

(a) X 射线照片; (b) 模拟结果。

为了验证对弹体显著跳飞解释的有效性, Rosenberg 等 (2005) 进行了一个特殊的实验及对应的数值模拟。在厚 40 mm 树脂玻璃靶板上表面切一个深 20 mm 的方形槽, 槽长度约为靶板长度的 1/2。弹体直径小于槽宽度, 以避免弹体与槽的侧壁发生碰撞, 如图 7.10(a) 所示。弹体撞击在槽的根部, 因此其侵彻路径完全封闭在靶材料中。侵彻过程中撞击自由面实际上被排除了, 弹体上的作用力更对称。可以预计这一碰撞的结果是弹体完

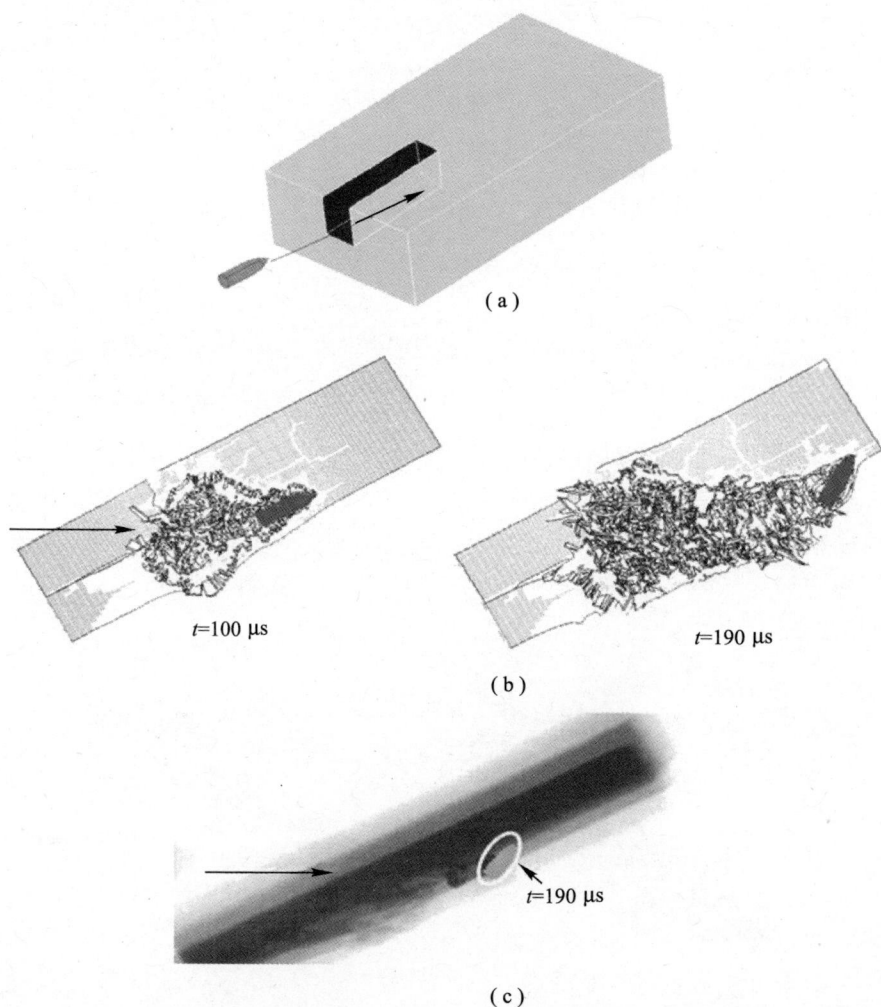

(a)

t=100 μs

t=190 μs

(b)

t=190 μs

(c)

图 7.10 开槽靶板的实验示意图、对应的数值模拟及实验的 X 射线照片
(a) 开槽靶板的实验; (b) 对应的数值模拟; (c) 实验的 X 射线照片。

全贯穿树脂玻璃靶板, 实验结果和数值模拟结果也确实如此, 如图 7.10 所示。数值模拟表明, 与图 7.8 的靶材料破坏情况相比, 这种情形下弹体周围靶材料的破坏区显得对称得多。数值模拟计算得到的撞击后大约 190 μs 的弹体的位置和方向与实验结果很一致。这些结果增强了前面的解释的说服力。这里希望强调这类实验和数值模拟作为验证实验的重要性。验证实验应该证实对某一现象的物理解释的有效性。建议验证实验应该超出研究过程中已进行的实验的范围, 验证实验应该是 "决定性的", 即它的结果或者支持所提出的模型, 或者否定它。

7.2　抵抗长杆侵彻

7.2.1　长杆贯穿斜靶板

倾斜靶板的非对称作用力对消蚀长杆侵彻过程的影响与前面介绍的刚性弹体的类似。Hohler 等 (1978) 的图 7.11 清楚地表明了这一点, 这是 $L/D = 10$, $D = 5.8\,\mathrm{mm}$ 的钨合金杆撞击厚 $8\,\mathrm{mm}$ 倾斜钢板的 3 张 X 射线照片。

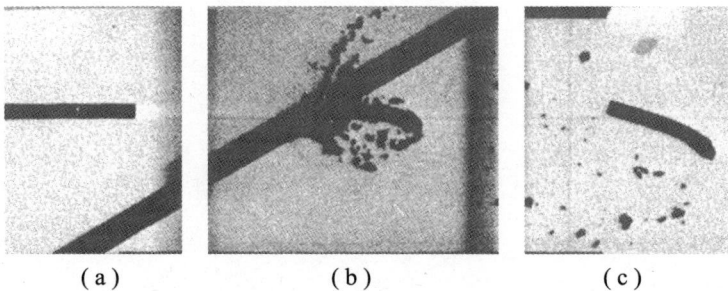

（a）　　　　　　　（b）　　　　　　　（c）

图 7.11　钨合金杆撞击倾斜钢靶板的 X 射线照片

照片显示穿透斜钢板后杆头部明显弯曲 (经常是破坏成几块的)。非对称力的作用使未发生断裂的长杆前面部分发生大的弯曲, 如图 7.11 所示。弯曲的长杆以较大的偏航角撞击第二个靶板, 显著降低了它的侵彻能力。这是固定的倾斜靶板抵抗消蚀长杆弹的主要作用机制。第 5 章已指出, 消蚀长杆贯穿斜靶板后的剩余长度和剩余速度随靶厚度的变化规律与正撞击时的一样。因此对这两个参数而言, 斜角并没有增加倾斜靶板的防护效率。但是, 作用力的非对称性导致长杆转动以及头部弯曲和破坏, 还是增加了倾斜靶板的防护效率。

7.2.2　长杆跳飞

主战坦克前装甲设计为大厚度、大倾斜, 是为了对侵彻体施加非对称作用力以引起弹体跳飞, 从而最大程度保护坦克乘员。许多学者研究了粗短弹体的跳飞, Goldsmith (1999) 对此已有综述。但是长杆弹的跳飞问题没有引起太大关注。Tate (1979) 把刚性杆弹的跳飞过程看作是受撞击面对杆弹头部的非对称力导致的杆弹绕其质心的转动。按此模型, 长杆顶端有局部变形, 只有当杆弹的刚体转动使长杆顶端产生一个平行于靶体表面的净速度, 才发生跳飞。图 7.12 显示了杆顶端变形形状以及作用于杆头部的非对称力。斜角 β 定义为杆轴线与靶体法线之间的夹角。

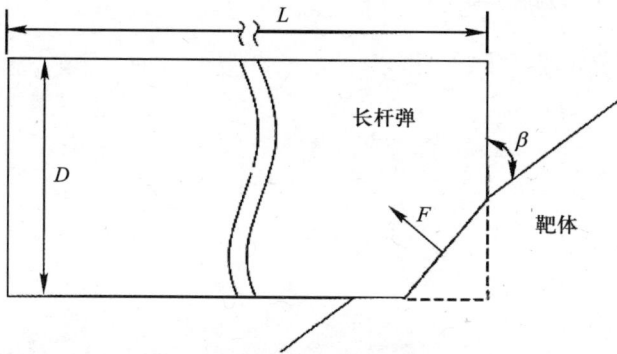

图 7.12　按照 Tate 模型的杆顶端的非对称作用力

Tate 的跳飞模型以源自 AT 模型的修正伯努利方程为基础, 它将侵彻速度 U 与撞击速度 V 和弹、靶强度参数 (Y_p 和 R_t) 联系起来。靶体对杆弹的作用力 F 等于 Y_p 与 Y_p 作用的面积 (杆弹的消蚀面积) 的乘积。F 的垂直于杆轴线的分量乘以杆长度的 1/2, 就得到力 F 关于杆重心的力矩。此力矩引起杆转动, 进而得到如下跳飞条件:

$$\tan^3 \beta > \frac{2\rho_p V^2}{3Y_p} \cdot \left(\frac{L}{D} + \frac{D}{L} \right) \cdot \frac{V}{V - U} \tag{7.1}$$

这个模型的主要困难在于它将长杆当成刚体。实验观察表明, 倾斜撞击时长杆变形严重, 在杆弹和靶体的接触区域形成一个塑性铰。Senf 等 (1981) 对 $L/D = 10$ 低碳钢杆从装甲钢板跳飞实验观察到这一塑性铰存在。图 7.13 为速度 968 m/s、斜角 $\beta = 75°$ 撞击产生的弹体跳飞。从 Senf 等 (1981) 的高速摄影照片和数值模拟结果中可清楚看出存在的塑性铰。

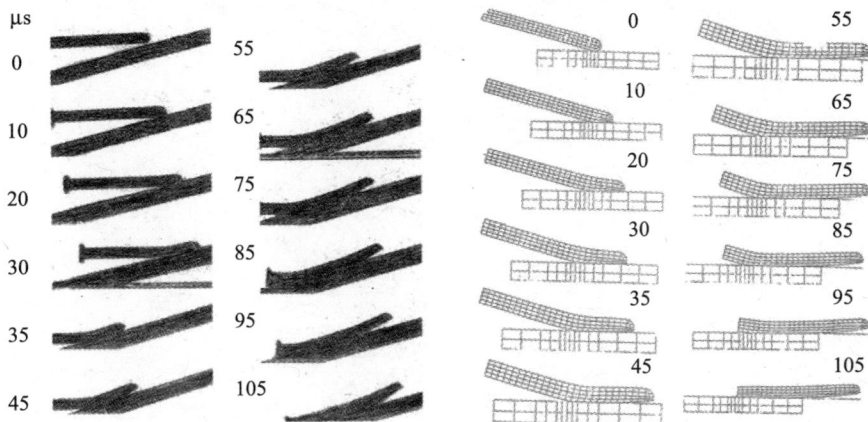

图 7.13 低碳钢杆跳飞的实验结果和数值模拟结果

在 Rosenberg 等 (1989) 的跳飞模型中,非对称力 F 仅作用于与靶相互作用的那部分杆弹质量上。这一改变可解释跳飞过程中观察到的塑性铰。分析得到如下的跳飞最小斜角的判据:

$$\tan^2 \beta > \frac{\rho_{\mathrm{p}} V^2}{R_t} \frac{V + U}{V - U} \tag{7.2}$$

该结果与 Tate 模型的跳飞条件有本质不同,因为它以靶材料抗力 R_t 而不是杆强度 Y_{p} 作为强度控制参数。另外,这一模型关心的是塑性铰而不是杆的转动惯量,所以杆长度也没有出现在模型里。可将不等式 (7.2) 取等号时对应的角度值定义为临界跳飞角 (β_{c})。这样该模型的跳飞条件可以用 (β, V) 平面的下述曲线描述:

$$\tan^2 \beta_{\mathrm{c}} = \frac{\rho_{\mathrm{p}} V^2}{R_t} \frac{V + U}{V - U} \tag{7.3}$$

$L/D = 10$ 的钨合金杆以速度 $0.65 \sim 1.3$ km/s、斜角 β 为 $55° \sim 75°$ 撞击装甲钢靶的实验结果可用此模型予以解释,如图 7.14 所示。

Rosenberg 等 (2007) 进一步发展了这些概念,发现对于某一给定的杆/靶组合,当撞击速度降低到临界值 V_{c} 时长杆不侵彻靶体 ($U = 0$),从式 (7.3) 可得临界跳飞角的最小值为

$$\tan^2 \beta_{\mathrm{c}}^{\min} = \frac{\rho_{\mathrm{p}} V_{\mathrm{c}}^2}{R_t} = 2\left(1 - \frac{Y_{\mathrm{p}}}{R_t}\right) \quad (V_0 = V_{\mathrm{c}}) \tag{7.4}$$

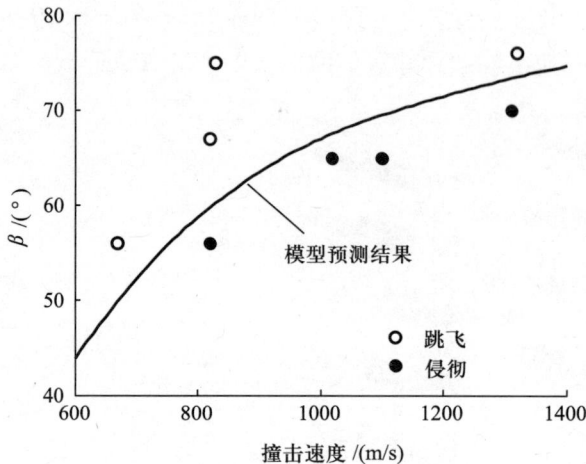

图 7.14　Rosenberg 等 (1989) 的模型预测结果与钨合金杆从钢靶跳飞的实验结果一致

上式中应用了根据 AT 模型得到的 $V_c = [2(R_t - Y_p)/\rho_p]^{0.5}$ 关系式。这一结果意味着, 对于每一杆/靶组合, 存在一个对应于零侵彻的情形 ($V_0 = V_c$ 或 $U = 0$) 的最小斜角 $\beta_c^{\min}$。因此, 在 (β, V) 平面的跳飞曲线应该以 ($\beta_c^{\min}, V_c$) 为起点。最小斜角 $\beta_c^{\min}$ 仅依赖于杆与靶强度之比。对 Y_p 和 R_t 取典型值得到该比值约为 1/3, 从而 $\beta_c^{\min} = 49°$。当 $\rho_p = \rho_t$ 时, 可得到另一个关于跳飞曲线的有趣结果:

$$\tan^2 \beta_c = 2z^2 \cdot \frac{3z^2 - 2}{z^2 + 1} \cdot \left(1 - \frac{Y_p}{R_t}\right) \tag{7.5}$$

式中: $z = V_0/V_c$。

　　上式可解释 Johnson 等 (1982) 的橡皮泥杆撞击橡皮泥靶的实验数据, 如图 7.15 所示。有关的材料参数以及这一杆/靶组合的临界速度 $V_c = 45\,\mathrm{m/s}$ 取自于 Johnson 等 (1982) 的文献。

　　Johnson 等 (1982) 研究的目的是为了证明诸如橡皮泥之类的低密度软材料, 当损伤数 J 相同时, 其行为与金属材料类似。损伤数由 Johnson (1972) 定义如下:

$$J = \frac{\rho_t V_0^2}{Y_d} \tag{7.6}$$

式中: ρ_t、Y_d 分别为靶材料密度和动态强度; V_0 为撞击速度。

　　就弹、靶损伤来说, 无量纲数 J 通常用于对弹/靶碰撞不同阶段和剧烈程度进行分类。Johnson 等 (1982) 关于橡皮泥杆/橡皮泥靶的工作表明,

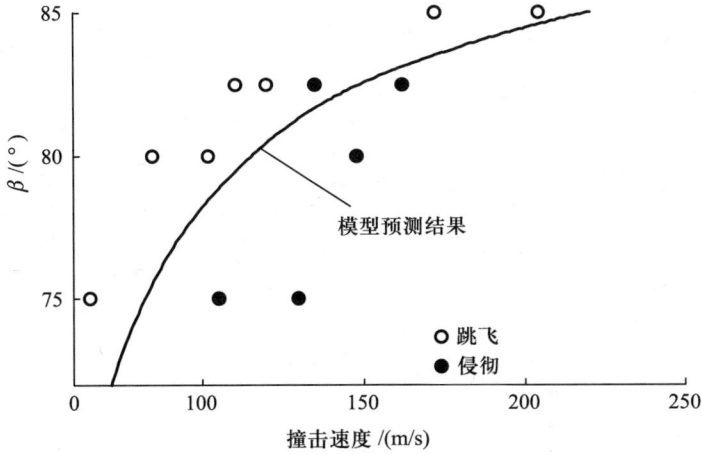

图 7.15 橡皮泥杆撞击橡皮泥靶的实验结果与跳飞模型预测结果的比较

对于杆变形和侵彻深度而言，这一无量纲参数是有效的。

Rosenberg 等 (2007) 的三维数值模拟得到的钨合金杆斜撞击装甲钢靶的跳飞阈值与模型结果一致。图 7.16 为 $L/D = 20$, 强度 1.2 GPa 的长

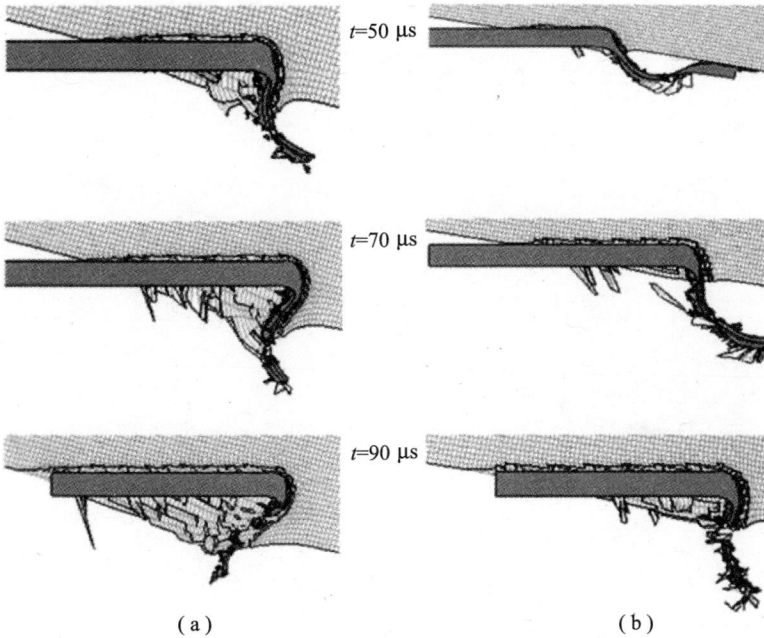

(a)   (b)

图 7.16 长杆弹跳飞的数值模拟结果

(a) $\beta = 74°$; (b) $\beta = 80°$。

杆以 1.45 km/s 速度和斜角 β 为 74°、80° 撞击装甲钢靶的数值模拟结果。两者的差异是很明显的, 对于斜角 $\beta = 74°$ 的碰撞, 长杆侵彻靶体; 而对于 $\beta = 80°$ 的碰撞, 长杆只是在靶体表面擦出缺口。

目前的论述中, 实验和分析都针对可忽略靶体后表面的影响的很厚的靶。但这些影响对于薄靶很重要, Lee 等 (2002) 对此进行了实验和数值模拟研究。他们对 $L/D = 10.7$, $D = 7$ mm 的钨合金杆以速度 $1.0 \sim 2.0$ km/s 撞击厚 6.25 mm 的钢靶的数值模拟结果与实验结果很一致。图 7.17 给出的是撞击速度 1.0 km/s、斜角 β 为 76°、80° 的数值模拟结果。$\beta = 80°$ 的斜撞击显示了弹体跳飞的所有特点, 杆中形成塑性铰, 靶体没有损伤。而 $\beta = 76°$ 的斜撞击一开始似乎出现跳飞, 但后来由于靶板后表面影响, 杆弹侵彻进入靶板。

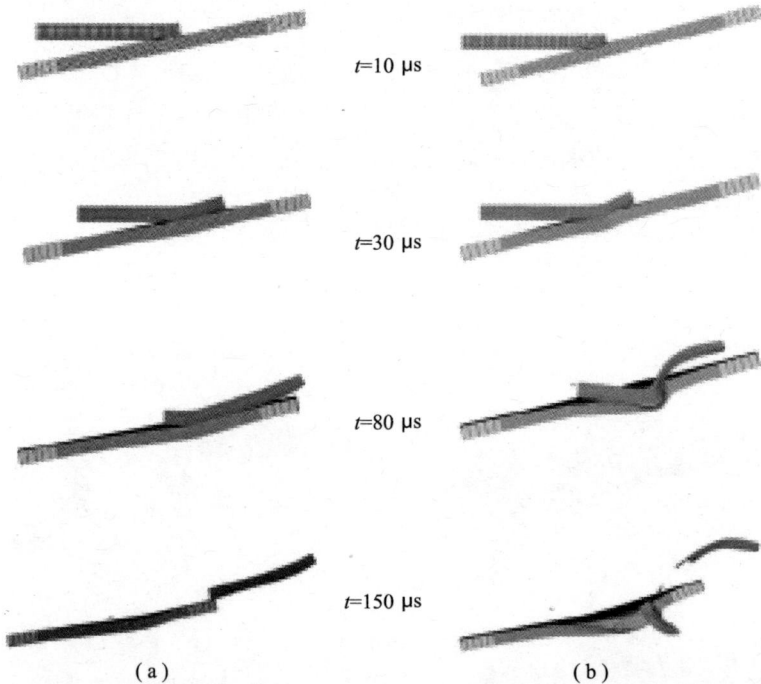

图 7.17 长钨合金杆以速度 $V_0 = 1.0$ km/s 撞击厚度 6.25 mm 钢靶板的数值模拟结果
(a) $\beta = 80°$; (b) $\beta = 76°$。

显然, 薄靶板后表面对临界跳飞角 β_c 有影响, 可预计这会使 β_c 比半无限厚靶的临界角大。Lee 等 (2002) 将他们的 β_c 的数值模拟结果与

Rosenberg 等 (1998) 的模型预测结果进行比较, 如图 7.18 所示。在整个速度范围内, 这两条曲线形状相似, 薄靶板的 β_c 比解析模型的预测结果大。不过, 这两种情况下临界跳飞角的差值也只是 3° 而已。

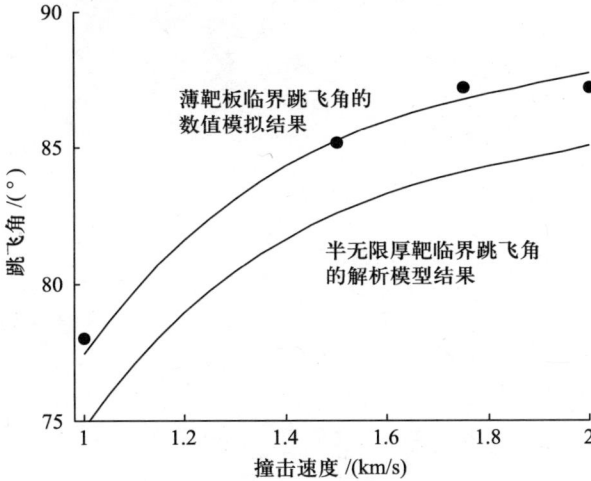

图 7.18 薄靶板临界跳飞角的数值模拟结果与半无限厚靶的解析模型结果的比较

7.2.3 长杆与运动靶板相互作用

前面介绍的研究工作说明临界跳飞角强烈依赖于杆弹撞击速度。如果以杆弹速度相同的方向推动靶板, 即可降低弹/靶间的相对速度, 显然这使弹体跳飞更容易。这是反应装甲抵抗长杆侵彻体的一个基本机制。这类附加装甲的结构 (7.3 节将进一步讨论) 基本上是两块金属板中间夹着一层炸药。长杆撞击引爆炸药, 爆轰产物推动两块金属板向相反方向飞行。后板与长杆的运动方向一致, 因而它们的相对速度较低, 能在较大斜角范围内引起长杆跳飞。Rosenberg 等 (2009) 的研究说明了这一效应: 用一层炸药将一块装甲钢板驱动到 270m/s 的速度。钨合金长杆以 1.0 km/s 的速度和 $\beta = 63°$ 的斜角撞击此运动钢板, 图 7.19 为长杆跳飞情况。而长杆以这些参数撞击静止钢板将彻底贯穿它。基于运动靶板的附加装甲设计能够降低长杆弹的破坏威力。

Rosenberg、Dekel (2004) 研究了运动钢板抵抗长杆侵彻的潜力。他们介绍了钨合金杆撞击倾斜的运动钢板的一系列实验和数值模拟结果, 实验示意如图 7.20 所示。钢板倾角 α 在 25° ~ 40° 之间变化, 长杆的速度

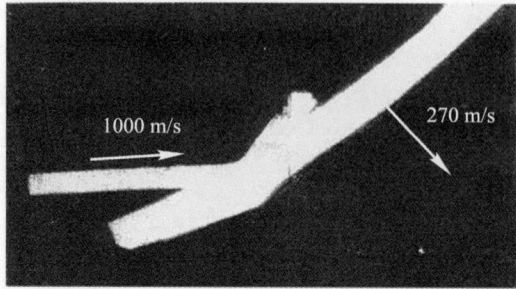

图 7.19 钨合金长杆从运动钢板上的跳飞

$V_p = 1.4\,\text{km/s}$。厚 4.3 mm 装甲钢板的速度 $V_t = 430$ m/s。详细介绍该工作是因为它是综合运用实验、数值模拟和解析模型手段研究某一作用机制的基本物理规律的杰出例子。

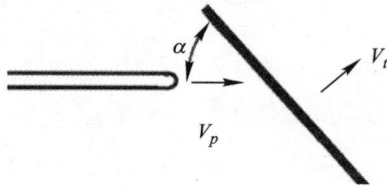

图 7.20 长杆弹与运动靶板相互作用的实验示意图

每一发实验都在 t 为 30 μs、170 μs 和 310 μs 对杆弹/靶板进行 X 射线照相。选择的这三个时刻分别对应于刚发生碰撞后、碰撞中期和后期三个阶段。这组实验中长杆破坏程度从轻微到严重不等。通过实验发现长杆严重破坏都发生于倾角 $\alpha \leqslant 35°$ 的实验中,而 $\alpha \geqslant 40°$ 的实验中长杆仅出现轻微破坏。通过图 7.21 可清楚看出,$\alpha = 35°$ 时长杆严重破坏和 $\alpha = 40°$ 时长杆轻微破坏的不同模式。由于 X 射线管与靶板平面没有排得很直而造成的视差效应,使得照片里靶板显得相当厚。轻微破坏的长杆断裂成几段,其侵彻能力接近于完整长杆。但严重破坏的长杆的侵彻能力很小。很明显,某一高效破坏长杆的机制在 α 为 35° ~ 40° 之间的某个角度开始发生作用。

为理解该结果,Rosenberg、Dekel (2004) 对 α 为 30°、40° 斜撞击靶板进行了三维数值模拟。如图 7.22 所示,数值模拟成功地复现了实验结果,也支持存在某个物理机制使长杆出现严重破坏的观点。

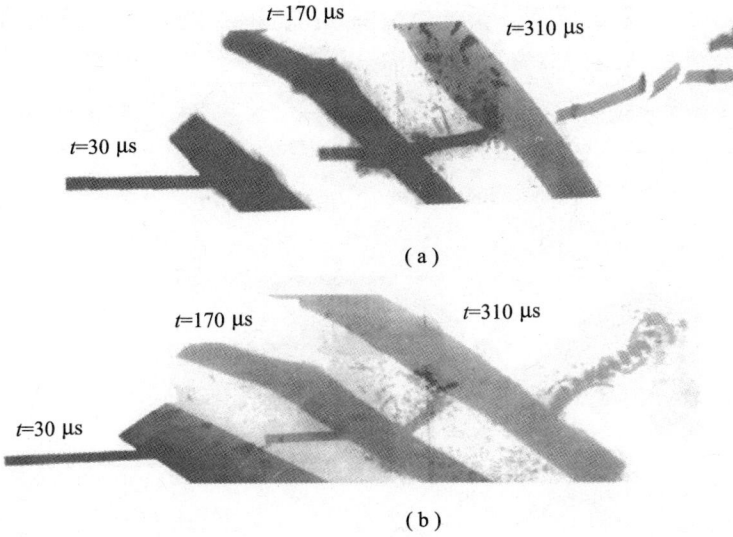

图 7.21 长杆/靶板在 $\alpha = 40°$ (轻微破坏) 和 $\alpha = 35°$ (严重破坏) 时的相互作用

(a) $\alpha = 40°$; (b) $\alpha = 35°$。

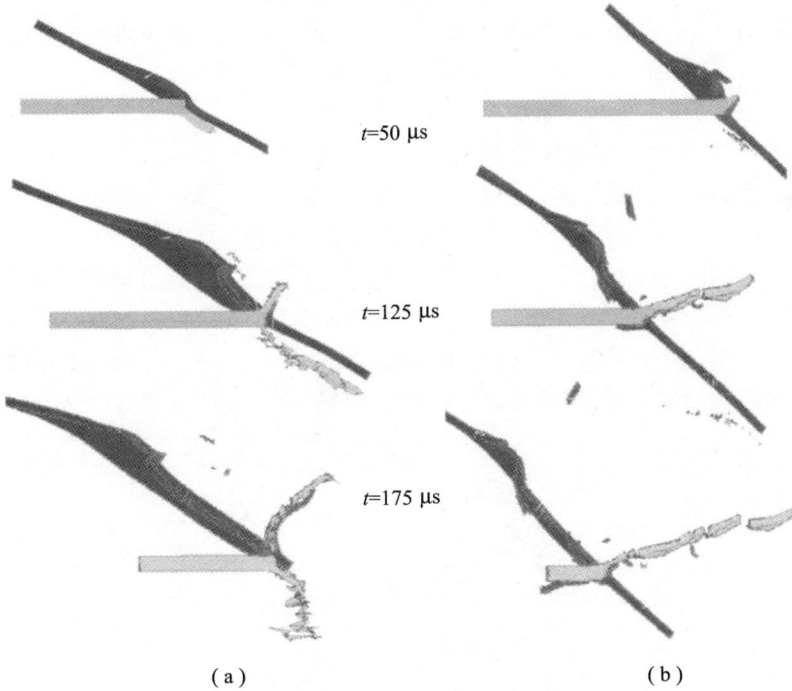

图 7.22 α 为 30°、40° 斜撞击的数值模拟结果

(a) $\alpha = 30°$; (b) $\alpha = 40°$。

图 7.23 所示的最后一个时刻 ($t = 310\,\mu s$) 的实验照片与数值模拟的对比突出表明数值模拟与实验结果极其良好的一致性。可以看出, 数值模拟复现了实验观察到的所有细节。对于希望从这些数值模拟得出合乎实际的结论而言, 这一点很重要。

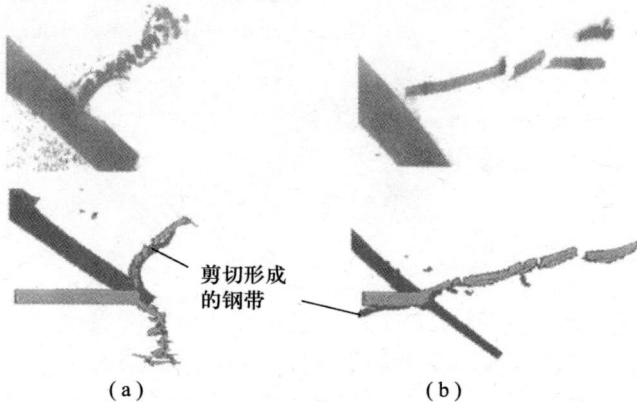

图 7.23　不同角度斜撞击时, $t = 310\,\mu s$ 的实验结果与数值模拟结果的对比

(a) $\alpha = 35°$ 时的对比; (b) $\alpha = 40°$ 时的对比。

由图 7.23 的模拟结果可看出这两种情况下长杆/靶板相互作用的一个根本差别。该差别通过运动靶板由于与长杆持续相互作用而被剪切形成的钢带的方向表现出来。图 7.23 中数值模拟的 "图像" 显示钢带被推向靶板运动方向 (推向后方) 或者被压到长杆下方。图 7.24 示意性地画出这一重要观察结果以强调造成它们之间差异的主要原因。被推向后方 (与钢板运动方向相同) 的钢带造成长杆严重破坏, 如图 7.24(a) 所示; 而被推向长杆下方的钢带造成长杆轻微破坏, 如图 7.24(b) 所示。对 $\alpha = 30°$ 撞击的 X

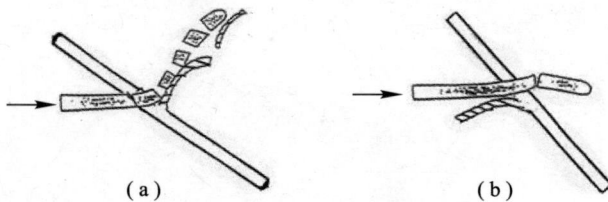

图 7.24　两种不同倾角情况下钢带的方向不同

(a) $\alpha = 30°$; (b) $\alpha = 40°$。

射线照相和数值模拟结果都表明, 当长杆持续剪切钢靶形成钢带时, 长杆材料分散在弹/靶作用点周围。整个作用过程中弹体碎块停留在钢带的同一边, 在这个意义来说长杆并没有穿透运动的钢板。而对于 $\alpha = 40°$ 撞击, 钢带被推到长杆下方, 弹体穿透了靶板。长杆的破坏程度与长杆对靶板的临界侵彻速度有关。在 X 射线照片上, 由于视差影响, 被剪切下来的钢带方向的不同看不出来。这就是一个极好例子, 即长杆破坏机制的起因这个最重要问题其实是通过数值模拟突出显示出来的。

Rosenberg、Dekel (2004) 提出的解析模型考虑长杆和钢板的相对运动, 如图 7.25 所示。假设钢板运动速度 V_t 垂直于钢板表面。

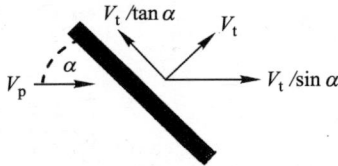

图 7.25　长杆/靶板相对运动速度示意图

与弹/靶相互作用有关的速度是长杆与移动的杆/靶作用点之间的相对速度:

$$V_{rel} = V_p - \frac{V_t}{\sin \alpha} \tag{7.7}$$

为了使长杆显著破坏, 相对速度 V_{rel} 应小于这一长杆/靶板组合的临界侵彻速度 V_c。因此, 由 $V_{rel} < V_c$ 得到下述不等式:

$$\frac{V_t}{V_p} > \left(1 - \frac{V_c}{V_p}\right) \cdot \sin \alpha \tag{7.8a}$$

为了获得长杆与靶板的持续相互作用, 相对速度 V_{rel} 应该大于 0, 这纯粹是几何约束。可得下式:

$$\frac{V_t}{V_p} < \sin \alpha \tag{7.8b}$$

式 (7.8a) 和式 (7.8b) 综合得到移动靶板使长杆破坏严重的条件为

$$\sin \alpha > \frac{V_t}{V_p} > \left(1 - \frac{V_c}{V_p}\right) \cdot \sin \alpha \tag{7.9}$$

式中: 临界速度根据 AT 模型给出, 即 $V_c = [2(R_t - Y_p)/\rho_p]^{0.5}$。

将这个限制条件表示为以 V_t/V_p 和 α 为轴的 "破坏平面" 上的两条曲线更方便使用, Rosenberg、Dekel (2004) 就是这样定义的。式 (7.9) 确定的 "破坏区" 包含了所有导致长杆严重破坏的实验结果。第 5 章钨合金杆撞击装甲钢靶的实验结果表明, 这一弹/靶组合的 $V_c = 640 \, \text{m/s}$。对于长杆速度 $V_p = 1.4 \, \text{km/s}$, 可得 $(1 - V_c/V_p) = 0.54$, 要将此数值代入式 (7.9) 的右边。式 (7.9) 的图形表达如图 7.26 所示, 其中包括 Rosenberg、Dekel (2004) 的实验结果, 实心圆表示杆严重破坏, 空心圆表示杆轻微破坏。模型预测的两种破坏模式之间的分界线从这两组实验结果之间穿过。鉴于模型的假设很简单, 模型预测与实验结果的一致性是很杰出的。图中的阴影面积, 即 "破坏区" 对于装甲设计人员非常重要。阴影区大, 则在较低的靶板速度下或较宽的倾角范围内就能导致长杆严重破坏。

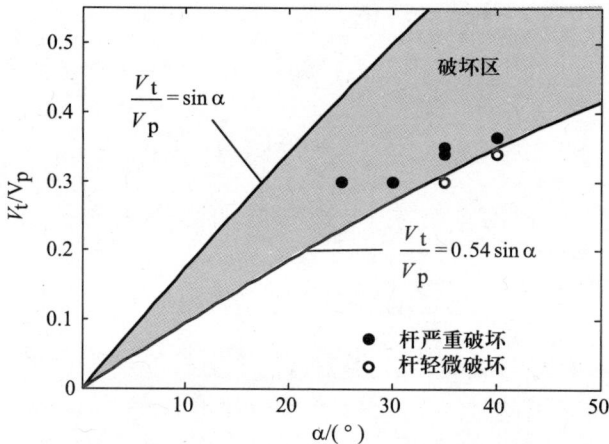

图 7.26　模型预测的长杆与运动靶板相互作用的 "破坏区" 和实验结果

高强度钢板具有较高的临界速度 V_c, 使得式 (7.9) 右边的项 $(1-V_c/V_p)$ 数值较小, 从而图 7.26 中第二条曲线的数值较小, 这样得到较大的破坏区。为说明这一问题, Rosenberg、Dekel (2004) 用高硬度钢板重复进行了 $\alpha = 40°$ 的实验。注意前面已经指出, 对于装甲钢板的这一角度的实验, 长杆发生轻微破坏。从第 5 章的实验数据估计钨合金杆撞击高硬度钢板的临界侵彻速度 $V_c = 720 \, \text{m/s}$。V_c 数值的提高, 使破坏区边界变为更低的曲线 $V_t/V_p = 0.486 \sin \alpha$。预计扩大的破坏区能把图 7.26 中以空心圆表示的长杆轻微破坏的两个实验结果包含进去, 即长杆撞击 $\alpha = 40°$ 的高硬度钢板将严重破坏。从图 7.27 清楚看出实验结果的确如此。因此, 高强度钢板使得更大的速度范围和倾角范围包括在扩大的破坏区内。

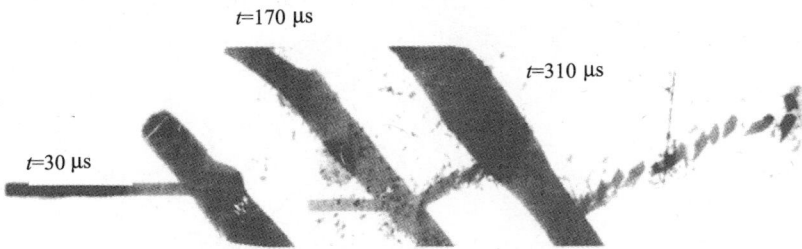

图 7.27 $\alpha = 40°$ 的高硬度钢板使长杆严重破坏

临界侵彻速度 V_c 是用 AT 模型对于长杆撞击半无限厚靶定义的。不清楚这一 V_c 值能否适用于有限厚靶板使长杆破坏过程。Rosenberg、Dekel (2005) 通过系统地改变靶板厚度和速度进行数值模拟的方法研究了这一问题。数值模拟结果不是杆严重破坏就是轻微破坏，与实验观察现象一致，但是两者之间的分界线随着靶板厚度变化而系统地移动。钨合金杆撞击倾角 $\alpha = 35°$ 的不同厚度装甲钢板的数值模拟结果如图 7.28 所示。模拟中长杆速度为 1.4 km/s，钢板速度为 $390 \sim 520$ m/s。图中三角形代表轻微破坏情况，方块代表严重破坏情况，十字形表示处于分界线的情况。

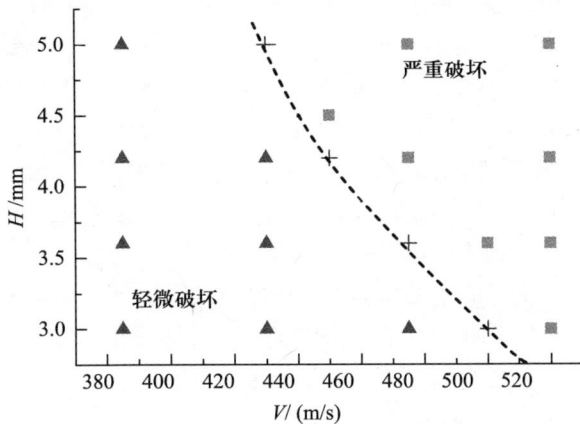

图 7.28 长杆破坏随靶板速度和厚度变化的数值模拟结果

对于厚度越薄的板，由于其后表面影响更强，能够引起长杆有实际意义的破坏所需要的靶板速度更高。例如，数值模拟显示厚 3.0 mm 的钢板的运动速度至少要 500 m/s 才能引起长杆严重破坏。为验证这些结果，Rosenberg、Dekel (2005) 进行了另外的实验, $V_0 = 1.4\,\text{km/s}$ 的钨合金杆以倾角 $\alpha = 35°$ 撞击厚 3.0 mm、速度为 530 m/s 的装甲钢板。实验结果为长杆严重破坏, 与数值模拟结果一致, 如图 7.29 所示。

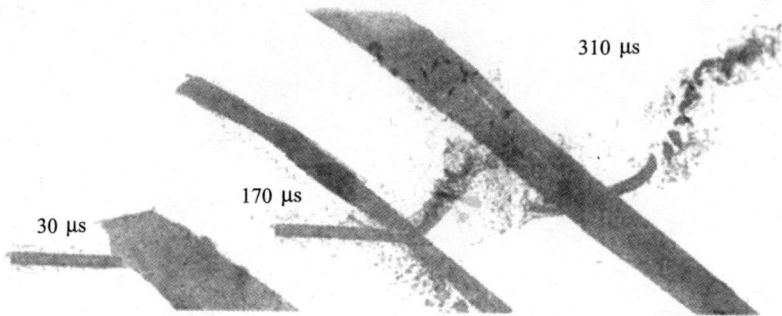

图 7.29   长杆撞击厚 3.0 mm 钢板的三幅 X 射线照相

对运动钢板导致长杆弹破坏的问题进行了详尽阐述, 这是展示在终点弹道学领域综合各种可用的手段研究某一问题的好处的杰出例子。首先, 通过长杆撞击倾角仅相差 5° 的钢板的实验, 发现这两种情形下长杆的破坏情况具有令人吃惊的差别。利用三维数值模拟揭示了这一差别是由于长杆与钢板相互作用而从钢板上剪切出来的钢带方向不同所造成的。这一认识导致一个关于长杆与运动靶板相互作用的、以临界侵彻速度 V_c 为基础的简化模型。该简化模型可以解释所有的实验数据, 补充进行的验证性实验进一步证实了模型的有效性。

这类长杆/靶板作用是设计反应装甲 (以一层炸药驱动薄板为基础) 的重要基础。爆炸反应装甲 (the Explosive Reactive Armor, ERA) 抵抗聚能射流很有效, 已经应用于不同装甲车辆的附加装甲。但反应装甲应用于抵抗长杆弹还处于研究的早期阶段。Held(2005) 分析了一种重型反应装甲结构的前、后板联合影响导致的长杆的不同失效机制。根据他的结果, 设计恰当的爆炸反应装甲可以显著降低长杆弹的侵彻能力。

Shin、Yoo (2003) 展示了爆炸反应装甲的向相反方向运动的两块薄板对长杆破坏能力的差别。他们对 $L/D = 15$, $D = 5\,\text{mm}$ 的钨合金杆撞击以不同速度运动、运动方向朝向长杆或背离长杆的 5 mm 倾斜钢板进行了数值模拟。长杆速度为 1.5 km/s 或 2.5 km/s, 钢板倾角 $\alpha = 30°$。模拟表明, 向长杆方向运动的薄板对长杆的破坏很轻微, 实际上与静止薄板造成的破坏一样。但是, 即使薄板以低至 200m/s 的速度背离长杆方向运动, 也能造成长杆显著破坏。Paik 等 (2007) 对 L/D 为 15、30, $D = 5\,\text{mm}$ 的钨合金杆与反应装甲的厚 $2.5\,\text{mm}$ 钢板的作用进行了类似的数值模拟。长杆速度为 $1.5\,\text{km/s}$ 或 $2.5\,\text{km/s}$, 钢板运动速度在 $0.2 \sim 0.5\,\text{km/s}$ 之间变化, 倾角 $\alpha = 30°$。以弹体对厚见证靶块的侵入深度来计算反应装甲的效率系数, 随着钢板速度提高而效率系数增加, 并且反应装甲对更长杆弹的效率高得多。钢板速度为 $0.3 \sim 0.5\,\text{km/s}$ 时, 反应装甲的效率 η 达 $3 \sim 6$, 速度较低的长杆对应的效率值较高。模拟给出的长杆破坏形状与 Held (2005) 的实验结果类似, 也支持了 Held 对于不同失效机制的观点。

7.2.4 攻角运动的杆的撞击

长杆弹的攻角侵彻过程是个相当复杂的问题, 尤其当长杆又为大倾角时。本节首先讨论带偏航角长杆的正撞击问题, 然后考虑斜撞击问题。偏航角定义为长杆弹体的轴线方向与其质心速度矢量之间的夹角, 如图 7.30 所示。长杆飞行姿态通过两个正交方位, 或俯仰角 θ_1 和偏航角 θ_2 定义, 总的攻角 θ 由 $\tan^2 \theta = \tan^2 \theta_1 + \tan^2 \theta_2$ 定义。

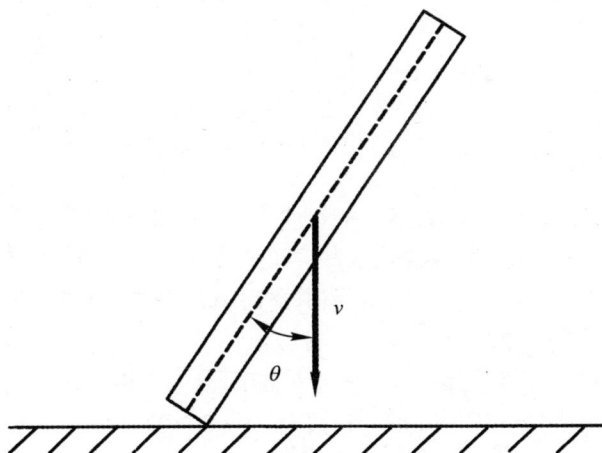

图 7.30 带攻角撞击的示意图

有攻角长杆撞击的实验数据表明, 存在一个狭窄的角度范围, 在此范围内攻角对侵彻深度没有显著影响, 并且对于较大长径比 L/D 的杆, 这一角度范围较小。Silsby 等 (1983) 认识到只要长杆的尾部不和弹坑 (孔) 壁面发生碰撞, 长杆的侵彻能力就不受攻角影响。这一几何约束条件规定了

通常称为临界攻角 θ_c 的阈值如下:

$$\sin \theta_c = \frac{D_c - D_p}{2L} \tag{7.10}$$

式中: D_c、D_p 分别为弹孔和长杆的直径。

对于 L/D 为 10 ~ 20 的长杆, θ_c 为 1.5° ~ 3°。因此, 一个附加装甲系统若能够使来袭长杆产生几度的攻角, 就会是一个很有效的设计。正如 Bierke (1992) 等指出的, 在此问题中弹孔直径起很重要作用, 随攻角增加长杆和弹孔壁之间发生许多不同的相互作用。例如攻角略大于 θ_c 时, 就出现了长杆对弹孔壁某边的挤压而形成挖槽的迹象。随攻角增加, 通过弹孔相对的两边受到挤压的现象表明长杆尾部在弹孔内来回反弹。侵彻过程中长杆后部在弹孔两边的来回反弹使得弹孔扩大, 弹体侵彻能力显著下降。图 7.31 为 Bierke 等 (1992) 给出的中等攻角下弹孔典型形状示意图。

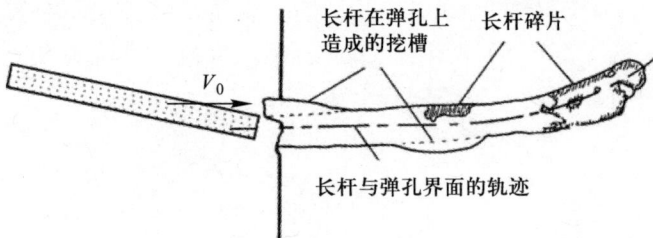

图 7.31　中等攻角撞击下的弹孔形状和弹孔壁的杆弹碎片

Gee、Littlefield (2001) 对 L/D 为 10、30 的钨合金杆以 1.4 km/s、2.1 km/s 和 2.6 km/s 速度撞击装甲钢靶的侵彻过程进行了系列的三维数值模拟, 观察到长杆尾部与弹孔壁相互作用而导致的在弹孔壁的挖凿现象以及长杆方向的调整。他们检查了将数值模拟结果无量纲化为 P/P_n-θ/θ_c 的函数形式的可能性, 其中 P_n 为正撞击的侵彻深度。如图 7.32 所示, 对 L/D 为 10、30 长杆以 2.1 km/s 速度和 $\theta = 30°$ 攻角撞击钢靶的数值模拟结果进行比较时, 很容易看出进行无量纲化的必要性。显然, 它们的弹坑形状很不相同, Gee、Littlefield (2001) 认为这是无量纲攻角不同的结果 (对 L/D 为 10、30 长杆, θ/θ_c 为 8.8、30)。这种无量纲处理方法对于 $\theta/\theta_c < 10$ 是成功的, 但对于更大攻角, L/D 为 10、30 长杆的无量纲结果相差相当大的数值。

Bless 等 (1978), Yaziv 等 (1992), Bukharev、Zhurkov (1995), Hohler、Behner (1999) 的实验表明, 当攻角大于某一临界值后, 随着攻角增加长

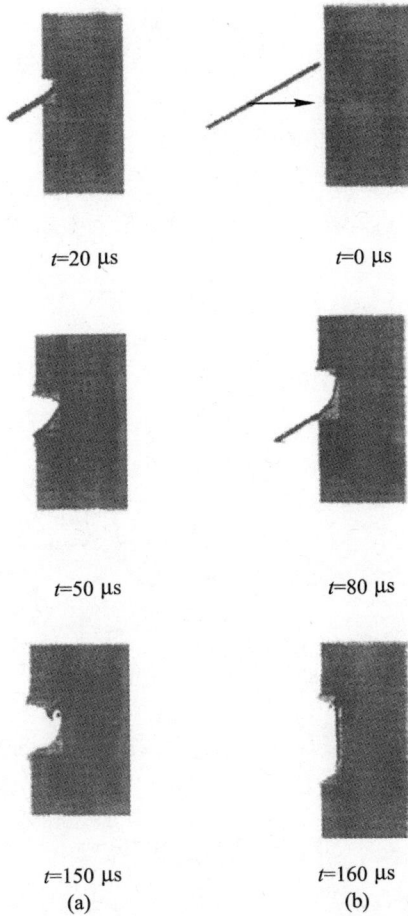

$t=20\ \mu s$ $t=0\ \mu s$

$t=50\ \mu s$ $t=80\ \mu s$

$t=150\ \mu s$ $t=160\ \mu s$

(a)   (b)

图 7.32 L/D 为 10、30 杆以 $V = 2.1\,\mathrm{km/s}$、$\theta = 30°$ 撞击靶板的数值模拟结果

(a) $L/D = 10$; (b) $L/D = 30$。

杆对靶体的侵彻深度急剧下降。针对侵彻深度强烈依赖于攻角的情形，这些研究工作提出了一些唯象模型很好地解释了实验数据。不过这些模型仅适用于经过实验标定的特定范围内的材料、撞击速度和杆长径比。这些模型表明，攻角接近于临界值时侵彻深度随着长杆有效长度（正比于 $L\cos\theta$）减小而降低；而当大攻角时侵彻深度受长杆等效直径影响（正比于 $D_\mathrm{p}/\sin\theta$）。

Lee、Bless (1998) 提出了另一个方法，将带攻角长杆考虑为一系列柱形圆片。他们假设长杆侵彻能力下降与长杆中圆片直径和弹坑边缘重叠的部分成正比。弹坑直径根据动量守恒原理确定, 详见 Lee、Bless (1996)。长杆前部的侵彻深度利用 AT 模型计算, 直至长杆与弹孔壁发生接触。这一方法的预测结果与 Yaziv 等 (1992) 的速度为 $1.4\,\mathrm{km/s}$、$L/D = 10$ 钨合金杆以大范围的攻角撞击装甲钢靶的实验结果符合得很好。Rosenberg 等 (2006) 采用一个类似的方法, 即将长杆分成 n 个长度为 l 的小段, 对不与弹孔壁面发生刮擦的小段和与弹孔壁面发生撞击的小段分别处理, 如图 7.33 所示。

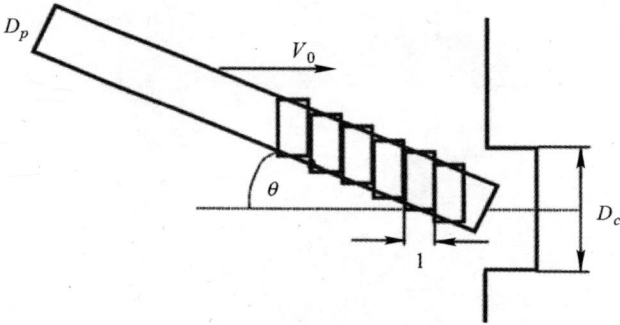

图 7.33   攻角侵彻的几何模型

弹孔直径 D_c 与长杆直径 D_p 的关系采用 Walker 等 (2001) 根据钨合金杆撞击装甲钢靶的大量数据拟合的经验公式计算, 即

$$D_\mathrm{c} = D_\mathrm{p}(1 + 0.7V_0) \tag{7.11}$$

式中: V_0 为撞击速度 (km/s)。

在 Rosenberg (2006) 的模型里, 使用 Walker 等 (2001) 的另一个关于长杆无量纲侵彻深度的经验拟合公式来考虑 L/D 效应:

$$\frac{P}{L} = 0.65 + 1.06\ln V_0 - 0.055\ln\frac{L}{D} \tag{7.12}$$

式中: V_0 撞击速度为 (km/s)。

该方程可以解释不同长径比 L/D 的钨合金杆在速度 V_0 为 $0.75 \sim 1.9\,\mathrm{km/s}$ 的大量侵彻数据。

接下来计算不与弹孔壁面发生碰撞的单元的等效直径。这样的第 n 个单元的等效直径为

$$D_\mathrm{eff}(n) = \begin{cases} D_\mathrm{p}/\cos\theta & (nl\tan\theta + D_\mathrm{p}/(2\cos\theta) \leqslant D_\mathrm{c}/2) \\ D_\mathrm{c}/2 + D_\mathrm{p}/(2\cos\theta) - nl\tan\theta & (\text{其它}) \end{cases} \tag{7.13}$$

当第 n 个小段的下角与弹孔边平齐时, 就得到不与弹孔壁面发生碰撞的最大单元数。N_{eff} 由杆长度或杆直径所限制, 如下式:

$$N_{\text{eff}} = \begin{cases} \dfrac{L}{l\cos\theta} & \left(\dfrac{D_{\text{c}} + D_{\text{p}}/\cos\theta}{2\tan\theta} \geqslant \dfrac{L}{\cos\theta} \right) \\[3mm] \dfrac{D_{\text{c}} + D_{\text{p}}/\cos\theta}{2l\tan\theta} & \left(\dfrac{D_{\text{p}}/\cos\theta}{\sin\theta} < \dfrac{D_{\text{c}} + D_{\text{p}}/\cos\theta}{2\tan\theta} < \dfrac{L}{\cos\theta} \right) \end{cases}$$

$$(7.14)$$

最后一个单元的边缘会碰到弹孔壁面。为简化分析, 上述方程没有包括杆弹接近于横着与靶体碰撞的情形 $(\tan\theta > L/D_{\text{p}})$。即使对于 $L/D = 5$ 的短杆, 这一角度也超过 $80°$。弹体等效直径等于各个 $D_{\text{eff}}(n)$ (根据式 (7.13) 计算) 的平均值, n 的最大值为 N_{eff}。

$$D_{\text{eff}} = \frac{1}{N_{\text{eff}}} \sum_n D_{\text{eff}}(n) \qquad (7.15)$$

类似地, 杆的有效长度由下式计算:

$$L_{\text{eff}} = N_{\text{eff}} \cdot l \qquad (7.16)$$

将有攻角长杆看成是等效长径比为 $L_{\text{eff}}/D_{\text{eff}}$ 的杆, 将 D_{eff} 和 L_{eff} 代入式 (7.12) 就可获得它的侵彻深度。

将该模型用于不同长径比的钨合金杆以 $2.1\,\text{km/s}$ 速度撞击均质装甲钢靶, 得到的无量纲侵深 P/D 随攻角变化的曲线如图 7.34 所示。每条曲线都有一个平坦段, 即存在一定的攻角范围, 在此范围内杆弹侵彻能力不

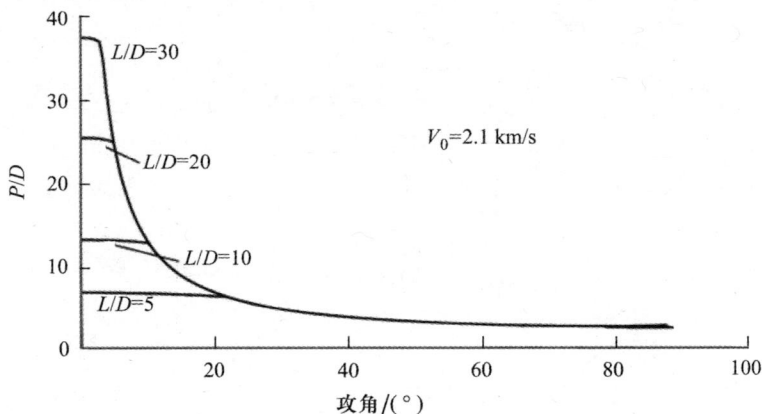

图 7.34　不同长径比的长杆攻角侵彻时的模型预测结果

受影响, 且随着 L/D 增加这一角度范围变窄, 实验中也观察到这一现象。攻角较大时所有曲线具有相同的渐近线, 这说明此时是由长杆直径而非其长度决定侵彻深度。

Rosenberg 等 (2006) 针对公开发表的几组不同的实验数据进行了三维数值模拟, 以检查数值模拟、解析模型 (Rosenberg 等 (2006)) 与实验数据之间是否一致。图 7.35 为钨合金杆以 $V_0 = 1.8\,\mathrm{km/s}$ 速度、$\theta = 60°$ 攻角撞击轧制均质装甲钢靶的数值模拟给出的一些不同时刻弹/靶作用图像。由图 7.35 可看出, 在这一攻角下杆弹是横侧着而不是沿着杆轴线方向来侵彻靶体。

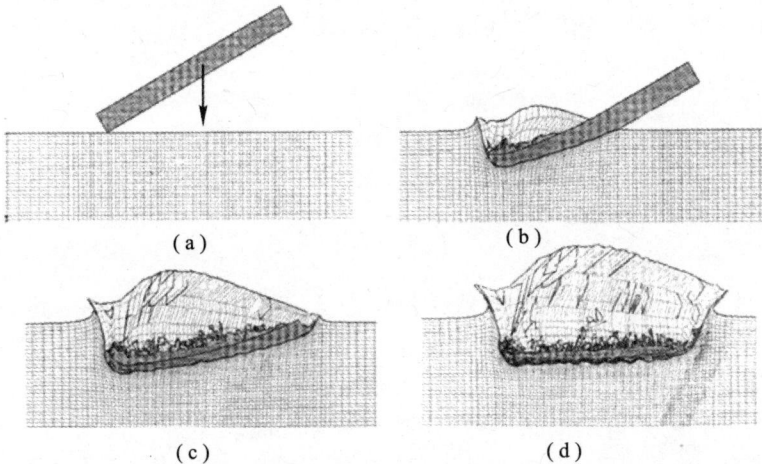

图 7.35　钨合金杆以 $V_0 = 1.8\,\mathrm{km/s}$ 速度、$\theta = 60°$ 攻角撞击靶体的三维数值模拟结果

(a) $t = 0\ \mu\mathrm{s}$; (b) $t = 10\ \mu\mathrm{s}$; (c) $t = 20\ \mu\mathrm{s}$; (d) $t = 30\ \mu\mathrm{s}$。

图 7.36 为不同长径比 L/D 的钨合金杆以 $1.8\,\mathrm{km/s}$ 速度撞击均质装甲钢靶的解析模型结果与三维数值模拟结果的比较。可见, 虽然解析模型采用的基本假设很简单, 但它与三维数值模拟得出结果的一致性是令人满意的。

图 7.37 表现了钨合金杆撞击均质装甲钢靶的模型预测结果与实验数据的一致性。Bukharev、Zhurkov (1995) 的撞击速度 $2.1\,\mathrm{km/s}$ 的实验数据如图 7.37(a) 所示, 而 Yaziv 等 (1992) 的 $L/D = 10$ 长杆以 $1.4\,\mathrm{km/s}$ 速度撞击靶体的实验数据如图 7.37(b) 所示。

目前为止讨论的是速度向量垂直于靶体表面的杆弹以一定攻角撞击半无限靶的问题。当杆弹速度向量倾斜于靶体且带有攻角时, 弹/靶间的相

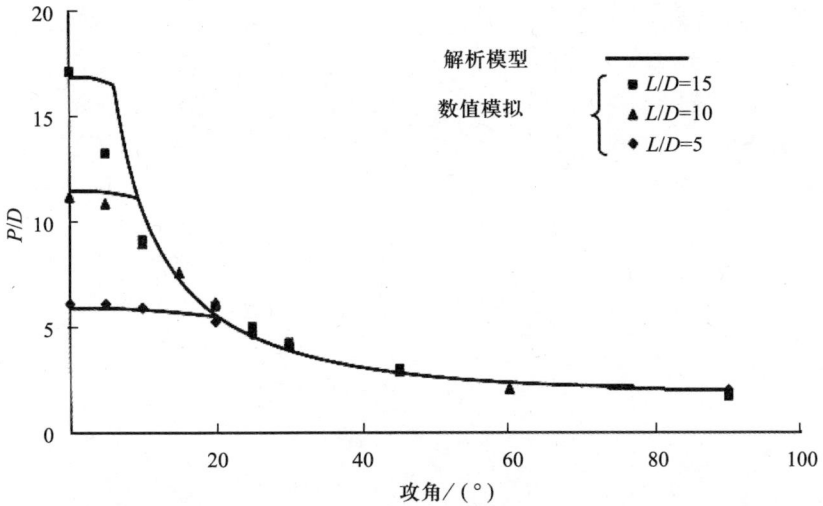

图 7.36 钨合金杆以 1.8 km/s 速度撞击均质装甲钢靶的模型预测结果与数值模拟结果的比较

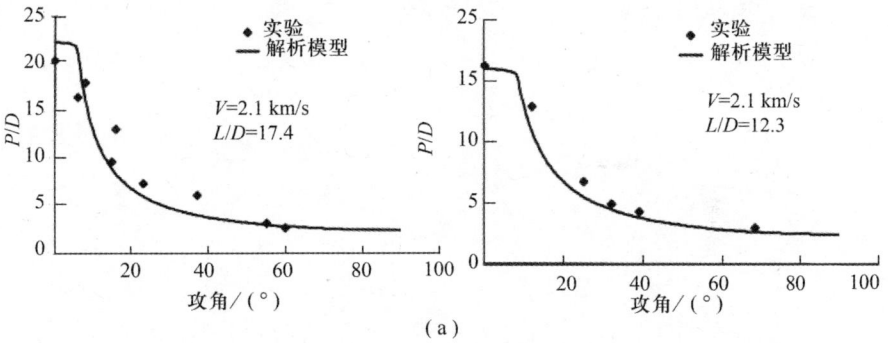

（a）

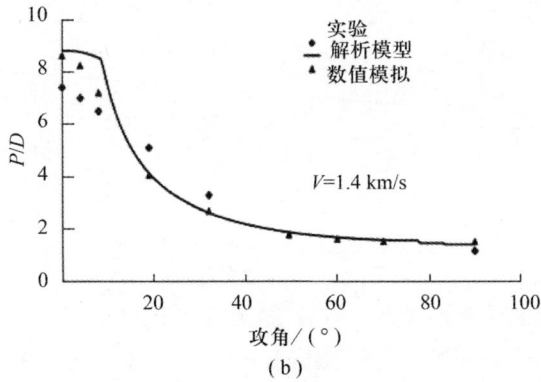

（b）

图 7.37 钨合金杆撞击均质装甲钢靶的模型预测结果和实验数据的比较

互作用复杂得多。有攻角的杆弹倾斜撞击厚靶的研究工作相对较少, Behner 等 (2002) 对 $L/D = 20$ $(D = 6.3\,\text{mm})$ 的钝头钨合金杆撞击带有 $\alpha = \pm 30°$ 角度的均质装甲钢厚靶的研究是其中最详尽的 (图 7.38)。杆弹的撞击速度为 $1.65\,\text{km/s}$, 攻角为 $0° \sim 90°$, Behner 等 (2002) 文献中介绍了实现这些攻角的不同方法。

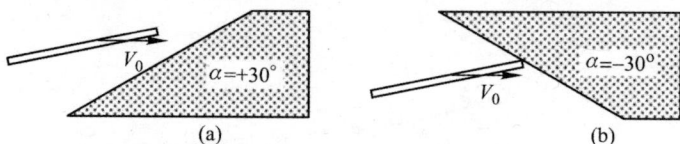

图 7.38　有攻角的杆倾斜撞击靶体

(a) $\alpha = +30°$; (b) $\alpha = -30°$。

　　图 7.39 为实验给出的 P/P_0 随攻角变化的曲线, 其中 P_0 为零攻角时的侵深。图中可见倾角 $\alpha = +30°$ 和 $\alpha = -30°$ 的两组实验侵彻深度的差异是很明显的。

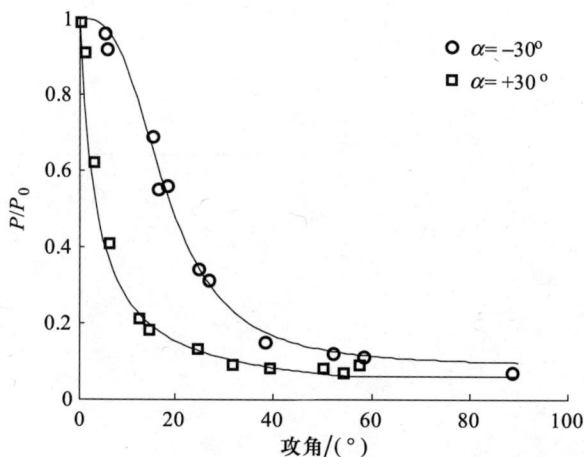

图 7.39　攻角和倾角对长杆侵彻深度的复合影响效应

　　前面已经指出, 能够使 $L/D = 20$ 长杆产生几度攻角的附加装甲设计就是很有效的。不过军事上应用的长杆弹由高密度材料制成, 转动惯量大, 使之产生可观的攻角不是轻易能实现的。向着长杆发射一块飞板是实现这一目的一个更有效方法, 这使得初始撞击发生在被保护车辆的几米距离以外, 传递给长杆的动量使长杆产生一定的转动角速度, 导致长杆以足够大的攻角撞击被保护车辆。这是主动装甲的基本概念, Wollmann 等 (1996)、Ernst 等 (1999) 和 Sterzelmeier 等 (2002) 讨论了向着来袭长杆发射飞板的一些方法。为了使长杆产生显著转向, 飞板应该足够厚且速度矢量应倾斜于长杆轴线。飞板掠过长杆的连续作用可使长杆产生显著转动, 甚至使长杆断成几段。

Cagliostro 等 (1990) 注意到, 长杆以一定攻角倾斜撞击固定靶板可以取得类似于前一段描述的飞板掠过长杆的连续作用。Bless 等 (1999)、Liden 等 (2006) 使用这一方法来研究倾斜靶板与带攻角长杆之间的连续掠过作用。为此考虑 Cagliostro 等 (1990) 描述的定义正攻角和负攻角的三种情况 (图 7.40)。攻角 $\theta = \gamma_0 - \beta$, γ_0 为杆弹速度方向与靶板表面法线方向的夹角, β 为杆弹轴线与靶板法线方向之间的夹角 (倾斜角)。对于杆弹/靶板的相互作用而言, 正攻角和负攻角分别等价于靶板远离或朝向杆弹运动的情形。

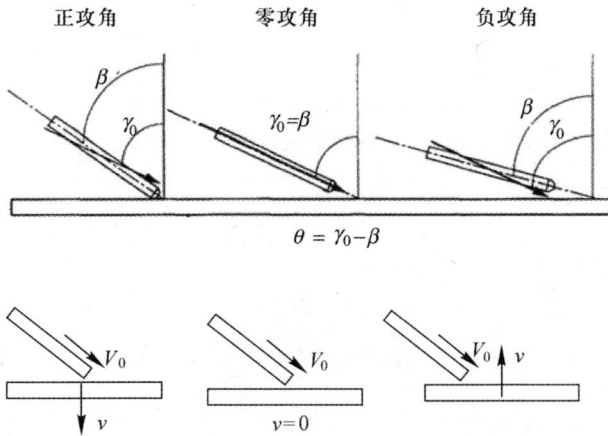

图 7.40　既有攻角又有倾斜的长杆撞击固定薄板与长杆倾斜撞击运动薄板的等效性

按照 Liden 等 (2006) 的分析, 对于速度 V_0、倾角 β 的长杆和速度 v 的运动靶板, 等效攻角为

$$\tan\theta = \frac{v\sin\beta}{V_0 \pm v\cos\beta} \tag{7.17}$$

式中: "+" 和 "−" 分别对应于靶板朝向和远离长杆运动。

此处取长杆与靶板间相对运动速度 $V_{rel} = V_0 \pm v \cos \beta$, 这与 Rosenberg 等 (2004) 的式 (7.7) 不同。产生此差异的原因在于: 式 (7.7) 考虑的是与长杆/靶板相互作用点有关的相对速度, 而式 (7.17) 中考虑相互作用点沿着长杆整个长度移动 (掠过) 过程。

Cagliostro 等 (1990) 对 $L/D = 10$ 的球头铀合金杆 (U-0.75%Ti) 撞击均质装甲板的实验 (图 7.41) 进行了三维数值模拟。图 7.41 中第二个实验, 即长杆以 1.29 km/s 的速度和 $\beta = 65°$ 倾角撞击静止靶板的实验为参考实验。其他两个实验的靶板的倾角不同并以不同的速度运动, 它们等价于长杆分别带着攻角 θ 为 $-9.3°$、$+10.3°$ 以 1.29 km/s 速度、$\beta = 65°$ 倾角撞击静止的靶板。

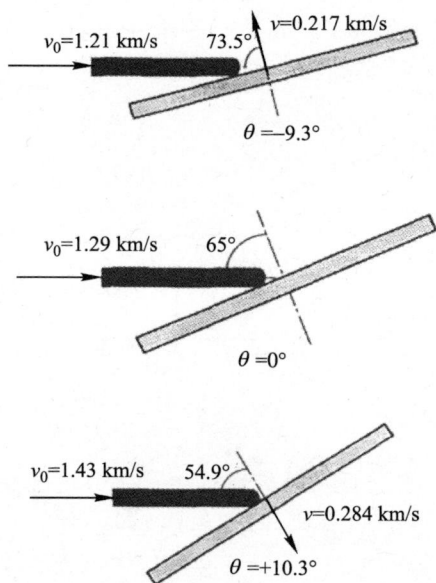

图 7.41   长杆与运动薄板的撞击及其相对于静止薄板的等效攻角

由于发射长杆弹撞击运动靶板的实验控制起来很困难, 促使人们采用逆弹道技术, 即用发射装置将倾斜靶板发射出去撞击静止的长杆, 长杆以一定攻角 (相对于靶板速度方向) 放置。Bless 等 (1999) 的发射倾斜钢板撞击静止钨合金杆的实验表明了逆弹道技术的用处。长杆长径比 $L/D = 36$, 按需要的攻角倾斜于靶板的飞行方向放置。既有攻角又有倾角的联合作用导致长杆显著旋转,也使长杆在与靶板掠过刮擦的相互作用过程中断成几段。

　　Liden 等 (2006) 同样运用逆弹道技术研究运动靶板与长杆的相互作用。实验中用厚 2 mm 钢板制成弹托并设置靶板倾角 β 分别为 20°、30° 和 60°,用二级轻气炮将它们以 1.83 ～ 2.18 km/s 的速度发射出去,使靶板撞击直径 $D = 2$ mm、长径比 $L/D = 15$ 的静止钨合金杆。长杆的攻角 θ 设置为 2.5° ～ 8°,以获得相应于长杆撞击速度为 2 km/s、靶板运动速度为 100 m/s、200 m/s 和 300 m/s 的等效效果。图 7.42 为 $\beta = $ 30°,攻角 θ 分别为 +2.6°、−3.1° 的两组实验 (等效于靶板运动速度为 +200 m/s、−200 m/s) 的脉冲 X 射线照片。照片里显示了实验前静止的长杆,以及撞击后 100 μs、150 μs 和 200 μs 发生了转动的长杆。显然长杆与薄板之间的连续掠过刮擦作用使得长杆显著转动。在 $\theta = 7°$ 的较大攻角下 (对应于薄板远离长杆飞行) 观察到长杆断裂。

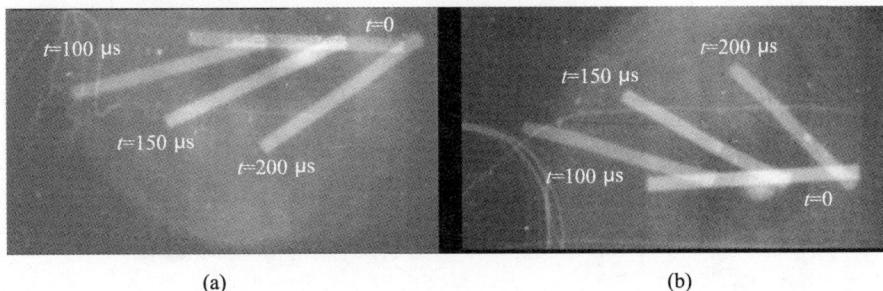

图 7.42　$\beta = 30°$ 撞击的闪光 X 射线照片
(a) $\theta = 2.6°$; (b) $\theta = -3.1°$。

　　为了研究这些相互作用,Rosenberg 等 (2009) 对速度 2 km/s 运动的薄板撞击以 θ 为 +7°、−7° 角度倾斜放置的长杆进行了三维数值模拟,这两种情形对应于 Liden 等 (2006) 进行的实验。主动装甲设计时要考虑这些通过数值模拟得出的长杆角度变化速率,以便确定长杆/薄靶板撞击点与被保护车辆之间所必须的距离。图 7.43(a) 是薄靶板背离长杆运动 (正攻角),图 7.43(b) 是薄靶板朝向长杆运动 (负攻角)。数值模拟表明,正攻角时长杆的角度变化速率比负攻角的大得多。

　　Liden (2008) 在其数值模拟中对钨合金杆材料的 Johnson-Cook 强度模型增加了断裂模型。他的数值模拟得出:长杆断裂数量和断裂位置与实验结果吻合良好 (图 7.44(b));长杆显著弯曲但没有断裂的情形的模拟结果也与实验结果一致 (图 7.44(a))。

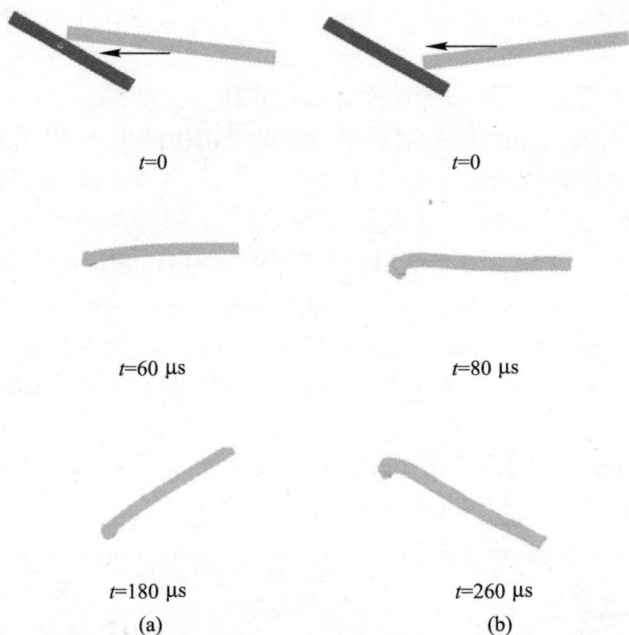

图 7.43   长杆以正攻角和负攻角撞击倾斜薄靶板的数值模拟结果
(a) 正攻角; (b) 负攻角。

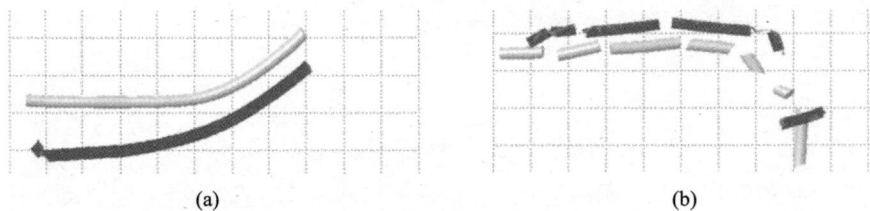

图 7.44   攻角撞击的数值模拟结果 (灰色) 与实验结果 (黑色) 的比较
(a) 薄靶板朝向长杆运动; (b) 薄靶板背离长杆运动。

7.3   抵抗聚能射流侵彻

7.3.1   爆炸反应装甲

聚能射流的侵彻能力超过了主战坦克的装甲厚度, 是对装甲车辆的最致命威胁之一。因此, 许多年来研究者努力寻找降低聚能射流破坏力的作用机制。Manfred Held(1970) 发明的爆炸反应装甲 (Explosive Reactive Armor, ERA) 无疑是这一领域最成功的突破。Held 等 (1998) 和 Mayseless (2010) 综述了公开发表的关于爆炸反应装甲的大量数据及其分析。爆炸反应装甲的基本原理很简单, 但是它的防护性能令人印象极为深刻, 被认为是适用于主战坦克和装甲运兵车的最有效附加装甲技术。盒状爆炸反应装甲包括两块相对较薄的钢板及其夹在钢板间的一层炸药, 每层的典型厚度为 2 ~ 3 mm。反应装甲盒与水平方向约成 30° 角倾斜安装在距被保护车辆舱壁一定距离处。射流撞击引爆夹层中的炸药, 驱动两块钢板以约 1.0 km/s 的速度向相反方向运动。运动薄钢板与射流的作用时间长, 使射流元发生消蚀和偏转, 降低了射流的侵彻能力。Mayseless 等 (1984) 的 X 射线照片 (图 7.45) 表明射流出现了明显的断裂。在照片中射流从左向右运动, 射流的前面部分 (较快速运动部分) 从运动薄板中出现后已经受到严重扰动, 也可以观察到射流的后面部分 (较慢速运动部分) 已经受到反应装甲盒前板产生的影响。

图 7.45　爆炸反应装甲引起射流断裂

当撞击时, 射流引爆炸药层, 并在反应装甲盒前板和后板上产生开孔。射流的开头部分没有受到扰动。前、后板上的开孔大小与钢板强度和射流顶端直径 (通常比射流的其他部分直径大, 参见 图 1.19) 有关。前板和后板受爆轰产物驱动获得一定速度, 它们掠过射流引起射流扰动, 扰动随时间增加而增长, Held (2005) 对此进行了讨论, 图 7.46 为射流与前、后板相互作用示意图。前板导致的射流扰动与后板导致的扰动方向相反。Held (2005) 指出, 后板与前板造成的受扰动射流的相互作用是闪光 X 射线照片中有部分射流消失的原因。

由于爆炸反应装甲对于聚能射流的高效作用而被应用于各种装甲车辆上。不过很少有公开文献详细介绍薄板厚度和速度等相关参数对爆炸反应装甲性能的影响。Held (2006) 总结了他自己和 Ismail 等 (2004) 的一些实验结果, Mayseless (2010) 用解析方法分析了这些结果。两组实验都

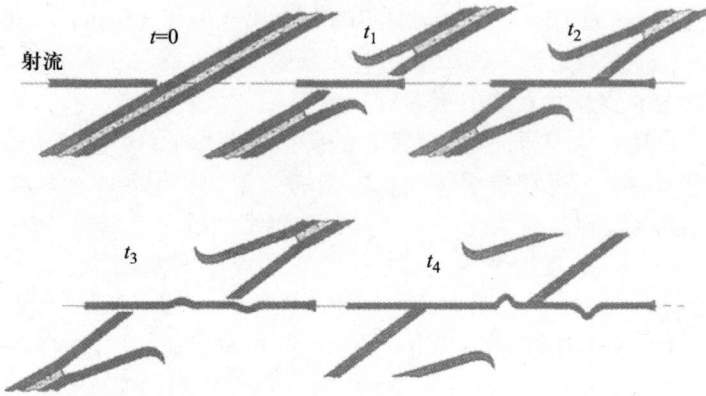

图 7.46   射流与运动薄板相互作用示意图

测量了射流对见证钢靶体的剩余侵彻深度 P_{res} 随着对称结构 ERA 单元 $(b/h/b)$ 的炸药层厚度 h 变化的情况。Held (2006)、Ismail (2004) 的实验中薄板厚度 b 分别为 $1\,mm$、$3\,mm$。ERA 的效能反比于比值 P_{res}/P_0,P_0 为没有 ERA 影响时射流对厚钢靶的侵彻深度。虽然两组实验的炸药不同,但 P_{res}/P_0 随炸药厚度 h 变化的实验数据看起来位于同一曲线上,如图 7.47 所示。

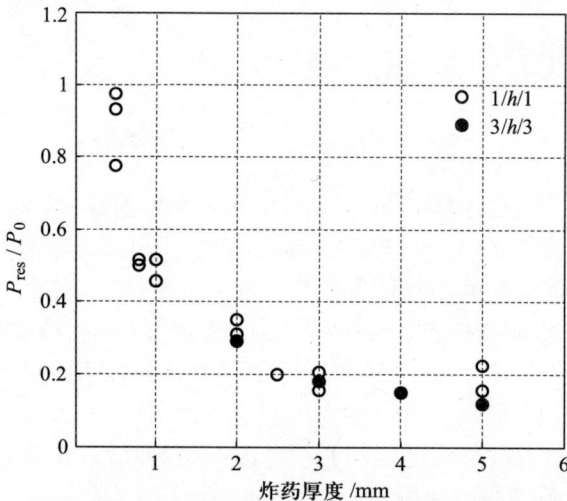

图 7.47   炸药层厚度对两种 ERA 效能的影响

Held (2006) 认为,两组实验数据一致可能是一种巧合现象,薄板速度才是控制性参数而非炸药厚度。可根据 Gurney (1943) 对炸药驱动金属板的模型来计算 ERA 的前板和后板速度。球形、圆柱形和平面炸药驱动金属板的 Gurney 模型的详细介绍参见 Walters (1990)、Meyers (1994) 的文献。根据 Gurney 模型, 由两块质量为 M 的薄板和质量为 $C_{\exp}$ 的炸药层组成的对称结构 ERA 盒的薄板速度为

$$V_{\mathrm{p}} = \frac{\sqrt{2E_{\exp}}}{2M/C_{\exp} + 1/3} \tag{7.18}$$

式中: $\sqrt{2E_{\exp}}$ 为 Gurney 速度, 具有速度的量纲; $E_{\exp}$ 与使用的具体炸药的化学能有关。

利用式 (7.18), Held (2006) 计算了 $1/h/1$ 和 $3/h/3$ 两种 ERA 盒的薄板速度 V_{p}, 绘出的 P_{res}/P_0-V_{p} 曲线如图 7.48 所示。

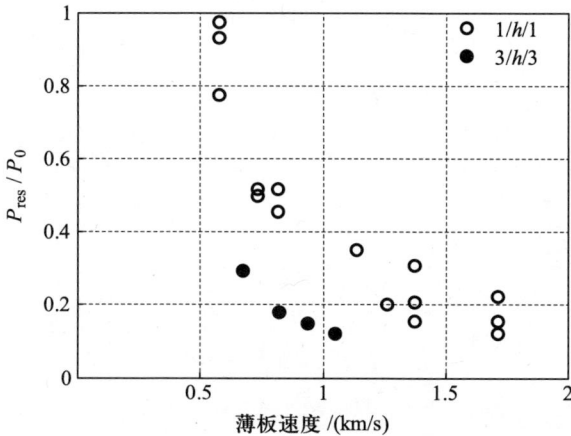

图 7.48　两种 ERA 单元的效能与薄板速度之间的关系

这样表示实验结果就可以看出, ERA 的效能与薄板速度 V_{p} 和薄板厚度 b 有关。分析图中数据发现对某一 P_{res}/P_0 值, 两种结构的 ERA 的 bV_{p}^2 乘积值相同, 也就是两组数据位于同一条 P_{res}/P_0-薄板动能曲线上。这与以炸药厚度为参数的图 7.47 结果一致, 因为根据 Gurney 模型, 薄板动能与炸药厚度直接关联。因此, 可以依据能量观点分析爆炸反应装甲与射流的相互作用。

Koch、Bianchi (2010) 系统研究了薄板和炸药的厚度参数改变带来的影响, 还对使用不同钢板的 ERA 进行了测试以研究薄板材料强度对 ERA 效能的影响。实验时, 直径 50 mm 的聚能装药距离 ERA 盒 250 mm, 在 ERA 后面距离 220 mm 处放置见证钢板以确定射流的剩余侵彻深度。薄钢板厚度 b 为 1.0 mm、3.0 mm 和 6.0 mm, 密度为 1.4 g/cm³ 的 PETN 炸药层的厚度 h 为 $1.0 \sim 7.0$ mm。测试中 ERA 的倾斜角度 $\alpha = 45°$。实验

表明, ERA 的钢板强度越高, 射流穿过钢板的孔径越小, ERA 的效能就越高。ERA 使用的薄钢板压缩强度 Y 为 0.4 GPa、0.6 GPa 和 2.0 GPa 时, 对应的质量防护效率 E_m (见式 (6.1a)) 分别为 2.85、3.0 和 4.03。这证实了薄钢板强度越高, ERA 的效率越高的观点。

Koch、Bianchi (2010) 对三种对称结构 ERA 的实验结果以质量防护效率随炸药厚度变化关系表示于图 7.49 中。炸药厚度越厚, 薄板的速度就越高, 爆炸反应装甲的效能也越高, 这与前面描述的其他 ERA 的结果是一致的。

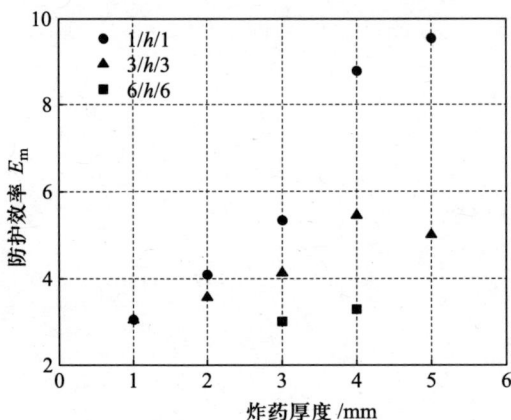

图 7.49   不同的 ERA 的质量防护效率随炸药厚度变化的情况

射流与运动靶板之间的相互作用非常复杂, 包括诸如薄板上开孔的扩大、射流单元掠过薄板开孔边缘的相互作用、射流扰动随时间和距离增加的变化、爆炸产物的影响等问题。显然用解析方法分析这一过程太复杂, 因此很少见到公开发表的关于这一方面问题的解析模型。Mayseless 等 (1984) 提出了 ERA 的效率与射流 – 薄板质量流量比的关系的模型, Mayseless (2010) 以该模型为基础, 从动量角度分析了 ERA 的效率。某一射流/薄板组合的质量流量比为

$$\frac{\dot{m}_p}{\dot{m}_j} = \frac{k}{V_j \tan\alpha / V_p \pm 1/\cos\alpha} \tag{7.19}$$

式中: +、− 分别对应于 ERA 的前板和后板; k 与射流和薄板的密度比及射流直径和薄板厚度比有关。

该模型表明, ERA 的效率主要取决于与射流同向运动的后板。Mayseless (2010) 指出, 按照质量流量比计算的效率具有 Held (2006)、Ismail 等 (2004)

的研究结果相同的变化趋势。

M. Held 发表的很多文献说明了 ERA 抵御射流具有很高效率, 其中 Held (1999a) 表明具有厚炸药层的 ERA 的效率系数 (见式 (6.2)) 可超过 20。在这一反应装甲中, 薄钢板厚度为 2.5 mm, 炸药厚度为 12 mm。射流 的剩余侵彻深度为 143 mm, 而没有 ERA 时射流对半无限靶的侵彻深度为 460 mm。Held (1999b) 指出, 抵御长杆弹和射流都有效的 ERA 才是有用 的, 并用炸药厚度 10 mm、结构为 40/10/25 的 ERA 进行抵御长杆弹和聚 能射流的全尺寸实验, 展示了重型 ERA 抵御长杆弹的效能。厚度大的钢 板在炸药驱动下速度相对较低, 延长了钢板与长杆弹 (其速度比射流速度 低得多) 的作用时间。该重型 ERA 对聚能射流的效率系数大约为 7, 对长 杆弹的效率系数大约为 4.5。

爆炸反应装甲在使用中面临的一个问题是运动薄板对于受保护车辆 和周围事物的附带损伤。由于陶瓷的脆性性质使得它在遭受射流撞击时将 变得粉碎,Mayseless(2007) 据此提出利用陶瓷板取代 ERA 中的钢板以减 小附带损伤。Koch、Bianchi (2010) 进一步比较了具有相同薄板质量的氧化 铝陶瓷 ERA 和钢板 ERA 的效率。氧化铝陶瓷板厚度 h 为 2.9 mm、5.9 mm 和 11.8 mm, 与其质量相同的钢板厚度 h 分别为 1 mm、3 mm 和 6 mm (厚 2.9 mm 陶瓷与厚 1 mm 钢板的质量有些差距)。结果如图 7.50 所示, 使用 陶瓷板的 ERA 的效率随炸药厚度变化的趋势与钢板 ERA 的一样。

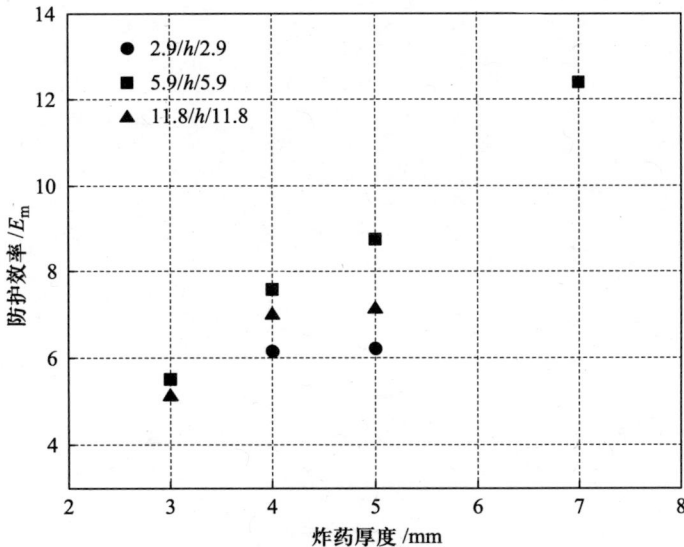

图 7.50　陶瓷板爆炸反应装甲的效率随炸药厚度变化情况

Koch、Bianchi (2010) 的研究表明, 氧化铝陶瓷 ERA 的防护效率高于具有相同薄板质量的钢板 ERA 的效率。例如, 钢板厚 3 mm、炸药厚 5 mm 的对称结构 ERA 的质量防护效率 $E_m = 5$, 而具有相同薄板质量的陶瓷板 ERA 的质量防护效率 $E_m = 8.8$。产生这一防护效率差别的原因是射流在陶瓷板上的开孔较小。开孔小则能够避免和薄板发生相互作用的射流长度短, 使用高强度薄钢板的 ERA 也是这种情况。另外, 实验还表明, 前板厚度较大的非对称结构 ERA, 尤其是炸药厚度较大时, ERA 的效能增加。例如, 在他们所研究的情形中, 炸药厚度 7 mm、前陶瓷板厚度 11.8 mm、后陶瓷板厚度 2.9 mm 的 ERA 的质量防护效率是最高的, 达到 $E_m = 14.3$。可见, 陶瓷板 ERA 的质量防护效率明显优于钢板 ERA 的质量防护效率。此外, 脉冲 X 射线照片显示陶瓷板在飞行的早期阶段就粉碎了, 这样对周围事物的附带损伤小。

Brown、Finch (1989) 通过射流正撞击 ERA 的系列实验研究了爆轰产物对射流断裂的影响。在这样的实验布置下, 大多数射流单元不受薄板的扰动。因此, 对射流主体部分的扰动是由爆轰产物造成的。实验中, ERA 的盖板为低碳钢, 中间夹一层 SX2 炸药。当整个射流脱离 ERA 的作用后拍摄脉冲 X 射线照片, 图 7.51 即为射流与结构为 $6/h/6$ (低碳钢板厚度 6 mm, 炸药厚度 h) 的 ERA 作用后的一些照片。图中所有照片都是在射流撞击 ERA 后 152μs 拍摄的, 炸药厚度 h 分别为 0 mm、3 mm、6 mm 和

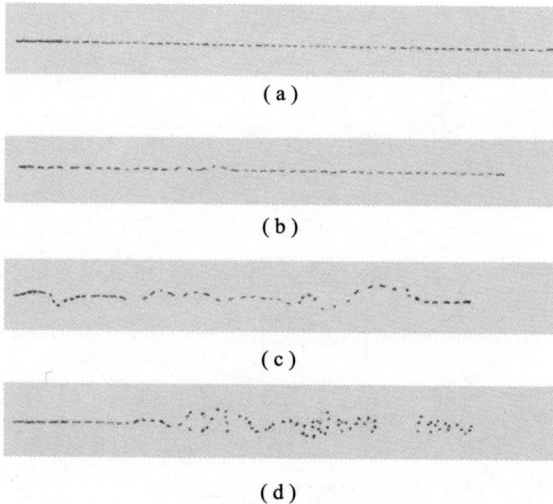

(a)

(b)

(c)

(d)

图 7.51　ERA 的炸药厚度变化时射流断裂情况

(a) $h = 0$ mm; (b) $h = 3$ mm; (c) $h = 6$ mm; (d) $h = 12$ mm.

12 mm。显然存在某一个最小炸药厚度以导致射流正撞击 ERA 时出现有实际意义的射流断裂。

Rosenberg、Dekel (1999b) 进行了一组二维数值模拟以研究射流正撞击 ERA 而引起射流断裂的过程。模拟中铜射流直径为 3 mm, 被赋予均匀的速度 7 km/s。数值模拟中薄钢板和炸药层的相关参数和 Brown、Finch (1989) 实验的对应参数基本一致。射流撞击压力达到某一阈值时炸药被引爆。图 7.52 为其中一个数值模拟结果, 是炸药和钢板都是厚 6 mm 的 ERA

6/6/6

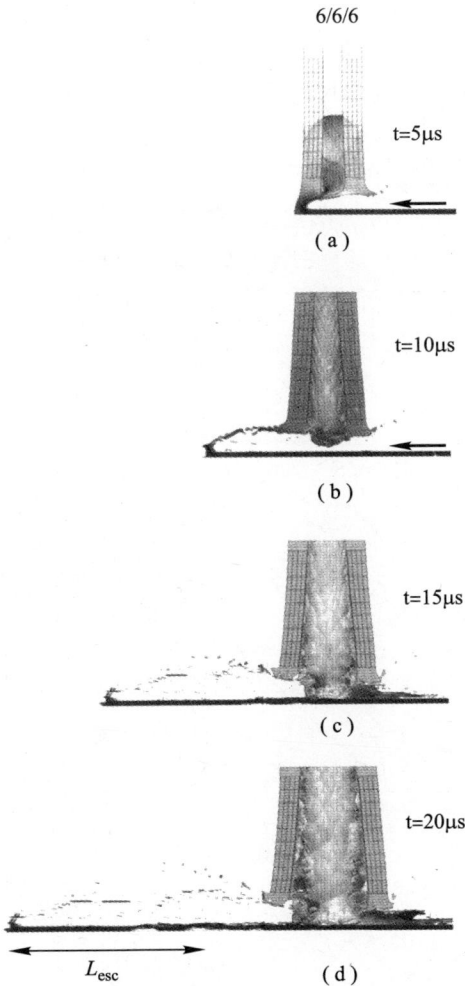

图 7.52　射流正撞击爆炸反应装甲的相互作用的数值模拟结果

(a) $t = 5$ μs; (b) $t = 10$ μs; (c) $t = 15$ μs; (d) $t = 20$ μs。

与射流的作用, 该模拟结果反映了 ERA 造成射流断裂的基本机制。在开始几微秒, 射流穿透 ERA 盒体, 在薄钢板上穿出孔, 并引爆炸药。射流撞击 15 μs 后, 部分反向流动的射流材料连同钢板碎片、爆轰产物从侧面到达对称轴, 与射流的后面部分发生撞击引起射流扰动。对射流的扰动与这一侧向撞击的发生时机有关, 即碎片 (射流材料、钢板和爆轰产物) 侧向运动越早到达对称轴线位置, 则不受扰动作用的射流长度越短 (图中标记为 L_{esc}), ERA 对射流的干扰也就越有效。

数值模拟结果与 Brown、Finch (1989) 的大多数实验结果基本是一致的。例如, 实验和数值模拟都表明使用爆压更高的炸药导致 L_{sec} 更短。将两块钢板中一整片炸药换成较小尺寸的圆片状炸药, 实验和模拟结果表明这两种情况对射流的干扰效果是一样的。将钢板换成质量相同的铝板得到的效果很相似, 说明对炸药层的约束对爆炸反应装甲起非常重要作用。最后, 取两块钢板总厚度为 12 mm 不变, 但改变前板、后板的厚度, 同时选用不同的炸药厚度进行了一组计算, 结果如图 7.53 所示。对于炸药厚度 h 为 3 mm、6 mm 和 12 mm 的三种情况, 都是前板厚度最薄时 L_{esc} 最短。将这些结果外推得知, 前板厚度大约为 2 mm 时未扰动射流长度变为 0。

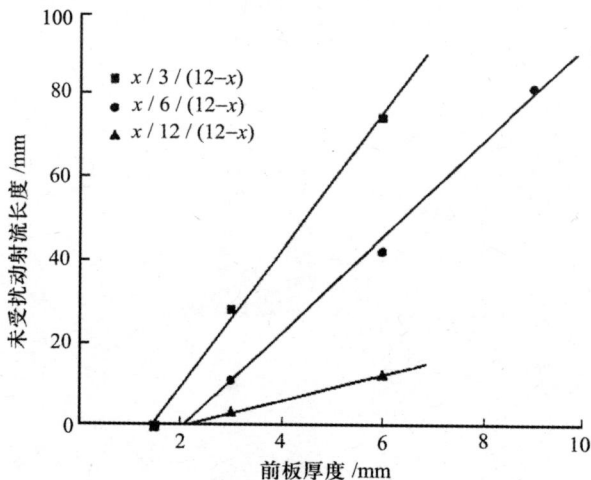

图 7.53　未受扰动射流长度随前板厚度变化情况 (前、后板总厚度为 12 mm)

上述研究表明数值模拟对于研究某一作用机制的实用性, 也揭示材料性质对相互作用过程的重要影响。但是这些参数化的数值模拟研究并不是用来作为设计工具的, 而是可以帮助设计者节省大量实验工作。

7.3.2 被动夹芯盒状装甲

反应装甲可使聚能射流断裂, 效果很好, 但是存在对周围事物有附带伤害的固有缺点。将反应装甲的炸药层替换为惰性材料就不会有剧烈反应, 这一想法首先由 Held (1973) 提出。这称为被动装甲, 在两块钢板中间为一个低阻抗夹层, 显然它不如反应装甲效果好。不过选择了恰当材料的被动装甲可使射流主要部分断裂, 如图 7.54 所示。被动装甲的主要优点是附带损伤少得多, 这主要是因为前、后两块钢板的速度不高。实际上, 由图 7.54 可见, 在与射流作用过程中钢板并没有分离开, 而是在射流撞击点附近钢板发生膨胀鼓起。

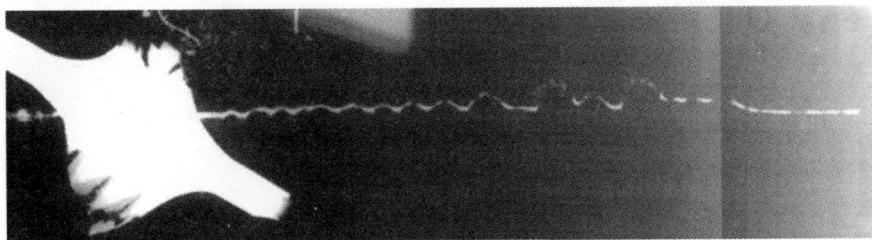

图 7.54 被动装甲引起的射流断裂

Gov 等 (1992)、Thoma 等 (1993)、Held(1993) 和 Yaziv 等 (1995) 研究了射流与被动装甲的相互作用。正如 Gov 等 (1992) 概述指出的, 被动装甲的基本作用原理是基于射流撞击区域附近钢板膨胀, 即射流撞击夹层材料引起的高压推动撞击点附近较大区域的钢板分开, 另外后板因受到射流撞击的加速而比起前板的膨胀更加剧。类似于反应装甲的情况, 钢板的局部运动引起钢板和射流的连续作用而导致射流断裂。两者的主要区别是, 被动装甲与射流作用的持续时间短得多。

Gov 等 (1992) 对采用橡胶夹层的被动装甲的钢板膨胀过程进行了二维数值模拟。分析表明, 钢板加速过程对射流撞击角度不敏感, 将数值模拟的膨胀过程与实验得到的脉冲 X 射线照片进行比较, 显示倾斜钢板的实际膨胀行为可近似用二维数值模拟来研究。由于这一数值模拟中射流为正入射, 就没法考虑钢板与射流的连续作用。尽管如此, Rosenberg、Dekel (1998b) 表明这种二维数值模拟对被动装甲进行参数化研究很有用处。根据薄钢板的运动速度越大, 它对射流的扰动越大的基本观点, 他们选择三个控制点 (控制点到射流撞击点的距离没有特殊要求), 确定钢板在这些位置的相对速度, 将钢板速度与被动装甲的防护效率联系起来。图 7.55 为 3/10/3 结构的被动装甲受到速度为 7.0 km/s、直径为 3 mm 的铜射流撞击后的膨胀过程。数值模拟中厚 10 mm 的中间夹层材料为强度 0.1 GPa 的 Plexiglas。从图 7.55 看出, 与射流相同方向运动的后板的挠度很大, 其原因前面已述及。

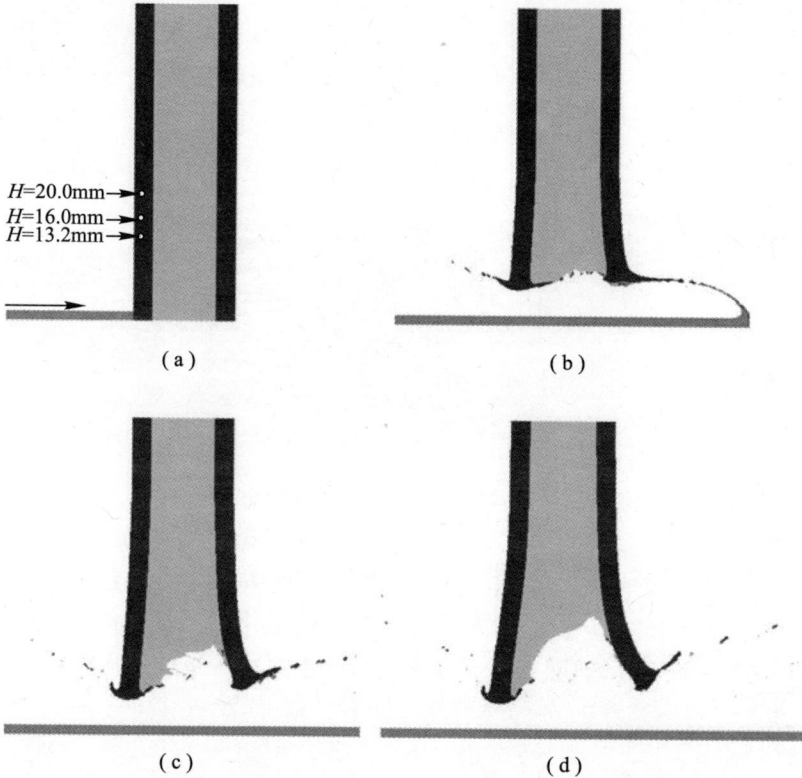

图 7.55   3/10/3 结构的被动装甲的钢板膨胀过程的数值模拟结果

(a) $t = 0\,\mu s$; (b) $t = 7.5\,\mu s$; (c) $t = 12.5\,\mu s$; (d) $t = 20\,\mu s$。

图 7.56 ～ 图 7.58 为 Rosenberg、Dekel (1998b) 的薄板相对速度随被动装甲有关参数变化情况的数值模拟结果。图 7.56 为 3/h/3 结构的被动装甲的两薄板间相对速度 (在距对称轴距离 H 为 13.2 mm、16 mm 和 20 mm 的三个位置处) 随中间夹层厚度变化情况。材料为 Plexiglas 的中间夹层的厚度 h 在 3 ～ 16 mm 范围内变化, 由图 7.56 可见, 厚度 h 大约为 8 mm 时相对速度基本达到渐近值。因此, 数值模拟表明这种结构中采用比 8 mm

更厚的中间层没有更大的益处。

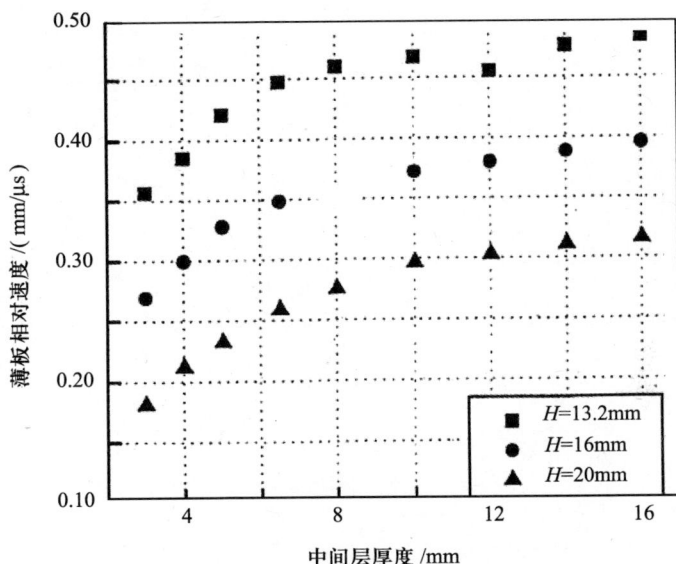

图 7.56　薄板相对速度随中间层厚度变化情况

改变 Plexiglas 中间层的材料强度进行数值模拟, 表明随中间层强度下降, 两薄板间的相对速度增加。另外, 相对速度与薄板材料强度无关。要注意的是, 如果前、后钢板的强度高, 预期其效率也高, 因为钢板上的开孔直径更小, 钢板将更频繁地和射流发生相互作用。

对前、后板总厚度固定为 6 mm 的重量不变的被动装甲进行了一组数值模拟, 如图 7.57 所示, 对称结构的相对速度最低, 这意味着非对称结构的性能更好。模拟结果还表明, 对于此种被动装甲, 后板薄的性能优于后板厚的。

最后, 固定中间层的面密度 (密度乘以厚度) 为 $19 \, kg/m^2$ 的常数的条件下, 改变中间层材料的密度和厚度进行模拟。图 7.58 为这组数值模拟的结果, 可见当中间层密度为 $2.0 \sim 2.5 \, g/cm^3$ 时薄板的相对速度最大。需要再次强调的是, 这些数值模拟并不是真实进行装甲系统的设计, 而是辨别重要参数和变化趋势, 以便减少进行装甲设计研究所需的实验工作量。

前面已经指出, 被动装甲的防护效能低于反应装甲的防护效能, 但是被动装甲对周围事物的附带损伤小得多。有些实验室着手研究中间层带有含能材料的混合装甲。显然它的性能低于反应装甲的, 但高于被动装

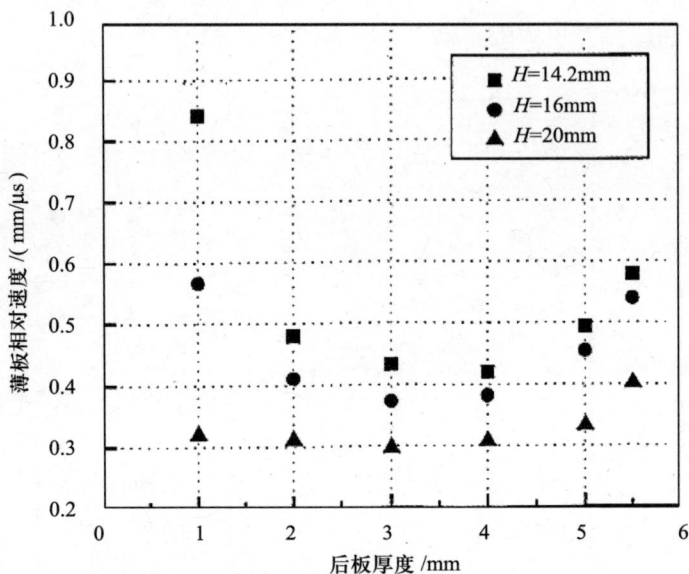

图 7.57　前、后板总厚度为 6 mm 的固定重量被动装甲的数值模拟结果

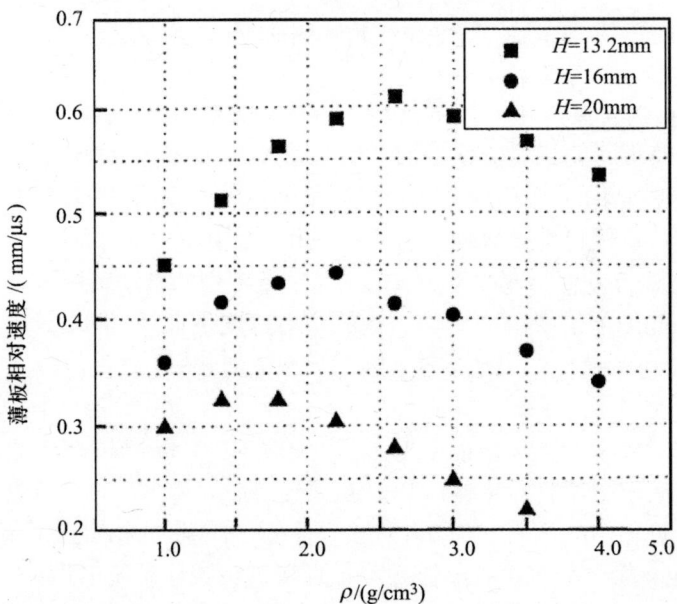

图 7.58　中间层的面密度为常数的数值模拟结果

甲的性能, 因为它的中间层材料会发生反应, 从而更有效地推动薄板飞离。Holzwarth、Weimann (2001) 研究了炸药粘接剂聚叠氮缩水甘油醚 (Glycidyl-Azide-Polymer, GAP) 与其他材料的混合物 (包括黑索金炸药) 作为中间层的混合装甲性能。对于 $2/X/2$ 结构的装甲, 取密度 $1.4\,\text{g/cm}^3$ 的橡胶作为中间层参照材料。对不同含能材料混合物作为中间层进行的实验表明, 中间层为 GAP 与黑索金 (含量 50%) 混合物相对于橡胶中间层性能提高显著。

影响主动装甲或被动装甲防护效率的一个更重要的问题, 与射流在薄板上所致开孔的增长过程及其最大直径有关。射流在薄板上打出的孔的直径大, 不受薄板作用干扰的射流长度就大。因此, 薄板上射流炸出孔的直径最小的装甲结构 (主动或被动) 的性能最好。利用 Szendrei (1983) 处理高速射流撞击半无限厚靶的弹坑扩大的模型来评价影响开孔尺寸的有关参数。他的分析得出的弹孔最大直径表达式为

$$\frac{D_{\max}}{D_{\text{j}}} = \frac{V}{\sqrt{2Y_{\text{t}}(1/\sqrt{\rho_{\text{j}}} + 1/\sqrt{\rho_{\text{t}}})}} \tag{7.20}$$

式中: D_{j}、V、ρ_{j} 分别为射流的直径、速度、密度; Y_{t}、ρ_{t} 分别为靶体材料的强度、密度。

Shinar 等 (1995)、Held (1995) 对该表达式进行了少许修正, 但是 $D_{\max}$ 对有关参数的基本依赖关系与式 (7.20) 一样。Szendrei (1983)、Shinar 等 (1995) 得到的弹孔直径表达式不同, 对于 Y_{t} 的定义也不同 (Shinar 等取 $\sigma_{\text{t}} = 2Y_{\text{t}}/\sqrt{3}$)。Shinar 等 (1995) 给出的表达式为

$$\frac{D_{\max}}{D_{\text{j}}} = \left(1 + \frac{V^2}{2\sigma_{\text{t}}(1/\sqrt{\rho_{\text{j}}} + 1/\sqrt{\rho_{\text{t}}})^2}\right)^{0.5} \tag{7.21}$$

对于高速射流撞击, 式 (7.21) 简化为式 (7.20)。Shinar 等 (1995) 指出, 对于 $3 \sim 8\,\text{km/s}$ 的典型射流速度, 两个式子得出的数值相近。当铜射流 ($\rho_{\text{j}} = 8.9\,\text{g/cm}^3$) 撞击钢靶 ($\rho_{\text{t}} = 7.85\,\text{g/cm}^3$) 时, 可近似取 $\rho_{\text{j}} \approx \rho_{\text{t}} = \rho$, 使上面两个式子得到简化, 即式 (7.20) 简化为

$$\frac{D_{\max}}{D_{\text{j}}} = \frac{V}{2}\sqrt{\frac{\rho}{2Y_{\text{t}}}} \tag{7.22a}$$

而式 (7.21) 简化为

$$\frac{D_{\max}}{D_{\text{j}}} = \left(1 + \frac{\rho V^2}{8\sigma_{\text{t}}}\right)^{0.5} \tag{7.22b}$$

Naz (1989) 进行了一组实验, 用 $L/D = 10$, $D = 4\,mm$ 铜杆以 2.5 ∼ 5.0 km/s 速度撞击压缩强度 0.64 ∼ 1.4 GPa 的钢靶。Shinar 等 (1995) 指出, 式 (7.22a) 和式 (7.22b) 计算出的结果与实测弹孔直径非常吻合。这些分析得出的一个重要结论是, 靶体强度相同而密度不同时, 密度低的靶体的弹孔直径小。假设对于有限厚板也有类似结论, 则可知采用低密度材料作为前、后板的主动装甲或被动装甲抵抗聚能射流的防护效率更高。

Szendrei (1983) 研究了射流对靶体的开孔的增长过程。一些研究者, 例如 Held 和 Kozhushko (1999), 对开孔增长过程进行脉冲 X 射线照相, 验证了 Szendrei 得到的 $D = D(t)$ 关系。Shinar 等 (1995) 对弹孔扩大过程的分析结果与 De-Rosset 和 Merendino (1984) 的类似实验结果 (厚 6.35 mm 钢板上弹孔扩大过程的脉冲 X 射线照相) 很一致。射流与主动 (被动) 装甲的运动靶板之间相互作用的解析模型应该以从 Szendrei (1983) 的分析得出的这些结果为基础。

参考文献

[1] Abrate S (2011) Impact engineering of composite materials. Springer, Vienna.

[2] Alekseevskii VP (1966) Penetration of a rod into a target at high velocity. Combust Explos Shock Waves 2:63-66.

[3] Al'tshuler LV (1965) Use of shock waves in high-pressure physics. Sov Phys Uspenskhi 8:52-90.

[4] Allen WA, Rogers JW (1961) Penetration of a rod into a semi-infinite target. J Franklin Inst 272:275-284.

[5] Allison FE, Vitali R (1963) A new method of computing penetration variables for shaped charge jets. Ballistic Research Laboratories Internal Report, BRL-R-1184.

[6] Almohandes AA, Abdelkader MS, Eleiche AM (1996) Experimental investigation of the resistance of steel-fiberglass reinforced polyester laminated plates. Compos Part B Eng 27:447-458.

[7] Anderson CE (1987) A review of the theory of hydrocodes. Int J Impact Eng 5:33-59.

[8] Anderson CE (2002) Developing an ultra-lightweight armor concept. In:McCauley J et al (eds) Ceramic armor materials by design, ceramics transactions,vol 134. The American Ceramic Society, Westerville,Ohio, pp485-498.

[9] Anderson CE (2003) From fire to ballistics:a historical retrospective. Int J Impact Eng 29:13-67.

[10] Anderson CE (2006) A review of computational ceramic armor modeling,

advances in ceramic armor II. In:Frank LP(ed) Proceedings of the 30th international conference and explosion on advanced ceramics and composites, vol 27, pp1-18.

[11] Anderson CE, Orphal DL (2008) An examination of deviations from hydrodynamic penetration theory. Int J Impact Eng 35:1386-1392.

[12] Anderson CE, Mullin SA (1988) Hypervelocity impact phenomenology:some aspects of debris cloud dynamics. In:Ammann WJ(ed) Effects of fast transient loading. Balkana, Rotterdam, pp105-122.

[13] Anderson CE, Walker JD (1991) An examination of long rod penetration. Int J Impact Eng 11:481-501.

[14] Anderson CE, Walker JD (1999) Ceramic dwell and defeat of the 0.3-cal AP projectile. In:Proceedings of the 15th army symposium on solid mechanics, Myrtle Beach, Apr 1999.

[15] Anderson CE, Morris BL, Littlefield DL (1992) Penetration mechanics database. SwRI report 3591/001. Southwest Research Institute, TX.

[16] Anderson CE, Mullin SA, Kuhlman CJ (1993) Computer simulation of strain-rate effects in replica scale model penetration experiments. Int J Impact Eng 13:35-52.

[17] Anderson CE, Walker JD, Bless J, Sharron TR (1995) On the velocity dependence of the L/D effect for long rod penetrators. Int J Impact Eng 17:13-24.

[18] Anderson CE, Walker JD, Bless SP, Partom Y (1996a) On the L/D effect for long rod penetrators. Int J Impact Eng 16:247-264.

[19] Anderson CE, Hohler V, Stilp AJ, Walker JD (1996b) The influence of projectile hardness on ballistic performance. Proceedings of the 16th international symposium on ballistics, San Francisco, pp 277-286.

[20] Anderson CE, Walker JD, Hauver GE (1996c) Target resistance for long rods penetration into semi-infinite targets. Nucl Eng Des 138:93-104.

[21] Anderson CE, Hohler V, Walker JD, Stilp AJ (1999) The influence of projectile hardness on ballistic performance. Int J Impact Eng 22:619-632.

[22] Asay JR (1997) The use of shock-structure methods for evaluating high-pressure material properties. Int J Impact Eng 20:27-62.

[23] Asay JR, Kerley GI (1987) The response of material to dynamic loading. Int J Impact Eng 5:69-100.

[24] Asay JR, Lipkin J (1977) A self-consistent technique for estimating the dynamic yield strength of a shcok-loaded material. J Appl Phys 49:4242-4247.

[25] Ashuach Y (2003) The effect of plate temperatures on their ballistic limit

velocities. RAFAEL Report No. 2003/72, Nov 2003.

[26] Atkins AG (1988) Scaling in combined plastic flow and fracture. Int J Mech Sci 30:173-191.

[27] Atkins AG, Khan MA, Liu JH (1998) Necking and radial cracking around perforations in thin sheets and normal incidence. Int J Impact Eng 21:521-539.

[28] Avinadav C, Ashuach Y, Kreif R (2011) Interferometry-based Kolsky bar system. Rev Sci Instr 82:073908.

[29] Awerbuch J, Bodner SR (1974) Analysis of the mechanics of perforation of projectile in metallic plates. Int J Solids Struct 10:671-684.

[30] Backman ME (1976) Terminal ballistics. Naval Weapons Center Report NWC-TR-5780. NWC China Lake, CA.

[31] Backman ME, Goldsmith W (1978) The mechanics of penetration of projectile into targets. Int J Eng Sci 16:1-99.

[32] Bai YL, Dodd B (1992) Adiabatic shear localization: occurrence, theories and applications. Pergamon Press, Oxford.

[33] Bai YL, Johnson W (1982) Plugging: physical understanding and energy absorption. Metal Technol 9:182-190.

[34] Barker LM, Hollenbach RE (1964) Interferometer technique for measuring the dynamic mechanical properties of materials. Rev Sci Instr 36:1617-1620.

[35] Barsis E, Williams E, Skoog C (1970) Piezoresistivity coefficients in manganin. J Appl Phys 41:5155-5162.

[36] Bauer F (1983) PVF_2 polymers: ferroelectric polarization and piezoelectric properties under dynamic pressure and shock wave action. Ferroelectrics 49:213-240.

[37] Bauer F (1984) Piezoelectric and electric properties of PVF_2 polymers under shock wave action. In Asay J, Graham RA, Straub GK (eds) Proceedings of the APS conference on shock waves in condensed matter, 1983. Elsevier Science Publ., pp225-228.

[38] Bazhenov SL, Dukhowskii IA, Kovalev PI, Rozhkov AN (2001) The fracture of SVM aramide fibers upon a high velocity transverse impact. Polym Sci Ser A 1:61-71.

[39] Bethe HA (1941) An attempt at a theory of armor penetration, Ordnance Laboratory Report R-492, Frankford Arsenal, May 1941.

[40] Behner T, Volker V, Anderson CE, Goodlin D (2002) Influence of yaw angle on the penetration of long rods in oblique targets. Proceedings of the 20th international symposium on ballistics, Orlando, Sept 2002, pp834-841.

[41] Behner T, Anderson CE, Holmquist TJ, Wickert M, Tempelton DW (2008) Interface defeat for unconfined SiC tiles. Proceedings of the 24th international symposium on ballistics, Lancaster. Vol 1, pp35-42.

[42] Belyakov LV, Vitman FF, Zlatin NA (1964) Collision of deformable bodies and its modeling. Sov Phys Tech Phys 8:736-739.

[43] Ben-Dor G, Dubinsky A, Elperin T (2006) Effect of the order of plates on the ballistic resistance of ductile layered shields perforated by non-conical impactors. J Mech Mat Struct 1:1161-1177.

[44] Ben-Moshe D, Tarsi Y, Rosenberg G (1986) An armor assembly for armored vehicles. European Patent No. EP 0209221 A1, 13 May 1986.

[45] Bernstein D, Godfrey C, Klein A, Shimmin W (1967) Research on manganin pressure transducers. In: Proceedings of the HDP symposium on the behavior of dense media under high dynamic pressure, Paris, Sept 1967, pp461-467.

[46] Bhatanagar A (2006) Lightweight ballistic composite - military and law-enforcement applications. Woodhead Publishing Limited, Cambridge.

[47] Bierke TE, Silsby GF, Scheffler DR, Mudd RM (1992) Yawed long-rod armor penetration. Int J Impact Eng 12:281-292.

[48] Birkhoff G, MacDougal DP, Pugh EM, Taylor GI (1948) Explosives with lined cavities. J Appl Phys 16:563-582.

[49] Bishop R, Hill R, Mott NF (1945) The theory of indentation and hardness tests. Proc R Soc 57:147-159.

[50] Bless SJ, Barber JP, Bertke RS, Swift HF (1978) Penetration mechanics of yawed rods. Int J Engng Sci 16:829-834.

[51] Bless SJ, Rosenberg Z, Yoon B (1987) Hypervelocity penetration of ceramics. Int J Impact Eng 5:165-171.

[52] Bless SJ, Benyami M, Apgar LS, Eylon D (1992) Impenetrable ceramic targets struck by high velocity tungsten long rods. Proceedings of the 2nd international conference on structure under shock and impact, Portsmouth, June 1992, pp27-38.

[53] Bless SJ, Subramanian R, Normandia M, Campos J (1999) Reverse impact results from yawed long rods perforating oblique plates. Proceedings of the 18th international symposium on ballistics, San Antonio, Nov 1999, pp693-701.

[54] Borvik T, Langseth M, Hopperstad OS, Malo KA (1999) Ballistic penetration of steel plates. Int J Impact Eng 22:885-886.

[55] Borvik T, Langseth M, Hopperstad OS, Malo KA (2002) Perforation of

12 mm thick steel plates by 20 mm diameter projectiles with blunt, hemispherical and conical noses. Int J Impact Eng 27:19-35.

[56] Borvik T, Hopperstad OS, Langseth M, Malo KA (2003) Effect of target thickness in blunt projectile penetration of Weldox 460-E steel plates. Int J Impact Eng 28:413-464.

[57] Borvik T, Clausen AH, Hopperstad OS, Langseth M (2004) Perforation of AA5083-H116 aluminum plates with conical nosed steel projectiles-experimental study. Int J Impact Eng 30:367-384.

[58] Borvik T, Forrestal MJ, Hopperstad OS, Warren TL, Langseth M (2009) Perforation of AA5083-H116 aluminum plates with conical-nosed steel projectiles-caculations. Int J Impact Eng 36:426-437.

[59] Borvik T, Hopperstad OS, Pederson KO (2010) Quasi-brittle fracture during structural impact of AA7075-T651 aluminum plates. Int J Impact Eng 37:537-551.

[60] Bridgman PW (1952) Studies in large plastic flow and fracture. McGraw-Hill, London.

[61] Brooks PN (1974) Ballistic impact-the dependence of hydrodynamic transition velocity on projectile tip geometry, Rep. No. DREV 4001/74, Defense Research Establishment Valcartier, Quebec.

[62] Brooks PN, Erickson WH (1971) Ballistic evaluation of materials for armor penetrators, Rep. No. DREV R-643/71, Defense Research Establishment Valcartier, Quebec.

[63] Brown J, Finch D (1989) The shaped charge jet attack of confined and unconfined sheet explosives. Proceedings of the 11th international symposium on ballistics, Brussels, May 1989, pp211-223.

[64] Bukharev Y, Zhurkov VI (1995) Model of the penetration of metal barrier by a rod projectile with an angle of attack. Combust Explos Shock Waves 31:104-109.

[65] Burkins MS, Paige JI, Hansen JS (1996) A ballistic evaluation of Ti/6Al/4V vs. long rod penetrators. Army Research Laboratory Report ARL-TR-1146, July 1996.

[66] Cagliostro DJ, Mandell DA, Schwalbe LA, Adams TF, Chapyak EJ (1990) Mesa 3-D calculations of armor penetration by projectiles with combined obliquity and yaw. Int J Impact Eng 10:81-92.

[67] Canfield JA, Clator IG (1996) Development of scaling law techniques to investigate penetration in concrete. NWL Report #2057, Naval Weapon Laboratory, Dahlgren.

[68] Cheeseman BA, Bogetti TA (2003) Ballistic impact into fabric and compliant composite laminates. Comp Struct 61:161-173.

[69] Cheeseman BA, Gooch WA, Burkins MS (2008) Ballistic evaluation of aluminum 2139-T8. Proceedings of the 24th international symposium on ballistics, New Orleans, Sept 2008, pp651-659.

[70] Chen XW, Li QM (2002) Deep penetration of a non-deforming projectile with different geometrical characteristics. Int J Impact Eng 27:619-637.

[71] Chen YJ, Meyers MA, Nesterenko VF (1999) Spontaneous and forced shear localization in high deformation of tantalum. Mater Sci Eng 70:268.

[72] Chhabildas LC (1987) Survey of diagnostic tools used in hypervelocity impacts. Int J Impact Eng 5:201-220.

[73] Chocron S, Anderson CE, Walker JD (1998) Long-rod penetration: cylindrical vs. spherical cavity expansion for extent of plastic flow. Proceedings of the 17th international symposium on ballistics, Midrand, Mar 1998, pp319-326.

[74] Chocron S, Grosch DJ, Anderson CE (1999) DOP and V_{50} predictions for the 0.3-cal APM2 projectile. Proceedings of the 18th international symposium on ballistics, San Antonio, Nov 1999, pp769-776.

[75] Chocron S, Anderson CE, Walker JD, Ravid M (2003) A unified model for long-rod penetration in multiple metallic target plates. Int J Impact Eng 28:391-411.

[76] Chocron S, Kirchdoerfer T, King N, Freitas CJ (2011) Modeling of farbric impact with high speed imaging and nickel-chromium wires validation. J App Mech 78:051007.

[77] Chou PC, Flis WJ (1986) Recent developments in shaped charge technology. Propellants Explos Pyrotechnics 11:99-114.

[78] Christman DR, Gehring JW (1966) Analysis of high-velocity projectile penetration mechanics. J Appl Phys 37:1579-1587.

[79] Christman DR, Isbell WM, Babcock SG, McMillan AR, Green SJ (1971) Measurements of dynamic properties of materials, vol III-6061-T6 aluminum. General Motors Inc. Report MSL 70-23.

[80] Coleau B, Buzaud E, Chapells S (1998) A numerical study of non-normal incidence perforation of 6061-T651 aluminum plates by ogive-nosed projectils. Proceedings of the 17th international symposium on ballistics, Midrand, South Africa, Mar 1998, vol 3, pp367-374.

[81] Corbett GG, Reid SR, Johnson W (1996) Impact loading of plates and shells by free-flying projectiles: a review. Int J Impact Eng 18:141-230.

[82] Cunniff PM (1992) An analysis of the system effects in woven fabrics under ballistic impact. Textile Res J 62:495-509.

[83] Cunniff PM (1996) A semi-empirical model for the ballistic impact performance of textile-based personnel armor. Textile Res J 66:45-59.

[84] Cunniff PM (1999a) Decoupled response of textile body armor. Proceedings of the 18th international symposium on ballistics, San Antonio, Nov 1999, pp814-821.

[85] Cunniff PM (1999b) Dimensionless parameters for optimization of textile based body armor systems. Proceedings of the 18th international symposium on ballistics, San Antonio, Nov 1999, pp1303-1310.

[86] Curran DR (1982) Dynamic fracture. In: Zukas JA, Nicholas T, Swift HF, Geszczuk LB, Curran DR (eds) Impact dynamics. John Wiley and Sons Inc., New York, pp333-366.

[87] Curran DR, Seaman L, Cooper T, Shockey DA (1993) Micromechanical model for communition and granular flow of brittle materials under high strain rate application to penetration of ceramic targets. Int J Impact Eng 13:52-83.

[88] Dehn JT (1986) A unified theory of penetration. Ballistic Research Laboratories Technical Report, BRL-TR-2770.

[89] Dehn J (1987) A unified theory of penetration. Int J Impact Eng 5:239-248.

[90] De-Rosset WS, Merendino AB (1984) Radial hole growth: experiments vs. calculations. Proceedings of the 8th international symposium on ballistics, Orlando, 1984, pp1-6.

[91] Dey S, Borvik T, Hopperstad OS, Leinum JR, Langseth M (2004) The effect of target strength on the perforation of steel plates using three different projectile nose shapes. Int J Impact Eng 30:1005-1038.

[92] Dey S, Borvik T, Teng X, Wierzbicki T, Hopperstad OS (2007) On the ballistic resistance of double layered steel plates: an experimental and numerical investigation. Int J Solids Struct 44:6701-6723.

[93] DiPersio R, Simon J, Merendino A (1965) Penetration of shaped charge jets into metallic targets. Ballistic Research Laboratories Internal Report, BRL-R-1296.

[94] Duan Y, Keefe M, Bogetti TA, Cheeseman BA, Powers B (2006) A numerical investigation of the influence of friction on energy absorption by a high-strength fabrics subjected to ballistic impact. Int J Impact Eng 32:1299-1312.

[95] Eichelberger RJ (1956) Experimental test of the theory of penetration by

metallic jets. J Appl Phys 27:63-68.

[96] Ernst HJ, Wolf T, Nusing R (1999) Experimental medium-caliber studies with electromagnetic armor against KE and SC threats. Proceedings of the 18th international symposium on ballistics, San Antonio, Nov 1999, pp 861-868.

[97] Ernst HJ, Merkel T, Wolf T, Hoog K (2003) High-velocity impact loading of thick GFRP blocks. J Phys IV France 110:633-638.

[98] Euler L (1745) Neue Grundsuatze de Artillerie, reprinted as vol 14, ser. II of Euler's Opera Omnia. Teubner, Berlin, 1922.

[99] Fair H (1987) Hypervelocity then and now. Int J Impact Eng 5:1-11.

[100] Finch DF (1990) The shaped charge jet attack on confined and unconfined glass targets. Proceedings of the 12th international symposium on ballistics, San Antonio, 1990, p67.

[101] Flockhart CJ, Woodward RL, Lam YC, O'Donell RG (1991) The use of velocity discontinuities to define shear failure trajectories in dynamic plastic deformations. Int J Impact Eng 11:93-106.

[102] Forrestal MJ, Piekutowski AJ (2000) Penetration experiments with 6061-T6511 aluminum targets and spherical nosed steel projectiles at striking velocities between 0.5 and 3.0 km/s. Int J Impact Eng 24:57-67.

[103] Forrestal MJ, Lee LM, Jenrette BD, Setchell RE (1984) Gas gun experiments determine forces on penetrators into geological targets. J App Mech 51:602-607.

[104] Forrestal MJ, Rosenberg Z, Luk VK, Bless SJ (1987) Perforation of aluminum plates by conical nosed projectiles. J App Mech 54:230-232.

[105] Forrestal MJ, Okajima K, Luk VK (1988) Penetration of 6061-T651 aluminum targets with rigid long rods. J App Mech 55:755-760.

[106] Forrestal MJ, Luk VK, Brar NS (1990) Perforation of aluminum armor plates with conical nosed projectiles. Mech Mater 10:97-105.

[107] Forrestal MJ, Brar NS, Luk VK (1991) Penetration of strain-hardening targets with rigid spherical nose rods. J App Mech 58:7-10.

[108] Forrestal MJ, Luk VK, Rosenberg Z, Brar NS (1992) Penetration of 7075-T651 aluminum targets with ogival-nosed rods. Int J Solids Struct 29:1729-1736.

[109] Forrestal MJ, Altman BS, Cargile JD, Hanchak SJ (1994) An empirical equation for penetration depth of ogive nose projectiles into concrete targets. Int J Impact Eng 15:395-405.

[110] Forrestal MJ, Frew DJ, Hanchak SJ, Brar NS (1996) Penetration of grout

and concrete targets with ogive-nose steel projectiles. Int J Impact Eng 18:465-476.

[111] Forrestal MJ, Borvik T, Warren TL (2010) Perforation of 7075-T651 aluminum armor plates with 7.62 mm APM2 bullets. Exp Mech 50:1245-1251.

[112] Frank K (1981) Armor-penetration performance measures. Memorandum Report, ARBRL -MR-03097, Ballistic Research Laboratory, Mar 1981.

[113] Frew DJ, Hanchak SJ, Green ML, Forrestal MJ (1998) Penetration of concrete targets with ogive-nose steel rods. Int J Impact Eng 21:489-497.

[114] Fuller PJA, Price JH (1964) Dynamic pressure measurements to 300kb with manganin transducers. Br J Appl Phys 15:751-758.

[115] Gama BA, Guillespie JW (2011) Finite element modeling of impact, damage evolution and penetration of thick-section composites. Int J Impact Eng 38:181-197.

[116] Gee DJ, Littlefield DL (2001) Yaw impact of rod projectiles. Int J Impact Eng 26:211-220.

[117] Giovanola JH (1988a) Adiabatic shear banding under pure shear loading. Part I: direct observation of strain localization and energy dissipation measurements. Mech Mater 7:59-71.

[118] Giovanola JH (1988b) Adiabatic shear banding under pure shear loading. Part II: fractographic and metallographic observations. Mech Mater 7:73-87.

[119] Gogolewsi RP, Cunningham BJ, Riddle RA (1996) On the importance of target material interfaces during low speed impact. In: Proceedings of the 16th international symposium on ballistics, San Francisco, vol 3, Sept 1996, pp751-760.

[120] Goldsmith W (1999) Non-ideal projectile impact on targets. Int J Impact Eng 22:95-395.

[121] Goldsmith W, Finnegan SA (1971) Penetration and perforation processes in metal targets at and above ballistic limits. Int J Mech Sci 13:843-866.

[122] Gooch WA (2002) An overview of ceramic armor applications. In: McCauley JW et al (eds) Ceramic armor material by design. The American Ceramic Society, Westerville, Ohio, pp3-21.

[123] Gooch WA, Burkins MS, Ernst HJ, Wolf T (1995) Ballistic penetration of titanium alloy Ti-6Al-4V. Proceedings of the lightweight armor symposium, Shrivenham, June 1995.

[124] Goodier JN (1965) On the mechanics of indentation and cratering in solid targets of strain hardening metals of hard and soft spheres. In: AIAA Proceedings of the 7th symposium on hypervelocity impact, vol III, pp215-259.

[125] Gorham DA, Pope PH, Cox O (1984) Sources of error in very high strain rate compression tests. Inst Phys Conf Ser 70:151-158.

[126] Gov N, Kivity Y, Yaziv D (1992) On the interaction of a shaped charge jet with a rubber filled metallic cassettes. Proceedings of the 13th international symposium on ballistics, vol 1, Stockholm, Sweden, June 1992, pp95-102.

[127] Grabarek CL (1971) Penetration of armor by steel and high density penetrators. Memorandum Report No. 2134, Ballistic Research Laboratories, Aberdeen.

[128] Grace FI (1993) Non-steady penetration of long rods into semi-infinite targets. Int J Impact Eng 14:303-314.

[129] Grady DE (1988) The spall strength of condensed matter. J Mech Phys Solids 36:353-384.

[130] Gray GT, Bourne NK, Henrie BL (2007) On the influence of loading profile upon tensile failure of stainless steel. J Appl phys 101:093507.

[131] Griffith AA (1920) The phenomena of rupture and flow in solids. Phil Trans R Soc Ser A 221:163-198.

[132] Griffith AA (1924) The theory of rupture. In: Biezeno CB, and Burgers JM (eds) Proceedings of the 1st international Congress on Applied Mechanics, Delft, The Netherlands, pp54-63.

[133] Gupta NK, Madhu V (1997) An experimental study of normal and oblique impact of hard-core projectile on single and layered plates. Int J Impact Eng 19: 395-414.

[134] Gupta NK, Iqbal MA, Sekhon GS (2007) Effects of projectile nose shape, impact velocity and target thickness on deformation behavior of aluminum plates. Int J Solid Struct 44:3411-3439.

[135] Gurney R (1943) The initial velocities of fragments from bombs, shells and grenades. Ballistics Research Laboratory, Report No. 405, AII-36218, Sept 1943.

[136] Haldar A, Hamieh HA (1984) Local effects of solid missiles on concrete structures. J Struct Div ASCE 110:948-960.

[137] Halperson SM, Atkins WW (1962) Observations of hypervelocity impact. Fifth hypervelocity impact symposium, vol 2, part 2, pp497-505.

[138] Hauver GE, Netherwood PH, Benck RF, Gooch WA, Perciballi WJ, Burkins MS (1992) Variation of target resistance during long-rod penetration into ceramics. Proceedings of the 13th international symposium on ballistics, Sundyberg, Sweden, vol 3, pp257-264.

[139] Hauver GE, Netherwood PH, Benck RF, Kecskes IJ (1993) Ballistic perfor-

mance of ceramic targets. Proceedings of the 13th army symposium on solid mechanics, Plymouth, Aug 1993, pp23-34.

[140] Hauver GE, Netherwood PH, Benck RF, Kecskes IJ (1994) Enhanced ballistic performance of ceramic targets. Proceedings of the 19th Army Science conference, Orlando, June 1994.

[141] Hauver GE, Rapacki EJ, Netherwood PH, Benck RF (2005) Interface defeat of long-rod projectiles by ceramic armor. Army Research Laboratory Report, ARL-TR-3590, Sept 2005.

[142] Held M (1970) Explosive reactive armor, patent filed on 21.02.1970, Germany, No.2008156.

[143] Held M (1973) Proctective device against projectiles, especially shaped charges, German Patent No.2358277, 22.11.1973.

[144] Held M (1993) Armor. Proceedings of the 14th international symposium on ballistics. Quebec city, Canada, 1993, pp 45-57.

[145] Held M (1995) Verification of the radial crater growth by shaped charge jet penetration. Int J Impact Eng 17:387-398.

[146] Held M (1999a) Effectiveness factors of explosive reactive armor systems. Propell Explos Pyrotech 24:70-75.

[147] Held M (1999b) Comparison of explosive reactive armor against different threat level. Propell Explos Pyrotech 24:76-77.

[148] Held M (2005) Defeating mechanisms of reactive armor sandwiches. Proceedings of the 22nd international symposium on ballistics, Vancouver, Canada, Nov 2005, pp1001-1007.

[149] Held M (2006) Stopping power of ERA sandwiches as a function of explosive layer thickness or plate velocity. Propellants Explosives Pyrotechnics 31:234-238.

[150] Held M, Kozhushko AA (1999) Radial crater growing process in different materials with shaped charge jets. Propell Explos Pyrotech 24:339-342.

[151] Held M, Mayseless M, Rototaev E (1998) Explosive reactive armor. Proceedings of the 17th international symposium on ballistics, Midrand, South Africa. Mar 1998, pp33-46.

[152] Heritier D, Derassat E, Fonlupt S (2010) Ballistic impact experiments on ultrahigh hard perforated add-on armor. Proceedings of the 25th international symposium on ballistics, Beijing, China, May 2010, pp1501-1508.

[153] Hermann W, Jones AH (1961) Survey of hypervelocity impact information. MIT, Aeroelastic and Structure Research Laboratory Report No. 99-1, Oct 1961.

[154] Hermann W, Wilbeck JS (1987) Review of hypervelocity penetration theories. Int J Impact Eng 5:307-322.

[155] Hill R (1950) The mathematical theory of plasticity. Oxford University Press, London.

[156] Hill R (1980) Cavitation and the influence of headshape in attack of thick targets by non-deforming projectiles. J Mech Phys Solids 28:249-263.

[157] Hohler V, Behner T (1999) Influence of the yaw angle on the performance reduction of long rod projectiles. Proceedings of the 18th international symposium on ballistics. San Antonio, Nov 1999, pp 931-938.

[158] Hohler V, Stilp A (1975) Terminal ballistics investigation to discover the resistance of two-plate targets of steel. Ernst Mach Institute Report No. E-9/75.

[159] Hohler V, Stilp AJ (1987) Hypervelocity impact of rod projectiles with L/D from 1 to 32. Int J Impact Eng 5:323-332.

[160] Hohler V, Stilp AJ (1990) Long-rod penetration mechanics. In: Zukas JA (ed) High velocity impact mechanics, Wiley, pp321-404.

[161] Hohler V, Rothenhausler H; Schneider E, Senf H, Stilp AJ, Tham R (1978) Untersuchung der Shockwirkung auf Panzerfahrzeuge. Ernst Mach Institute Report No.V2/78 (in German), Mar 1978.

[162] Hohler V, Stilp AJ, Weber K (1995) Penetration of tungsten-alloy rods into alumina. Int J Impact Eng 17:409-418.

[163] Holmquist TJ, Johnson GR (2002) A detailed computational analysis of interface defeat, dwell and penetration for a variety of ceramic targets. Proceedings of the 20th international symposium on ballistics, Orlando, Sept 2002, pp746-753.

[164] Holmquist TJ, Anderson CE, Behner T (2005) Design, analysis and testing of an unconfined ceramic target to induce dwell. Proceedings of the 22nd international symposium on ballistics, Vancouver, Nov 2005, pp 860-868.

[165] Holmquist TJ, Anderson CE, Behner T (2008) The effect of a copper buffer on interface defeat. Proceedings of the 24th international symposium on ballistics, Lancaster, 2008, pp 721-728.

[166] Holsapple KA (1987) The scaling of impact phenomena. Int J Impact Eng 5:343-355.

[167] Holzwarth A, Weimann K (2001) Combination of inert and energetic materials in reactive armor against shaped charge jets. Proceedings of the 19th international symposium on ballistics, Interlaken, Switzerland, May 2001, pp 1523-1530.

[168] Hopkins HG (1960) Dynamic expansion of spherical cavities in metals. In: Hill R, Sneddon JN (eds) Progress in solid mechanics, vol I. Pergamon Press, Oxford, pp 84-164.

[169] Hopperstad OS, Borvik T, Langseth M, Labibes K, Albertini C (2003) On the influence of stress triaxiality and strain rate on the behavior of a structural steel, part I. Experiments. Eur J Mech A/Solids 22:1-13.

[170] Hornemann U (1989) The terminal ballistic resistance of glass against shaped charge penetration. Proceedings of the llth international symposium on ballistics, Brussels, Belgium, vol II, May 1989, pp 381-389.

[171] Horz F, Cintala MJ, Bernhard RP, See TH (1994) Dimensionally scaled penetration experiments: aluminum targets and glass projectiles 50 μm to 3.175 mm in diameter. Int J Impact Eng 15:257-280.

[172] Inglis CE (1913) Stresses in a plate due to the presence of cracks and sharp corners. Trans Inst Nav Archit London 55:219-241.

[173] Irenmonger MJ (1999) Polyethylene composites for projectile against high velocity small arms bullets. Proceedings of the 18th international symposium on ballistics. San Antonio, Nov 1999, pp 946-953.

[174] Ivanov AG (1994) Dynamic fracture and its scale effects (survey). J Appl Mech Tech Phys 35:430-442.

[175] Ismail MM, Rayad AM, Alwany H, Alshenawy TA (2004) Optimization of performance of explosive reactive armors. In: Proceedings of the 21st international symposium on ballistics, Adelaide, vol l, pp 227-231.

[176] Jacobs MJN, Van Dingenen JLJ (2001) Ballistic protection mechanisms in personal armor. J Mat Sci 36:3137-3142.

[177] Jameson JW, Stewart GM, Petterson DR, Odell FA (1962) Dynamic distribution of strain in textile materials under high speed impact: part III, strain-time-position history in yarns. Textile Res J 32:858-860.

[178] Johnson W (1972) Impact strength of materials. Edward Arnold, London.

[179] Johnson PM, Burgess TJ (1968) Free surface velocity measurements of an impacted projectile by optical Doppler shift, Rev. Sci. Instr. 39:1100-1103.

[180] Johnson GR, Cook WH (1983) A constitutive model and data for metals subjected to large strain, high strain rates and high temperatures. Proceedings of the 7th international symposium on ballistics, The Hague, pp 541-547.

[181] Johnson GR, Cook WH (1985) Fracture characteristics of three metals subjected to various strains, strain rates, temperatures and pressures. Eng Fract Mech 21:31-48.

[182] Johnson GR, Holmquist TJ (1990) A computational constitutive model for

brittle materials subjected to large strains, high strain rates and high pressures. In: Meyers MA, Murr LE, Staudhammer KP (eds) Proceedings of the EXPLOMRT conference, San Diego, Aug 1990. Shock Wave and High Pressure Phenomena, Marcel Dekker Inc., pp 1075-1082 (1992).

[183] Johnson GR, Holmquist TJ (1993) An improved computational constitutive model for brittle materials. In: Schmidt SC, Shaner JW, Samara GA, Ross M (eds) Proceedings of the APS conference on high-pressure science and technology, Colorado Springs, June 1993, pp981-984.

[184] Johnson W, Sengupta AK, Ghosh SK (1982) Plasticine modeled high velocity oblique impact and ricochet of long rods. Int J Mech Sci 24:437-455.

[185] Jones SE, Rule WK, Jerome DM, Klug RT (1998) On optimal nose geometry for a rigid penetrator. Comp Mech 22:413-417.

[186] Jones TL, Delorme RD, Burkins MS, Gooch WA (2007) Ballistic performance of magnesium alloy AZ31B. In: Proceedings of the 23rd international symposium on ballistics, Tarragona, Spain, Apr 2007, pp 989-995.

[187] Kanel GI, Vakhitova GG, Dremin AN (1978) Metrological characteristics of manganin pressure pickups under conditions of shock compression and unloading. Combust Explos Shock Waves 14:244-248.

[188] Kinard WH, Lambert CH, Schryer DR, Casey FW (1958) Effect of target thickness on cratering and penetration of projectiles impacting at velocities to 13000 fps, NASA Memorandum 10-18-58L.

[189] Kineke JH, Richards LG (1963) Influence of target strength on hypervelocity crater formation in aluminum. Proceedings of the 6th symposium on hypervelocity impact, vol 2, part 2, pp 513-524.

[190] Kinslow R (1970) High velocity impact phenomena. Academic Press. New York.

[191] Koch A, Bianchi S (2010) Protection efficiency of steel and ceramic confinement plates for explosive reactive armors against shaped charges. Proceedings of the 25th international Symposium on ballistics, Beijing, China, May 2010, pp 1547-1553.

[192] Kolsky H (1949) An investigation of the mechanical properties of materials at very high rates of loading. Proc Roy Soc London B62:676-700.

[193] Kozhushko AA, Rykova II (1994) On the shortening of the effective length of a shaped charge jet in penetrating ceramic materials. Tech Phys Lett 20:377-378.

[194] Kozhushko AA, Rykova II, Sinani AB (1992) Resistance of ceramics to penetration at high interaction velocities. Combust Explos Shock Waves 28:84-86.

[195] Kraft JM (1955) Surface friction in ballistic penetration. J Appl Phys 26:1248-1253.

[196] Lambert JP (1978) A residual velocity predictive model for long rod penetrators. Ballistic Research Laboratories Report ARBRL-MR-02828.

[197] Lambert JP, Jonas GH (1976) Towards standardization in terminal ballistics testing. Ballistic Research Laboratories Report No. 1852 (ADA-021389).

[198] Lampert S, Jeanquartier R (1999) Threat dependent protection efficacy of metal/liner compositions. Proceedings of the 18th international symposium on ballistics, San Antonio, Nov 1999, pp 970-977.

[199] Landkof B, Goldsmith W (1985) Petalling of thin metallic plates during penetration by cylindro-conical projectiles. Int J Solids Struct 21:245-266.

[200] Lee M, Bless SJ (1996) Cavity dynamics for long rod penetration. Proceedings of the 16th international symposium on ballistics, San Francisco, Sept 1996, pp 569-578.

[201] Lee M, Bless SJ (1998) A discreet impact model for effect of yaw angle on penetration by rod projectiles. Proceedings of the 1997 conference on shock compression of condensed matter. Amherst, MA, July 1997, pp 929-932.

[202] Lee W, Lee HJ, Shin H (2002) Ricochet of a tungsten heavy alloy long-rod projectile from deformable steel plates. J Phys D App Phys 35:2676-2696.

[203] Leppin S, Woodward RL (1986) Perforation mechanisms in thin titanium alloy targets. Int J Impact Eng 4:107-115.

[204] Li QM, Meng H (2003) About the dynamic strength enhancement of concrete and concrete-like materials in a split Hopkinson pressure bar. Int J Solids Struct 40:343-360.

[205] Li JR, Yu JL, Wu ZG (2003) Influence of specimen geometry on adiabatic shear instability of tungsten heavy alloys. Int J Impact Eng 28:303.

[206] Liden E (2008) How to model fracture behavior in long rod projectile. Proceedings of the 24th international symposium ballistics, New Orleans, Louisana, 2008, pp 912-919.

[207] Liden E, Johannson E, Lundberg B (2006) Effect of thin oblique moving plates on long rod prejectils: A reverse impact study. Int J Impact Eng 32:1696-1720.

[208] Liden E, Helte A, Tjernberg A (2008) Multiple cross-wise orientated Nera panels against shaped charge warheads. Proceedings of the 24th international symposium ballistics, New Orleans, Louisana, 2008, pp 1373-1380.

[209] Liss J, Goldsmith W, Kelly JM (1983) A phenomenological penetration model of plates. Int J Impact Eng 1:321-341.

[210] Littlefield DL, Anderson CE, Partom Y, Bless SJ (1997) The penetration of steel targets finite in radial extent. Int J Impact Eng 19:49-62.

[211] Liu D, Stronge WJ (2000) Ballistic limit of metallic plates struck by blunt deformable missiles: experiments. Int J Solids Struct 37:1403-1423.

[212] Lundberg P, Holmberg L, Janzon B (1998) An experimental study of long rod penetration into boron carbide at ordnance and hyper velocities. Proceedings of the 17th international symposium on ballistics, Midrand, South Africa, Mar 1998, vol 3, pp 251-258.

[213] Lundberg P, Renstrom R, Lundberg B (2000) Impact of metallic projectiles on ceramic targets: the transition between interface defeat and penetration. Int J Impact Eng 24:259-275.

[214] Lundberg P, Renstrom R, Holmbrg L (2001) An experimental investigation of interface defeat at extended interaction time, 2001. Proceedings of the 19th international symposium on ballistics, Interlaken, Switzerland, pp1463-1469.

[215] Magness LS, Leonard W (1993) Scaling issues for kinetic energy penetrators. Proceedings of the 14th international symposium on ballistics, Quehec, Sept 1993, pp 281-289.

[216] Magness LS, Farrand TG (1990) Deformation behavior and its relationship to the penetration performance of high-velocity KE penetrator material. Proceedings of the 1990 Army Science conference, Durham, June 1990, pp 465-479.

[217] Malaise F, Collombet F, Tranchet JY (2000) An investigation of ceramic block impenetrability to high velocity long rod impact. J Phys IV France 10:589-594.

[218] Marom I, Bodner SR (1979) Projectile perforation of multi-layered beams. Int J Mech Sci 21:489-504.

[219] Masri R, Durban D (2005) Dynamic spherical cavity expansion in an elasto-plastic compressible Mises solid. J App Mech 72:887-898.

[220] Mayseless M (2007) Controlled harm explosive reactive armor. U.S. Patent No. 7299736 B2 (2007).

[221] Mayseless M (2010) Reactive armor: simple modeling. Proceedings of the 25th international symposium on ballistics, Beijing, China, May 2010, pp 1554-1563.

[222] Mayseless M, Ehrlich Y, Falcovitz Y, Rosenberg G, Wheis D (1984) Interaction of shaped-charge jets with reactive armor. Proceedings of the 8th international symposium on ballistics, Orlando, vol II, pp 15-20.

[223] McCauley JW, Crowson A, Gooch WA, Rajendran AM, Bless SJ, Logan KV, Normandia M, Wax S (2002). Proceedings of the conference on ceramic armor material by design, Wailea, Hawaii, Nov 2001.

[224] McClintock FA, Walsh JB (1962) Friction in Griffith cracks in rocks under pressure. Proceedings 4th US National Congress: Applied Mechanism vol II, American Society of Mechanical Engineers, New York, pp l015-1021.

[225] McQueen RG, Marsh SP, Taylor JW, Fritz JN, Carter WJ (1970) The equation of state of solids from shock wave studies. In: Kinslow R (ed) High velocity impact phenomena. Academic Press, New York.

[226] Mellgrad I, Holmberg L, Olsson GL (1989) An experimental method to compare the ballistic efficiencies of different ceramics against long rod projectiles. Proceedings of the 11th international symposium on ballistics, Brussels, Belgium, May 1989, pp 323-331.

[227] Mescall JF, Tracy CA (1986) Improved modeling of fracture in ceramic armor. Proceedings of the U.S. Army Science conference, June 1986, pp 41-53.

[228] Meyers MA (1994) Dynamic behavior of materials. Wiley, New York.

[229] Moran B, Glenn LW, Kusubov A (1991) Jet penetration in glass. J Phys IV 1(C3):147-154.

[230] Naz P (1989) Penetration and perforation of steel targets by copper rods – measurement of crater diameter. In: Proceedings of the 11th international symposium on ballistics, Brussels, Belgium, May 1989, pp 233-242.

[231] Ogorkiewicz RM (1995) Combat vehicle armor progress, Janes Defence, June 1995, pp59-67.

[232] Ogorodnikov VA, Ivanov AG, Luchinin VI, Khokhlov AA, Tsoi AP (1999) Scaling effect in dynamic fracture spallation of brittle and ductile material. Combust Explos Shock Waves 35:97-102.

[233] Orphal DL (1997) Phase three penetration. Int J Impact Eng 20:601-616.

[234] Orphal DL, Andeson CE (2006) The dependence of penetration velocity on impact velocity. Int J Impact Eng 33:546-554.

[235] Orphal DL, Franzen RR (1989) Penetration mechanics and performance of segmented rods against metal targets. Int J Impact Eng 10:427-438.

[236] Orphal DL, Franzen RR (1997) Penetration of confined silicon carbide by tungsten long rods at impact velocities from 1.5 to 4.6 km/s. Int J Impact Eng 19:1-13.

[237] Orphal DL, Franzen RR, Piekutowski AJ, Forrestal MJ (1996) Penetration of confined aluminum nitride targets by tungsten long rods at 1.5-4.5 km/s.

Int J Impact Eng 18:355-368.

[238] Orphal DL, Franzen RR, Charters AC, Menna TL, Piekutowski AJ (1997) Penetration of confined boron carbide targets by long rods at impact velocities from 1.5 to 5.0 km/s. Int J Impact Eng 19:15-29.

[239] Pack DC, Evans WM (1951) Penetration by high velocity (Munroe) jets: I. Proc Phys Soc (London) B64:298-302.

[240] Paik SH, Kim SJ, Yoo YH, Lee M (2007) Protection performance of dual flying oblique plates against a yawed long-rod penetrators. Int J Impact Eng 34:1413-1422.

[241] Paterson MS (1978) Experimental rock deformation - the brittle field. Springer-Verlag, Heidelberg.

[242] Perez E (1980) An experimental and theoretical study of the penetration of semi-infinite metallic targets by metallic long rods at impact velocities beyond 2000 m/s. Institute Franco-Allemand de Recherches (ISL). Report No. R/108/80, St. Louis, France.

[243] Piekutowski AJ (1996) Formation and description of debris clouds produced by hypervelocity impact. NASA contract report 4707, Feb 1996.

[244] Piekutowski AJ, Forrestal MJ, Poormon KL, Warren TL (1996) Perforation of aluminum plates with ogive nosed steel rods at normal and oblique impacts. Int J Impact Eng 18:877-887.

[245] Piekutowski AJ, Forrestal MJ, Poormon KL, Warren TL (1999) Penetration of 6061-T6511 aluminum targets by ogive nosed steel projectiles with striking velocities between 0.5 and 3.0 km/s. Int J Impact Eng 23:723-734.

[246] Poncelet JV (1835) Rapport sur un memoire de MM Piobert et Morin, Mem. Acad. Sci. 15:55-91.

[247] Rajendran AM, Grove DJ (1996) Determination of Rajendran-Grove ceramic constitutive model constants. Int J Impact Eng 18:611-631.

[248] Rakhmatulin KA (1966) Strength under high transient loads, Israel Program for Scientific Translation, Jerusalem.

[249] Rao MP, DuanY KM, Powers BM, Bogetti TA (2009) Modeling the effects of yarn material properties and friction on the ballistic impact of a plain-weave fabric. Compos Sruct 89:556-566.

[250] Rapoport L, Rubin MB (2009) Separation and nose velocity dependence of the drag force applied to a rigid ovoid of Rankine nosed projectile penetrating an elastic-perfectly plastic target. Int J Impact Eng 36: 1012-1018.

[251] Ravid M, Bodner SR (1983) Dynamic perforation of viscoplastic plates by rigid projectiles. Int J Eng Sci 21:577-591.

[252] Reaugh JE, Holt AD, Wilkins ML, Cunningham BJ, Hord BL, Kusubov AS (1999) Impact studies of five ceramic materials and Pyrex. Int J Impact Eng 23:771-782.

[253] Recht R, Ipson TW (1962) The dynamics of terminal ballistics. Denver Research Institute Report No. AD 274128.

[254] Recht R, Ipson TW (1963) Ballistic perforation dynamics. J App Mech 30:384-390.

[255] Resal H (1985) Sur la penetration d'un projectile dans les semi-fluides et les solides, Compte Rendus, 120:397-401.

[256] Rice JR, Levy N (1969) Local heating by plastic deformation of a crack tip. In: Argon AS (ed) Physics of strength and plasticity. MIT Press, Cambridge, pp 277-293.

[257] Rice JR, Tracey DM (1969) On the ductile enlargement of voids in triaxial stress fields. J Mech Phys Solids 17:210-217.

[258] Rittel D, Wang ZG, Dorogoy A (2008) Geometrical imperfection and adiabatic shear banding. Int J Impact Eng 35:1280-1292.

[259] Robins B (1742) New principles of gunnery. J Nourse, London.

[260] Rogers HC (1983) Adiabatic shearing-general nature and material aspects. In: Mescall J, Weiss V (eds) Material behavior under high stresses and ultrahigh loading rates. Plenum Press, New York, pp 101-118.

[261] Rosenberg Z (1987) Accounting for the spall strength of ductile metals by the spherical expansion analysis. Mat Sci Eng 93:L17-L18.

[262] Rosenberg Z (1993) On the relation between the Hugoniot elastic limit and the yield strength of brittle materials. J Appl Phys 74:752-753.

[263] Rosenberg Z, Dekel E (1994a) How large should semi-infinite targets be? Proceedings of the 45th meeting of the aeroballistics range association, Huntsville, Alabama, 10-14 Oct 1994.

[264] Rosenberg Z, Dekel E (1994b) A critical examination of the modified Bernoulli equation using two-dimensional simulations of long rod penetrations. Int J Impact Eng 15:711-720.

[265] Rosenberg Z, Dekel E (1994c) The relation between the penetration capability of long rods and their length to diameter ratio. Int J Impact Eng 15: 125-129.

[266] Rosenberg Z, Dekel E, Hohler V, Stilp AJ, Weber K (1998) Penetration of tungsten-alloy rods into composite ceramics: experiments and numerical simulations, In: Proceedings of the APS conference on Shock Waves in Condensed Matter, Amherst, Mass. July 1997, pp. 917-920.

[267] Rosenberg Z, Dekel E (1998a) A computational study of the relations be-
tween material parameters of long-rod penetrators and their ballistic per-
formance. Int J Impact Eng 21:283-298.

[268] Rosenberg Z, Dekel E (1998b) A parametric study of the bulging process in
passive cassettes with 2D numerical simulations. Int J Impact Eng 21:297-
305.

[269] Rosenberg Z, Dekel E (1999a) On the role of nose profile in long-rod pene-
tration. Int J Impact Eng 22:551-577.

[270] Rosenberg Z, Dekel E (1999b) On the interaction between shaped charge jets
and confined explosives at normal incidence. Int J Impact Eng 23:795-802.

[271] Rosenberg Z, Dekel E (2000) Further examination of long rod penetration:
the role of penetrator strength at hypervelocity impacts. Int J Impact Eng
24:85-101.

[272] Rosenberg Z, Dekel E (2001a) Material similarities in long-rod penetration
mechanics. Int J Impact Eng 25:361-372.

[273] Rosenberg Z, Dekel E (2001b) More on the secondary penetration of long
rods. Int J Impact Eng 26:639-649.

[274] Rosenberg Z, Dekel E (2004) On the role of material properties in the ter-
minal ballistics of long rods. Int J Impact Eng 30:835-851.

[275] Rosenberg Z, Dekel E (2005) The ues of 3D numerical simulations fot the
interaction of long rods with moving plates. Proceedings of the 2nd interna-
tional conference on computational ballistics, Cordoba, Spain, WIT Press,
pp 53-60.

[276] Rosenberg Z, Dekel E (2008) A numerical study of the cavity expansion
process and its application to long-rod penetration mechanics. Int J Impact
Eng 35:147-154.

[277] Rosenberg Z, Dekel E (2009a) The penetration of rigid long rods-revisited.
Int J Impact Eng 36:551-564.

[278] Rosenberg Z, Dekel E (2009b) On the deep penetration and plate perforation
by rigid projectiles. Int J Solids Struct 46:4169-4180.

[279] Rosenberg Z, Dekel E (2010a) The deep penetration of concrete targets by
rigid rods-revisited. Int J Protect Struct 1:125-144.

[280] Rosenberg Z, Dekel E (2010b) On the deep penetration of deforming long
rods. Int J Solids Struct 47:238-250.

[281] Rosenberg Z, Dekel E (2010c) Revisiting the perforation of ductile plates by
sharp-nosed rigid projectile. Int J Solids Struct 47:3022-3033.

[282] Rosenberg Z, Forrestal MJ (1988) Perforation of aluminum plates with

conical-nosed rods-additional data and discussion. J App Mech 55:236-237.

[283] Rosenberg Z, Partom Y (1982) One-dimensional isentropic compression mesurements of multi-ply loaded PMMA. App Phys Lett 41:921-923.

[284] Rosenberg Z, Partom Y (1985) Lateral stress measurement in shock-loaded targets with transverse piezoresistance gauges. J Appl Phys 58:3072-3076.

[285] Rosenberg Z, Tsaliah J (1990) Applying Tate's model for the interaction of long-rod projectiles with ceramic targets. Int J Impact Eng 9:247-251.

[286] Rosenberg Z, Yeshurun Y (1988) The relation between ballistic efficiency of ceramic tiles and their compressive strengths. Int J Impact Eng 7:357-362.

[287] Rosenberg Z, Yaziv D, Partom Y (1980) Calibration of foil-like manganin gauges in planar shock wave experiments. J Appl Phys 51:3702-3705.

[288] Rosenberg Z, Partom Y, Yaziv D (1981) The response of manganin gauges shock loaded in the 2-D straining mode. J Appl Phys 52:755-758.

[289] Rosenberg Z, Dawicke D, Strader E, Bless SJ (1986) A new technique for heating specimens in split Hopkinson bar experiments using induction coil heaters. Exp Mech 26:275-278.

[290] Rosenberg Z, Bless SJ, Yeshurun Y, Okajima K (1987a) A new definition of ballistic efficiency of brittle materials based on the use of thick backing plates. In: Chiem CY, Kunze HD, Meyer LWP (eds) Proceedings of IM-PACT 87 symposium, impact loading and dynamic behavior of materials. DCM Informationsgesellschaft Verlag, pp 491-498.

[291] Rosenberg Z, Yaziv D, Yeshurun Y, Bless SJ (1987b) Shear strength shock loaded alumina as determined by longitudinal and transverse manganin gages. J Appl Phys 62:1120.

[292] Rosenberg Z, Yeshurun Y, Mayseless M (1989) On the ricochet of long rod projectils. In: Proceedings of the 11th internatinal symposium on ballistics, Brussels, May 1989, pp 501-506.

[293] Rosenberg Z, Marmor E, Mayseless M (1990) On the hydrodynamic theory of long rod penetration. Int J Impact Eng 10:483-486.

[294] Rosenberg Z, Brar NS, Bless SJ (1991a) Shear strength of titanium-diboride under shock loading measured by transverse manganin gages. In: Schmidt SC, Dick RD, Forbes JW, Tasker DG (eds) Proceedings of the 1991 conference on shock waves in condensed matter, Williamsburg, June 1991, pp 471-473.

[295] Rosenberg Z, Brar NS, Bless SJ (1991b) Dynamic high-pressure properties of *AlN* ceramic as determined by flyer plate impact. J Appl Phys 70:167-171.

[296] Rosenberg Z, Dekel E, Yeshurun Y, Bar-On E (1995) Experiments and 2-D

simulations of high velocity penetration into ceramic tiles. Int J Impact Eng 17:697-706.

[297] Rosenberg Z, Berkovitz E, Keese F (1996) Experiments and simulations of impacts on ceramic cylinders. Proceedings of the 16th international symposium on ballistics, San Francisco, Sept 1996, pp 505-513.

[298] Rosenberg Z, Kreif R, Dekel E (1997a) A note on the geometric scaling of long-rod penetration. Int J Impact Eng 19:277-283.

[299] Rosenberg Z, Dekel E, Hohler V, Stilp AJ, Weber K (1997b) Hypervelocity penetration of tungsten alloy rods into ceramic tiles: experiments and 2-D simulations. Int J Impact Eng 20:675-683.

[300] Rosenberg Z, Dekel E, Hohler V, Stilp AJ, Weber K (1998) Penetration of tungsten alloy rods into composite ceramics: experiments and numerical simulations, In: Proceedings of the APS conference on Shock Waves in Condensed Matter, Amherst, Mass. July, 1997, pp 917-920.

[301] Rosenberg Z, Surujon Z, Yeshurun Y, Ashuach Y, Dekel E (2005) Ricochet of 0.3" AP projectiles from inclined polymeric plates. Int J Impact Eng 31:221-233.

[302] Rosenberg Z, Dekel E, Ashuach Y (2006) More on the penetration of yawed rods, J Phys IV France 134:397-402.

[303] Rosenberg Z, Ashuach Y, Dekel E (2007) More on the ricochet of eroding long rod-validating the analytical model with 3D simulations. Int J Impact Eng 34:942-957.

[304] Rosenberg Z, Ashuach Y, Yeshurun Y, Dekel E (2009) On the main mechanisms for defeating AP projectiles, long rods and shaped sharge jets. Int J Impact Eng 36:588-596.

[305] Rosenberg Z, Ashuach Y, Kreif R (2010) The effect of specimen dimensions on the propensity to adiabatic shear failure in Kolsky bar experiments. Rev Mater 15:316-324.

[306] Roylance D (1977) Ballistics of transversely impacted fibers. Textile Res J 47:679-684.

[307] Ruoff AL (1967) Linear shock-velocity-particle-velocity relationships. J Appl Phys 38:4976-4980.

[308] Scheffler DR (1997) Modeling the effect of penetrators nose shape on the threshold velocity for thick aluminum targets. Army Research Laboratory report, ARL-TR-1417, July 1997.

[309] Senf H (1974) Shattering of hard steels spheres. EMI report E-7/74 (in German).

[310] Senf H, Weimann K (1973) Die wirkung von stahlkugeln auf dural-einfach-und mehrplattenziele. EMI report no. V6-73 (in German).

[311] Senf H, Rothenhauesler H, Scharpf F, Poth A, Pfang W (1981) Experimental and numerical investigation of the ricochet of projectiles from metallic surfaces. Proceedings of the 6th international symposium on ballistics, Orlando, pp 510-521.

[312] Senf H, Strassburger E, Rothenhauesler H, Lexow B (1998) The dependency of ballistic mass efficiency of light armor on striking velocity of small caliber projectiles. Proceedings of 17th international symposium on ballistics, Midrand, South Africa, Mar 1998, pp 199-206.

[313] Segletes SB (2007) The erosion transition of tungsten-alloy rods into aluminum targets. Int J Solids Struct 44:2168-2191.

[314] Shadbolt PJ, Corran RSJ, Ruiz C (1983) A comparison of plate perforation models in the sub-ordnance impact velocity range. Int J Impact Eng 1:23-49.

[315] Shim VPW, Tan VBC, Tay TE (1995) Modeling deformation and damage characteristics of woven fibrics under small projectile impact. Int J Impact Eng 16:585-605.

[316] Shin H, Yoo YH (2003) Effect of the velocity of a single flying plate on the protection capability against obliquely impacting long-rod penetrators. Combust Explos Shock Waves 39:591-600.

[317] Shinar G, Barnea N, Ravid M, Hirsch E (1995) An analytical model for the cratering of metallic targets by hypervelocity long rods. Proceedings of the 15th international symposium on ballistics, Jerusalem, Israel, May 1995, pp 59-66.

[318] Shockey DA, Marchand AH, Cort GE, Burkett MW, Parker R (1990) Failure phenomenology of confined ceramic targets and impacting rods. Int J Impact Eng 9:263-275.

[319] Shockey DA, Ehrlich DC, Simons JW (1999) Lightweight fragment barriers for commercial aircraft. Proceedings of the 18th international symposium on ballistics, San Antonio, 15-19, Nov 1999, pp 1192-1199.

[320] Showalter DD, Gooch WA, Burkins MS, Koch RS (2008) Ballistic testing of SSAB ultra-high hardness steel for armor applications. Proceedings of the 24th international symposium on ballistics, New Orleans, Sept 2008, pp 634-642.

[321] Siegel AE (1955) The theory of high speed guns, AGARDograph 91. Advisory Group for Aerospace Research and Development, London.

[322] Silsby GF, Rozak RJ, Giglio-Tos L (1983) BRL's 50 mm high pressure pow-

der gun for terminal ballistics-the first year experience. Ballistic Research Laboratory Report No. BRL-MR-03236.

[323] Smith JC, McCrackin FL, Scheifer HF (1958) Stress-strain relationships of yarns subjected to rapid impact loading, part V-wave propagation in long textile yarns impacted transversely. Textile Res J 28:288-302.

[324] Solve G, Cagnoux J (1990) The behavior of pyrex glass against a shaped charge jet. In: Schmidt SC, Johnson JN, and Davison LW (eds) Proceedings of the APS conference on shock waves in condensed matter, 1989, Elsevier Science Publ., 1990, pp 967-970.

[325] Staker MR (1981) The relation between adiabatic shear instability strain and material properties. Acta metal 29:683-689.

[326] Steinberg DJ (1987) Constitutive model used in computer simulation of time-resolved shock wave data. Int J Impact Eng 5:603-611.

[327] Sterzelmeier K, Brommer V, Sinniger L, Grasser B (2002) Active armor protection −conception and design of steerable launcher systems fed by modular pulsed-power supply units. Proceedings of the 20th international symposium on Ballistics, Orlando, Sept 2002, pp 1012-1019.

[328] Stilp AJ, Hohler V (1990) Experimental methods for terminal ballistics and impact physics. In: Zukas JA (ed) High velocity impact dynamics. John Wiley and Sons, New York, pp 515-592.

[329] Stilp AJ, Hohler V (1995) Aeroballistics and impact physics at EMI - an historical overview. Int J Impact Eng 17:785-805.

[330] Strand OT, Goosman DR, Martinez C, Whitworth TL, Kuhlow WW (2006) Compact system for high-speed velocimetry using heterodyne techniques. Rev Sci Instr 77:083108.

[331] Subramanian R, Bless SJ (1995) Penetration of semi-infinite AD995 alumina targets by tungsten long rod penetrators from 1.5 to 3.5 km/s. Int J Impact Eng 17:807-816.

[332] Subramanian R, Bless SJ, Cazamias J, Berry D (1995) Reverse impact experiments against tungsten rods and results for aluminum penetration between 1.5 and 4.2 km/s. Int J Impact Eng 17:817-824.

[333] Swift HF (1982) Image forming instruments. In: Zukas JA, Nicholas T, Swift HF, Greszczuk LB, Curran DR (eds) Impact dynamics. John Wiley and Sons, New York, pp 241-275.

[334] Szendrei T (1983) Analytical model for crater formation by jet impact and its application to calculation of penetration curves and hole profiles. Proceedings of the 7th intenational symposium on Ballistics, Den Haag, The

Netherlands, Apr 1983, pp 575-583.

[335] Tabor D (1951) The hardness of metals. Oxford University Press, London.

[336] Tan VBC, Lim CT, Cheong CH (2003) Perforation of high-strength fabric by projectiles of different geometries. Int J Impact Eng 28:207-222.

[337] Tate A (1967) A theory for the deceleration of long rods after impact. J Mech Phys Solids 15:387-399.

[338] Tate A (1969) Further results in the theory of long rod penetration. J Mech Phys Solids 17:141-150.

[339] Tate A (1977) A possible explanation for the hydrodynamic transition in high speed impact. Int J Mech Sci 19:121-123.

[340] Tate A (1979) A simple estimate of the minimum target obliquity required for the ricochet of a high speed long rod projectile. J Phys D App Phys 12:1825-1829.

[341] Tate A (1986) Long rod penetration models-part 2, extensions to the hydrodynamic theory of penetration. Int J Mech Sci 28:599-612.

[342] Tate A (1990) Engineering modeling of some aspects of segmented rod penetration. Int J Impact Eng 9:327-341.

[343] Tate A, Green KEB, Chamberlain PG, Baker RG (1978) Model scale experiments on long rod penetrators. Proceedings of the 4th international symposium on ballistics, Monterey, 1978.

[344] Taylor GI (1948) The formation and enlargement of a circular hole in a thin plastic plate. Quart J Mech App Math 1:103-124.

[345] Teng XQ, Dey S, Borvik T, Wierzbicki T (2007) Protection perforation of double-layered metal shields against projectile impact. J Mech Mater Struct 2:1309-1330.

[346] Thoma K, Vinckler D, Kiermeir J, Diesenroth J, Fucke W (1993) Shaped charge jet interaction with highly effective passive sandwich systems - experiments and analysis. Propell Explos Pyrotech 18:275-281.

[347] Thomson WT (1955) An approximate theory of armor penetration. J Appl Phys 26:80-82.

[348] Timothy SP, Hutchings IM (1985) The structure of adiabatic shear bands in a titanium alloy. Acta Metall 23:667-676.

[349] Tuler FR, Butcher BM (1968) A criterion for the time dependence of dynamic fracture. Int J Fract Mech 4:431-437.

[350] Van-Gorp EHM, van der Loo LLH, van-Dingenen JLJ (1993) A model for HPPE-based light-weight add-on armor. Proceedings of the 14th international symposium on Ballistics, Quebec, Canada, Sept 1993, pp 701-709.

[351] Vantine HC, Erickson LM, Janzen JA (1980) Hysteresis-corrected calibration of manganin under shock loading. J Appl Phys 51:1957-1962.

[352] Van-Wegen FTM, EP Carton (2008) New lightweight metals for armors. Proceedings of the 24th international symposium on Ballistics, New Orleans, Sept 2008, pp 830-837.

[353] Vural M, Erim Z, Konduk BA, Ucisik AH (2002) Ballistic perforation of alumina ceramic armors. In: McCauley JW et al (eds) Ceramic armor materials by design. The American Ceramic Society, Westerville, Ohio, pp 103-110.

[354] Walker JD (1999) An analytical velocity field for back surface bulging. In: Reinecke WG (ed) Proceedings of the 18th international symposium on ballistics, Lancaster, Technomic Publishing Co., vol 2, pp 1239-1246.

[355] Walker JD (2001) Ballistic limit of fabrics with resin. Proceedings of the 19th international symposium on ballistics, Interlaken, Switzerland, May 2001, pp 1409-1414.

[356] Walker JD (2003) Analytically modeling hypervelocity penetration of thick ceramic targets. Int J Impact Eng 29:747-755.

[357] Walker JD, Anderson CE (1995) A time-dependent model for long-rod penetration. Int J Impact Eng 16:19-48.

[358] Walker JD, Anderson CE (1996) An analytic model for ceramic-faced light armor. In: Proceedings of the 16th international symposium on ballistics, San Francisco, Sept 1996, vol 3, pp 289-298.

[359] Walker JD, Anderson CE, Goodlin DL (2001) Tungsten into steel penetration including velocity, L/D and impact inclination effects. Proceedings of the 19th international symposium on ballistics, Interlaken Switzerland, May 2001, pp 1133-1139.

[360] Walters WP (1990) Fundamentals of shaped charges. In: Zukas JA (ed) High velocity impact dynamics. John Wiley & Sons, New York, pp 731-829.

[361] Walters WP, Zukas JA (1989) Fundamentals of shaped charge jets. John Wiley and Sons. New York.

[362] Warren TL, Poormon KL (2001) Penetration of 6061-T6511 aluminum plates by ogive-nosed VAR 4340 steel projectiles at oblique angles: experiments and simulations. Int J Impact Eng 25:993-1022.

[363] Wei ZG, Yu JL, Li JR, Li YC, Hu SS (2001) Influence of stress conditions on adiabatic shear localization of tungsten heavy alloys. Int J Impact Eng 26:843-852.

[364] Weimann K (1974) Penetration of steel spheres in aluminum targets. EMI report, E-3/74 (in German).

[365] Wen HM, Jones N (1996) Low velocity perforation of punch impact loaded plates. J Press Vessel Technol 118:181-187.

[366] Westerling L, Lundberg P, Lundberg B (2001) Tungsten long-rod penetration into confined cylinders of boron carbide at and above ordnance velocities. Int J Impact Eng 25:703-714.

[367] Whipple FL (1947) Meteorites and space travel. Astron J, No. 1161, Feb 1947, p 131.

[368] Wierzbicki T (1999) Petalling of plates under explosive and impact loading. Int J Impact Eng 22:935-944.

[369] Wilkins ML (1964) Calculations of elastic-plastic flow. In: Adler B, Femback S, Rotenberg M (eds) Methods of computational physics. Academic Press, New York.

[370] Wilkins ML (1968) Third progress report of light armor program. Lawrence Radiation Laboratory, Livermore, UCRL − 50460.

[371] Wilkins ML (1978) Mechanics of penetration and perforation. Int J Eng Sci 16:793-807.

[372] Wilkins ML, Landingham RL, Honodel CA (1970) Fifth progress report of light armor program. Lawrence Radiation Laboratory, Livermore, UCRL − 50890.

[373] Wingrove AL (1973) The influence of projectile geometry on adiabatic shear and target failure. Metall Trans 4:1829-1833.

[374] Wollmann E, Sterzelmeir K, Weihrauch G (1996) Electromagnetic active armor. Proceedings of the 16th international symposium on ballistics, San Fransisco, Sept 1996, vol I, pp 21-28.

[375] Woodward RL (1978) The penetration of metal targets by conical projectiles. Int J Mech Sci 20:349-359.

[376] Woodward RL (1987) A structural model for thin plate perforation by normal impact of blunt projectiles. Int J Impact Eng 6:128-140.

[377] Woodward RL (1990) Material failure at high strain rates. In: Zukas JA (ed) High velocity impact dynamics. John Wiley and Sons, Inc., New York, pp 65-126.

[378] Woodward RL, Cimpoeru SJ (1998) A study of the perforation of aluminum laminate targets. Int J Impact Eng 21:117-131.

[379] Woodward RL, De-Morton ME (1976) Penetration of targets by a flat-ended projectile. Int J Mech Sci 18:119-127.

[380] Woodward RL, Baxter BJ, Scarlett NV (1984) Mechanics of adiabatic shear plugging in high strength aluminum and titanium alloys. Proceedings of the

third conference on the mechanical properties of materials at high rates of strain, Oxford, April 1984, Institute of Physics Conference Series No. 70, pp 525-532.

[381] Woolsey P, Mariano S, Dokidko D (1989) Alternative test methodology for ballistic performance ranking of armor ceramics. Presented at the 5th annual TACOM armor coordinating conference, Monterey, Mar 1989.

[382] Wright TW, Frank K (1988) Approaches to penetration problems. Ballistics Research Laboratory Technical Report BRL-TR-2957, Dec 1988.

[383] Yarin AL, Rubin MB, Roisman IV (1995) Penetration of a rigid projectile into an elastic-plastic target of finite thickness. Int J Impact Eng 16:801-831.

[384] Yaziv D, Rosenberg G, Partom Y (1986) Differential ballistic efficiency of appliqué armor. Proceedings of the 10th international symposium on ballistics, Shrivenham, UK, pp 315-319.

[385] Yaziv D, Walker JD, Riegel JP (1992) Analytical model of yawed penetration in the 0 to 90 degrees range. Proceedings of the 13th international symposium on ballistics, Stockhlom, Sweden, pp 17-23.

[386] Yaziv D, Friling S, Kivity Y (1995) The interaction of inert cassettes with shaped charge jets. Proceedings of the 15th international symposium on ballistics, Jerusalem, Israel, May 1995, pp 461-467.

[387] Yeshurun Y, Rosenberg Z (1993) AP projectile fracture mechanisms as a result of oblique impact. Proceedings of the 14th international symposium on ballistics. Quebec Canada, pp 537-544.

[388] Yeshurun Y, Ziv D (1992) Composite protective armor and its use. U.S. Patent No. 5134725.

[389] Yeshurun Y, Ashuach Y, Rosenberg Z, Rozenfeld M (2001) Lightweight armor against firearm projectiles. U.S. Patent No. 7,163,731 B2, filed at 16.07.2001, issued at 16.01.07.

[390] Zaera R (2011) Ballistic impacts on polymer matrix composites composite armor, personal armor. In: Abrate S (ed) Impact engineering of composite materials. Springer, Vienna, pp 305-403.

[391] Zeldovich YB, Raizer YP (1965) Physics of shock waves and high temperature phenomena. Academic, New York.

[392] Zener C, Hollomon JH (1944) Effect of strain rate upon plastic flow of steel. J Appl Phys 15:22-32.

[393] Zerilli F, Armstrong R (1987) Dislocation-mechanics-based constitutive relations for material dynamics calculations. J Appl Phys 61:1816-1825.

[394] Zhu G, Goldsmith W, Dharan CKH (1992a) Penetration of laminated Kevlar

by projectiles-I. Experimental investigation. Int J Solids Struct 29:399-420.

[395] Zhu G, Goldsmith W, Dharan CKH (1992b) Penetration of laminated Kevlar by projectiles-II. Analytical model. Int J Solids Struct 29:421-436.

[396] Zukas JA (1982) Penetration and perforation of solids. In: Zukas JA, Nicholas T, Swift HF, Grebszczuk LB, Curran DR (eds) Impact dynamics. Wiley, New York, pp 155-214.

[397] Zukas JA (1990) Survey of computer codes for impact simulations. In: Zukas JA (ed) High velocity impact dynamics. John Wiley and Sons Inc., New York, pp 693-714.

内容简介

本书结合实验、数值模拟和解析模型分析的广泛内容，探讨终点弹道学的重要问题。

第 1 章简述弹道学实验设备和脉冲载荷作用下材料特性的诊断技术。第 2 章论述终点弹道学数值模拟程序的基本特点，如欧拉描述和拉格朗日描述、网格划分技术以及一些最常用的材料模型等。第 3 章讨论刚性侵彻体的侵彻力学，并介绍这一领域最新的分析模型。第 4 章处理薄板贯穿问题；第 5 章研究聚能射流和消蚀长杆的侵彻力学。第 6 章和第 7 章讨论装甲设计领域使主要威胁破坏或失效的一些技术。

全书自始至终展示数值模拟对于理解实验现象背后的基本物理机制的优势或好处。